教育部人文社会科学重点研究基地重大项目"环境美学与美学的改造"（批准号：11JJD750014）结项成果；

教育部人文社会科学重点研究基地山东大学文艺美学研究中心基金资助。

当代西方环境美学通论

程相占　著

人 民 出 版 社

目　录

导　论

环境美学（environmental aesthetics）正式兴起于 20 世纪 60 年代，与全球性环境运动（或曰生态运动）兴起的时间基本吻合，可以视为整个环境运动的一部分，其思想主题在于回应全球性环境危机（或曰生态危机）。本书所说的"美学的重建"，首先就是指"重建"人类与世界（即生存环境）之间的关系。当代西方环境美学一般将这种关系称为"欣赏"（appreciation），隐含着颇为浓厚的"感激"乃至"感恩"的意思。不难理解，"感恩"我们的生存环境毫无疑问是一种伦理态度，因此，环境美学可以视为是对于当代环境伦理学（environmental ethics）的一种呼应。

然而，环境美学毕竟不是一般的社会运动或思想运动，而是美学这个学科在 20 世纪下半期的发展，是过去 54 年（1966—2020）国际美学整体的有机组成部分。这就意味着，本书的落脚点在于美学而不在于环境运动。本书所说的"美学的重建"也就是重建美学，即反思和批判此前的艺术哲学（philosophy of art）这种比较狭隘的美学观，将美学重建为"审美欣赏理论"（theory of aesthetic appreciation）。

那么，什么叫环境美学？其基本问题又是什么？

简单说来，环境美学是对于艺术品之外的整个世界及其所包含的各种事物的审美欣赏，其思路与核心问题可以概括如下：身在环境中的欣赏者，审美地欣赏什么？如何审美地欣赏？也就是说，环境美学的理论核心是"何处—何物—如何"（where-what-how）三元范式，环境美学所有理论问题基本上都是围绕着这个范式而展开的。

首先是"何处"（where）。环境美学看到，人们在欣赏艺术品的时候，总是处于艺术品之外。比如，我们总是站在墙上所挂的那幅画的对面来欣赏它，也就是与它相对而将之作为"对—象"。作为欣赏者的我们也就是通常所说的审美主体，而绘画作品则是审美对象。这种欣赏模式背后隐含着现代哲学的主导性模式，即"主—客二元对立"模式。环境美学则看到，这种审美模式在欣赏环境的时候遇到了强烈挑战，因为欣赏者在欣赏环境的时候，其基本特点总是走进环境，身在环境之中。"身在环境中"（embodied being in the environment）这一基本事实，构成了环境美学的所有理论的基本出发点。环境美学者们提出的一些术语，如"融入"、"浸入"与"交融"等概念，针对的都是这个基本事实。这就意味着，环境美学的核心要点"环境审美"必然隐含着一种有别于艺术哲学的审美模式，而探讨这种新型的审美模式就构成了环境美学的主体内容，环境美学总共提出过九种左右的审美模式。

其次是"何物"（what）。人们欣赏艺术品的时候，审美对象通常是确定无疑的，比如，要么是一幅绘画，要么是一部小说，要么是一首乐曲或一座建筑，等等。但是，当一位欣赏者走进某个环境的时候，其欣赏对象往往是随机的、不固定的。更加重要的是，欣赏者通常需要发挥其能动性来积极地构建其审美对象。理论上来说，某个环境无论大小，其间的事物都是无限的；欣赏者将注意力聚焦在哪些事物上，将哪些事物关联起来、组合起来进行审美欣赏，总是处于不断的变动过程之中，总会受到欣赏者的知识、态度和注意力的影响，"审美关联"（aesthetic relevance）这个关键词就是这样形成的。特别是，当欣赏者走动而不是静坐在环境之中的时候，"移步换景"这种审美现象就发生了——中国古典园林造园艺术就充分地运用这种重要手法，来营造坐落于大地上的一连串"画境"。因此，在环境之中审美地欣赏什么，也是环境美学探讨的重要论题。

第三是"如何"（how），也就是讨论"如何欣赏"这个问题。这个问题与前面的两个问题密切相关，甚至可以说是上面两个问题的进一步拓展。由于欣赏对象是不确定的、流动的，如何对之进行审美欣赏就成了一个理论难题。众多环境美学家都围绕这个问题，论述了一系列的环境欣赏模式，诸如"环境模式""参与模式""激发模式""综合模式"，等等。如果从哲学角度分析这些欣赏模式就会发现，环境美学最终的理论归宿可以归结为如下一句话：审美地欣赏我们置身其中的这个世界。这就意味着，与此前占据主导地位的艺术哲学（或曰艺术美学）相比，环境美学的理论旨趣在于重建人与世界的审美关系，从而从美学角度回应全球性环境危机。

在统揽环境美学50多年主要论著的基础上，本书的核心观点是：环境美学通过将审美欣赏的对象与范围扩大到艺术品之外的整个世界，一方面重建了黑格尔以来的狭隘美学观（即艺术哲学），另一方面重建了人与环境（即世界）、特别是与自然环境的审美欣赏关系。本书采取历史与逻辑相结合的方式来展开论述。

具体来说，内容与思路如下：

美学研究的逻辑起点是美学观，也就是对于"什么是美学？"这个问题的回答。只有清楚地回答了这个问题，才能明确地界定美学这个学科的研究对象。我们发现，美学观并非一成不变的，从美学正式诞生以来，美学观发生过多次变化。为了更加清楚地揭示环境美学的独特美学观的特点及其历史意义，第一章"美学观的历史变异"将依据历史顺序，来尽可能客观地描述历代美学观及其发展过程。这里采用了"变异"而不是"变化"这个颇有褒贬色彩的词语，是为了表明本书的价值立场：环境美学所批判的"艺术哲学"，的确是美学之本义"感性学"的严重"变异"——环境美学的美学观则是对于美学之本义的某种复归。

环境美学并非无中生有，历史上尽管没有正式出现"环境美学"这个术语，但是，对于自然审美的理论探讨一直伴随着美学史。各种权威辞书中的"环境美学"条目，通常都将环境美学之前的自然美或自然审美理论视为环境美学的历史根源，并且，环境美学当中有很大一部分就是"自然美学"。因此，第二章"环境美学兴起之前的自然美学"介绍环境美学的"史前史"。

学术界公认，环境美学正式诞生于1966年，而本书的取材截至2020年，只少量涉及此后的文献。这就意味着，环境美学已经有了半个多世纪的发展历程。第三章"环境美学的发展历程"就是对于这个历程的详细描述，其目的是为环境美学描绘一个整体理论图景。

在半个多世纪的发展历程中，世界各地参与环境美学研究的学者为数众多，他们对于环境美学的理解并不相同，其环境美学定义甚至存在着重要差异。第四章"环境美学的定义及其美学观"就是对几种代表性定义的综合分析，其深层目的则是提炼环境美学独树一帜的美学观，即"审美欣赏理论"。

作为一种新型的美学领域，环境美学有其独特的理论思路；在发展过程中，环境美学研究者提出了一些标识性的关键词。第五章"环境美学的理论思路与关键词"集中探讨了这两方面的问题，对于理解环境美学有着较大价值。

环境美学并非无源之水、无本之木，它也借鉴了很多美学理论资源。就这些理论资源对于环境美学的重要性来说，可以发现依次有两种，即分析美学与现象学。第六章"分析美学与环境美学"讨论第一种，第七章"现象学与环境美学"则讨论第二种。

我国学者在构建各自美学学说的时候，比较喜欢采用"××美学"这样的表达方式，比如，实践美学、超越美学、生命美学、意象美学、生生美学，等等，不一而足。这种情况在西方美学史上比较少见，但环境美学领域的两位主将，却都提出了各自的美学主张，集中体现了环境美学的最高理论成就和学术贡献，比如，卡尔森提出了"肯定美学"，伯林特则提出了"交融美学"。严格说来，卡尔森的肯定美学只是环境美学的一种形态，其理论旨趣与生态美学比较接近；而伯林特的交融美学则是一种新型的美学模式，它既可以用于环境美学，同时又可以用于艺术美学。因此，探讨这两种美学形态，既有助于揭示环境美学的理论成就，又有助于揭示环境美学与生态美学、艺术美学的关系。因此，本书设计了第八章"环境美学中的肯定美学"与第九章"环境美学中的交融美学"。

无论是在景观设计领域还是在环境美学领域，与"环境"最接近的一个术语是"景观"，二者之间固然有着明显区别，但二者之间的界限并不明确，有时候甚至被视为同义词。由于环境美学论著中经常使用景观这个术语，所以，就产生了一个严肃的理论问题：环境美学与景观美学的联系与区别。理论出发点和归宿都是环境美学而不是景观设计学，因此，本书将景观美学视为环境美学的一个组成部分，因而设计第十章"环境美学与景观美学"对此进行必要探讨，其目的除了从景观这个角度来理解环境美学之外，还是为了将环境美学适当地拓展到景观设计学，从而增加环境美学的理论厚度及其社会实践性。

　　环境美学的美学观和理论取向都是批判和超越艺术哲学，但是，这绝对不意味着环境美学无视或忽视艺术问题。恰恰相反，环境美学论述的基本思路是"对比"——对比环境欣赏与艺术欣赏的异同。这样，艺术的特性及其适当的欣赏问题，就成了环境美学论著经常涉及的重要问题。我国早在20世纪七八十年代就提出过"文艺美学"这样的说法，但是，一直没有从国际上找到可以对应的术语。通过细致地文献分析可以发现，环境美学论著中明明白白地提出过"艺术美学"这样的术语，其理论内涵非常符合我国的文艺美学。这样，站在环境美学的角度来反观艺术美学，就成为一件非常具有理论意义的课题，第十一章"环境美学与艺术美学"就是为此而设计的。

　　本书的参考文献主要是英语文献，因为环境美学主要发生在北美那些英语国家。但这绝对不是说，其他国家没有用其他语种研究、书写环境美学。根据调查，芬兰是世界上最早研究环境美学的国家之一，其代表性学者瑟帕玛的代表作《环境之美》是用英语撰写的，因而在国际上得以广泛传播。但据瑟帕玛本人介绍，芬兰国内尚有大量的环境美学论著是用芬兰语撰写的，由于语言的障碍，笔者不得已只能忍痛割爱。为了尽可能地弥补这一缺陷、缺憾，笔者努力将语种扩大到英语之外的法语。第十二章"法语环境美学文献概要"就是这一努力的成果。至于芬兰语甚至德语环境美学著作的研究，只能留待将来了。

　　本书以"环境美学的学术谱系"作结。这里所说的"谱系"指家谱上的系统，"学术谱系"则是一个比喻，指的是从一个核心问题生发出来的一系列具有内在逻辑关联的理论问题及其构成的有机系统。本书将50多年环境美学的核心问题概括为"对于环境的适当的审美欣赏"，进而以这一理论命题所包含的理论内容为逻辑线索，将环境美学的学术谱系提炼为如下五个方面：环境美学与自然美学、环境美学与艺术美学、环境美学与日常生活美学、环境美学与环境伦理学、环境美学与生态美学。

第一章　美学观的历史变异

　　"环境美学"在英文中有两种表达方式：environmental aesthetics 和 aesthetics of environments，这两种表达方式中，前者更为通行。在前者当中，"环境的"是修饰语，"美学"是中心词。也就是说，环境美学必然是一种"美学"。因此，要想理解环境美学，就必须以理解美学为前提。

　　那么，美学是什么？

　　纵观人类历史可知，对于艺术和美的哲学思考与研究发生得很早，"轴心时代"的典籍中已不乏相关论述，比如，孔子和柏拉图对于诗歌的讨论，对于美和善关系的思考，等等。但是，"美学"这个术语的正式诞生却是相当晚的事情，直到 1735 年，德国青年学者鲍姆加滕①才正式提出了"美学"（Ästhetik，英译为 aesthetics）这个学科，其确切含义应该是"审美学"②，也就是研究审美能力的学问。在鲍姆加滕看来，审美能力是一种与理性能力并行的感性能力，这种能力不仅可以用于欣赏诗歌等艺术品，还可以用于欣赏自然。鲍姆加滕主要讨论了前者，其后继者康德则主要探讨了后者。

　　康德在 1781 年发表的《纯粹理性批判》的"先验感性论"中，公开点名批评鲍姆加滕，认为所谓的"美学"不可能成立；但是，在 1790 年出版的《判断力批判》中，康德认真深入地讨论了审美判断力的特性及其对于自然事物的审美欣赏。康德重点研究了两类自然事物，一类是美的，一类是

---

① 德国美学家 Baumgarten 的译名很混乱，包括鲍姆加滕、鲍姆嘉通、鲍姆加登、鲍姆加腾等。本书统一翻译为"鲍姆加滕"。参见新华通讯社译名室编：《德语姓名译名手册》（修订本），商务印书馆 1999 年版，第 26 页。

② "审美学"又译"感性学"。本书将"美学"与"审美学"视为同义词，根据具体语境分别使用。

崇高的；前者通常被称为自然美，后者则被称为自然崇高（简言之即崇高）。康德只是附带地谈到艺术，并且断言自然美高于艺术美。[①] 这说明，通常所谓的"康德美学"，主体部分是关于自然的审美理论。

遗憾的是，康德的审美判断力理论到了黑格尔那里被彻底颠覆了。在黑格尔死后出版于 1835 年的《美学》中，他一方面武断地缩小美学的研究范围，将审美对象的广阔领域仅仅限定为艺术；另一方面又根据其整体哲学框架宣称艺术美高于自然美，美学由此剧变为"艺术哲学"[②]。这种美学观在 20 世纪前半期进一步演变，甚至成为关于艺术批评的"批评的哲学"或"元批评"——这就是美国学者比尔兹利所坚持的美学观，集中论述这种美学观的是他出版于 1958 年的《美学——批评哲学的问题》一书。

笔者认为，环境美学就是对于以艺术为中心的美学理论倾向的批判超越，其美学观在某种程度上是对于鲍姆加滕或康德美学观的复归。本章从历史发展的角度，研究美学观在过去两百多年（1735—1958）中的变迁，从而为全书的环境美学研究奠定基础。

第一节　鲍姆加滕

美学基础理论研究首先会遇到一个所谓的"逻辑起点"问题：研究美学时，究竟应该从哪里展开理性思考与理论构建？笔者一直认为，这个起点应该是"美学观"，即对于"什么是美学？"这个问题的回答。[③] 笔者的回答是：美学就是鲍姆加滕意义上的"审美学"或"感性学"。

中国学者对于鲍姆加滕的接受大概始于 1915 年出版的《辞源》的"美学"条目，距今已有百年。但是，鲍姆加滕审美学的本义究竟是什么？众所周知，鲍姆加滕包括《美学》在内的主要著作都是用艰深的拉丁语写成的，这一客观因素大大制约了《美学》一书的传播和准确接受，比如说，该书至今尚无英语全译本。这对准确理解鲍姆加滕美学理论造成了极大

[①] 康德的《判断力批判》对于自然美与艺术美关系的讨论比较复杂，康德为什么要研究艺术，学术界也有不同的理解。这里无法展开详细讨论。

[②] 参见［德］黑格尔：《美学》第一卷，朱光潜译，商务印书馆 1979 年版，第 3—4 页。

[③] 参见程相占：《怎样研究美学》，《中国研究生》2013 年第 4 期。

困难。

新中国成立后研究鲍姆加滕的学者当中，时间较早且影响巨大的应该首推朱光潜先生。朱先生的学术名著《西方美学史》设置专章研究鲍姆加滕，其内容不可谓不详尽。但是，受制于当时主导性美学观念，朱先生在具体论述过程中，有意、无意地回避了鲍姆加滕的美学定义，在使用第二手文献的情况下提出"美学是研究艺术和美的科学"这个论断，从而在中国当代美学观中大大突出了"美"的位置，为后人将美学误解为"美的学问"提供了历史根据。

非常遗憾的是，这个不符合鲍姆加滕美学观本义的论断却成了中国当代主导性美学观，许多影响巨大的美学论著都不加反思地采纳了朱光潜先生的论断，导致了一系列可供批判反思的理论后果。比如，李泽厚先生就采纳了这个观点并做了一点修改，提出了一个影响深远的说法："美学——是以美感经验为中心，研究美和艺术的学科。"[①] 他出版于 1989 年的《美学四讲》集中体现了这种美学观：四讲其实就是四章，依次是"美学"、"美"、"美感"和"艺术"；除了第一章是对于美学观的讨论之外，二、三、四章清楚地显示了一种美学模式，即"美—美感—艺术"。[②] 在这种理论模式中，美学的第一关键词"审美"被全然忽略了。

笔者认为，如果不从学术史的角度对鲍姆加滕的美学观进行一些正本清源的基础性工作，中国美学必将长期陷入理论泥潭而难以自拔，本书的美学研究也将失去美学观的根据。

一、朱光潜先生对鲍姆加滕美学定义的理解与忽视

鲍姆加滕之所以被后人称为"美学之父"，是因为他最早在 1735 年就提出了"美学"（"审美学"，即感性学），并在 1750 年出版的《美学》第一卷中进行了更加详尽的论证。后人研究鲍姆加滕的美学理论，无论如何也

---

① 李泽厚：《美学三书》，安徽教育出版社 1999 年版，第 447 页。
② 参见李泽厚：《美学三书》，安徽教育出版社 1999 年版，第 469—596 页。程相占的《论生态美学的美学观与研究对象——兼论李泽厚美学观及其美学模式的缺陷》（《天津社会科学》2015年第 1 期）比较详尽地批判了李泽厚的美学模式，此处不赘。

无法回避他的美学定义。朱光潜先生的《西方美学史》开辟专节介绍鲍姆加滕①的美学思想，其核心内容当然要涉及鲍姆加滕的美学观。但是，令人颇为费解的是，朱光潜先生没有直接介绍鲍姆加滕《美学》开宗明义的美学定义，而是引用了如下一段较长的文字：

> 美学的对象就是感性认识的完善（单就它本身来看），这就是美；与此相反的就是感性认识的不完善，这就是丑。正确，指教导怎样以正确的方式去思维，是作为研究高级认识方式的科学，即作为高级认识论的逻辑学的任务；美，指教导怎样以美的方式去思维，是作为研究低级认识方式的科学，即作为低级认识论的美学的任务。美学是以美的方式去思维的艺术，是美的艺术的理论。（"感性认识的完善"实际上指凭感官认识到的完善。——引者注）②

朱光潜先生特别注明，这段引文是转引自赫特纳的《德国十八世纪文学史》卷2第4章的引文，也就是说，他并没有去核对鲍姆加滕的原著，而是转引了二手文献。紧接着这段转引的文字，他得出了一个结论："从此可见，美学虽是作为一种认识论提出的，同时也就是研究艺术和美的科学。"③

今天看来，朱光潜先生的这个结论做得似乎略显匆忙了，原因至少有如下三个：第一，所使用的文献有欠准确。核对鲍姆加滕的《美学》可知，朱光潜先生所转引的赫特纳的那段话是由三句话④拼接而成的，并非鲍姆加滕《美学》一书的原文。其中，第一句对应的是鲍姆加滕《美学》的第14节："美学的对象就是感性认识的完善（单就它本身来看），这就是美；与此相反的就是感性认识的不完善，这就是丑。"⑤此后的两句话则出处不明，待查。

---

① 朱光潜在《西方美学史》中将 Baumgarten 译为"鲍姆嘉通"。
② 朱光潜：《西方美学史》（上卷），人民文学出版社 1963 年版，第 280 页。尽管作者在 1978 年修订再版了这部著作，但这一部分依然保持原样。参见朱光潜：《西方美学史》，人民文学出版社 1979 年版，第 289—290 页。
③ 朱光潜：《西方美学史》（上卷），人民文学出版社 1963 年版，第 280 页。
④ 引文中一个句号为一句话。
⑤ 下文将详细注明出处。

第二，翻译不确切，把关键性的"美学的目的"误译为"美学的对象"，引起了较大混乱。国内学者对鲍姆加滕《美学》第 14 节已经有过两种翻译，第一种是简明的译文：

> 美学的目的是感性认识本身的完善（完善感性认识）。而这完善也就是美。据此，感性认识的不完善就是丑，这是应当避免的。①

李醒尘的译文与朱光潜的译文差别更大：

> 美学的目的是使感性认识本身得以完善，并且还应避免感性认识的不完善，即丑。②

两种译文的主语都是"美学的目的"，而不是"美学的对象"。为了谨慎起见，笔者依据德国学者出版于 2007 年的拉丁语—德语对照版鲍姆加滕《美学》，将这句话试译如下：

> 美学的目的是感性认识的完善，这就是美；而缺少它，就是不完善，这就是丑。③

撇开细微的差别，综合以上三种翻译可以断言：鲍姆加滕《美学》第14 节所讲的是"美学的目的"——美学这门学科的意义或价值，它远远不同于朱光潜先生所理解的"美学的对象"——美学的研究对象。"目的"与"对象"之间无疑有着巨大差别。

---

① ［德］鲍姆嘉滕：《美学》，简明、王旭晓译，文化艺术出版社 1987 年版，第 18 页。
② 马奇主编：《西方美学史资料选编》（上卷），上海人民出版社 1987 年版，第 693—694 页；刘小枫主编：《人类困境中的审美精神——哲人、诗人论美文选》，知识出版社 1994 年版，第 4 页；刘小枫选编：《德语美学文选》（上卷），华东师范大学出版社 2006 年版，第 4 页。
③ Alexander Gottlieb Baumgarten, *Ästhetik*, Latin-German edition, Vol. 1, Translation, Preface, Notes, Indexes by Dagmar Mirbach. Hamburg: Felix Meiner Verlag, 2007, p. 20. 对于此处拉丁语的理解，笔者得到了拉丁语专家、中国人民大学文学院雷立柏（Leo Leeb）教授的帮助，特此说明并致谢。

如果说上述两个原因属于文献选择和翻译方面的缺陷的话，那么，第三个原因则是学术策略的问题。不妨设问：究竟应该根据什么文献来把握鲍姆加滕的美学观？根据笔者的理解，美学观也就是美学的定义（或"工作性定义"），鲍姆加滕的美学定义无论如何也应该是重点分析的文献。但是，朱光潜先生却回避了鲍姆加滕的美学定义，他的《西方美学史》对此只字不提。①

客观地说，朱光潜先生比较熟悉鲍姆加滕的《美学》，比如，他在《西方美学史》的相关部分引用了鲍姆加滕《美学》的第 18 小节；② 尤其重要的是，他还曾经翻译过鲍姆加滕《美学》开宗明义的那个著名的美学定义。且看他对鲍姆加滕美学定义的翻译：

> 美学（美的艺术的理论，低级知识的理论，用美的方式去思维的艺术，类比推理的艺术）是研究感性知识的科学。③

这个翻译比较准确，后来的翻译基本上与此近似。不妨比较另外两种翻译。第一种是简明的译文：

> 美学作为自由艺术的理论、低级认识论、美的思维的艺术和与理性类似的思维的艺术是感性认识的科学。④

译者简明在其所翻译的《美学》一书的"前言"中介绍，他是"根据一本权威的德文译本翻译的"，但没有具体提供该版本的译者姓名、出版社和出版日期等相关学术信息。⑤ 译者认真细致地分析了这个美学定义所包含的内容，笔者觉得可以概括为如下三个要点：

第一个要点是"自由艺术"，即相对于西方传统的农业、商业、手工

---

① 　一种可能是，朱光潜当时尚未接触到与鲍姆加滕美学观相关的文献。
② 　参见朱光潜：《西方美学史》（上卷），人民文学出版社 1963 年版，第 281 页。
③ 　北京大学哲学系美学教研室编：《西方美学家论美和美感》，商务印书馆 1980 年版，第 142 页。
④ 　［德］鲍姆嘉滕：《美学》，简明、王旭晓译，文化艺术出版社 1987 年版，第 13 页。
⑤ 　参见［德］鲍姆嘉滕：《美学》，简明、王旭晓译，文化艺术出版社 1987 年版，第 3 页。

业、几何、哲学、天文学等"艺术"的那些"美的艺术"，包括演说术、诗、绘画和音乐等，鲍姆加滕提出美学是"自由艺术的理论"；第二个要点是"低级认识"或"感性认识"，二者其实是一回事，都是指与德国理性主义哲学家沃尔夫的"高级认识"（即理性认识）相对的一种感性认识，鲍姆加滕认为美学就是研究感性认识的科学；第三个要点是"思维"，鲍姆加滕提出，美学除了研究前两者之外，还要研究人类的思维方式，这种思维方式应该是"美的""与理性类似的"，鲍姆加滕也将之称为"艺术"——这种意义上的"艺术"与前面提到的"自由艺术"完全是两码事。① 根据上述分析可见，这个定义与名词性的"美"（即所谓的"美的本质"意义上的"美"）根本无关，鲍姆加滕所使用的"美的"那个修饰语，所修饰的只不过是"思维"，也就是说，是用来描述那种很恰当的、很高明的思维方式。根据笔者的理解，这些"美的思维"包括鲍姆加滕所说的"仔细地选材""分明的条理安排"和"寻求恰当的表达"等。②

李醒尘的译文则更加清楚：

> 美学（自由的艺术的理论，低级知识的逻辑，用美的方式去思维的艺术和类比推理的艺术），是研究感性知识的科学。③

如果排除细节的差异，综合上述三种译文可以极其清楚地看到，鲍姆加滕的美学定义与名词性的"美"毫无关系；定义中出现的"美的"这个形

① 参见［德］鲍姆嘉滕：《美学》，简明、王旭晓译，文化艺术出版社1987年版，第5—9页。
② 参见［德］鲍姆嘉滕：《美学》，简明、王旭晓译，文化艺术出版社1987年版，第17页。朱光潜把"用美的方式去思维"解释为"用审美的态度去关照事物"，同样是一种缺少根据的"过度诠释"。参见北京大学哲学系美学教研室编：《西方美学家论美和美感》，商务印书馆1980年版，第142页。
③ 马奇主编：《西方美学史资料选编》（上卷），上海人民出版社1987年版，第691页。译者注明所依据的文献是汉斯·鲁道尔夫·施威泽尔的《美学是感性认识的哲学》，1973年德文版。这篇译文后来又收进刘小枫主编：《人类困境中的审美精神——哲人、诗人论美文选》，知识出版社1994年版，第1页。该书扩展为《德语美学文选》（上卷），华东师范大学出版社2006年版，第1页。李醒尘后来又将译文修改如下："美学（作为自由艺术的理论、低级认识论、美的思维的艺术和与理性类似的思维艺术）是感性认识的科学。"参见李醒尘：《西方美学史教程》，北京大学出版社2005年版，第183页。在这个修正版中，"美的思维的艺术和与理性类似的思维艺术"更加清楚地表明，美学所研究的内容包括思维方式。

容词，所修饰的是"思维的艺术"——这里的"艺术"主要指思维的精巧或深刻，与"艺术品"意义上的"艺术"完全是两码事。也就是说，朱光潜先生如果根据这个定义，根本无法得出他的《西方美学史》中的结论——"美学是研究艺术和美的科学"。[①] 笔者据此推测：朱光潜先生之所以避开他所熟悉的鲍姆加滕的美学定义，而去根据第二手文献转引一长段并非美学定义的拼接文字，目的是为了让名词性的"美"顺利进入鲍姆加滕的美学定义之中，其深层原因是为当时的中国主导性美学观寻找历史根据。也就是说，朱光潜先生把"美"添加到了鲍姆加滕的"美学"定义之中，在中国当代美学界产生了广泛的影响，其理论后果需要认真反思。

二、"审美能力"：鲍姆加滕"审美学（感性学）"中被遮蔽的核心要义

众所周知，鲍姆加滕曾经先后三次界定过美学的定义。第一次是发表于1735年的《诗的感想——关于诗的哲学默想录》，他使用 Ästhetik 这个术语来表示"事物被感官认识的科学"；四年后，在其《形而上学》一书中，鲍姆加滕扩展了这个定义，用来包括"低级认识能力的逻辑，优美与缪斯的哲学，低级的认识论，以美的方式来思维的艺术，理性类似物的艺术"等。[②] 第三次则是1750年《美学》中的那个著名定义，与第二个定义十分接近，上文已经讨论过了。笔者认为，要确切把握鲍姆加滕的美学观，必须综合分析他的三个美学定义；最重要的是，理应返回到他最初的美学构想。

研读《诗的感想——关于诗的哲学默想录》会发现，鲍姆加滕所讨论的是他自幼童时就被深深吸引、几乎没有一天不读的诗歌。这个"诗学"文献所探讨的是"领悟感性表象"的"低级认识能力"，[③] 反复陈述的是"富有诗意的表象"或"唤起情感的表象"，提出了"唤起情感是富有诗意

---

① 如果一定要追寻这个美学定义的来源，黑格尔的一个表述最为接近，其《美学》的"全书序论"在讨论完"美学的范围和地位"后，紧接着讨论了"美和艺术的科学研究方式"，很容易让人误以为美学的研究对象就是"美和艺术"，黑格尔美学对于中国美学的不良影响于此可窥见一斑。参见［德］黑格尔：《美学》第一卷，朱光潜译，商务印书馆1979年版，第18页。

② 参见 Paul Guyer, "The Origins of Modern Aesthetics: 1711-35", in *The Blackwell Guide to Aesthetics*, Petev Kivy (ed.), Oxford: Blackwell Publishing Ltd, 2004, pp. 15-44。

③ 章安祺编订：《缪灵珠美学译文集》第二卷，中国人民大学出版社1987年版，第88、89页。

的"或"唤起情感则富有诗意"这样的论断。① 在这里,最容易引起误解、同时也是最核心的内容,就是鲍姆加滕所说的"低级认识能力"——它的确切含义到底是什么?

鲍姆加滕明确指出,他的"哲理诗学""是指导感性谈论以臻于完善的科学",而"哲理诗学""先行假定诗人有一种低级认识能力"。这说明,所谓的"低级认识能力"是诗人的作诗能力。鲍姆加滕既然那么痴迷于诗歌,就不可能在否定意义上使用"低级"这个修饰语。根据当时的学术背景和鲍姆加滕的相关论述可知,与"低级"对应的所谓"高级"认识能力,就是"领悟真理"的逻辑能力,也就是当时理性主义哲学所强调的"理性"。以沃尔夫、莱布尼茨为代表的理性主义哲学在当时占据着思想界的主导地位,所以,鲍姆加滕才小心翼翼、略带调侃地提出:"哲学家们还可以有机会——而且不无很大报酬——去探讨一下方法,借此改进低级认识能力,增强它们,而且更成功地应用它们以造福于全世界";他相信:"有一种有效的科学,它能够指导低级认识能力从感性方面认识事物。"②

简言之,在鲍姆加滕看来,人类具有一种不同于逻辑认识能力的感性认识能力;这种能力的典型代表就是诗人的作诗能力——诗人正是凭借这种能力才创造出了"富有诗意的表象"或"唤起情感的表象"。哲学家们绝对不应该忽视这种能力;恰恰相反,鲍姆加滕认为,应该找到适当的方法来"改进低级认识能力,增强它们"。针对当时现有学科的缺陷,他尝试着创立一个新的学科——"一种有效的科学"——来认认真真地研究这种能力,来"改进低级认识能力,增强它们",从而"指导低级认识能力从感性方面认识事物"——这就是青年鲍姆加滕的学术意图和努力方向。

鲍姆加滕明确地意识到自己的独特贡献。他指出,希腊哲学家和教会的神学者都慎重地区别过"感性事物"和"理性事物";但是,非常遗憾的是,他们并不把二者"等量齐观",相反,他们"敬重远离感觉(从而,远离形象)的事物"——柏拉图正是这种倾向的典型代表,他的理念式的"美本身"不但远离具体的"美的事物",如漂亮的少女、美丽的鲜花等,

---

① 参见章安祺编订:《缪灵珠美学译文集》第二卷,中国人民大学出版社1987年版,第97页。
② 章安祺编订:《缪灵珠美学译文集》第二卷,中国人民大学出版社1987年版,第129—130页。

而且是感觉器官根本无法把握的——某种程度上可以说，柏拉图的美学是"反感性"的，是与鲍姆加滕的"感性学"格格不入的。有鉴于此，鲍姆加滕大胆地提出了他那天才般的论断，让一个崭新的学科冲破西方自柏拉图以来的理性主义独霸天下的局面而腾空出世：

> 理性事物应该凭高级认识能力作为逻辑学对象去认识，而感性事物［应该凭低级认识能力去认识］则属于知觉的科学，或感性学（Aesthetic）。①

鲍姆加滕的思想脉络可以简单地概括如下：

> 高级认识能力——理性事物——逻辑学
> 低级认识能力——感性事物——感性学

综观鲍姆加滕的三个美学定义会发现，"低级认识能力"是鲍姆加滕关注的核心问题，所谓的"低级认识论"正是研究这种能力的理论，鲍姆加滕将之称为"感性学"。因此，鲍姆加滕的"感性学"其实是"低级认识能力学"。所以，如何准确地理解"低级认识能力"，就成为正确理解鲍姆加滕"美学"的关键之所在。

笔者认为，鲍姆加滕"哲理诗学"所讨论的"作诗能力"就是他所谓的"低级认识能力"。在评价这种能力时，应该注意两方面的问题。第一，不应该将之纳入国内通行的认识论哲学所确定的"认识过程"来理解。按照新中国成立后通行的认识论模式，学术界一般将认识过程概括为"从低级的感性认识到高级的理性认识"，因此，鲍姆加滕的"低级认识能力"的真正意义一直以来都被遮蔽了。第二，应该将"作诗能力"与维科的"诗性智慧"联系起来进行解读。按照维科的理论，"诗性智慧"是一种有别于"理性智慧"的独特智慧，以之为基础的作诗能力、读诗能力绝不是一种"低级认识能力"，在很多情况下这种能力可以很"高级"，甚至高得远远超

---

① 章安祺编订：《缪灵珠美学译文集》第二卷，中国人民大学出版社1987年版，第130页。

过能够达到"理性认识"的所谓的"高级认识能力"。因为受制于当代中国主导性的认识论框架，中国当代美学曲解了"认识"一词，从而偏离了鲍姆加滕美学的重心"认识能力"，以至于我国美学论著很少认真研究"审美能力"这样的关键词。①

三、"审美"（the aesthetic）的确切含义：美学之门

朱光潜之所以得出"美学是研究艺术和美的科学"这个没有可靠历史根据的论断，或许是受到了当时国内学术氛围的影响，也就是受制于新中国成立后所谓的"第一次美学大讨论"：学者们当时争执不下的核心问题是所谓的"美的本质"，似乎这是"美学"的唯一问题，除此之外就没有其他问题了。在这种情况下，取消了"美"与"美学"的关联，似乎就意味着取消了美学——这在当时是根本无法想象的。

但是，必须清醒地认识到："美"与"美学"的联系并非必然，中国美学将二者联系起来带有很多偶然性，其学术后果可谓利弊参半。众所周知，"美学"对应的英语术语为 Aesthetics，该术语在 19 世纪末 20 世纪初开始从西方传入中国。根据学术界的相关研究可知，最早翻译该术语的学者是颜永京（1838—1898）。颜氏 1854 年赴美留学，1861 年大学毕业，次年回国，1878 年起担任上海教会学校圣约翰书院院长，同时兼授心理学等课程。颜氏曾先后翻译出版过《心灵学》等书，其中《心灵学》将"美学"翻译为"艳丽之学"，将"审美能力"翻译为"识知艳丽才"。这种译法在学界产生了一定影响，比如，益智书会负责审定和统一外来名词的美国传教士狄考文，1902 年编订了《中英对照术语辞典》（1904 年正式出版），即采用"艳丽之学"来对译 Aesthetics 一词。1908 年，颜永京之子颜惠庆主编、商务印书馆出版的影响久远的《英华大词典》，在将 Aesthetics 翻译为"美学""美术"的同时，也仍保留着"艳丽学"这一译法。1915 年出版的《辞源》设有"美学"专条，在解释了美学的内涵后特别说明："18 世纪中，德国哲学家薄姆哥登 Alexander Gottlieb Baumgarten 出，始成为独立之学

---

① 在我国，"审美能力"通常被理解"艺术鉴赏力"，也就是"人们认识美、评价美的能力"，包括审美感受力、判断力、想象力、创造力等。

科。亦称审美学。"①

简言之，英语术语 Aesthetics 传入中国后至少出现了三种译法：艳丽学、审美学、美学。其中，第三种译法最容易使人望文生义，误认为"美学"就是"关于美的学问"，从而将"美"与"美学"之间的关系误解为一种天然的、必然的关系。然而非常遗憾的是，从整个 20 世纪中国美学的发展实际来看，"美学"这个译法大行其道，望文生义造成的误解在中国美学界泛滥成灾；不少学者认识到这种弊端之后，在 20 世纪末开始采用"审美学"或"感性学"的译法来补偏救弊。不过，"艳丽学"则完全绝迹了——笔者绝不认为"艳丽学"就是一个恰当的译法，但是它的好处就是提醒学术界：所谓的"美学"与那个"美"字并无必然联系，将"美的本质"视为美学的第一问题或核心问题，可能是非常危险的理论陷阱。

作为一个独立的现代人文学科，美学孕育、发生、发展在西方。它不仅与西方的哲学思想与文化传统密切相关，而且与西方的语言特点和表达方式相关。单纯从语言表述的角度来说，西方语言比汉语更加富有逻辑性，词性的变化标志更加明显，因此更容易将理论问题解释清晰。如果有人仅仅根据思维方式与语言的血脉关系就断言，汉语不太适合理论思维，甚至进一步怀疑汉语美学的理论性，我们当然难以同意这样的极端观点；但是，笔者最基本的观点是：汉语由于缺乏明显的词性标志，无法清清楚楚地区分一些成对的术语，从而导致很多不必要的误解。这里尝试着追本溯源，以英语术语为参照来清理美学的本义及其关键词，试图找到美学的真正门径。

美学的英语术语 aesthetics 由作为词根的形容词 aesthetic 加上表示学科的后缀 s 复合而成。这意味着，美学的门径就是对于 aesthetic 这个词根的准确理解。按照通常的解释，aesthetic 是个形容词，它主要有两个义项，一是"审美的"，另一个是"感性的"。② 西方学术界也有着同样的思考，按照英语的表达习惯，在形容词前面加上定冠词 the，该词就转化成了名词。所以，西方学术界出现了"the aesthetic"这个比较常见的术语或表达方式。比如，国际上

---

① 黄兴涛：《"美学"一词及西方美学在中国的最早传播——近代中国新名词源流漫考之三》，《文史知识》2000 年第 1 期。文中的"德国哲学家薄姆哥登 Alexander Gottlieb Baumgarten"即鲍姆加滕，这大概是国人对于鲍姆加滕的最早介绍。

② Aesthetic 也可以用作名词，直接表示"美学"。不过，这种用法在西方不太通行。

著名的《劳特里奇美学指南》的第 16 章就以此为题，它开门见山地指出：

> "审美"这个术语最初由 18 世纪哲学家亚历山大·鲍姆加滕所使
> 用，用来指通过各种感觉器官所得到的认知，也就是感性知识。他后来
> 用它来指代各种感觉器官对于美的知觉，特别是对于艺术美的知觉。康
> 德继承了这个用法并将这个术语运用到对于艺术美和自然美的判断上。
> 最近，这个概念再次扩大了内涵，它不但用来修饰判断或评价，而且也
> 用来限定属性、态度、体验和愉悦或价值，它的运用也不仅仅局限于
> 美。审美的领域也比审美上令人愉悦的艺术品领域要更加宽广：我们也
> 可审美地体验自然。……本章将首要地聚焦于审美属性和审美体验，关
> 注人们在感知这种属性或产生这种体验时，是否涉及一种特殊的态度。
> 简言之，审美态度、审美属性与审美体验这些概念是相互界定的概念。①

这段话可谓言简意赅，涵盖着西方美学从鲍姆加滕直至当代自然美学
（或环境美学）二百多年的发展历程。它透露的学术信息非常丰富，主要有
两方面：一、"审美"绝不仅仅与"美"或"艺术"相关，特别是，康德
美学的核心内容之一"崇高"就与"美"无关，而是与"美"并列的一种
审美形态；二、要想准备理解"审美"的含义，最佳的途径就是解释它作
为形容词所修饰（或限定）的那些美学核心术语（或范畴），诸如审美态
度、审美属性、审美体验等——一旦理解了这些术语的内涵，就理解了
"审美"这个词的内涵。也就是说，包括"审美"在内的这些美学术语其实
是一个"家族"——美学术语家族，其内涵就像一个家族的成员之间的关
系那样，必须互相界定。比如说，只有通过"丈夫"才能界定"妻子"，反
之亦然；只有通过"兄姐"才能界定"弟妹"，反之亦然。也就是说，美学
术语所包含的内涵并不是柏拉图式"本质性"定义，而是维特根斯坦哲学
所说的"关系属性"。考虑到这些概念的"互相界定性"隐含着一种"诠释
循环"，《劳特里奇美学指南》"审美"一章的作者从"审美属性"开始讨

---

① Berys Gaut and Dominic McIver Lopes (eds.), *The Routledge Companion to Aesthetics*, London: Rout-
ledge, 2001, p. 181.

论。笔者认为，这种理论思路非常值得借鉴——一旦理解了审美态度、审美属性、审美体验等术语，"审美"一词的内涵就不难理解了；而一旦把握了"审美"的确切含义，它与"美""艺术"的关系就不难把握了；最终，我们就会更加深切地把握"美学"作为"审美学"的确切含义——笔者坚信，上述思路具有较大的优越性，远远胜过恪守柏拉图式的"美的本质"、时时刻刻围绕着"美"来展开美学思考的那种美学门径——西方古代、中世纪美学与现代美学之间的历史分野就在于此。简言之，将柏拉图式的"美的本质"问题转化为"审美"问题，才是鲍姆加滕对美学的最大贡献——尽管他远远没有实现他学术上的雄心壮志。

　　纵观整个美学史会发现，美学曾经先后讲过希腊语、拉丁语、德语、法语、英语等，20世纪之初开始尝试着讲汉语。与西方语言相比，汉语的组词方式和表达方式独具特色，从而使得汉语美学产生了一系列的理论混乱：没有明确标志的词性变化，使得汉语美学无法清晰地区分名词"美"与形容词"美的"，进而无法区分"美的对象"与"审美对象"；混淆了"美"与"审美属性""审美对象"之后，又衍生出"美感"、特别是"美感经验"这样内涵混乱的术语；按照动宾词组的思维习惯将"审美的"（即"感性的"）拆解为动宾词组"审—美"，导致一部分汉语美学固守"美的本质"这样的古希腊形而上学命题而无法进入"审美对象"这样的现代美学视野；追求简洁的表达传统使得汉语美学将"审美教育"简称为"美育"（即美的教育），从而严重曲解了审美教育培养"审美能力"的根本意义。汉语美学的独特贡献在于凸显了"审美的"与一般"感性的"之间的区别，使得汉语美学有可能更清醒地研究美学的阿基米德点；同时，由动宾词组"审—美"衍生出来的"审—丑"则有助于美学解释现代艺术。但是，这些根源于汉语语言特点的理论混乱使得汉语美学长期陷入理论窘境，严重制约着中国美学与国际美学的对话交流。

第二节　康　德

　　尽管鲍姆加滕是美学学科的创立者，但是，真正对美学史发挥重大影响的，却是他的批评者康德（1724—1804）的审美判断力学说。

　　冷静地说，学术界通常所说的"康德美学"其实是一个不严谨的说法，因为康德的《纯粹理性批判》明确批判鲍姆加滕的"感性学"这个术语，从来没有正面论述美学这个学科可以成立；被称为"康德美学"的东西，其实只不过是一套关于"审美判断力"的理论。简言之，康德并无"美学"，只有"审美判断力学说"。做这样的区分绝不是为了做咬文嚼字的游戏，而是为了准确地把握康德理论。

　　康德的第一批判《纯粹理性批判》（1781 A 版，1787 B 版）对于鲍姆加滕提出了明确而尖锐的批判，这个批判是能否准确理解康德理论的关键，其重要性无论如何强调都不过分。在《纯粹理性批判》的开篇"先验感性论"中，康德这样写道："关于先天感性的所有原则的科学，我称之为先验感性论。"① 邓晓芒中译本将这句话翻译为"一门有关感性的一切先天原则的科学，我称之为先验感性论"，认为"先天的"（a priori）是用来修饰"原则"的。这种译法值得推敲。笔者认为英译本比较可取，"先天的"所要修饰的中心词是"感性"；也就是说，在康德的论述中，"先天感性"（a priori sensibility）是"先验感性"（the transcendental aesthetic）的同义词。如果仅仅阅读中译本，根本无法从字面上区别这里出现的两个"感性"的差异，肯定会误认为二者是同一个词语，从而误解康德思想。毫不夸张地说，能否准确地把握表达"感性"的两个词语 sensibility 与 aesthetic 之间的联系与区别，决定了能否准确理解康德。

　　那么，康德所说的 sensibility 是什么意思呢？不妨来看一本《康德词典》的解释：

　　　　康德认为，人类的认识包含三种不同能力的合作，他将其称为感性、知性与理性。感性是这样一种能力：对象通过直观（intuition）而被给予我们。康德认为，空间和时间是我们直观的两个形式，因此，我

---

① Immanuel Kant, *Critique of Pure Reason*, translated and edited by Paul Guyer and Allen W. Wood, New York: Cambridge University Press, 1998, p. 156. 中译本参考 ［德］康德：《纯粹理性批判》，邓晓芒译，杨祖陶校，人民出版社 2002 年版，第 26 页。康德的原文是德语，考虑到笔者德语能力的有限性，同时也考虑到英语的普及性，本书主要采用英译来区分康德的同义词，只有在非常必要的时候才注明德语原文。

们只能直观存在于空间和/或时间之中的对象，我们的感性因此必然是空间—时间的。①

这就是说，感性是与直观近似的一种能力，其实就是人类通过各种感官直接感受外物的能力。这是人类与世界直接接触的基本通道。尤其值得注意的是康德对于直观的看法。他认为，直观带有部分的被动性，明确提出了两组非常著名的论断，一组是："思维无内容是空的，直观无概念是盲的。"另一组则是："知性不能直观，感官不能思维。"② 简言之，康德认为，只有知性才具有思维能力，它能够通过运用概念，来为由感官直观提供的对象赋予意义。感官直观的功能就是为知性提供对象，从而使之充实起来而不再是"空的"。康德《纯粹理性批判》中的感性，主要就是这种意义上的感性，可以将之称为"盲的、不能思维的感性"，这种意义上的感性近似于英国经验主义者洛克和休谟所说的"感觉"（sensation）。

对比鲍姆加滕的感性学说就会发现，康德对于感性的看法发生了严重倒退，甚至倒退到了柏拉图那种轻视感性的立场上。从 20 世纪的相关理论来看，康德这里的感性论完全是错误的。比如，梅洛-庞蒂的知觉现象学强调"知觉的首要性"，认为知觉（而不是感觉或直观）才是我们与世界接触的基本方式；知觉不但不是被动的，反而是主动的、能够把握意义的能力。本书在"现象学与环境美学"一章对此进行详细探讨。从阿恩海姆（1904—1994）格式塔心理学的角度来看，像视觉这样的感官是能够思维的，其代表作《视觉思维》（1969）对此进行了深入研究。该书从反思知觉与思维的割裂开始，讨论了西方哲学史上对感觉的不信任态度，进而研究了视知觉的理解力。阿恩海姆认为，所有思维的性质基本上都是知觉的，西方传统中的那些古老的二分法，比如观看与思维、知觉和推理、理智和直观等，都是虚假的、误导的。③ 美国另外一位心理学家吉布森的《视知觉的生态立场》

---

① Lucas Thorpe, *The Kant Dictionary*, London: Bloomsbury Publishing Plc, 2015, p. 184.
② Immanuel Kant, *Critique of Pure Reason*, translated and edited by Paul Guyer and Allen W. Wood, New York: Cambridge University Press, 1998, pp. 193-194. 中译本参考［德］康德：《纯粹理性批判》，邓晓芒译，杨祖陶校，人民出版社 2002 年版，第 52 页。
③ 参见［美］鲁道夫·阿恩海姆：《视觉思维——审美直觉心理学》，滕守尧译，四川人民出版社 1998 年版。

（1979）一书，明确提出要放弃康德的"直观无概念是盲的"这个武断的教条，对于康德这个教条的批驳成了该书的主题之一。①

正是从"盲的、不能思维的感性"这一观点出发，康德对于鲍姆加滕提出了严厉批评。在"关于先天感性的所有原则的科学，我称之为先验感性论"这句话下面，他加了一个长长的注释，认真讨论了"aesthetics"这个术语：

> 唯有德国人目前才用"aesthetics"这个词语，来称呼别人叫做鉴赏力之批判的东西。这一点的基础是如下一种失败的希望——它由那位杰出的分析家鲍姆加滕提出，希望将对于美的批判性评价置于理性的原则之下，将之提升为一种科学。但是，这种努力是无效的。因为从来源的角度来说，这些规则或标准只不过是经验性的，因此永远无法用作先天的规则，无法根据它们来指导我们的鉴赏力的判断——相反，后者才构成了前者正确性的真正试金石。因此我建议，放弃在鉴赏力批判的意义上使用这个术语，只用它去表示作为真正科学的感性论。②

这段话出自《纯粹理性批判》的B36，看来是康德深思熟虑的结果。在这里，康德明确提出，评价美的标准仅仅是经验性的，人类的鉴赏力之中并没有什么先天的规则，因而对于它的研究不可能成为科学，因此他认为，鲍姆加滕的学术努力注定是徒劳无益的。这就明明白白地否定了学科意义上的"美学"之可能性。

讨论到这里，必须反思学术界的一种流行观点，认为康德1790年出版第三批判《判断力批判》的时候，改变了第一批判《纯粹理性批判》的看法，转而认为美学这个学科是可以成立的。这是值得认真商榷的大问题。笔者认为，严格说来，康德在第三批判中，从来也没有使用"aesthetics"这个

---

① James Jerome Gibson, *The Ecological Approach to Visual Perception*, Hillsdale: Lawrence Erlbaum Associates, 1986, p. 3.

② Immanuel Kant, *Critique of Pure Reason*, translated and edited by Paul Guyer and Allen W. Wood, New York: Cambridge University Press, 1998, p. 156. 中译本参考［德］康德：《纯粹理性批判》，邓晓芒译，杨祖陶校，人民出版社2002年版，第26页。

词语，再也没有讨论鲍姆加滕；他改变的仅仅是对于鉴赏力之性质的看法：鉴赏力不仅仅是经验性的，它包含着先天规则（*a priori* rules）——第三批判重点探讨的就是鉴赏力的先天规则或原则。为了实现这一哲学目标，康德在很大程度上改变了对于"感性"（aesthetic）的看法，某种程度上放弃了其第一批判中所说的"盲的、不能思维的感性"这一观点。这是第三批判的关键所在，集中体现在第三批判的正文第一节"鉴赏力的判断是审美的"之中。

"鉴赏力的判断是审美的"——这是康德审美判断力理论的第一个命题，是把握康德审美理论的关键。这个命题中包含两个关键词，一个是"鉴赏力"（taste），另外一个是"审美的"。要想理解后者，必须准确理解前者，也就是"鉴赏力"。在上面所引用的那段批评鲍姆加滕的论述中，康德三次提到这个术语，但是没有对之进行解释。与之形成鲜明对比的是，《判断力批判》在正式开篇之前，就用注释的方式详细地解释了这个术语——要知道，康德的第三批判极少注释，所以，这个注释尤其值得注意：

> 这里的基础是鉴赏力，其定义为：它是判断美（the beautiful）的能力。但是，把一个对象称为美的，需要一些东西，这些东西必须通过分析鉴赏力的各种判断来发现。①

甚至可以说，康德审美理论的秘密和线索，就隐藏在第一批判和第三批判的这两个注释之中，它们的核心都是"鉴赏力"。为了避免误解，康德特意用注释的方式说明，鉴赏力是"判断美的能力"——它是一种独特的"能力"，与知性、理性等能力并列。非常遗憾的是，国内的两位著名康德专家邓晓芒和曹俊峰都在这个地方有所疏忽，尽管他们都准确地在关于鉴赏力的那个注释中明确地将之翻译为"能力"，但是，都将《判断力批判》第一节的标题翻译为"鉴赏判断是审美的"，都奇怪地遗漏了那

---

① Immanuel Kant, *Critique of the Power of Judgment*, edited by Paul Guyer; translated by Paul Guyer and Eric Matthews. Cambridge, UK; New York: Cambridge University Press, 2000, p. 89. 中译本参考 [德] 康德：《判断力批判》，邓晓芒译，杨祖陶校，人民出版社2002年版，第37页。

个关键的"力"字。①

　　为了准确把握康德"鉴赏力的判断是审美的"这个重要理论命题，必须注意康德的措辞，也就是形容词与名词之间的联系与区分。可以说，形容词而不是名词，才是进入康德理论的门径。比如，当康德说鉴赏力是"判断美的能力"的时候，如果用英语来表达，"美"这个术语就不是名词beauty，而是形容词前面加定冠词，即 the beautiful。这样的行文方式意义重大，它是为了与下文的"把一个对象称为美的"这句话连接起来。简言之，在康德理论中，"把一个对象称为美的"——"美的"为形容词，根本不同于"把一个对象称为美"——"美"为名词。汉语美学的无数误解和混乱，都源自如下一个看似简单的错误：形容词与名词分不清。比如，可以作出一个审美判断：蓝天是美的。在这个审美判断中，"美的"是形容词，用来描述蓝天的特征、性质和状态。如果不分词性而把这句话说成"蓝天是美"，就容易误导读者，将之领会成是在讨论所谓的"美的本质"，就会出现"美是蓝天""美是鲜花""美是少年"等围绕着一个"美"字而展开的所谓的"美学"。这是汉语美学的最大弊病之一。同样的道理，必须高度注意"审美"这个词的词性，密切关注康德文本中的词性。

　　康德在《判断力批判》的开篇第一节提出"鉴赏力的判断是审美的"这个命题，目的是为了通过解释"审美的"这个形容词的含义，从而用它来区分两种不同的判断力，一种是"认知的判断力"；另一种是"审美的判断力"，简称"审美判断力"。因此，领会"审美的"这个形容词的含义，就成了理解审美判断力的前提。康德使用的德语词语是 ästhetisch，其英文翻译即 aesthetic，这个词作为形容词一般有两个含义，一个是"感性的"，另一个是"审美的"。第一个含义主要出现在《纯粹理性批判》中，在那里，它与"盲的、不能思维的感性"相关。这种意义上的"感性"显然不是汉语中的"审美"。在这个地方，汉语发挥了其独特优势，也就是能够从字面上明确区分"感性的"与"审美的"两个含义，但对于康德（包括英语著作）来说，这却是一件极其苦恼的事情：无法从字面上区分二者不同

---

① 参见［德］康德：《判断力批判》，邓晓芒译，杨祖陶校，人民出版社 2002 年版，第 37 页；［德］康德：《美，以及美的反思：康德美学全集》，曹俊峰编译，金城出版社 2013 年版，第381 页。

的意义。

　　笔者的理解是，康德通过对于鉴赏力的独特能力——判断美的能力——的分析，逐步意识到感性并不完全是他原来所说的"盲的"。因为判断一个对象是不是美的，所运用的既不是理性的推理能力，也不是知性的认识能力，又不运用任何规则或原则，因此，这种能力只能是"感性的"；但与此同时，这种感性的判断又明明白白的，清清楚楚的，丝毫不是"盲的"。所以，这种意义上的感性只能是区别于"盲的感性"的另一种崭新的感性，我们可以将之称为"审美的感性"。康德煞费苦心所要探讨的，正是这种意义上的"新感性"。只不过由于德语无法明确区分形容词 ästhetisch 的两个既有联系、又有区别的含义，使得康德的理论论述倍感艰难。我们下面且来看康德如何论述"鉴赏力的判断是审美的"这个命题。他这样写道：

　　　　为了分辨某物是美的还是不美的，我们不是把表象通过知性联系着客体来认识，而是通过想像力（也许是和知性结合着的）而与主体及其愉快或不愉快的情感相联系。所以鉴赏判断并不是认识判断，因而不是逻辑上的，而是感性的［审美的］，我们把这种判断理解为其规定根据只能是主观的。①

　　这段话是整个康德审美理论的核心，共包括如下三个问题：1. 运用的能力是什么？当我们判断一个事物（或曰对象）是不是"美的"的时候，所运用的能力不是认识能力而是想象力；2. 判断的根据是什么？据以判断的根据不是规则或原则，而是自己的感受；3. 判断的方式是什么？判断的方式不是逻辑推理，而是自己的感性的感受或感觉。所以，"蓝天是美的"这句话，按照康德的理论就应该表述为："想象中的蓝天使我感到高兴，因而我感觉蓝天是美的。"

　　现在要问，康德的上述分析是否符合审美体验的实际情况呢？在笔者看来，康德的这些理论阐述忽视了审美体验的最初阶段，也就是感官的感受或

---

① Immanuel Kant, *Critique of the Power of Judgment*, edited by Paul Guyer；translated by Paul Guyer and Eric Matthews. Cambridge, UK；New York：Cambridge University Press，2000，p. 89. 中译本参考［德］康德：《判断力批判》，邓晓芒译，杨祖陶校，人民出版社 2002 年版，第 37—38 页。

感知；也就是说，我只有用眼睛看到了天很蓝，我才会觉得蓝天很美，然后才可能发挥想象力去将直接观察到的杂多综合为一个整体，进而展开丰富的想象。① 由于康德固执地贬低感官及其能力，他的审美理论最终还是一种"想象力学说"。这种缺陷到了环境美学那里才得以初步克服。这里所要关注的焦点是"审美的"这个形容词在康德这里的含义。综合上述三点可知，康德意义上的"审美的"就是想象的、情感的、主体的。应该说，相对于鲍姆加滕的审美理论，康德有了一定的推进。

把握了康德的"审美的"含义之后，就可以全面地把握其相关理论了。简单说来，康德判断力理论的思路可概括为如下四个层级的"一分为二"：第一个层级是将"判断力"一分为二，划分为"规定性判断力"和"反思性判断力"。第二个层级是将"反思性判断力"一分为二，划分为"审美的判断力"和"目的论的判断力"——这就是《判断力批判》一书的两个部分：前者为第一部分，后者为第二部分。第三个层级是将"审美的判断力"进一步区分为两类，一类是"关于美的审美判断力"，一类是"关于崇高的审美判断力"；前者是《判断力批判》第一卷"美的分析论"的研究对象，后者则是第二卷"崇高的分析论"的研究对象。这个地方必须提醒读者注意的是："审美的判断力"（aesthetic judgment）与"关于美的审美判断力"（aesthetic judgment about beauty）绝对不能混淆，后者只是前者的一部分。康德著名的"美的分析论"的"四个契机"，讨论的是后者而不是前者。但是，国内很多学者的理解都发生了偏差，比如，邓晓芒认为，《判断力批判》的第1节到第22节"主要是阐述了审美的鉴赏判断的四个契机"②。严格说来，这个论断有两点需要进一步推敲：第一，《判断力批判》的正文第1节的目的是解释"鉴赏力的判断"的性质或特性，康德认为其性质是"审美的"。因此，这一节不能与下面的21节相提并论；第二，从第2节到第22节所讨论的对象是"关于美的审美判断力"，而不是"审美的判断力"——后者的内涵大于前者，因为它还包括"关于崇高的审美判断力"。也就是说，康德这四个著名的"契机"并不适用于"关于崇高的审美判断

① 应该注意的是，康德哲学与审美理论中的"想象力"与我们通常所说的想象力有着很大区别。
② 邓晓芒：《康德〈判断力批判〉释义》，生活·读书·新知三联书店2008年版，第209页。

力"，这一点在康德的著作中表现得明明白白。曹俊峰的论述稍优于邓晓芒的论述，他认为："康德把鉴赏判断分析为四个方面，得出了四个基本规定。"① 但是，曹俊峰这个论断中的"鉴赏判断"应该修改为"鉴赏力的判断"，也就是由作为"判断美的能力"的"鉴赏力"所做的判断。这就意味着，康德本人所说的"美的分析"的"四个契机"，实际上讨论的是"鉴赏力的判断"之特性的四个方面。

第四个层级康德表述得不太明显，也就是将"关于美的审美判断力"的研究对象进一步划分为"自然美"与"艺术美"两个部分。必须说明的是，康德只是在"纯粹审美判断的演绎"部分，附带讨论了艺术问题，并且明确提出自然美优于艺术美，艺术品只有在像自然的时候才可能是美的。根据这四个层级，我们可以非常清楚地看到，"关于自然美的审美判断"是最"纯粹的"审美判断，也是康德用力最多的地方。这就是康德审美判断力理论的内涵和基本框架。

这里需要补充讨论的一个问题是关于"丑"的问题。这个问题的理论线索首先出现在康德讨论"鉴赏力的判断是审美的"这个地方。在这里，他明确地提出主体有两种感受，一种是"愉悦的"，另一种是"不愉悦的"。根据康德的思路，当某物的表象与主体的"愉悦的感受"联系起来的时候，主体就会判断这个对象是"美的"；但是，他从来没有进一步讨论，当某物的表象与主体的"不愉悦的感受"联系起来的时候，主体又会做出什么样的判断？根据康德的理论逻辑，可以有把握地推测，主体在这种情况下所作的审美判断一定是：某物是丑的。这就意味着，康德有可能讨论到"丑"这个美学问题。更直接的论述出现在《判断力批判》的第 48 节"论天才与鉴赏力的关系"之中。康德这样写道：

> 美的艺术展示其长处的方式是，优美地描绘自然之中将会是丑的或令人不悦的事物。复仇女神，疾病，战祸等有害之物，都能被很优美地描绘，甚至被表现在绘画中。只有一种丑，即那些令人恶心的东西，不能按照它在自然中的样子来表现——如果那样表现的话，就会毁坏一切

---

① 曹俊峰：《康德美学引论》，天津教育出版社 2012 年版，第 152 页。

审美愉悦，因而也会毁坏艺术中的美。①

康德讨论的主题是艺术美的特点，这里关注的焦点却是他对于自然事物的看法。从他的论述中可以知道，他明确认为，自然中存在"丑的""令人恶心的"事物。这样一来，总括康德的审美判断力学说可以发现，他对于自然事物的分类就有四种：美的、崇高的、丑的、令人恶心的。相应的，对于自然事物的"审美判断"就包括如下四个：1. 自然事物是美的；2. 自然事物是崇高的；3. 自然事物是丑的；4. 自然事物是令人恶心的。第 1、2 两个判断无疑都是"审美判断"，康德对此进行了深入讨论，特别是非常细致地讨论了"审美判断"的典型形态"关于美的审美判断"（即通常所说的"美的判断"）的"四个契机"。我们这里提出的问题是：第 3 个与第 4 个判断是不是"审美判断"？如果是，它们的契机又是什么？笔者认为，这两个判断毫无疑问也是"审美判断"，它们对应的正是康德所说的"不愉悦的感受"，其契机需要学术界在康德理论的基础上进一步研究。

国内学者在研究所谓的"康德美学"的时候，通常容易犯如下两种错误：一、搞不懂"美的判断"与"审美判断"的联系与区别，甚至将二者混为一谈。我们已经看到了，"审美判断"不仅仅包括"美的判断"，而且还包括"丑的判断"（当然还包括"关于崇高的判断"）。这一方面是由于汉译的误导，另外一方面是理论方面的疏忽。二、买椟还珠，过度重视"美的分析"，甚至误以为康德美学也是"关于美的学说"，从而忽视"审美判断力"的重大理论意义，导致汉语美学过度拔高"美"的地位，甚至构造出"美—美感经验—艺术"这样的美学模式，似乎离开"美"就无法讨论"审美学"。比如，曹俊峰先生在翻译包括《判断力批判》在内的康德所有美学论著的时候，将其文集的书名称为《美，以及美的反思》，② 这就掩盖了康德美学的重点是"审美"而不是"美"。导致这种理论现象和理论后果的关键点在于，没有真正把握"审美"的含义及其与"美"的联系与区

---

① Immanuel Kant, *Critique of the Power of Judgment*, edited by Paul Guyer; translated by Paul Guyer and Eric Matthews. Cambridge, UK; New York: Cambridge University Press, 2000, p.190. 中译本参考 ［德］康德：《判断力批判》，邓晓芒译，杨祖陶校，人民出版社 2002 年版，第 156 页。
② 参见 ［德］康德：《美，以及美的反思：康德美学全集》，曹俊峰编译，金城出版社 2013 年版。

别。汉语美学要想取得实质性进展，必须以康德的审美理论为基点来辨析二者。比较而言，国际美学界就做得好很多，比如，《斯坦福哲学百科全书》在设置"康德的美学与目的论"这个词条的同时，还设置了"审美判断"与"审美的概念"两个词条。这些内容为我们理解康德之后的美学观奠定了坚实的基础。

第三节　黑格尔

康德的哲学被称为"先验观念论"，他开启了身后的"德国观念论"传统。黑格尔（1770—1831）就是这个传统的重要代表。

黑格尔后半生曾经五次讲授美学课程，具体时间分别是 1818 年、1820/21 冬季学期、1823 与 1826 夏季学期、1828/29 冬季学期。1835 年，黑格尔的一个名叫霍托（Heinrich Gustav Hotho）的学生出版了黑格尔美学讲稿的一个版本。该版本以黑格尔的手稿和一系列讲座抄本为基础，这就是通行的英语译本的底本。① 这些历史事实说明，黑格尔生前并没有专门认真细致地撰写过一部系统的美学专著，今天对于他的研究，所依据的仅仅是他那些未必经过深思熟虑的讲稿；更何况，五次讲课的讲稿可能会有较大差异，学生的笔记也会有更多的分歧。我国学术界通常根据朱光潜的译本将黑格尔的著作叫作《美学》，但是，英译本的书名则是《美学——美的艺术讲稿》，② 显然比汉语版的译名更加准确。

黑格尔的讲稿从美学的研究对象和定义开始，其讲课的特点表现得比较充分，比如，措辞随意，同一个意思使用多种表达，等等，在讲稿中几乎随处可见。我们且看其开门见山的第一句话："这些研究是讨论**美学**的；它的对象就是广大的**美的领域**，说得更精确一点，它的范围就是**艺术**；或则毋宁说，就是**美的艺术**。"③ 这句话中的黑体字都是为了强调，德语原文和英译

---

① 参见 Stephen Houlgate，"Hegel's Aesthetics"，*The Stanford Encyclopedia of Philosophy*（Summer 2010 Edition），Edward N. Zalta（ed.），URL = < http：//plato. stanford. edu/archives/sum2010/entries/hegel-aesthetics/>。

② 参见 G. W. F. Hegel，*Aesthetics：Lectures on Fine Art*，2 Volumes，translated by T. M. Knox，Oxford：Oxford University Press，1975。

③ ［德］黑格尔：《美学》第一卷，朱光潜译，商务印书馆 1979 年版，第 3 页。

本都用斜体表示，朱光潜的中译本则在下面加着重号表示。可以发现，这四个被强调的术语，其涵盖范围是逐步缩小的。就第一个关键词"美学"而言，黑格尔下面提到，其比较精确的意义是研究"感觉和情感"的科学，其范围显然最大，大于第二个关键词"美的领域"；而"广大的美的领域"显然又大于第三个关键词"艺术"；第四个关键词"美的艺术"显然范围最小，仅仅是"艺术"的一部分。从范围大小来说，上述四个关键词的关系是依次递减的，但黑格尔却把这些内涵具有明显差异的概念等同起来，显得太随意了。

黑格尔是辨析哲学概念的高手，他当然要辨析上述四个概念的各自含义及其关系。但在这个过程中，黑格尔又犯了低级错误，这集中体现在他对于"美学"这个名称的辨析中。他认为这个名称不完全恰当，因为其比较精确的意义是"研究感觉和情感的科学"；他这样讲的根据是，在鲍姆加滕初创这个学科的时候，德国人"通常从艺术作品所应引起的愉快、惊赞、恐惧、爱怜之类的情感去看艺术作品"①。根据本章第一节的论述可知，这完全是对于鲍姆加滕"美学"的误解。黑格尔说鲍姆加滕创造的美学这个名称"很肤浅"，恰恰表明了他本人对于鲍姆加滕美学的无知。

在误解鲍姆加滕美学的基础上，黑格尔提出，这门科学的正当名称是"艺术哲学"，更确切地说就是"美的艺术的哲学"；根据这个名称，"我们就把自然美除开了。从一方面看，我们这样界定对象的范围，好象有些武断，好象以为每一门学科都有权任意界定它的范围。但是我们把美学局限于艺术的美，并不应根据这种了解。"② 这段话读起来很有意思。黑格尔极力辩解的是，自己的如下做法并非"武断"——缩小美学的研究，将自然美排除在美学的研究之外。但是，他并没有拿出有力的证据，来说明自己的这个界定为什么不"武断"。通读《美学》这本书就会发现，黑格尔对于康德理论比较熟悉，他在"康德哲学"一节中颇为细致地分析了康德的审美判断力学说，特别是那四个著名的"美的分析"的契机，黑格尔逐个做出了比较详细的评述，这说明他比较了解康德的审美理论。本章第二节清楚地表

① ［德］黑格尔：《美学》第一卷，朱光潜译，商务印书馆1979年版，第3页。
② ［德］黑格尔：《美学》第一卷，朱光潜译，商务印书馆1979年版，第3—4页。

明，在康德的审美理论中，对于自然的审美研究占据核心位置。但是，黑格尔似乎故意要与康德唱反调：康德看重自然审美，他却将之排除在美学研究之外：康德认为自然美高于艺术美，他却认为自然美无法与艺术美相提并论，甚至明确断言："我们可以肯定地说，艺术美高于自然。"① 这不是典型的"武断"又是什么呢？

现在我们要问：黑格尔为什么作出上述武断的论断？其根据何在？简单说来，黑格尔的哲学观及其庞大的体系，决定了他对于艺术的看法。关于哲学的性质，关于艺术的地位，黑格尔在《美学》中有如下一段概括：

> 艺术从事于真理，即意识的绝对对象，所以它也属于精神的绝对领域。因此，就其内容来说，它与宗教（就该词的严格意义而言）和哲学都站在一个同样的基础上。因为哲学除了神之外没有别的对象，所以，它本质上就是理性神学，并且，就它作为真理的仆人来说，它也永远为神服务。②

这段充满神秘色彩的话，包含着黑格尔哲学及其所谓的"美学"的全部秘密，需要认真对待。首先是哲学观。黑格尔明确提出，哲学是"理性神学"（rational theology），也就是穿着理性衣服的宗教学说。只不过，与宗教中的神（即上帝）相比，黑格尔哲学中的上帝是"理念"，他又将之称为"绝对精神"。黑格尔的哲学体系庞大而繁复，但其思路却可以概括为非常简单的两句乘法口诀：一三得三，三三得九。这个"一"就是理念，它的运动过程包括三个阶段，分别是逻辑阶段、自然阶段和精神阶段——这就是"一三得三"。黑格尔哲学体系的三部分，研究的就是这里的"三"，分别是逻辑学、自然哲学和精神哲学。在黑格尔看来，上述三个阶段的每一个又包含三个阶段，这就是"三三得九"。比如说，精神阶段又划分为三个阶段，分别是主观精神、客观精神和绝对精神。做完上述乘法口诀之后，黑格尔还

---

① ［德］黑格尔：《美学》第一卷，朱光潜译，商务印书馆 1979 年版，第 4 页。

② G. W. F. Hegel, *Aesthetics*: *Lectures on Fine Art*, 2 Volumes, translated by T. M. Knox, Oxford: Oxford University Press, 1975. 中译本参考［德］黑格尔：《美学》第一卷，朱光潜译，商务印书馆 1979 年版，第 129 页。朱光潜对于这段话的翻译晦涩难懂，不符合黑格尔的哲学体系。

没有罢手，又进一步把绝对精神"一分为三"，划分为艺术、宗教、哲学三个小的阶段，对它们的研究分别是艺术哲学、宗教哲学和历史哲学。

必须补充说明的是，黑格尔所说的不同阶段绝不是并列的，而是"从低到高"的等级过程——"从低到高"的等级非常重要，比如说，自然阶段处于"一三得三"这个层级的第二个阶段，所以，它就高于第一个阶段"逻辑"而低于第三个阶段"精神"。黑格尔美学之所以轻视自然美而抬高艺术美，根本原因就在于，艺术属于精神阶段，而精神阶段高于自然阶段。简言之，黑格尔心目中的"美学"不是别的，就是他的"理性神学中的艺术哲学"。根据这个哲学思路，自然美当然要被排除在外了。从这个哲学思路来说，黑格尔将美学缩小为"艺术哲学"当然不是"武断的"，而是有其逻辑根据的。但是，我们不禁要问：这个艺术哲学所属的"理性神学"整体框架，到底是"理性的"，还是"武断的"？这个问题不仅涉及哲学观，而且涉及神学观或宗教信仰。不要说从无神论的立场，即使从康德道德神学的立场来看，黑格尔的"理性神学"也是虚构的、独断的，其艺术哲学的荒谬之处昭然若揭。

需要补充说明的是，尽管黑格尔在《美学》的开篇部分明确提出"把自然美除开"，但是，在实际的讲课过程中，他还是用了较大篇幅来讨论自然美，这就是第一卷"艺术美的理念或理想"的第二章"自然美"①。这似乎有点前后矛盾，但是，从黑格尔自己的哲学框架来看，讨论自然美却是理所应当的，因为"自然阶段"毕竟是处于"逻辑阶段"和"精神阶段"之间的一个阶段。当然了，他讨论自然美的最终目的，是为了说明"自然美的缺陷"，从而为讨论"艺术美"做好铺垫。

总的来说，黑格尔根据其哲学体系，将"美学"等同于"理性神学中的艺术哲学"，一方面导致美学的哲学基础处于悬空状态，另一方面大大缩小了美学的研究范围。尽管他的学说在 19 世纪发生过一定影响，但是，环境美学论著却没有任何一个地方提到他。这里讨论他的目的，是为了分析将美学等同于艺术哲学这种思路的理论偏颇，特别是它的狭隘之处。然而，非

---

① 参见［德］黑格尔：《美学》第一卷，朱光潜译，商务印书馆 1979 年版，第 149—196 页。《美学》涉及自然美的内容还有全书序论，在讨论"模仿自然说"的时候涉及了自然美问题，参见第 52—56 页。

常遗憾的是，20 世纪跟黑格尔哲学唱反调的分析哲学，却促成了一种比黑格尔美学观更加狭隘的美学观。这就是美国学者比尔兹利的美学观。

第四节　比尔兹利

黑格尔庞大的观念论哲学体系在 19 世纪中期轰然倒塌，在 19 世纪末 20 世纪初期的时候，成为英国分析哲学的主要批判目标。以罗素等人为代表的分析哲学家们不满当时占据着英国高校的绝对观念论，其研究思路是摒弃玄想，集中精力去分析哲学著作中所用术语和命题的意义。相对于黑格尔式的玄思，这种崭新的哲学研究方式显得更加具体可行：无论什么样的哲学问题，都是通过语言来讨论的，都是由语言表达出来的。因此，哲学话语中所使用的词语的意义、命题的意义，某种程度上就是哲学思想的意义。正因为如此，哲学分析便和语言分析结下了不解之缘。简言之，语言分析在 20 世纪初期成为英美哲学的主导倾向。从传统哲学观念来看，这无疑是一种发生在哲学研究领域的"语言转向"。

这种分析方法很快就影响到了美学研究，采用这种方法并取得卓越成就的美学家首推美国学者比尔兹利（Monroe Beardsley，1915—1985），他出版于 1958 年的《美学——批评哲学的问题》一书以系统全面见长，影响很大，被《斯坦福哲学百科全书》的"比尔兹利的美学"这个词条称为"分析传统中第一部系统的、论证充分的、批评深入的艺术哲学"。该词条同时还指出："很多哲学家（包括比尔兹利的一些批评者）都认为，《美学》是 20 世纪分析美学最深刻、最重要的著作。"① 由此可见其重要地位。

那么，美学是什么？这是首先要关注的问题。其实，比尔兹利这本书的副标题已经简明地回答了这个问题：美学就是"批评哲学"——关于艺术批评的哲学，美学要研究的就是与此相关的那些问题。艺术的门类很多，比尔兹利重点研究的却只有三种：文学、音乐、绘画。他的《美学——批评哲学的问题》一书开门见山地写道：

---

① Michael Wreen，"Beardsley's Aesthetics"，*The Stanford Encyclopedia of Philosophy*（Fall 2010 Edition），Edward N. Zalta（ed.），URL=<http：//plato. stanford. edu/archives/fall2010/entries/beardsley-aesthetics/>。

　　为了标出美学这个研究领域的界限，我认为，如果没有人曾经讨论过艺术作品，那就没有美学的各种问题。①

　　比尔兹利的这个论断有两个要点需要注意：第一，从研究范围来说，它明确将美学的问题与艺术批评结合起来。这固然没有将二者等同，但是，却把美学研究的范围限定在与艺术相关的问题上；第二，美学的研究对象不是艺术作品，而是对于艺术作品的"讨论"，即通常所说的"艺术批评"。紧接着这个论点，比尔兹利不惜篇幅，从各种媒体上大段摘录了三种艺术评论，分别评论的是绘画、文学和音乐。比尔兹利的研究思路就是分析这些艺术评论话语所使用的基本概念、命题及其背后隐含的美学问题。简言之，通过分析艺术批评话语的基本概念及其意义来研究美学问题，这就是比尔兹利从分析哲学那里借鉴的治学方法。

　　比尔兹利指出，艺术批评中包含各种"批评性陈述"（critical statements），而这些陈述就是对于艺术问题回答。他同时特别强调，要问的不是关于艺术作品的问题，而是关于"批评家针对艺术作品所说的"，也就是批评家关于艺术作品的话语（discourse）。众所周知，批评家在评论艺术作品的时候，必须使用一定的术语，必须运用一定的原理。"美学作为一个知识领域，就是由这些原理构成的——批评家需要这些原理来澄清并证实批判性陈述。因此，美学可以被构想为批评的哲学，或者元批评。"② "元批评"（metacriticism）是一个很新鲜的提法，其实就是"对于艺术批评的批评"：从哲学的角度，批评那些艺术批评中所使用的基本术语的意义、论证的逻辑及其分析的对象。简言之，美学探讨的是"批评的性质和基础"③。这就是以比尔兹利为代表的分析美学的美学观。

---

① Monroe Beardsley, *Aesthetics: Problems in the Philosophy of Criticism*, 2nd ed. Indianapolis: Hackett Publishing Company, Inc. , 1981, p. 1.

② Monroe Beardsley, *Aesthetics: Problems in the Philosophy of Criticism*, 2nd ed. Indianapolis: Hackett Publishing Company, Inc. , 1981, pp. 3-4.

③ Monroe Beardsley, *Aesthetics: Problems in the Philosophy of Criticism*, 2nd ed. Indianapolis: Hackett Publishing Company, Inc. , 1981, p. 6.

小　结

纵观本章四节内容可知，美学从 1735 年正式诞生起，经过两百多年的演变，其研究范围越来越小了：从广大的审美领域缩小到艺术，再从艺术缩小到艺术批评——这就是本章所说的"美学观的变异"。环境美学所要直接面对的就是分析美学的美学观。环境美学的美学观基本上都是对于分析美学的美学观的反驳，某种程度上是对于鲍姆加滕美学观的回归。

第二章　环境美学兴起之前的自然美学

第一章指出，美学作为一门独立的学科，诞生于 18 世纪鲍姆加滕之手。在美学学科诞生之初，自然便是人们重要的审美对象，由于众多思想家对自然的重视，使得自然美学在美学学科中占有一席之地。进入 19 世纪，美学学科关注的重心从自然转向了艺术：从美学理论上看，美学成为艺术哲学；从审美实践上看，如画性审美成为人们自然审美欣赏的主流观念，只有欧洲的浪漫主义思想和北美的自然写作重视自然本身。到 20 世纪上半期，分析哲学依旧将美学研究局限在艺术哲学的范围内，自然几乎被排除在分析美学之外，自然欣赏依旧寄托在艺术欣赏的观念上。直到 20 世纪下半期，以赫伯恩《当代美学与对自然美的忽视》为转折点，自然美学得以复兴，同时也促成了环境美学的诞生，自然美的问题是环境美学的核心问题，自然美学不仅是环境美学兴起的历史根基，也是其重要的一部分，由此自然美学走向了环境美学。

考虑到上述因素，本章研究环境美学兴起之前的自然美学，以便为正式研究环境美学奠定历史基础。

第一节　18 世纪自然美学

自然美具有悠久的历史，自古希腊人们开始谈美之时，自然便成为人们重要的审美对象，比如柏拉图的《大希庇阿斯》，虽然没有找到美本身是什么，但是提到了美的母马、猴子等自然事物。根据塔塔尔凯维奇（Wladyslaw Tatarkiewicz）的考察，在 18 世纪美学学科独立之前，"美曾一直被视为自然而非艺术的一种特性"①。这种论断或许有些夸张，但毫无疑问的是，在 18 世纪以前，自然确实是审美的重要对象。当代环境美学家卡尔森（Allen Carlson）在追溯环境美学的历史基础的时候指出，在 18 世纪，"现代美学的创建者们不仅将自然当作审美体验的一个范式对象，他们也将无利害性观念发展成为这种体验的标志"②。实际上，无利害性观念的发展，为自然美学的三个重要观念"优美""崇高""如画"提供了根基，可以说，无利害性、优美、崇高、如画等观念是 18 世纪自然美学的重要成果，促进了自然美学的真正建立。本章从 18 世纪开始谈起，一是因为美学作为一门独立的学科诞生于 18 世纪，二是因为自然美学在 18 世纪取得重大发展，真正具有一定的自律性质。

一、自然作为审美范式

"自然"（nature）概念对于 18 世纪的美学来说非常重要，如洛夫乔伊（O. Lovejoy）所言："尤其是读十八世纪的著作，心中如果没有一张关于'自然'的通常的含义图，那就是在没有意识到的歧义中行进。"③ 他认为，18 世纪有一个重要的公式，即"艺术应该'模仿'、或'跟随'、或'靠近自然'"④。于是他在《作为审美规范的"自然"》一文中，细致地分析了"自然"一词的诸种审美用法：1. 自然作为艺术中被摹仿的对象；2. 自然作为必然的且不证自明的诸真理体系，与诸本质的属性和关系紧密相关；3. 总体意义上的自然，即作为整体的宇宙秩序，或者显现其中的半人格化的力量，作为一个典范，其运作的诸属性和模式应该具有人类艺术的特征；4. 自然即自然性，作为艺术的一种属性；5. 自然由于在艺术的共性中，因此决定艺术品的魅力。⑤ 从洛夫乔伊对"自然"诸种审美用法的解释中可以看

---

① Wladyslaw Tatarkiewicz, "The Great Theory of Beauty and Its Decline", *The Journal of Aesthetics and Art Criticism*, 31（1972）, pp. 165–180.
② Allen Carlson, "Environmental Aesthetics", *The Stanford Encyclopedia of Philosophy*（Summer 2019 Edition）, Edward N. Zalta（ed.）, URL = < https: //plato. stanford. edu/archives/ sum2019/ entries/environmental-aesthetics/>.
③ O. Lovejoy, "'Nature' as Aesthetic Norm", *Modern Language Notes*42（1927）, pp. 444–450.
④ O. Lovejoy, "'Nature' as Aesthetic Norm", *Modern Language Notes*42（1927）, pp. 444–450.
⑤ O. Lovejoy, "'Nature' as Aesthetic Norm", *Modern Language Notes*42（1927）, pp. 444–450.

出，自然无论是在具体物质层面，还是在抽象的真理或本性用法中，都对艺术有着决定性影响。由此洛夫乔伊才说，在18世纪自然是审美规范。

洛夫乔伊主要是从语义层面对18世纪"自然作为审美规范"进行解读，实际上，从康德审美思想当中也可以直接看出自然作为审美范式的地位。如果说鲍姆加滕开创了"美学"这一学科，那么康德则是真正地把美学的根基打牢。如黑格尔所评论的那样："'康德说出了关于美的第一个合理的词'，对今天习惯称作'美学'的学科做出了根本的，实际上是划时代的贡献。"① 在康德那里，自然是审美体验的重要范式，自然美要优于艺术美。康德以自然审美为审美的基本范式，可以从"美的分析论"和"崇高的分析论"中看出。笔者对康德所列举的实例进行了统计②，如表2-1所示。

表2-1　康德列举的关于美的例子

序号	例　子	页码
1	"草地的绿色"	41
2	"花，自由的素描，无意图地互相缠绕、名为卷叶饰的线条"	42
3	"这朵玫瑰花"	50
4	"一件衣服、一座房子、一朵花"	51
5	"一片草坪的绿色""一把小提琴的音调"	59
6	"颜色和音调"	60
7	"素描"	61
8	"素描""作曲"	61
9	"花朵"	65
10	"许多鸟类（鹦鹉、蜂鸟、天堂鸟）""不少的海洋贝类""线描""用于镶嵌或糊墙纸的卷叶饰"	65
11	"一个人的美（并且在这个种类中一个男人或女人或孩子的美），一匹马的美，一座建筑（教堂、宫殿、博物馆或花园小屋）的美"	66
12	"各种各样的花饰和轻松而有规则的线条"	66

---

① Immanuel Kant, *Critique of Judgment*, James Creed Meredith, translated Nicholas Walker, Revised, New York: Oxford University Press, 2007, p. vii.

② 按：统计所参考的版本是［德］康德：《判断力批判》，邓晓芒译，杨祖陶校，人民出版社2002年版。

续表

序号	例　　子	页码
13	"美的花朵，美的家具，美的风景，如一幢美的住房，一棵美的树，一个美的花园"	69
14	"美男子的体形""一匹美丽的马或一只美丽的狗的典范"	70
15	"波吕克里特的著名的荷矛者""米隆的母牛"	71
16	"一朵花，例如一朵郁金香"	72
17	"大自然的自由的美景""鸟儿的歌唱"	80

在"美的分析"部分，康德有17处提到美的例子，除了其中作为纯粹美的"素描、线条、颜色、音调"以外，康德在分析美时，主要参照的对象就是自然事物，例如表中提到的草坪、花朵、树、鸟、马、海洋贝类、自然美景等。特别是花的例子，在17处举例当中出现了6次；然后是日常生活环境，如一件衣服、一座房子、用于镶嵌或糊墙纸的卷叶饰、花园等；艺术品则出现2次，分别是建筑（教堂、宫殿、博物馆或花园小屋）和雕塑（波吕克里特的荷矛者、米隆的母牛）。从康德列举出来的审美对象可以推测出，在康德那里，自然是审美体验的典范对象。

至于对崇高的分析，康德更是以自然为范例。在谈到从对美的评判能力过渡到对崇高的评判能力时，康德明确指出："当我们在此公平地首先只考察自然客体上的崇高（因为艺术的崇高永远是被限制在与自然协和一致的那些条件上的）。"① 这句话解释了康德为什么在"崇高的分析论"如此重视自然界的崇高。尤其是在力学的崇高分析中，康德关注的是"作为强力的自然"和"对自然界崇高的批判的模态"，根本没有提到艺术崇高。且看康德对崇高的一段著名解说：

　　险峻高悬的、仿佛威胁着人的山崖，天边高高汇聚挟带着闪电雷鸣的云层，火山以其毁灭一切的暴力，飓风连同它所抛下的废墟，无边无际的被激怒的海洋，一条巨大河流的一个高高的瀑布，诸如此类，都使我们与之对抗的能力在和它们的强力相比较时成了毫无意义的渺小。但

① ［德］康德：《判断力批判》，邓晓芒译，杨祖陶校，人民出版社2002年版，第83页。

只要我们处于安全地带，那么这些景象越是可怕，就只会越是吸引人；而我们愿意把这些对象称之为崇高。①

在这段对崇高体验的解说中，康德所列举的对象都是自然事物，可见自然是崇高体验的范式。

康德之所以把自然而非艺术品，作为审美体验的范式，是因为康德认为，艺术品是人工制品，总流露出一定的目的，而自然事物不带任何客观目的性，仅仅是形式的合目的性，因此更符合审美判断的要求。比如，康德曾将一件艺术品和一朵郁金香做对比：

从古墓中取出的、带有一个用于装炳的孔的石器，它们虽然在其形象中明显透露出某种合目的性，其目的又是人们所不知道的，却仍然没有因此就被解释为美的。不过，人们把它们看作艺术品，这已经足以使人们不得不承认它们的形状是与某种意图和一个确定的目的相关的了。因此在对它们的直观中也就根本没有什么直接的愉悦了。反之，一朵花，例如一朵郁金香，则被看作是美的，因为在对它的知觉中发现有关某种合目的性，是我们在评判它时根本不与任何目的相关的。②

正因为自然是审美体验的范式，康德提出了著名的"艺术像似自然"命题。康德认为，美的艺术是一种当它同时显得像是自然时的艺术。虽然艺术不是自然，但是，艺术的形式中的合目的性，却必须看起来像是摆脱了有意规则的一切强制，以至于它好像是自然的一个产物。"艺术只有当我们意识到它是艺术而在我们看来它却又像是自然时，才能被称为美的。"③

自然是审美体验的范式，这无疑极大地提高了自然美的地位，也恰好与18世纪后期旅游的兴起相呼应，促进了人们对大自然的审美关注。实际上，自然作为审美欣赏的一个理想对象与无利害概念的发展紧密相连，康德正是通过无利害的观念，将自然欣赏时个人的各种功利性观念排除，保证对自然

① ［德］康德：《判断力批判》，邓晓芒译，杨祖陶校，人民出版社2002年版，第100页。
② ［德］康德：《判断力批判》，邓晓芒译，杨祖陶校，人民出版社2002年版，第72页。
③ ［德］康德：《判断力批判》，邓晓芒译，杨祖陶校，人民出版社2002年版，第149页。

的欣赏具有审美体验的普遍性与范式性意义。①

二、无利害性

无利害（disinterestedness）概念是现代美学的根基，也为自然美学在 18 世纪的发展提供了保障。如斯托尼茨（Jerome Stolnitz）在考察"无利害性"概念起源时断言的那样："我们将无法理解现代美学理论，除非我们理解'无利害性'概念。"② 然而，"无利害性"作为美学术语，实际上是 18 世纪以来的事情。在夏夫兹博里（Lord Shaftesbury）之前，"无利害"与"利害"相对立，是一组伦理概念，正是在夏夫兹博里那里，"无利害性"被引入到美学领域，具有了美学内涵。

据斯托尼茨考察，在夏夫兹博里时代，"利害"（interest）指福祉或善（the good），这种福祉或善既可以是个人的，也可以是社会的。然而，夏夫兹博里在使用"利害"一词时，偶尔也用"利害"一词指追求善的欲求或动机，即旨在行动，这时它指向个人的善，而绝非公共的善。在这种情境中，夏夫兹博里将"利害"等同于"自我—利害"（self-interest），于是利己主义（egoism）的内涵便存在于"利害的"（interested）或"利害性"当中。这样来看的话，仁慈的或利他的行动就是"有利害的"行动的反面，似乎可以称为"无利害的"，然而夏夫兹博里并没有在此层面使用"无利害的"一词。

首先，夏夫兹博里从利己主义或工具主义的对立面来理解"无利害的"观念。他认为在伦理和宗教领域，期盼奖赏或害怕惩罚对美德至关重要，任何利己主义的行为都会受到这种动机的激发，而在此种意义上，"无利害的"只具有消极的或否定的意义，即不是由自我关注（self-concern）所激发的。一个人如果出于对奖赏的爱而行善，那就还不是真正道德的；只有他出于善自身目的（for its own sake），才真正是好的或有美德的。

---

① 参见 Carlson Allen，"Environmental Aesthetics"，*The Stanford Encyclopedia of Philosophy*（Summer 2019 Edition），Edward N. Zalta（ed.），URL = < https：//plato. stanford. edu/archives/sum2019/entries/environmental-aesthetics/>。

② Jerome Stolnitz，"On the Origins of 'Aesthetic Disinterestedness'"，*The Journal of Aesthetics and Art Criticism*，20（1961），pp. 131–143.

其次，夏夫兹博里从自我之善（self-good）而非结果来理解"无利害的"观念，他认为真正的美德关注的是内在的（intrinsic）事物，因此超越了自私—非自私的对立（selfishness-unselfishness controversy）结构。就传统而言，利害性是道德概念，是实践的，因为它涉及为了实现某些目的而做的行为抉择。然而，夏夫兹博里放弃了传统上对结果和行为的关注，主张道德生活不是选择和执行一个决定，而是喜欢或爱上对美德的观看或静观。这样一来，夏夫兹博里借助"无利害性"概念，就将动机、行为、结果等与道德隔离开来，也将实践内涵从"无利害性"概念中排除掉了。

夏夫兹博里对"无利害性"的解读，使得其伦理理论变得与审美理论十分相近，使道德排除了实践意义，成为一种自律的、自指性的事物，美德是它自身，与对秩序和美的爱一样。也正是在这种意义上，夏夫兹博里才将有美德的人等同于艺术爱好者，将有美德的人描述成旁观者（spectator）。于是，如斯托尼茨所言："当他（指夏夫兹博里）把道德和宗教描述成对他们所尊敬的诸对象自身目的的'爱'时，'无利害的'这一术语不再与选择和行为有关，而是与一种关注和关心的模式有关。当一个人不再思索任何结果时，他此刻才是'无利害的'。"① 此外，"无利害的/无利害性"被夏夫兹博里转换成美学概念的关键一点还在于，夏夫兹博里用知觉替代了"无利害性"原初概念中的实践内涵，即"无利害性"不再涉及行为、结果等实践意义，而只是指向纯粹的静观。于是斯托尼茨指出："鉴于感性的／审美的（aesthetic）一词的词源学意义，这是第一次恰当地谈到'审美无利害性'（aesthetic disinterestedness）。"②

无利害性概念引入美学领域后，便成为自然审美的基础，它强调人们欣赏自然时既要排除各种功利之心，又要重视审美知觉。夏夫兹博里以自然风景作为审美对象来举例子，比如人们对果实与大海的欣赏：果实容易激起人们强烈的占有欲，人们无法仅仅通过观看（view）而满足；而对于大海，人们则需要静观大海之美，如果一心想着如何控制大海，像强大的海军一般征

---

① Jerome Stolnitz, "On the Origins of 'Aesthetic Disinterestedness'", *The Journal of Aesthetics and Art Criticism*, 20（1961），pp. 131–143.

② Jerome Stolnitz, "On the Origins of 'Aesthetic Disinterestedness'", *The Journal of Aesthetics and Art Criticism*, 20（1961），pp. 131–143.

服大海，这种幻想是荒谬的。夏夫兹博里反对在自然审美时还幻想着占有自然，无利害性观念由此得到广泛认可。

随后，哈奇森（Francis Hutheson）进一步推进了"无利害的/无利害性"内涵，不仅将个人的、实用的利害从审美体验中排除，也将更普遍性质的相关物排除掉；而后，艾里生（Archibald Alison）更进一步发展了"无利害的/无利害性"观念，将其指向一种特殊的心灵状态；最后，这一概念在康德那里得到了经典陈述。由于艾里生将"无利害的"概念推进到心灵状态，则方便了康德对"无利害的"概念的运用。

康德首先把鉴赏判断规定为主体的，然后强调鉴赏判断是不带有任何利害的。康德在《判断力批判》开篇便指出："为了分辨某物是美的还是不美的，我们不是把表象通过知性联系着客体来认识，而是通过想像力（也许是和知性结合着的）而与主体及其愉快或不愉快的情感相联系。所以鉴赏判断并不是认识判断，因而不是逻辑上的，而是感性的［审美的］，我们把这种判断理解为其规定根据只能是主观的。"[①] "无利害的"概念历经夏夫兹博里到艾里生的发展，成为一个关涉心灵的审美概念，在这种背景下，康德再把鉴赏判断规定为主体的之后，因而水到渠成地指出"那规定鉴赏判断的愉悦是不带有任何利害的"。康德认为，被称为利害的愉悦是与一个对象的实存的表象结合着的，并同时具有与欲求能力的关系；但是，鉴赏力做出的判断是无利害的，意味着对事物的实存不关心。"现在既然问题在于某物是否美，那么我们并不想知道这件事的实存对我们或任何人是否有什么重要性，哪怕只是可能有什么重要性；而只想知道我们在单纯的观赏中（在直观或反思中）如何评判它。"[②] 康德提出"无利害的"概念的目的，是要在审美中隔离个人的利害考虑，保证审美的纯粹性。"每个人都必须承认，关于美的判断只要混杂有丝毫的利害在内，就会是很有偏心的，而不是纯粹的鉴赏判断了。我们必须对事物的实存没有丝毫倾向性，而是在这方面完全

---

① ［德］康德：《判断力批判》，邓晓芒译，杨祖陶校，人民出版社 2002 年版，第 37—38 页。笔者认为，译文最后的"主观的"应该修改为"主体的"。笔者对康德的"无利害性"的观念也有着自己的阐释，认为应该将之理解为"无关切性"，也就是"不关切客体的实际存在"，但这里依旧采用了最常见的观点。参见程相占：《论生态美学关键词"审美关切"——康德"无关切性"概念的真实含义及其批判》，《福建论坛（人文社会科学版）》2017 年第 12 期。

② ［德］康德：《判断力批判》，邓晓芒译，杨祖陶校，人民出版社 2002 年版，第 39 页。

抱有无所谓的态度，以便在鉴赏的事物中担任评判员。"① 康德正是借助"无利害的"概念奠定了"美的分析"的第一契机，并且这一契机是美的"四个契机"的根基。康德既借用"无利害的"概念推进了自己的研究，同时也推动了"无利害的"概念的发展。

"无利害的"概念强调人们在自然审美欣赏时，排除主体自身的各种偏私，这成为指导人们进行自然审美欣赏的基础性概念，同时也保证自然审美的自律性，极大地促进了自然美学的发展。诚如卡尔森所言："无利害概念与 18 世纪以来人们对自然的痴迷相结合，从而涌现出景观体验的丰富途径。凭借着无利害性的提携，不仅那些耕作过的田园乡村可视为一种优美，而且那些最为原始的自然环境也可视作一种崇高来进行欣赏。进而在这两个极端（优美与崇高）之间，无利害性为欣赏景观中一个更为强劲的欣赏模式——如画性的涌现提供空间。"②

三、优美

据塔塔尔凯维奇考察，现在英语中的"优美"（beautiful）一词，希腊人叫"kaldn"，罗马人叫"pulchrum"，直到 18 世纪美学学科独立之际，关于美（beauty）的理论的概念主要有三种：1. 最宽泛的意义上的美，不仅包含事物的美，也包含伦理的美，因此美的理论包含美学和伦理学；2. 纯粹审美意义上的美，即仅仅指向审美体验，不过它包含任何能激发审美体验的事物；3. 审美意义上且只限于视觉欣赏的事物。③ 优美作为一种重要的美学理论范畴，在 18 世纪自然美学发展当中扮演着重要角色，这与美的第二种和第三种含义的诞生紧密相关。正是美的概念从古希腊最宽泛的含义，缩小到 18 世纪以后较严格的意义，即专门指审美体验，使得自然审美理论抛去了各种伦理学、神学、个人利害等考虑，促进了自然审美走向自觉和自律。

在 18 世纪，优美之所以成为自然审美的一个独立范畴，还在于它与崇

---

① ［德］康德：《判断力批判》，邓晓芒译，杨祖陶校，人民出版社 2002 年版，第 39 页。

② ［加］艾伦·卡尔松：《自然与景观》，陈李波译，湖南科学技术出版社 2006 年版，第 2 页。

③ Wladyslaw Tatarkiewicz, "The Great Theory of Beauty and Its Decline", *The Journal of Aesthetics and Art Criticism*, 31（1972），pp. 165-180.

高概念的逐渐分离并与之形成二元并立的理论格局。在思想史上，"崇高"概念出现得很早，但是直到文艺复兴时期，朗吉努斯（Pseudo-Longinus）《论崇高》被重新发现，"崇高"概念才受到人们的重视。但那时崇高与优美还没有完全分离开，比如在休谟那里，他还认为崇高只是一种美，崇高和优美并不是截然对立的两种审美形态和审美范畴。然而，艾迪生（Addison）开始将美与崇高区分开来①，经过博克和康德的深刻论述，优美与崇高作为两种并列的审美形态和审美范畴才成为共识。博克和康德对优美与崇高的分析都是经典的，但是两个人的分析路径不同：博克是英国经验主义集大成者，主要是从经验角度分析优美；而康德则是先验哲学家，关注审美判断的先验性。于是他们分别从不同方面明确了"优美"这一审美范畴的独特内涵，从而促进了 18 世纪自然美学的发展。

博克凭借经典文献《关于我们崇高与美观念之根源的哲学探讨》而成为英国 18 世纪重要的美学家。博克认为，美与崇高都只涉及客观事物的感性方面，即用感官和想象力来把握事物的性质。因此，博克对于美的论述集中于具有感性特征的事物，于是自然事物成为其美的对象重要部分，而诗歌等语言艺术则很少提及。值得注意的是，博克强调把美与欲念分开，他认为，美指事物中能引起爱或类似爱的情欲的某一性质或某些性质，而这里的爱与带有占有倾向的欲念或性欲是分开的，只指在观照美的事物时心理上所感受到的那种喜悦。在此基础上，博克结合心理经验，指出美的事物的特征主要是小、柔滑、娇弱、明亮，等等。②

康德高度赞扬博克的上述论文，称博克为"最优秀的作家"，还在《判断力批判》中采用注释的方式，特意注明博克著作的德文译本，即《关于我们的美和崇高的概念之起源的哲学考察》（里加和哈特罗赫，1773），指出其"作为心理学的评述，对我们内心现象的这些分析是极为出色的，并且给最受欢迎的经验性人类学研究提供了丰富的素材"③。这里需要说明的是，康德对于"优美"和"崇高"的研究应该划分为前后两个阶段。第一

---

① Wladyslaw Tatarkiewicz, "The Great Theory of Beauty and Its Decline", *The Journal of Aesthetics and Art Criticism* 31 (1972), pp. 165-180.

② 参见《朱光潜全集》第六卷，安徽教育出版社 1990 年版，第 261—276 页。

③ ［德］康德：《判断力批判》，邓晓芒译，杨祖陶校，人民出版社 2002 年版，第 118 页。

个阶段是 1764 年发表的小册子《关于美感和崇高感的考察》，分四章依次讨论了如下四个问题：崇高感和美感的不同对象，人身上崇高和美的品性，两性相对关系中美与崇高的区别，就其建立在不同的崇高感和美感之上论各种民族特点。① 第二个阶段是出版于 1790 年的《判断力批判》，该书整体上划分为两部分，第一部分为"审美判断力批判"（即通常所说的"美学"），第二部分为"目的论判断力批判"（即通常所说的"目的论"）。第一部分"审美判断力批判"进一步划分为两章，第一章为"审美判断力的分析论"，第二章为"审美判断力的辩证论"；第一章再进一步划分为两卷，第一卷为"美的分析论"，第二卷为"崇高的分析论"。这个层层递进的理论框架清晰地表明，通常所说的"康德美学"的核心内容为"美的分析"和"崇高的分析"两部分，其整体框架完全沿用了前期的《关于美感和崇高感的考察》，只不过从 1764 年的经验论转化成了 1790 年的先验论。完全可以说，从康德之后，"优美"与"崇高"两种审美形态和审美范畴并驾齐驱的理论格局几乎被固定了下来。

如果说鲍姆加滕提倡了美学学科的独立，而康德则是真正推进了审美自律，进而促进了自然审美的自律。大自然是人类的母亲，人类的文明都是建立在自然之上，人类社会生活离不开自然，自然一直是人类审美欣赏的对象，但是在审美获得自律以前，人类对自然的欣赏是附属性的，要么带有浓厚的功利性，要么带有宗教性，要么就是劳作之余零散的欣赏。比如，中世纪人们认为自然是优美的，因为它是上帝创造的作品，如果没有上帝，世界就不可能是美的。博克和康德分别从经验主义和先验主义的不同路径，推进了人们对自然的欣赏。自然有优美的特性，可以审美地欣赏，不是因为外在的原因，只因为自然自身的形式、色彩等特征。康德说，鉴赏判断只以一个对象的合目的性形式为根据，他说："能构成我们评判为没有概念而普遍可传达的那种愉悦，因而构成鉴赏判断的规定根据，没有任何别的东西，而只有对象表象的不带任何目的的主观合目的性，因而只有在对象借以被给予我们的那个表象中的合目的性的单纯形式。"② 康德对形式的强调，尽管与经

---

① 参见［德］康德：《康德美学文集》（注释版），李秋零译注，中国人民大学出版社 2016 年版，第 283—324 页。

② ［德］康德：《判断力批判》，邓晓芒译，杨祖陶校，人民出版社 2002 年版，第 56—57 页。

验主义的形式含义不同，而且康德的思想常常被误解，但是康德确实推动了形式主义的发展，同时也促使人们对自然形式的重视，成为自然审美得以自律的关键。博克等经验主义则重视对优美的具体解读，认为优美的事物一般具有小、柔滑、娇弱、明亮，以及比例恰当、和谐等特征，这就细化了对于自然的欣赏。

自然审美获得自律，自然的优美被人们高度重视，这还与工业革命的发生和开展有关。18世纪下半期，工业革命率先在英国兴起，大大提升了人类开采自然的能力，同时也意味着大大提升了人类破坏自然的能力。当大自然的美景遭到破坏时，优美的自然便进入了人们的视野，成为宝贵之物；当优美的自然风景成为珍贵之物，它也就容易被人们视作理想美，用来驯化、栽培园林和景观。

17世纪前，英国没有自己民族风格的园林，主要是仿效其他国家的园林，如意大利文艺复兴时期的台地园、法国勒诺特式宫苑、荷兰的宫苑和中国的山水园林。但是到了18世纪，英国独创了自然式风景园，① 英国自然式园林景观常常将自然——如山、水、道路等——容纳其中，甚至模拟或者强化那些优美的自然景观，从而突出园林中自然美的部分。以英国斯托海德园（Stourhead）为例。它位于斯托河（River Stour）上游，被誉为英国现存最为完整和最具代表性的风景式园林之一。1717年，银行家亨利·霍尔（Henry Hoare I，1677—1725）购置了这里的地产，并在1724年建成园林东侧的帕拉迪奥式府邸建筑。随后在其子亨利·霍尔二世（Henry Hoare II，1705—1785）的主导下，开始了斯托海德园的建设。在景观营造上，斯托海德园通过对流经园址的斯托河进行截流与改道，形成园中开阔的自然式湖面。以自然式湖面为中心，环湖分布六个小型水景区。园中植有类型众多的植物，以山毛榉、冷杉、意大利丝杉、黎巴嫩雪松、瑞典及英国的杜松、水松、落叶松为最，形成了以针叶树为主的山水林地。② 由此可见，18世纪从英国开始兴起的自然式园林，大量模仿和营造优美自然景色，其实是将理想的优美观念物化，由此也表征出自然审美的自律。

———————————

① 参见苏雪痕：《英国园林风格的演变》，《北京林业大学学报》1987年第1期。
② 参见李海锴：《十八世纪英国园林声景研究》，华南理工大学硕士学位论文，2016年。

四、崇高

关于崇高的最早经典文献是古罗马时期朗吉努斯的《论崇高》，他主要是从修辞术的角度讨论崇高，认为影响崇高风格的因素主要有五种，即"掌握伟大思想的能力""强烈深厚的情感""修辞格的妥当运用""崇高的文词"和"把前四种联系成为整体的""庄严而生动的布局"。[①] 此时"崇高"只是一个文论范畴，与后来博克、康德等讨论的作为审美范畴的"崇高"还有很大差距，但是它为后者奠定了基础。

18 世纪艾迪生（Addison）首先将优美与崇高分开，将其作为两种不同的审美范畴，而后博克从经验主义角度，对崇高进行了细致研究。博克从自我保存角度指出，能够引起痛苦、危险，甚至令人恐怖或惊惧的事物，是崇高的来源；但是这种危险又不真正威胁到自我保存，只不过是内心感觉仿佛面临着这些危险，于是在这种痛苦、恐惧感中夹杂着快感，这种混合状态才是崇高。在此基础上，博克指出崇高的事物具有一些感性特征，比如体积的巨大（如海洋），晦暗（如某些宗教的神庙），力量（如猛兽），空无（如空虚、黑暗、寂静、静默），无限（如大瀑布的不断的吼声），壮丽（如星空），突然性（如巨大的声音突然起来或停止）等等。[②] 从这些事例可以看出，自然是崇高的重要对象，并且崇高成为一种重要的审美范畴，引导着人们欣赏那些不易按照优美范畴欣赏的自然事物或现象，扩宽了人们自然欣赏的范围。

博克依据心理经验和自然事物特征，对优美与崇高进行了区分，康德也对优美与崇高进行了区分。康德认为，从形式的角度看，优美涉及对象的形式，而崇高则是无形式；从质量关系的角度看，优美是与质的表象联系着的，而崇高则是与量的表象结合着的；从想象力运作的角度看，优美是想象力与知性（即理解力）的自由游戏，而崇高则是想象力与理性能力的协作；从愉悦的角度看，优美是直接的愉悦，而崇高则是间接的愉悦，即它是通过对生命力的瞬间阻碍及紧跟而来的生命力的更为强烈的涌流之感而产

---

① 　参见《朱光潜全集》第六卷，安徽教育出版社 1990 年版，第 128 页。
② 　参见《朱光潜全集》第六卷，安徽教育出版社 1990 年版，第 261—276 页。

生的。①

对优美与崇高区分以后，康德又对崇高进行了细致的分析，将崇高分为数学的崇高和力学的崇高。数学的崇高指那绝对大的东西，这种绝对大，是超越一切比较之上的大的东西，与之相比，一切别的东西都是小的。如此一来，通过数目概念来看的事物，永远也没有绝对的大，因为数目是无限累积的，因此崇高"不该在自然物之中、而只能在我们的理念中去寻找"②。崇高表明了我们人类内心有一种超出任何感官尺度的能力的东西。关于数学的崇高，康德给出的重要例子是荒野，他说："我们就必须不是去描述那些艺术作品的崇高，在那里有一种属人的目的在规定着形式和大小，也不去描述那些自然物的崇高，它们的概念已经具有某种确定的目的了，而且必须对荒野的大自然（并且甚至只在它本身不具任何魅力、或不具由实际危险而来的激动时）的崇高单就包含有量而言加以描述。"③

在力学的崇高中，我们首先被作为强力的自然激起恐惧，然后由于我们身处安全的位置上，因而不是真正的恐惧，使我们认识到在理性上可以战胜自然，于是内心深处产生自我尊重，如康德所言："那自然界强力的不可抵抗性使我们认识到我们作为自然的存在物来看在物理上是无力的，但却同时也揭示了一种能力，能把我们评判为独立于自然界的，并揭示了一种胜过自然界的优越性，在这种优越性之上建立起完全另一种自我保存……人类在这里，哪怕这人不得不屈服于那种强制力，仍然没有在我们的人格中被贬低。"④ 在力学的崇高中，最著名的例子就是险峻高悬的、仿佛威胁着人的山崖，天边高高汇聚挟带着闪电雷鸣的云层，火山以其毁灭一切的暴力，飓风连同它所抛下的废墟，无边无际的被激怒的海洋，一条巨大河流的一个高高的瀑布，诸如此类。

康德这里所举的荒野、山崖、火山、废墟等，以及博克所提到的那些晦暗、空无和突然性的自然事物或现象，在 18 世纪之前，常常被人们视作令

---

① 参见［德］康德：《判断力批判》，邓晓芒译，杨祖陶校，人民出版社 2002 年版，第 83 页。

② ［德］康德：《判断力批判》，邓晓芒译，杨祖陶校，人民出版社 2002 年版，第 88 页。

③ ［德］康德：《判断力批判》，邓晓芒译，杨祖陶校，人民出版社 2002 年版，第 91 页。

④ ［德］康德：《判断力批判》，邓晓芒译，杨祖陶校，人民出版社 2002 年版，第 101 页。笔者认为，引文中的"物理上"应该翻译为"身体上"。

人恐惧的或不优美的，因而不被人们视为审美欣赏的对象。如法国学者伊·泰纳在《比利牛斯山游记》中说，对于 17 世纪欧洲的人们，再没有什么比真正的山更不美的了——山在他们的心里唤起了许多不愉快的观念，刚刚经历了内战和野蛮状态的时代的人们，只要一看见这种风景，就想起挨饿，想起雨中或雪地上骑着马作长途的跋涉，想起满是寄生虫的肮脏的客店，给他们吃的那些掺着一半糠皮的非常不好的黑面包。① 在西方审美实践中，至少在 18 世纪初期，荒野还不是审美趣味的主流。但是随着崇高理论的发展，人类能将此类自然事物或现象纳入审美欣赏的范围，这也表征出人类面对自然时自信的提高。崇高最核心之处在于它的道德感受性——当人类发现自己面对自己无力驾驭的自然时，内心却同时生发出一种强烈的道德感受，这种感受让人类自己觉得超越了自然，凸显了人类的伟大。这也是启蒙理性、工业生产对人类能力大幅度提升而在美学领域的反映。

五、如画

除了优美与崇高之外，涉及自然审美的第三个重要观念是如画性（picturesque），该范畴主要通过吉尔平（William Gilpin，1724—1804）、普赖斯（Sir Uvedale Price，1747—1829）和奈特（Richard Payne Knight，1750—1824）三人在 18 世纪中后期的论述，发展成为一个独特的审美范畴。可以说，在 18 世纪，如画与优美、崇高是"鼎足而三"、具有明显区分、界限相对清晰的审美范畴，而且如画在自然审美实践中更容易被人们所接受，因此影响深远。

18 世纪自然欣赏的如画模式在英语世界兴起，与英国的自然风景画、有关自然描写的诗歌、如画旅游的兴起等紧密相连。18 世纪，在英国绘画领域，日益高涨的民族主义诉求促使英国风景画派应运而生。由于英国风景画派的兴起，以前仅仅作为肖像画、人物风俗画衬托的自然景色从背景提到前景，而"画中人物形象渐渐变得不再突出，他们被引入画面，或是作为点缀，或是给风景增添些生动感。……人不再是支配风景的要素，他

---

① 转引自［苏］普列汉诺夫：《没有地址的信》，载《普列汉诺夫美学论文集》第一卷，曹葆华译，人民文学出版社 1983 年版，第 336 页。

们对于风景的改造，无论是在农业意义上的还是在观赏意义上的，都很少在画中出现。"① 正是英国风景画在艺术上获得了地位，促进了自然作为独立的审美欣赏的地位，自然风景不再仅仅作为欣赏的背景而存在。

此外，关于自然描写的诗歌也推动了英国风景的发现，进而推动了如画理论的发展。一般说来，具有文学素养，尤其是精通自然书写的诗歌与绘画的人，远比没有文学素养的人更能体验到自然之美。"一处威尔士山谷如果看起来与加斯帕·杜埃的画作逼肖就会获得很高的美学价值。初次看见一位坎伯兰牧羊人领着他的羊群攀上丘园，此番情景越与文学原型接近，越能令人兴奋：突然，维吉尔的《牧歌》若隐若现于游客与牧羊人之间。"② 与此同时，最初的如画旅游的游客们都是上流社会人士，而后中产阶级人士也参与其中，他们不仅具有旅游的物质基础，而且还都精通古典文学和一些绘画作品，因此不仅有经济条件投入如画旅游中，而且还有智力装备，保证他们面对眼前风景时，能联想到那些关于自然的书写。如马尔科姆·安德鲁斯（Malcolm Andrews）考察的那样，古典主义牧歌的"归化"从两个方面为如画美实践做了铺垫：第一，提升了英国自然景色的地位；第二，预先给出了如画美实践的走向。③

再者，如画旅游，作为如画理论的实践，更是直接促进了如画理论的兴起。吉尔平的《怀河见闻》在 1782 年出版，此年也被认为是英国如画旅游风尚的滥觞之年。据马尔科姆·安德鲁斯所言，如画旅游其实就是控制那些未被驯服的风景，为人们欣赏野生的自然风景提供可资参考的依据，不至于迷失在野生的自然风景中。"典型的画境游客是一位绅士或淑女，他或她醉心于有节制的审美反应——对一系列新颖而又令人感到恐怖的视觉体验做出有节制的审美反应。游客第一次看到了令人却步、常常也使人无所适从的风景，在此情形下，（审美）新词汇、景色的系统分类、能使观景者'定格'一处风景的素描和绘画技艺的发展，以及纵览风景构图的观景点，都为游客

---

① ［英］马尔科姆·安德鲁斯：《寻找如画美：英国的风景美学与旅游，1760—1800》，张箭飞、韦照周译，译林出版社 2014 年版，第 35 页。

② ［英］马尔科姆·安德鲁斯：《寻找如画美：英国的风景美学与旅游，1760—1800》，张箭飞、韦照周译，译林出版社 2014 年版，第 3 页。

③ 参见［英］马尔科姆·安德鲁斯：《寻找如画美：英国的风景美学与旅游，1760—1800》，张箭飞、韦照周译，译林出版社 2014 年版，第 32 页。

提供了一种微妙的心理保护。"①

　　如画旅游游客控制自然风景的重要工具就是克劳德镜，它是一种光学仪器，形态各异，而最典型的是那种平凸透镜，直径大约四英寸，衬着一层黑色箔片，它能将反射出来的风景变小，除了前景之外，各种细节基本上都会消失，从而将某种类似理想美的东西显现出来。克劳德镜也被叫做"格雷镜"，人们借此向喜欢这种镜的诗人托马斯·格雷（Thomas Gray，1716—1771）致敬。

　　克劳德镜具有重要的美学功能。首先，它通过反射风景，可以给风景添加一个边框，镜子的边框犹如画框，使人能按照画作的方式来欣赏自然风景。其次，它可以修改风景，使风景变形，具有理想美特征。如吉尔平认为，凸面镜尽览美景，纤毫不漏，将景物构成、形状和色彩收拢得更紧，因此，使人能够从一处综合景色中看见总体效果、景物的形状以及各种色调的美。最后，游客也常常在透明玻璃上涂上色彩，这就相当于人们在景物上镀上色调，实现人们对风景的操控，如"涂成蓝色和灰色的镜片能使色调变暗，可以让一处多变的午后景色沐浴在月光之中；在中午使用黄色或'日出'镜片观景，轻易就能看到辉煌的黎明景色，而且'没有晨雾的梦空感'。透过霜白色的镜片，远处的谷垛就会变成雪堆。"②

　　吉尔平是如画美学派令人尊敬的创建人和大师，他曾经遍游英格兰、苏格兰和威尔士，他的旅行日志用钢笔淡彩来做插图，深受朋友喜爱，手稿流传数年，终于在 1782—1802 年间陆续出版，书籍采用蚀刻铜版以表现"弥漫的光影"，冠绝一时。起初，吉尔平使用"如画美"一词比较随意，并没有注重如画美与优美、崇高的区分，对他而言，如画美就是那种可以"与绘画合体"的美，即"简直无需改动就可直接把它们搬进画布。它们就是绘画"。③ 但是，1792 年吉尔平在《论文三篇》（Three Essays）中开始强调如画与优美的区别：一些景物处于自然状态就能愉悦我们的眼睛，而一些景

---

①　[英] 马尔科姆·安德鲁斯：《寻找如画美：英国的风景美学与旅游，1760—1800》，张箭飞、韦照周译，译林出版社 2014 年版，第 94 页。

②　[英] 马尔科姆·安德鲁斯：《寻找如画美：英国的风景美学与旅游，1760—1800》，张箭飞、韦照周译，译林出版社 2014 年版，第 97—98 页。

③　Carl Paul Barbier, *William Gilpin: His Drawings, Teaching, and Theory of the Picturesque*, Oxford: Clarendon, 1963, p. 50.

物则需要用一幅画展示出来，其特质才能愉悦我们的眼睛。他认为，实际的景物的美是通过光滑和整洁凸显出来的，如优雅的建筑和修整过的花园地面；而如画的美则通过荒野和崎岖凸显出来，如一棵老树的轮廓和树皮，或山岚嶙峋的坡面。因此，对吉尔平而言，"粗糙"（roughness）是如画最基本的特点。吉尔平还区分了粗糙和粗野（ruggedness），准确来说，粗糙是关于诸物体之表面（the surface of bodies），而粗野则是关于诸物体之轮廓（delineation），不过这两种观念都可以进入如画中，无论是自然中小的还是大的部分。并且，吉尔平还给出了将一个优美（平滑）的物体转变成一个如画（粗糙）的物体的方法：一座帕拉第奥式建筑一定程度上是优雅的，令人极其愉快的。但是如果将它引入一幅画中，它立即成为一个形式的物体，不再令人愉快。如果想给予它"如画的美"（picturesque beauty），就必须使用棒子而不是凿子：必须打倒一半，迫害另一半，并将其残缺的物件堆成堆。简而言之，必须将它从一座平滑的建筑转变成一堆粗糙的废墟。①

　　和吉尔平一样，普赖斯也是如画理论的大师，不过普赖斯独特的贡献是，他通过对比优美与崇高范畴，把如画理论向前推进了一步，使得如画成为与优美、崇高并列的审美范畴，使之成为 18 世纪重要的三大审美范畴之一。1794 年，普赖斯发表了《论如画美》，强调如画与优美、崇高不同，具有自己特质，并非单指涉绘画艺术。"如画的场景既不像优美那样恬静，也不像崇高那样令人敬畏，而是充满变化、新奇的细节和有趣的肌理：中世纪的废墟即为典型的如画，而自然景色是否如画则根据它与一些艺术画作相似程度来判断。"② 与吉尔平的理论相比，普赖斯使得如画更具有独立的特质，不再是以景物是否能直接入画为审美标准。普赖斯所列举的例子如下：

　　　　一座状态完美的希腊风格的神庙或宫殿，有着光滑的表面和色调，无论是实有的，还是出现在绘画里，都可称作优美，但若成为废墟，则可称作如画美。观察时间造就的这种进程，我们看见一切变化的始作俑

①　Gordon Boudreau, "H. D. Thoreau, William Gilpin, and the Metaphysical Ground of the Picturesque", *American Literature*, 45 (1973), pp. 357—369.

②　［英］伊恩·希尔韦尔斯编：《新编牛津艺术词典》，王方、王存诚译，人民美术出版社 2015 年版，第 628 页。

者将优美的景物转化成了如画美的景物。首先，通过天气的手段，使其污损、生霉、长出斑斑青苔等等，剥蚀光洁齐整的表面和色彩，使其呈现出一定程度的粗糙感和斑驳的色差。下一步，利用天气制造事件，摇动石墙，它们坍塌之后，变成横七竖八的石堆，石堆下面也许就是曾经整洁的草坪和甬道，或修剪整齐的散步小道和灌木丛，但现在疯长的野生植物和藤蔓则缠绕在一起，覆盖着废墟，紫花景天、紫罗兰和其他植物，无人照管，只能从坍塌的石材、破碎的瓦砾中汲取营养，鸟儿把食物藏在缝隙之中，榆树、接骨木和浆果灌木丛依墙肆意生长，常青藤爬满断垣，攀援到顶部，美如皇冠。①

从这段描写中可以看出，在普赖斯那里，不能单单把"如画"理解成"像一幅画"（like picture）这么简单，如果是优美的，即便进入画作，也仍然是优美的，因此评判标准不是是否入画，而是景物自身所具有的一些审美特性。在普赖斯的倡导下，如画从关注废墟、园林和秀丽的大自然，转向关注生活中那些卑微的事物，比如破屋、茅舍、破败的磨坊、旧谷仓的内部、"古旧不堪、青苔斑斑、粗糙不平、参差不齐的林园栅栏"、动荡的水面、风暴撕裂的老树（特别是橡树、榆树）、毛发蓬乱的山羊和毛色斑驳的绵羊，以及风景中流浪的吉卜赛人和乞丐。

此外，同一时代的奈特也促进了如画理论的发展，他认为，只有那些对风景画熟悉的人，才能欣赏自然事物的如画性：自然事物让心灵召唤模仿，让心灵召唤事物自身，并通过施加的媒介来展示事物，这媒介便是大艺术家的感受力和洞察力。如此一来，艺术与自然之间的对话，允许任何事物或地点都可以通过再现在一幅画中而是如画的。②

在自然美学的哲学研究上，康德的一些思想对如画理论也作出了呼应。康德强调自然要相似艺术，他说："独立的自然美向我们揭示出大自然的一种技巧……这就是说，依据某种合目的性的原则，从而使得这些现象不仅必

---

① 转引自［英］马尔科姆·安德鲁斯：《寻找如画美：英国的风景美学与旅游，1760—1800》，张箭飞、韦照周译，译林出版社 2014 年版，第 81—82 页。

② 参见 John Gage, "Turner and the Picturesque – 1", *The Burlington Magazine*, 107 （1965），pp. 16-25。

须被评判为在自然的无目的机械性中属于自然的，而且也必须被评判为属于艺术的类似物的。"① 这也就强调了自然和艺术的关联性，这和如画理论发掘自然与艺术（尤其是绘画和诗歌）之间的关系类似。此外，康德也强调如画理论所重视的"不规则"特征，康德认为，一切刻板的合规则的东西本身就有违反鉴赏力的成分，因为这种东西不提供以对它的观赏来进行的任何长久的娱乐。康德反对英国人种学家马斯登的观点，他指出："当知性通过合规则性而置身于它到处需要的对秩序的兴致中，这对象就不再使他快乐，反倒使想像力遭受到了某种讨厌的强制；相反，多样性在那里过分丰富到没有节制的大自然，不服从任何认为规则的强制，则可以给他的鉴赏力不断提供粮食。——甚至不能纳入任何音乐规则之中的鸟儿的歌唱，也比哪怕是依据一切音乐艺术规则来指导的人类的歌唱，显得包含有更多的自由、因而包含有更多适合于鉴赏的东西；因为我们在后者那里，如果它经常地长时间地重复的话，老早就会厌倦了。"②

如画理论的兴起为自然欣赏提供了一个极其重要的审美模式，而如画理论的流行，反过来也推动人们欣赏大自然中的如画美景，比如英国人在 18 世纪无法去欧洲进行"大旅游"（grand tour），于是在如画理念的指导下，发掘英国本土风景、探索如画旅游线路就成了当时的时尚，如著名的怀河河谷之旅、北威尔士之旅、湖区之旅、高地之旅，等等。尽管如画理论是一种精英主义的立场，需要一定的财力和智力储备，但是，这种自然欣赏模式在接下来的 19 世纪迅速深入人心，随着资产阶级的不断壮大，园林艺术的不断发展，如画模式成为人们欣赏自然的主导模式。

第二节　19 世纪自然美学

对于自然美学的哲学研究在 18 世纪相当繁荣，无利害、优美、崇高、如画等审美范畴得到经典阐释。然而，到了 19 世纪，自然美学的哲学研究很快走向了衰落，最集中表现就是，美学在黑格尔那里成了"艺术哲学"，

---

① ［德］康德：《判断力批判》，邓晓芒译，杨祖陶校，人民出版社 2002 年版，第 84 页。
② ［德］康德：《判断力批判》，邓晓芒译，杨祖陶校，人民出版社 2002 年版，第 80 页。

与自然相比，艺术是"绝对精神"的最高表达，因此艺术成为审美体验的典范，美学的关注重心从自然转向了艺术。作为审美实践的如画理论虽然在19世纪继续发展，尤其是在旅游和园艺方面，然而，由于黑格尔把美定义为"理念的感性显现"，艺术品所包含的理念比自然更为丰富、集中，而如画理论恰好被这种思想借用，即自然只有借助艺术才能显现为美的，这样一来，自然不是因为其本身而美，自然美成了艺术的附属，因此，如画理论在19世纪以后成为一种自然美学的倒退；尽管在18世纪，如画美同样也关联自然与艺术之间，但是那个时代，自然与艺术之间并无附庸关系，如画理论看重的是审美对象的"粗糙、突然的变化、神秘、不规则和风化"①等审美特性。根据卡尔森考察，在19世纪，西方英文世界中，没有产生一本能与18世纪相媲美的关于自然美学理论研究的著作。不过，尽管自然美学的哲学研究在19世纪走向衰落，但是有关自然审美的零星思想和审美实践也取得了一些进展，比如，英国浪漫主义对自然的崇拜，北美自然书写的兴起，关于自然的肯定美学思想已经有了明显的表达，等等，这些内容也都值得发掘和总结。

一、英国浪漫主义的自然崇拜

"浪漫的"（romantic）起初主要指传奇冒险故事，或骑士爱情故事，或亚瑟王传奇故事，而"浪漫主义"（romanticism）则是德国施莱格尔（Schlegel）兄弟借之与"古典主义"（classicism）相对比而言的。尽管现在我们谈论浪漫主义时无法绕过英国浪漫主义诗歌，然而在19世纪，英国诗人们并没有以"浪漫派"自居，"英国浪漫主义"是后世研究者追加的名称。英国浪漫主义诗人们往往追求各异，并没有十分明显的自觉意识，因此呈现复杂多样的文学景象，比如柯勒律志是超自然主义者，华兹华斯是英国国教的正统主义者，雪莱是无神论者，拜伦是革命的自由主义者，司格特是对过往时代的缅怀者，然而他们都有一个共同的倾向：崇拜自然。勃兰兑斯在《十九世纪文学主流——英国的自然主义》中对英国浪漫主义诗人评论

---

① Emily Brady, "Environmental Aesthetics", in *Encyclopedia of Environmental Ethics and Philosophy*, Vol. 1, J. Callicott and Robert Frodeman (eds.), Detroit: Macmillan Reference USA, 2009, pp. 313–321.

道："英国诗人全部都是大自然的观察者、爱好者和崇拜者，喜欢把他的癖好展示为一个又一个思想的华兹华斯，在他的旗帜上写上了'自然'这个名词，描绘了一幅幅英国北部的山川湖泊和乡村居民的图画。这些图画尽管工笔细描，却自有一番宏伟景象。司格特根据细微的观察，对大自然的描写是如此精确，以致一个植物学家都可以从这类描写中获得关于被描写地区的植物的正确观念。济慈……能看见、听见、感觉、尝到和吸入大自然所提供的各种灿烂的色彩。歌声、丝一样的质地，水果的香甜和花的芬芳。穆尔……仿佛生活在大自然一切最珍奇、最美丽的环境之中；他以阳光使我们目荡神迷，以夜莺的歌声使我们如痴如醉，把我们的心灵沉浸在甜美之中……甚至拜伦的《唐璜》和雪莱的《倩契》那种作品的最强烈的倾向，实际上都是自然主义。"①

英国浪漫主义对自然的推崇，呼应了卢梭的伟大号召——"回归自然"，其背后的根源在于，一方面，19 世纪随着工业革命的持续发展，自然遭到破坏的程度加重，人与自然的宁静和谐被打破，于是形成反弹，自然备受诗人们的重视；另一方面，工业城市对人的负面影响开始凸显，敏感的浪漫主义诗人们感受到人性的分裂，企图从自然中获得力量，恢复人性的完整。如蓝仁哲所言，浪漫主义对自然的推崇，"直接反映了浪漫主义诗人对工业文明和科学主义的厌恶，对城市工业和庸俗生活的诅咒"②。如果从当下严重的全球环境危机和生态危机来看，"虽然受时代条件的限制，英国浪漫主义诗人还没有形成成熟的'生态意识'，但他们已经敏锐地意识到人类社会生活中自然的缺失，并不乏余力地歌颂自然，重申自然对于人类的价值"③。自然成为英国浪漫主义诗人无比热爱、崇拜的对象，因此当 19 世纪自然美学被主流美学界推向边缘之时，英国浪漫主义却推动了自然美学继续前行。尤其是湖畔诗人身体力行，在湖畔结社长居，生活在大自然中，与自然为舞。

---

① ［丹］勃兰兑斯：《十九世纪文学主流——英国的自然主义》，徐式谷等译，人民文学出版社1984 年版，第 6—7 页。
② 蓝仁哲：《浪漫主义·大自然·生态批评》，《四川外语学院学报》2003 年第 5 期。
③ 陈影、赵沛林：《自然写作：英国浪漫主义诗歌创作的灵魂》，《东北师大学报（哲学社会科学版）》2012 年第 1 期。

首先，英国浪漫主义诗人的自然观与机械论自然观不同，诗人们不把自然仅仅当作机械的、无生命的、供人类使用的工具，而是有机整体的自然。美国学者卡洛琳·麦茜特（Carolyn Merchant）在《自然之死》一书中指出："19 世纪早期的浪漫主义反对科学革命和启蒙运动的机械论，回到有机论思想，认为一种有生命力的、有活力的基质把整个造物结合在一起。"① 以牛顿为代表的物理学家推进了近代自然科学的大发展，人类在认识自然规律方面取得了重大进步，然而与此同时，近代物理学带来的负面效果就是，使得人们把自然理解成一个十分庞大的机械装置，其典型的比喻就是机械表，似乎上帝创造了自然后睡去，自然本身则犹如一架机械表自动运作。然而，英国浪漫主义诗人不接受当时流行的机械论世界观，他们把自然看作是一个有机整体，认为宇宙是有灵性的整体，而不是一架没有灵魂的机械。这样，浪漫主义诗人就复兴了文艺复兴时代新柏拉图主义：宇宙是一个有机整体，它的所有部分都彼此联系，相互影响，每一部分都能反映其他部分的变化，所有部分都共同成长。如此一来，"自然作为世界的灵魂，像一个活生生的有血有肉的人，而非一台庞大的机器；人是宇宙的缩影，人就是一个小宇宙，他的体内寄寓着灵魂，就像自然界充满造物主的精神一样"②。

其次，英国浪漫主义诗人对自然风光的观察和描写，深化了对自然的审美欣赏。华兹华斯在其被称作英国浪漫主义文学奠基之作的《〈抒情歌谣集〉序言》中指出，写诗需要具备五种能力③。其中第一种就是观察和描绘的能力，这种能力是按照事物本来的面目准确地观察，而且忠实地描绘未被诗人心中的任何热情或情感所改变的事物的状态，不管所描绘的事物呈现在感官面前，或者仅仅存在于记忆之中。华兹华斯强调了观察的重要性，而浪漫主义诗人观察的是什么呢？主要就是与城市景象相对立的自然风光和田园景象，比如大海、山川河流以及自然界的各种事物和现象，还有村庄、田园劳作景象，等等。

华兹华斯在《〈抒情歌谣集〉序言》论述诗歌的题材问题时指出："我们一般都选择微贱的乡村田园生活作为题材，因为在这里人们心中的基本情

---

① ［美］卡洛琳·麦茜特：《自然之死》，吴国盛等译，吉林人民出版社 1999 年版，第 111 页。
② 蓝仁哲：《浪漫主义·大自然·生态批评》，《四川外语学院学报》2003 年第 5 期。
③ 这五种能力分别是：观察和描绘的能力、感受力、沉思、想象和幻想、虚构。

感找着了更好的土壤，以便能够达到成熟的境地，少受束缚，并且说出一种更纯朴和有力的语言；因为在这种生活条件下，我们的各种基本情感共存于一种更加单纯的状态中，因此，可供更准确的思考，更有力度的交流；由于乡村生活方式产生于那些基本情感，产生于乡村职业的基本特征，所以更容易理解，也更加持久；最后，在这种情况下，人们的情感总是和美好而永恒的自然形式联系在一起的。"①

　　人们通常认为，田园环境中的人与自然是带有某种和谐共生的意味，这与工业城市中人与自然的割裂完全不同，正如济慈在 1816 年的短诗《对于一个久居城市的人》中所表达的那样："对于一个久居城市的人，/看看天空的明媚的面貌，/对着蔚蓝的苍穹的微笑/低低发声祷告，多么怡情！/他可以满意地，懒懒躺在/一片青草的波浪里，读着/温雅而忧郁的爱情小说，/有什么能比这个更愉快？/傍晚回家了，一面用耳朵/听夜莺的歌唱，一面观看/流云在空中灿烂地飘过，/他会哀悼白天这么短暂：它竟像天使的泪珠，滑落/清朗的气层，默默地不见。"② 这里，济慈对一个久居城市、远离自然的人诉说亲近自然的美妙。其实，对于一个久居城市的人来说，已经渐渐难以欣赏自然的美，而济慈却用诗句向这些人描绘优美的自然风景：明媚的天空、躺在青草波浪里、聆听夜莺歌唱、晚霞流逝等，这种与自然亲近的景色，让人怡情、愉快又不舍。读完这样的诗句，仿佛那些久居城市的人，也该走出城市，去欣赏一下美丽的大自然了。

　　此外，济慈在第一篇发表的诗作《哦，孤独》中也对大自然作了细致描绘："哦，孤独！假如我和你必须/同住，可别在这层叠的一片/灰色建筑里，让我们爬上山，/到大自然的观测台去，从那里——/山谷，晶亮的河，锦簇的草坡，/看来只是一拃；让我守着你/在枝叶荫蔽下，看跳纵的鹿麇/把指顶花盅里的蜜蜂惊吓。"③ 诗人被孤独侵袭，但是，与同伴同住也无法消解孤独，还必须和同伴从灰色建筑走入大自然中，而接下来对大自然的

① W. M. Merchant, *Wordsworth Poetry & Prose*, Cambridge: Harvard University Press, 1963, p. 222.
② ［英］拜伦、［英］雪莱、［英］济慈：《拜伦雪莱济慈抒情诗精选集》，穆旦译，当代世界出版社 2007 年版，第 170 页。
③ ［英］拜伦、［英］雪莱、［英］济慈：《拜伦雪莱济慈抒情诗精选集》，穆旦译，当代世界出版社 2007 年版，第 166 页。

观察和描写极其精彩，短短的几行诗句提到了山谷、河流、草坡、树荫、鹿麋、花朵、蜜蜂等，而这些景物连在一起，仿佛在读者面前展现了一幅优美的自然景色。

最后，英国浪漫主义诗人积极感受自然、融入自然。华兹华斯《〈抒情歌谣集〉序言》强调诗人应具备的五种能力中的第二种能力就是感受力，这就意味着诗人在观察自然对象时，也要全身心投入其中，充分感受自然事物。如张伟在分析英国浪漫主义诗歌的自然美学时指出，在"这一系列崇高的自然意象之中，也伴随着诗人的参与，他们或倾听、或凝望、或感受，从而表达或孤独、或感慨、或敬畏、或缅怀、或哀伤的感情，令人动容、使人沉思"[1]。从英国浪漫主义诗歌中，可以充分看出他们沉浸自然的感知方式。比如，雪莱写于格劳斯特郡的《夏日黄昏的墓园》，"它们向临别的白天念出魔咒，/感染了海洋、天空、星辰和大地；/万物的声、光和波动受到了/这魔力的支配，都显得更神秘。/风儿静止了，否则就是那枯草/在教堂顶尖上没感到风在飘"[2]。从这首不怎么出名的诗中，也可以看到诗人细腻地描写了夜幕、海洋、天空、星辰、大地、光、风、草等自然事物，诗人敏感地感受着这些事物，涉及了视觉、触觉、听觉等。英国浪漫主义诗人对自然景物的描写，虽然很多都是对一种理想自然的表达，或是神性自然的表达，但是所有的浪漫主义诗人都首先是融入自然，仿佛自己与自然一体。如济慈在《对于一个久居城市的人》说，"傍晚回家了，一面用耳朵/听夜莺的歌唱，一面观看/流云在空中灿烂地飘过"。华兹华斯有句名言：我好似一朵孤独的流云，高高地飘游在山谷之上。这样的一种人与自然合一的感觉，犹如李白那首《独坐敬亭山》：众鸟高飞尽，孤云独去闲。相看两不厌，只有敬亭山。简要说来，诗人们先是凭借五官感受自然，然后身心融入自然当中，达到人与自然从肉体到精神的高度统一。

英国浪漫主义诗人将"自然"作为自身的主题，对自然的深入观察和精细描写，推动了自然美学在 19 世纪的发展。不过浪漫主义也受到一些攻击。一些人批评浪漫主义者说："认为近代科学已经从理性上使浪漫主义关

---

① 张伟：《浅析英国浪漫主义诗歌的自然美学》，《社会科学战线》2017 年第 8 期。
② ［英］拜伦、［英］雪莱、［英］济慈：《拜伦雪莱济慈抒情诗精选集》，穆旦译，当代世界出版社 2007 年版，第 68 页。

于人和自然的信念成为不可能。他们断言，科学已证实大自然是破坏性的，极端凶恶残忍的。在他们眼里，人类是物质的人，处于监狱般的环境里，像是盲的囚犯，没有意志也无选择。在这样的世界，浪漫主义者不过是稚气的空想家，他们的自然美景只是幻像，他们的道德价值观念纯粹是空话。"①的确，自然在被浪漫主义大量描写的同时，也成为浪漫主义寄托情感、梦想、理想和灵性的地方，某种程度上说，确实带有一些"幻想、神秘"的色彩，但是浪漫主义对自然的推崇，确实提高了自然的地位，并且推动了人们对自然的审美欣赏。这种对自然高度推崇的浪漫主义思绪也波及了北美，影响了北美的自然书写。

二、北美的自然书写

从文化地理学角度看，自然美学的哲学研究在欧洲衰落了，黑格尔的"美学即艺术哲学"的观念成为欧洲思想的主流，然而北美兴起的自然书写却推动了自然美学在北美的持续发展。自然书写（nature writing）也被翻译成"自然文学"，它作为一个概念产生在 20 世纪初期，据美国学者唐·谢斯（Don Scheese）考察，这个概念首次出现在美国学者哈尔西（Francis H. Halsey）1902 年的一篇文章《自然文学家的崛起》中。但是北美自然书写在 19 世纪已经开启，即使在今天，当人们提起北美自然书写时，也会不自觉地追溯到 19 世纪的爱默生（Ralph Waldo Emerson）、梭罗（Henry David Thoreau）等那里。可以说，对自然的审美欣赏深深扎根在北美自然书写的传统中，尤其体现在爱默生的自然哲思、梭罗的自然散文以及哈德逊河风景画派（Hudson River School）的画作当中。

1. 爱默生

发表了"美国知识界独立宣言"的爱默生，其第一部作品就是《论自然》，爱默生对自然的推崇，以及"研习大自然"的号召，影响了包括梭罗在内众多的追随者，奠定了"日后蓬勃发展的美国自然文学的理论基础"②。可以说，爱默生使自然美学在北美别开生面，集中体现在以下三方面：

---

① Mario Praz, *The Romantic Agony*, Trans. Angus David-son. New York：Oxford University Press，1970，p. xxxvi.

② 程虹：《寻归荒野》，生活·读书·新知三联书店 2011 年版，第 84 页。

第一，爱默生强调大自然满足人的崇高需求：爱美之心。他认为，大自然给予人类无尽的恩惠，包括物质资源、语言、精神等，而且还满足人的爱美之心。美是人的基本欲求之一，按照20世纪马斯洛的需求层次理论来看，人的需要可以粗略分为五类：生理需求（physiological needs）、安全需求（safety needs）、爱和归属感（love and belonging）、尊重（esteem）和自我实现（self-actualization），而审美需要则是介于"尊重"和"自我实现"之间的一种需求，是一种较高级的需求，也是人们在满足了基本需求之后，必然追求的一个目标。爱默生尽管并不知道马斯洛的需求层次理论，但他提出，大自然则仅仅凭借其单纯的形式就能满足人的审美需求："对于那些因劳累过度或人情险恶而导致身心残破的人来说，大自然如同一剂良药，能使他们恢复健康。当商人和法官从闹市的喧嚣中脱身，重新看到蓝天与绿树时，他们便恢复了人的身份。在自然界永恒的宁静中，人又发现了自我。人的眼睛如要保持健康，就少不了地平线的存在。只要我们能看到远景，我们绝不会感到疲劳。"① 而且，大自然对人的这种审美需求的满足，仅仅因其美好而使人满足，并不含带任何肉体方面的好处。

第二，强调自然审美的丰富性和多变性。从审美对象范围来看，自然审美欣赏的对象无比丰富："几乎所有物体的形态都是娱人眼目的——我们不断地摹仿其中一些物体的形态，如橡实、葡萄、松果、麦穗、鸡蛋、大多数鸟类的翅膀和体形、雄狮的巨爪、蟒蛇、蝴蝶、贝壳、火焰、云朵、嫩芽、树叶，以及许多树木的形态——例如棕榈树。"② 爱默生虽然没有明确提出"自然全美"的思想，但是他的确认为自然中绝大多数事物都是美的，据他来看，"甚至尸体也有它独特之美"③。从审美欣赏的时机来看，爱默生强调自然之美的瞬息万变，即便同一片风景，随着时间的稍加变迁，也会呈现不一样的美景来。爱默生反对那些城市居民狭隘的审美眼光，他们自以为乡间的自然景色只有半年的好风光，爱默生却认为："一年中的每一时刻都有它

---

① ［美］爱默生：《论自然·美国学者》，赵一凡译，生活·读书·新知三联书店2015年版，第15页。
② ［美］爱默生：《论自然·美国学者》，赵一凡译，生活·读书·新知三联书店2015年版，第15页。
③ ［美］爱默生：《论自然·美国学者》，赵一凡译，生活·读书·新知三联书店2015年版，第14页。

独特的美丽。哪怕是在同一片田野里，人也能每个小时都看到一幅前所未见、后不重复的图画。天空时时都在变幻之中，它把它的光辉或阴暗色调反射到地面上四周农场的庄稼生长情况，能在一周之内改变地表的面貌。草地与路边的野生植物相互更迭。"① 据他观察，一条河流就是一条画廊，每个月都要隆重推出一个画展。

第三，强调自然之美在于和谐整体，自然审美欣赏不只是欣赏自然对象的和谐整体，还是欣赏者与自然的和谐一致。爱默生对于自然之美有三个层面的理解，首先，自然美与自然事物的形式有关；其次，自然美与美德有关；最后，自然美与智力有关。因此，爱默生对自然审美的分析包含着复杂的内涵。

自然审美欣赏要欣赏自然的形式之美，而这种形式之美不在于单个事物的形式，而在于诸多自然事物的组合，进而形成一种和谐完整的完满，类似"多数的一"。如爱默生说："大自然是一片贮存着形式的大海，这些形式极其近似，甚至是一致的。一片树叶、一束阳光、一幅风景、一片海洋，它们在人的心中留下的印象几乎是类似的。所有这些东西的共同之处——那种完满与和谐——就是美。美的标准在于自然形式的全部轮回，即自然的完整性。"② 因此，爱默生认为，任何事物单独的存在很难称得上是很美。于是，针对自然形式之美的欣赏，爱默生认为眼睛和光线是两个重要因素，"眼睛是最好的艺术家"，"光线是最优秀的画家"③。由于大自然的本身结构和光线变化的配合作用，人的眼睛便生成了透视效果，组合所有物体，将对象纳入一个彩色而又有明暗反差的眼球，在其中，具体事物都是平淡自然的，而由这些事物构成的风景则是浑圆对称的。至于光线的作用，爱默生认为，任何丑陋的物体在强光下都会变得美丽，因为它刺激人的感官，使一切事物变得欢快起来。

由于自然审美与道德和认知有关，于是爱默生强调欣赏者与自然要和谐

---

① ［美］爱默生：《论自然·美国学者》，赵一凡译，生活·读书·新知三联书店 2015 年版，第 16 页。
② ［美］爱默生：《论自然·美国学者》，赵一凡译，生活·读书·新知三联书店 2015 年版，第 21 页。
③ ［美］爱默生：《论自然·美国学者》，赵一凡译，生活·读书·新知三联书店 2015 年版，第 14 页。

一致。这里，人与自然的和谐不仅包含欣赏者的身体与外在自然界的和谐相处，而且更指向精神层面上人与自然的和谐关系。爱默生认为，自然包含所有那些与我们心灵分开的东西，如一般意义上的物质性的自然界、艺术和我们的身体，如果美是一种和谐整体，那么首先就是人的身体与自然界的和谐，爱默生因此强调身体参与自然审美欣赏当中，如爱默生在欣赏清晨景色时，"我如同站在岸边，从地面眺望那沉寂的云海。我似乎被卷入它迅速的变幻之中——一阵阵狂喜淹没我的身体，我随着晨风不断膨胀，与之共同呼吸"①。在这种身体的参与当中，其实欣赏者与自然在精神上也恰好是和谐共生的审美关系，没有刻意的距离感，比如，"每一天的景象，露水莹莹的早晨，彩虹，山川开花的果园，群星灿灿，月色如水，水中倒影，如此等等——一旦你急切地寻觅它们，它们反而变成了一种单纯景观，要用些不真实的幻觉来嘲弄你。走出房门去看月亮，你会觉得它就像闪亮的银箔一样俗气，远不如当你赶路时见到的那一轮明月那样令人迷恋陶醉"②。这里，爱默生对自然审美的洞见，某种程度上打破了欧洲如画旅游者四处寻找如画自然景色的欣赏模式，突破了单单对自然形式的强调，类似20世纪氛围美学所强调的欣赏者与自然环境"此时此地"的不可复现的审美时机，这是欣赏者与自然对象从身体到精神都和谐一致的关系。

但是，爱默生作为超验主义大师，把观念论过度拔高，将自然看成是精神的象征，于是在爱默生那里，自然不仅指客观的自然界，更指一种精神性的理性自然，而人与自然和谐不过是人通过大自然抵达精神殿堂的桥梁："人一旦和谐地生活在大自然之中，又热爱真理与美德，他必然会拥有清澈的目光去解读自然的文本。我们将逐渐了解自然界永恒事物的根本意义，直到整个世界变成一本向我们敞开的大书，而它的每一种形式都将显示出世界的隐匿意义与终极目的。"③ 于是爱默生走向了另一个极端，把大自然看成是人类心灵的附加物，大自然在神意面前恭敬如宾，俯首称臣。

---

① ［美］爱默生：《论自然·美国学者》，赵一凡译，生活·读书·新知三联书店2015年版，第15页。
② ［美］爱默生：《论自然·美国学者》，赵一凡译，生活·读书·新知三联书店2015年版，第17页。
③ ［美］爱默生：《论自然·美国学者》，赵一凡译，生活·读书·新知三联书店2015年版，第31页。

不过，爱默生的"圣徒"梭罗真正地走向了自然，身体力行地把爱默生的一些自然之思付诸实践，超越了爱默生，不但没有让大自然向人类精神俯首称臣，反而是恭恭敬敬地对待大自然。

2. 梭罗

爱默生对自然的欣赏和崇拜更多的是一种理性的呼唤，而梭罗对自然的欣赏和崇拜不仅见之思想，而且见于行动，如梭罗所言："解决生命的一些问题，不但要在理论上，而且要在实践中。"① 程虹指出两人的自然观并不相同："爱默生眼中的自然，是一种理性的自然，一种带有说教性的自然，一种被抽象、被升华了的自然。他认为，'在丛林中，我们重新找到了理智与信仰'。因此，他对自然采取一种观望的态度。他也想去参与自然，但却始终不得要领，因为他缺乏梭罗那种献身精神和激情。他笔下的自然充满了哲理，闪烁着理性的光辉，像夜幕上的星光，美好而遥远。而梭罗崇尚的自然，却是一种近乎野性的自然，一种令人身心放松、与任何道德行为的说教毫无关系的自然。在自然中，他寻求的是一种孩童般、牧歌式的愉悦，一种无拘无束的自由，一种有利于身心健康的灵丹妙药，一种外在简朴、内心富有的生活方式。所以他视自然为自己的恋人，充满情感地、全身心地投入研习自然的使命。"②

梭罗在自然美学上对爱默生的突破，最核心之处在于他长期与自然保持直接而亲密的接触，这种身体力行的审美实践，使得梭罗能够长期持续性地欣赏自然。以梭罗对瓦尔登湖的欣赏为例，他不是像游客那样只欣赏瓦尔登湖某一时刻的风光，而是连续两年持续性地欣赏瓦尔登湖，他从远处欣赏过瓦尔登湖，也从近处欣赏过瓦尔登湖，他甚至有一些日子每天都去瓦尔登湖里洗一个澡，他关注了早中晚、四季变化中的瓦尔登湖，他留意湖水与四周环绕的大山所构成的风景以及倒影在水里的蓝天白云，关心水里的各种鱼类，也曾细细观察了水面上嬉戏的掠水虫等微小的生物，还有时不时从湖面掠过的飞禽，等等。总之，梭罗对瓦尔登湖的观察和欣赏，绝不是一般游客可以比拟的。他说："我闭目也能看见，西岸有深深的锯齿形的湾，北岸较

① ［美］梭罗：《瓦尔登湖》，徐迟译，上海译文出版社 2006 年版，第 12 页。
② 程虹：《寻归荒野》，生活·读书·新知三联书店 2011 年版，第 107 页。

开朗，而那美丽的，扇贝形的南岸，一个个岬角相互交叠着，使人想起岬角之间一定还有人迹未到的小海湾。在群山之中，小湖中央，望着水边直立而起的那些山上的森林，这些森林不能再有更好的背景，也不能更美丽了，因为森林已经倒映在湖水中，这不仅是形成了最美的前景，而且那弯弯曲曲的湖岸，恰又给它做了最自然又最愉快的边界线。不像斧头砍伐出一个林中空地，或者露出了一片开垦了的田地的那种地方，这儿没有不美的或者不完整的感觉，树木都有充分的余地在水边扩展，每一棵树都向这个方向伸出最强有力的桠枝。大自然编织了一幅很自然的织锦，眼睛可以从沿岸最低的矮树渐渐地望上去，望到最高的树。这里看不到多少人类双手留下的痕迹。水洗湖岸，正如一千年前。一个湖是风景中最美、最有表情的姿容。"①

梭罗身体力行融入自然，并且长时间地生活在自然当中，深刻地体验到了人与自然的亲切关系。比如梭罗所度过的某一个傍晚："这是一个愉快的傍晚，全身只有一个感觉，每一个毛孔中都浸润着喜悦。我在大自然里以奇异的自由姿态来去，成了她自己的一部分。我只穿衬衫，沿着硬石的湖岸走，天气虽然寒冷，多云又多风，也没有特别分心的事，那时天气对我异常地合适。牛蛙鸣叫，邀来黑夜，夜鹰的乐音乘着吹起涟漪的风从湖上传来。摇曳的赤杨和白杨，激起我的情感使我几乎不能呼吸了；然而像湖水一样，我的宁静只有涟漪而没有激荡。"② 梭罗生活在大自然中，感受到大自然的各种事物，自己也成了自然的一部分，由此感觉自己全身心都是一种愉悦的状态。正是投身大自然的怀抱，所以梭罗才能同时感受到大自然对人的同情，"太阳，风雨，夏天，冬天——大自然的不可描写的纯洁和恩惠，它们永远提供这么多的健康，这么多的欢乐！对我们这类人这样地同情，如果有人为了正当的原因悲痛，那大自然也会受到感动，太阳暗淡了，风像活人一样悲叹，云端里落下泪雨，树木到仲夏脱下叶子，披上丧服。难道我不该与土地息息相关吗？我自己不也是一部分绿叶与青菜的泥土吗？"③ 梭罗全身心融入自然，感受到了人与自然息息相通的同情或曰共情关系。

梭罗对自然的欣赏，不仅是五官和身体都沉浸其中，他还在欣赏自然的

① ［美］梭罗：《瓦尔登湖》，徐迟译，上海译文出版社 2006 年版，第 164—165 页。
② ［美］梭罗：《瓦尔登湖》，徐迟译，上海译文出版社 2006 年版，第 144 页。
③ ［美］梭罗：《瓦尔登湖》，徐迟译，上海译文出版社 2006 年版，第 121—122 页。

过程中，带有明显的生态意识，重视自然事物的内在美、内在价值。梭罗在《瓦尔登湖》中讲了自己种豆子的经历，在为豆苗除草的过程中，他感悟到："土拨鼠吃光了我一英亩的四分之一。可是我又有什么权利拔除狗尾草之类的植物，毁坏它们自古以来的百草园呢？"①　在梭罗的心中，土地不是属于他个人的，而是属于在这土地上生存的其他存在者，如各种植物和动物，而且任何一种自然事物都有其存在的内在价值和内在美。于是，面对收获的季节，梭罗指出：

> 我看重豆子的种子，到秋天里有了收获，又怎么样呢？我望着这么广阔田地，广阔田地却并不当我是主要的耕种者，它撇开我，去看那些给它洒水，使它发绿的更友好的影响。豆子的成果并不由我来收获。它们不是有一部分为土拨鼠生长的吗？……难道我们不应该为败草的丰收儿欢喜，因为它们的种子是鸟雀的粮食？大地的生产是否堆满了农夫的仓库，相对来说，这是小事。真正的农夫不必焦形于色，就像那些松鼠，根本是不关心今年的树林会不会生产栗子的，真正的农夫整天劳动，并不要求土地的生产品属于他所占有，在他的心里，他不仅应该贡献第一个果实，还应该献出他的最后一个果实。②

梭罗认识到，自己其实和这块土地上的其他存在者一样，都是这片土地的一部分，因此其产出的果实也应该共享，而不是单独被他自己独自享有。梭罗在这里其实也批判了以可计量的工具价值为代表的人类中心主义，他认为大自然的价值是无法计量的："大自然在更荒凉的、未经人们改进的地面上所生产的谷物，谁又会去计算出它们的价值来呢？英格兰干草给小心地称过，还计算了其中的湿度和硅酸盐、碳酸钾；可是在一切的山谷、洼地、林木、牧场和沼泽地带都生长着丰富而多样的谷物，人们只是没有去收割罢了。"③　同时，梭罗也看到大自然无穷无尽的创生之美："这儿，去年冬天被砍伐了一个森林，另一座林子已经跳跃了起来，在湖边依旧奢丽地生长；同

① ［美］梭罗：《瓦尔登湖》，徐迟译，上海译文出版社 2006 年版，第 136 页。
② ［美］梭罗：《瓦尔登湖》，徐迟译，上海译文出版社 2006 年版，第 146—147 页。
③ ［美］梭罗：《瓦尔登湖》，徐迟译，上海译文出版社 2006 年版，第 138—139 页。

样的思潮，跟那时候一样，又涌上来了；还是同样水露露的欢乐，内在的喜悦，创造者的喜悦。"① 正是看到大自然事物的内在价值、内在美，认识到人类不过是大自然的一部人，于是梭罗强调"卑微"是一种美德。

梭罗也批判人类因为自身欲望而无视自然美，进而破坏自然风景，他批评道："由于我们没有一个人能摆脱掉的贪婪、自私和一个卑辱的习惯，把土地看作财产，或是获得财产的主要手段，风景给破坏了。"② 其实，梭罗住在瓦尔登湖畔时，已经注意到西方工业文明对自然景色的破坏，尤其是在瓦尔登湖不远处的那条铁路和飞驰的火车，它们是典型的工业文明开始染指瓦尔登湖的象征，火车运走瓦尔登湖里的冰，以及瓦尔登湖畔大量的树木，还有火车的黑烟和噪音——它们正在破坏着瓦尔登湖地区的自然风景。梭罗写道："自从我离开这湖岸之后，砍伐木材的人竟大伐起来了。从此要有许多年不可能在林间的甬道上徜徉了，不可能从这样的森林中偶见湖水了。我的缪斯女神如果沉默了，她是情有可原的。森林已被砍伐，怎能希望鸣禽歌唱？"③ 从这里可看到，梭罗对现代工业文明的批判，不仅从现代工业社会人们奢侈的生活方式入手，同时也从人与自然的关系入手，人类开采自然的过程，同时也是破坏自然美的过程。

3. 哈德逊河风景画派

自然欣赏表现在艺术当中，最直接的呈现就是著名的哈德逊河风景画派，它是美国本土第一个自成体系的自然风景画派，兴起于 19 世纪 20 年代，一直风行到 70 年代，代表画家有托马斯·科尔（Thomas Cole）、弗雷德里克·丘奇（Frederic Church）、阿舍·布朗·杜兰德（Asher B. Durand）、约翰·肯萨特（John F. Kensett）、乔治·英尼斯（George Inness）和马丁·海德（Martin J. Head）等。该画派特点是，画家们都在户外作画，以大自然为画布，经过缜密的观察，创作出对美国本土荒野，尤其是对哈德逊河流域原始荒野充满崇敬之情的作品。这些作品不仅表现出带有荒凉与神秘色彩的美国风景的特征，而且也反映出一个新的观念：在令人敬畏的壮美风景

① ［美］梭罗：《瓦尔登湖》，徐迟译，上海译文出版社 2006 年版，第 171 页。
② ［美］梭罗：《瓦尔登湖》，徐迟译，上海译文出版社 2006 年版，第 146 页。
③ ［美］梭罗：《瓦尔登湖》，徐迟译，上海译文出版社 2006 年版，第 170 页。

中，人处于无足轻重的位置，自然才是永恒的。①

从哈德逊河风景画派缔造者托马斯·科尔那里可以看到，他的作品是一种集险峻的峭壁、阴暗的峡谷、雷雨前汹涌的云涛以及一束透过云层的阳光为一体的引人入胜的组合，其特点在于画面中或者没有人的影子，或者把人物压缩到较小的比例，主要由荒野来主导画面。这里不妨以科尔的著名画作《河套》（*The Oxbow*）（见图 3-1）为例。

图 3-1 《河套》（1836），130.8 厘米×193 厘米，藏于纽约大都会艺术博物馆

这幅画前景是两棵树，是视觉引导物，它们明显是遭受雷电劈打过，其中一棵在根部附近断掉，残留着雷劈的痕迹，给人以原生的自然感。然而，整幅画的中远景处于明显的对立情调：画的左侧是一派荒野景象，乌云密布，山峰陡峭，荒无人烟，似乎充满神秘力量；而画的右侧则是一派优美景象，河套和河岸被人类很好地开发成良田，一块块整齐排列着，而且还有一些从农舍里升起的袅袅炊烟，有两座船安详地游走在弯曲的康涅狄格河（Connecticut River）上，整体给人一种宁静之感。在这幅画中，科尔通过运用明暗对比的方式，为我们展示了两种不同的自然景色，自然可以说是它的

---

① 参见程虹：《寻归荒野》，生活·读书·新知三联书店 2011 年版，第 65 页。

主题，然而这幅画的意义还不仅仅在此，从图中可以看到，画家自己则置于画的底端——一个不显眼的地方，他坐在画框面前，面朝观众，似乎要对我们诉说些什么。至于画家要对我们诉说什么，可以从这幅画的对比构图中看出：右侧是被人类开发过的良田，而左侧则是未被人类开发的荒野，然而随着人们开发自然进程的加快，荒野在消失。被人驯服的土地是一种美，而原生的荒野也是另外一种具有价值的风景。

三、肯定美学的萌芽

1984 年卡尔森在《自然与肯定美学》一文中正式提出"肯定美学"命题，由此肯定美学成为自然美学、同时也是环境美学的一个重要命题，所谓肯定美学，即"所有的自然都是美的""未被人类染着的自然环境主要具有肯定的审美特性""所有原生的自然根本上审美上是好的""恰当的或正确的自然世界审美欣赏基本上是肯定的，否定的审美判断几乎不存在"。① 然而，肯定美学的思想早在 18 世纪就有一些不自觉的流露，到了 19 世纪则有了十分明确的表述。

19 世纪，肯定美学的思想在有关景观艺术以及自然的书写中有意识地流露出来。1821 年英国伟大的风景画家约翰·康斯太勃尔（John Constable）说道："在我一生中，我从未看见一个丑的事物。"② 福格（Andrew Forge）对此评论道，这种立场几乎是其后 60 多年所有重要绘画的一个要素，比如美国托马斯·科尔在 1835 年发表的《美国风景随笔》（*Essay on American Scenery*）中这样写道：

> 由于在文明的欧洲，蛮荒的景色已经被文明所改良，有的甚至已经消失殆尽……在这种充满文明教养的状态中，西方世界正在快速发展着；然而，自然始终处于统治地位，于是有很多人开始担心文明的进步

① 参见 Allen Carlson，"Nature and Positive Aesthetics"，in *Nature，Aesthetics，and Environmentalism：From Beauty to Duty*，Allen Carlson and Sheila Lintott（eds.），New York：Columbia University Press，2008，p. 211。

② Andrew Forge，"Art/Nature"，*Philosophy and the Arts：Royal Institute of Philosophy Lectures*，London，Macmillan，1973，Vol. 6。

会以荒野的消失作为代价，而自然的崇高之处正是由那些荒蛮之地传递出来的。那些自然之手尚未加以雕琢的荒僻之地，远比那些已经经由人类之手改造的景致更为动人。这些荒野之境是上帝造物中最为纯净的作品，充满了对永恒之物的沉思。①

爱默生 1836 年发表的《论自然》中也流露出类似的肯定美学意味，如他认为，任何丑陋的物体在强光下都会变得美丽，甚至尸体也有它独特的美。不过正如卡尔森所说的那样："在这个时代，'自然根本上是美的'这种观念也与另一种不断发展的意识所交织，即人类的干涉带来消极的影响。"② 例如 1854 年梭罗发表《瓦尔登湖》时，便已经观察到现代工业文明对自然美的破坏，如他细致描写了火车声音、冒的黑烟、以及火车所代表的商业文化对当地自然景物的消极影响，他以诗歌的形式写道："铁路于我何有哉？／我绝不会去观看／它到达哪里为止。／它把些崖洞填满，／给燕子造了堤岸，／使黄砂遍地飞扬，／叫黑莓到处生长。"紧接着梭罗又写道："我不愿意我的眼睛鼻子给它的烟和水气和咝咝声污染了。"③ 不过对于没有被人染指的大自然，他却写道："在任何大自然的事物中，都能找出最甜蜜温柔，最天真和鼓舞人的伴侣，即使是对于愤世嫉俗的可怜人和最最优异的人也一样。只要生活在大自然之间而还有五官的话，便不可能有很忧郁的忧虑。对于健全而无邪耳朵，暴风雨还真是伊奥勒斯的音乐呢。"④

同样，约翰·罗斯金（John Ruskin）在解释景观艺术时认为，只有在那些未被人类染指的地方才能找到确定的美："然后飞过天空，注意到天空的主题与大地的主题不一样，有明显的独特性；即基本上不受到人类干涉的云彩，总是优美地排列着。你不能在任何景观特征中确定这一点。……一幅山景效果尤其依赖的岩石，准确地讲总是被修路者炸毁或者被土地所有者挖

① John MaCoubrey, *American Art*, 1700 – 1960, Englewood Cliffs, N. J.: Prentice-Hall, 1965, p. 102. 译文参考景晓萌:《哈德逊河画派及其社会情境研究》，中央美术学院硕士学位论文，2009 年。

② Allen Carlson, *Aesthetics and The Environment*: *The Appreciation of Nature*, *Art and Architecture*, London and New York, p. 72.

③ ［美］梭罗:《瓦尔登湖》，徐迟译，上海译文出版社 2006 年版，第 108 页。

④ ［美］梭罗:《瓦尔登湖》，徐迟译，上海译文出版社 2006 年版，第 115—116 页。

掘；大自然带着一个特殊的目的在黑暗森林边留下一处长着最精致的草的绿地，总是被农民耕种或在它上面盖建筑。但是云彩……不能被挖掘，也不能在上面盖建筑，因此它们总是精彩地排列着……它们以一种非凡的和谐飘动着和燃烧着；它们中没有一片脱离适当的位置，或者无法处于适当位置上。"①

在 19 世纪下半期，肯定美学的思想也可以在环境改革者那里发现。据卡尔森的考察和总结，美国环保运动的先驱马什（George Perkins Marsh）在 19 世纪 60 年代便明确强调两个观点：1. 自然独自是和谐的；2. 人类是自然和谐的最大破坏者。他和爱默生一样强调自然为人类提供了多方面的恩赐，不过他强调，所有这些自然的恩赐都需要人类劳作才能获得，而且人类的工艺/艺术使其变得高贵，但是除了自然美以外——因为自然美只能被人类破坏，而不是变得高贵，只有未被人类干涉的自然才提供自然美。他认为这些自然美只有在土地初期才能被完全而普遍地欣赏，那时所有的大地都是美好的。

19 世纪后期，肯定美学的思想在一些社会改革运动者那里也可以发现，比如，美国著名的艺术家、诗人、社会批判者莫里斯（William Morris）在 19 世纪 80 年代时曾说过："准确地说，如果我们人类放弃有意地破坏自然的美，那么适合居住的地表以其自身的方式没有一平方不是美的；我认为合理地共享地球之美是每一个人通过有义务的努力而获得的权利。"② 而同处于这个时代的缪尔（John Muir），作为美国著名的自然史学家和博物学家，也表达了同样的主题，他说："没有任何自然景观是丑的，只要它们是原生的。"③ 同时，缪尔反对如画模式的自然审美欣赏。他在其著名文章《细看高山》（A Near View of the High Sierra）中，描述了和自己一起的两个同伴欣赏眼前自然风景的方式，他们明显受到如画欣赏模式的影响，仅仅关注于大山优美的风景；而缪尔自己的审美体验则与此不同，他对眼前自然环境的兴趣和欣赏与一个地质学家更相近：他将自然环境的整体，尤其是原生自然看

① John Ruskin, *The Elements of Drawing*, New York: Dover, 1971, pp. 128-129.

② William Morris, *Art and the Beauty of the Earth: A Lecture Delivered at Burslem Town Hall on October 13, 1881*, London, Longmans and Company, 1898, p. 24.

③ John Muir, "The Wild Parks and Forest Reservations of the West", in *Our National Parks*, Boston, Houghton Mifflin, 1916, p. 6.

作是美的，而丑的事物基本上存在于那些遭到人类染指的自然环境中。在他看来，在审美上值得重视的事物范围似乎包含整个自然界，也就是说，自然的审美对象包含了他那个时代被认为是可恶的生物，如蛇和短嘴鳄，以及那些被视作自然灾难的现象，如洪水和地震。缪尔所践行的这种自然欣赏与卡尔森所提倡的"肯定美学"十分密切。这意味着，18 世纪在英国建立起来的"如画欣赏模式"盛行了 200 年后，在 19 世纪末开始遭到一些人的挑战。但是，如画欣赏的模式在 20 世纪前半期依然是主导的自然欣赏模式，直到环境美学的兴起，如画欣赏模式才真正遭受严肃的挑战。

四、桑塔亚那的自然美学思想

桑塔亚那（George Santayana）是美国 20 世纪著名的自然主义美学家，著有《论美感》（*The Sense of Beauty*，1896）一书，该著作被闵斯特堡称赞为美国人写的最杰出的关于美学的著作。通常而言，自然主义具有三个显著的思想特征：1. 以自然包容一切，认为精神或灵魂都在自然之中，而不是独立于自然之外的实体，强调认识从经验始，反对神秘的直觉，反对任何超经验的知识；2. 以经验代替一切；3. 以自然本能解释一切。人的意识或心理活动都是本能地或自然地发生的，是人的本性的必然表现，而人的本性又取决于人的生物、心理的构造。[1] 因此，桑塔亚那的美学思想也带有浓重的自然主义色彩，他重视美感中的生物学、生理学因素，也极其重视美感经验，也重视作为审美对象的自然。

简言之，桑塔亚那认为美是"肯定的、内在的、客观化的价值，或者简而言之，美是一种被视作事物属性的愉悦"[2]。美虽然从根本上看是主观的，但是美必须客观化，仿佛是事物的一种客观属性，即"美是客观化的愉快"，因为审美愉悦不同于一般的感官愉悦，一般的感官愉悦使人的注意力仅仅滞留在自己身体的某一部分，并不引向任何外部的对象；而审美愉悦虽然也有赖于感官，却不为感官所限制，能够转化为外部对象的一种属性，即当知觉过程本身带有愉悦时，这种愉悦与对象紧密相连，与对象的特征和

---

[1]　王又如：《桑塔亚那〈论美感〉述评》，《学术月刊》1982 年第 11 期。

[2]　George Santayana, *The Sense of Beauty*, New York：Dover Publications, 1896, p. 49.

结构不可分割，于是便被看作为对象的一种属性，并被冠之以"美"这个名称。在这种美学观的指导下，美必须被"视作"外部对象的一种属性，那么作为外部对象的自然便成为重要的审美对象。桑塔亚那认为美有三要素：质料、形式、表现，因而对应着三种美：质料美、形式美、表现美，尤其是在质料美和形式美中，桑塔亚那强调自然美。

在质料美中，桑塔亚那列举到诸种自然事物作为审美的对象，如阳光、风、沙漠、大海以及自然当中的声音和色彩。从质料角度看，自然事物比艺术对象有更直接的联系，因此自然美在这一部分得到强调。然而，当桑塔亚那在分析与质料美紧密关联的人的感官时指出："毫无疑问，尽管触觉、味觉和嗅觉能够取得大发展，但是，不能像视觉和听觉那样带有意图的智力服务于人类。"[1] 他受时代影响，把触觉、味觉和嗅觉等视作低级感官，并且是非审美的，因为自然仅仅以空间的方式来设想，而触觉、味觉和嗅觉与视觉和听觉相比，不易在内在上是空间的，因此不适合服务于自然的再现，由此，桑塔亚那对自然质料美的欣赏集中在声音和色彩上。但是，某种程度上，桑塔亚那还是促进了人们对触觉、味觉和嗅觉的重视，因为他把这些所谓的"低级感官"也纳入了自己美学思想体系当中，尽管不处于优先地位。桑塔亚那认为，触觉、味觉和嗅觉等感官感受也为所有审美经验和观念提供了一个宽泛的背景，因为"不但外在的感官是我们感觉神经中枢的一部分，而且它们的每个或者结合起来的观念也是我们意识的一部分"[2]。因此，某种程度上，桑塔亚那也承认这些所谓的低级感官对审美的作用，"我们的诸愉悦被描述为触觉、味觉、嗅觉、听觉和视觉的愉悦，并且它们也成为美以及诸观念的一些元素"[3]。因此，桑塔亚那认为，"所有人类的功能都有助于美感"[4]，这里所有的人类功能包括五种感官，只是桑塔亚那认为应该对各种感官的促进作用都进行区分而已。

在形式美中，桑塔亚那认为，"有组织的自然是诸多统觉的形式之来

① George Santayana, *The Sense of Beauty*, New York: Dover Publications, 1896, p. 65.
② George Santayana, *The Sense of Beauty*, New York: Dover Publications, 1896, p. 76.
③ George Santayana, *The Sense of Beauty*, New York: Dover Publications, 1896, p. 76.
④ George Santayana, *The Sense of Beauty*, New York: Dover Publications, 1896, p. 53.

源"①。在桑塔亚那看来，对人的知觉来说，世界本来混乱如一团原子。然而根据进化论理论，某些原子系统结合在一起变成一些单元，然后这些有机体自我繁殖，并在环境当中如此频繁地重现，以至于人的感官习惯于将它们的诸部分视作一起。由此它们的形式便成为自然的、可认识的。一种秩序和系列便建立在人的想象力当中，与此相应的印象成为人的感觉。因此，外部自然世界的组织成为心灵统觉形式的来源。然而，桑塔亚那在这里更强调的是自然中的形式因素，即自然被看成是组织起来的那种秩序或者比例关系，强调形式与心灵和美关系更近，由此他认为形式美比质料美更重要。

因而，在自然当中，与形式关系更近的自然景观（natural landscape）成为桑塔亚那关注的重点。与艺术审美相比，他认为"对景观的卓越趣味（taste）弥补了人的一些忽视，这些已经在艺术品中得到最好、最多的实现"②。他认为，自然景观是一个独立的对象，它足够丰富，能为人的眼睛提供挑选、突出、组合诸要素的自由，进一步而言，它也足够丰富地激发人的情感。不过，桑塔亚那和康德一样，也把自然美与道德联系起来。他指出，一个被人看到的景观是已经被组合起来的，一个为人所爱的景观是已经被道德化的，因此，这也就是为什么粗鲁的人对周围的环境漠不关心的原因。这些粗鲁的人忽视了日常环境极其美丽的层面，而只在节假日，使不寻常的装饰添加到自己生活或身边事物当中时，他们才去留意美。相反，桑塔亚那强调我们要时刻欣赏身边的日常风景：当我们喜欢描述线条、形成远景，当地方对我们心理状态极其微妙的影响转化成对这些地方的一个表现，它们也被我们的白日梦所诗化，并且被我们对如此多的关于仙境的诸迹象的瞬间想象所改变，那么我们感受到景观是美的，森林、田野、所有野生的或田园的风景，都因而充满着友谊和欢乐。

桑塔亚那不只是在理论上强调要留意日常风景的美，他在实际生活中也是如此。1912年，一个春意盎然的日子，他正在哈佛大学讲课，突然，一只知更鸟飞落在教室的窗台上，不停地鸣叫，他停下来出神地打量小鸟：这是一只蓝色知更鸟，除了淡黄和纯白相间的胸毛外，身体的其余部分几乎全

---

① George Santayana, *The Sense of Beauty*, New York: Dover Publications, 1896, p. 152.
② George Santayana, *The Sense of Beauty*, New York: Dover Publications, 1896, p. 133.

是蓝色，美丽极了，观察良久以后，他转身跟学生说："对不起，同学们，失陪了，我与春天有个约会。"说完，他迈着轻盈的步子走出教室，跟在知更鸟的后面走出了学校。桑塔亚那以身示范，他对自然的热爱也被传颂为佳话，从美学理论和审美实践上推动了自然美学在北美的发展。

第三节　20 世纪自然美学

20 世纪上半期，随着分析哲学、分析美学的兴起，关于自然美学的哲学研究在英美世界进入最低谷，因为分析美学几乎只专注于艺术，艺术成了美学研究的绝对核心，对艺术的哲学研究占据了美学研究的绝大部分。如刘悦笛在《分析美学史》中所指出的那样，分析美学基本上是一种以语言分析为方法论原则的艺术哲学，它所关注的问题是如下 5 个方面：1. 位于核心位置的问题，包括"艺术的定义""审美经验""艺术的本体论""美学概念""艺术的评价""美学中的解释""艺术的价值"等。2. 对艺术更为具体的研究，包括"艺术中的再现""艺术中的表现""艺术中的风格""艺术中的创造""艺术中的意图""艺术中的解释""艺术中的媒介""艺术中的本真性"及其与赝品的关系等。3. 对艺术与其他学科的关系研究，包括艺术与审美、道德、情感、知识、政治和形而上学的关系。4. 更为具体的审美范畴研究，包括"美""趣味""崇高""悲剧""幽默""想象""叙事""虚构""隐喻""批判"等。5. 对于各个门类的艺术研究，包括音乐、绘画、文学、建筑、雕塑、舞蹈、戏剧、摄影、电影等。[1] 从刘悦笛对分析美学的概括中可以看出，分析美学基本上都是围绕艺术展开研究，基本上没有给自然留下位置。分析美学家比厄斯利（M. C. Beardsley）在《美学：批评哲学的诸问题》中直接将美学研究限定在艺术研究上，他明确地说："如果没有人曾谈论过艺术作品，那么将没有任何美学问题，在某种意义上，我旨在划出这一研究领域。"[2] 这句话可以反映出，比厄斯利将美学领域限定在艺术研究范围内。以艺术为中心建构的美学，导致自然欣赏寄生于

---

[1]　参见刘悦笛：《分析美学史》，北京大学出版社 2009 年版，第 3—4 页。

[2]　M. C. Beardsley, *Aesthetics*：*Problems in the Philosophy of Criticism*，New York：Harcourt，Brace & World，1958，p. 1.

艺术欣赏，比如在大众审美实践中，自然的如画审美模式依旧是自然欣赏和园林欣赏的主要模式，大众热衷于把那些与艺术作品相似的自然风光视作美的，而且自然与艺术作品相似程度越高，就越会被视作美的。

尽管在 20 世纪上半期，自然在英美分析美学那里遭到了冷遇，处于无人问津状态，但是仍有一些美学家在关注自然，继续推动自然美学发展：比如桑塔亚那作为知行合一的自然主义美学家，在哲学研究和具体审美实践中都对自然美给予极大的关注；杜威（John Dewey）作为实用主义美学家，对自然审美体验给予充分的重视，将日常自然审美体验与典型的艺术审美经验沟通起来；柯林武德（Robin George Collingwood）作为表现主义美学的继承者，考察了西方世界的自然观念史，带着现代进化论视角下的有机自然观来看待自然美，认可自然全美观念。他们对自然以及自然美的关注、研究和推崇，促进了自然美学在 20 世纪上半期的发展。进入 20 世纪下半期之后，以赫伯恩《当代美学与对自然美的忽视》的发表为标志，自然美学得以复兴，并蜕变为环境美学，从而迈入一个新的发展阶段。

一、杜威的自然审美思想

杜威是美国实用主义哲学家，他使实用主义成为美国特有的文化现象，对 20 世纪人文思想有着重要影响，其专著《作为体验的艺术》（Art as Experience）① 是一部美学经典，推进了北美自然美学的发展。尽管随着分析美学的兴起，艺术成为美学关注的中心，自然在美学领域遭到前所未有的冷落，但是杜威并没有忽视自然美问题，相反，杜威正是要打破自律的艺术王国神话，促进艺术与自然的连续性，这无疑成为那个时代反对"美学即艺术哲学"的强有力的声音。

理解杜威对自然美学的研究，首先，需要把握杜威的美学观。杜威要解决的问题是：美的艺术被驱赶到博物馆、画廊，审美体验成为一个独立自足的领域，杜威等代表的先锋艺术对传统美学理论和艺术理论提出挑战，艺术作品成了美学理论的障碍。在重建美学理论时，杜威认为现代艺术和美学理

---

① 杜威的 Art as Experience 一书，根据英文原文直译，应该是《作为体验的艺术》，而国内流行的翻译则是《艺术即经验》。参见［美］杜威：《艺术即经验》，高建平译，商务印书馆 2010 年版。

论相脱离的根本原因在于:"当艺术物品与产生时的条件和在体验中的运作分离开来时,就在其自身的周围筑起了一座墙,从而这些物品的、由审美理论所处理的一般意义,就变得几乎不可理解了。艺术被送到了一个单独的王国之中,与所有其他形式的人的努力、经历和成就的材料与目的切断了联系。"① 于是,杜威要重建的美学理论的任务就是打破那堵人为建构起来的墙,"恢复作为艺术品的经验的精致与强烈的形式,与普遍承认的构成经验的日常事件、活动,以及苦难之间的连续性"②。于是,杜威认为要想明白艺术或审美的内涵,需要"绕道而行",即"为了理解艺术产品的意义,我们不得不暂时忘记它们,将它们放在一边,而求助于我们一般不看成是从属于审美的普通的力量与经验的条件"③。这一绕道而行,让杜威发现,"体验"(experience)可以作为突破口,恢复艺术与生活、审美活动与生命活动之间的连续性,从而打破那堵"墙";与此同时,这一"绕道而行"也促使杜威对自然事物和日常生活的思考。总的来看,杜威的美学思路是:从活的生物与周围环境相互作用而产生的体验出发,体验是艺术和审美体验的根源;然后通过强化,那些完整、完满的体验被视作"一段体验"(an experience)④,一段体验具有审美性质(aesthetic quality),但还不是审美体验;再经过集中和强化的一段体验,才是审美体验和美的艺术。杜威期望从最普通的体验一直考察到审美体验,从而找到它们之间的连续性,真正解答了审美体验。这种美学抱负同时也促进了北美自然美学的发展。

其次,杜威强调了一种具有连续性的环境观,突出了人与自然的互动关系。杜威绕道而行,不直接考察美的艺术和审美体验,而是先考察普通的生命体验,他认为体验来自于有机体与周围环境的互动关系:"但如果一个人着手去理解植物开花,他必须寻找与决定植物生长的土壤、空气、水与阳光间的相互作用有关的东西。"⑤ 因此,考察有机体与周围环境的互动关系,就成为杜威美学思想的基石。杜威指出:

---

① [美]杜威:《艺术即经验》,高建平译,商务印书馆 2010 年版,第 3—4 页。
② [美]杜威:《艺术即经验》,高建平译,商务印书馆 2010 年版,第 4 页。
③ [美]杜威:《艺术即经验》,高建平译,商务印书馆 2010 年版,第 4 页。
④ 高建平将"an experience"翻译为"一个经验",该书根据英文原文直接翻译为"一段体验"。
⑤ [美]杜威:《艺术即经验》,高建平译,商务印书馆 2010 年版,第 4 页。

生命是在一个环境中进行的；不仅仅是在其中，而且是由于它，并与它相互作用。生物的生命活动并不只是以它的皮肤为界；它皮下的器官是与处于它身体之外的东西联系的手段，并且，它为了生存，要通过调节、防卫以及征服来使自身适应这些外在的东西。在任何时刻，活的生物都面临来自于周围环境的危险，同时在任何时刻，它又必须从周围环境中吸取某物来满足自己的需要。一个生命体的经历与宿命就注定是要与其周围的环境，不是以外在的，而是以最内在的方式作交换。①

杜威从互动角度来考察活的生物与周围环境的关系，并解释了"体验"的来源，同时也建立了一种"大环境观"，这种"大环境观"强调活的生物与周围环境的内在关系，这种"大环境观"对环境美学家伯林特的思想产生重要影响，因为伯林特正是借鉴了杜威的环境观，并开始强调人与环境的连续性。杜威说："山峰不能没有支撑而浮在空中；它们也非只是被安放在地上。就所起的一个明显的作用而言，它们就是大地。"② 山峰与大地的比喻，正是美的艺术与普通体验之间连续性的形象比喻。此外，杜威认为人类所有文化和大自然也都是连续的，自然是人类的母亲，是人类的居住地，"文化并不是人们在虚空中，或仅仅是依靠人们自身作出努力的产物，而是长期地，积累性地与环境相互作用的产物"③。正是坚持这种大环境观的立场，杜威指出，"通过与世界交流中形成的习惯（habit），我们住进（inhabit）世界。它成了一个家园，而家园又是我们每一个经验的一部分"④。杜威的连续性的环境观，不仅强调了大自然的重要性，而且对人与自然的关系进行了深入分析，提出了"人在环境中"的思想，与这一时期主流美学对自然的忽视完全不同。

再次，在欣赏方式上，杜威强调知觉的重要性，强调五官的完全参与。杜威看到人类思想史长期以来将灵与肉对立，这种对立导致人们贬低肉体、感官、身体。人类社会建构起静态等级区分的制度，来对人类无序的生活进

---

① ［美］杜威：《艺术即经验》，高建平译，商务印书馆 2010 年版，第 15 页。
② ［美］杜威：《艺术即经验》，高建平译，商务印书馆 2010 年版，第 4 页。
③ ［美］杜威：《艺术即经验》，高建平译，商务印书馆 2010 年版，第 32 页。
④ ［美］杜威：《艺术即经验》，高建平译，商务印书馆 2010 年版，第 120 页。

行了各种区分，于是宗教、道德、政治、商务、艺术各自有其独立的领域，并各自画地为牢。同时，这种区分也造成活动方式的分离，也就是情、思、做的分离，于是"那些写作经验解剖的书的人，就假定这些区分是人的本性构造所固有的"①。但杜威清楚地认识到，这一对立其实是人类社会自己从外在角度建构起来的，是不合理的。他指出："由于机械的刺激物或刺激作用，我们体验到了感觉，却没有意识到存在于它们之中或在它们背后的现实：在许多体验中，我们的不同感官并没有联合起来，来说明一个共同而完整的故事。我们看却没有去感受；我们听，听到的却是二手的报告，说它是二手的，是因为它们没有为视觉所加强。我们触摸，但这种触摸是肤浅的，因为它没有与那些进入表面之下的感觉融合在一起。"② 于是，杜威提出，真正合理的方式则是应该将感官看成是整体的且与深刻意义相连的，而不是所谓的低级的、断裂式的。"事物的可感觉到的表面，绝不仅仅是一个表面。人们可以仅仅根据表面就将岩石与薄薄的餐巾纸区分开来，完全不需要触觉，因为对这两个对象抗拒整个肌肉系统压力的强度的感觉早已体现在视觉之中了。"③ 杜威还强调，"五官（the senses）是活的生物藉以直接参与他周围变动着的世界的器官。在这种参与当中，这个世界上的各种各样精彩与辉煌以他经验到的性质（qualities）对他实现。"④ 杜威认为五官是一体的，"从生理与功能上讲，感觉器官是运动器官，并且是通过人的身体中的能量配置，而不仅仅从解剖上，与其他的运动器官联系在一起"⑤。人类应该"将感觉与冲动，脑、眼、耳之间的结合推进到新的、前所未有的高度"⑥。杜威认为，感官是人与环境连续性的中介，因此杜威高度重视五官的完全参与，这种思想也被环境美学家伯林特吸收，发展成了著名的"交融美学"。

复次，杜威的时空观对自然欣赏也发挥着重要作用。因为"一段体验"是整体的、完满的、完善的，在这种基础上所理解的时间与空间，便不是传

---

① ［美］杜威：《艺术即经验》，高建平译，商务印书馆 2010 年版，第 24 页。
② ［美］杜威：《艺术即经验》，高建平译，商务印书馆 2010 年版，第 24 页。
③ ［美］杜威：《艺术即经验》，高建平译，商务印书馆 2010 年版，第 33—34 页。
④ ［美］杜威：《艺术即经验》，高建平译，商务印书馆 2010 年版，第 25 页。
⑤ ［美］杜威：《艺术即经验》，高建平译，商务印书馆 2010 年版，第 60 页。
⑥ ［美］杜威：《艺术即经验》，高建平译，商务印书馆 2010 年版，第 26 页。

统的那种无情的、空虚的、抽象的事物，而是融入了有机体与环境相互作用在其中的事物。空间是"一个全面而封闭的场景，在其中人所从事的行动与获得的经历的多样性形成了秩序"①。时间则不再是无穷无尽而始终如一的流水，也不是许多瞬间的连续，而是"组织起来并起着组织作用的媒介，在其中，预期冲动节奏性涨落，前进与向后的运动，抵抗与中止，伴随着实现与完满。这是生长与成熟的安排"②。此刻与过去和未来并未割裂，而是都包容在当下。正是在这种时空观的指导下，杜威假设，如果人类隐退，则狐狸、狗、画眉等动物活动就可以成为体验整体的提示与象征："活的动物完全是当下性的，以其全部的行动呈现出来：表现为它警惕的目光、锐利的嗅觉、突然竖起的耳朵。所有的感官都同样保持着警觉。你看，行动融入感觉，而感觉融入行动——构成了动物的优雅，这是人很难做到的。活的生物从过去所保留的，与它所期望于未来的，都作为现在的方向而起作用。狗既不会迂腐也不会有学究气。"③ 此外，在这种时间观中，杜威还强调了"认出"（recognition）的意义。"认出本身不只是时间上的一个点。它是一个漫长而缓慢的成熟过程达到顶点。它是一个有序的时间经验的连续性在一个突然而突出的高潮中的显现。如果将它孤立起来，就会像戏剧《哈姆雷特》中的一句台词或一个单词失去了语境一样没有任何意义。但是，'其余的，仅是宁静'这句话通过在时间中的发展，成为戏剧的结束时，就充满着含义；突然看见一幅自然景色时，也是如此。"④ 杜威对"认出"概念的强调对自然欣赏具有重要意义，对自然的欣赏不能是某一孤立瞬间的事情，而应该是一个系列、一个过程、一个时间段，只有这种"漫长而缓慢的过程"看见的自然，才充满含义，因此，"认出"带有浓厚的连续性内涵。这就与18世纪所建立起来的那种静观式的如画欣赏方式不同，杜威强调了人与自然的互动，以及人对自然持续性地欣赏，而不能仅仅截取某一静止的时刻。

最后，杜威明确地表达了自然美学思想。杜威看到了文化与自然的连续性，认识到自然是人类的母亲，是人类的居住地。他指出，文化并不是人们

---

① ［美］杜威：《艺术即经验》，高建平译，商务印书馆2010年版，第27页。
② ［美］杜威：《艺术即经验》，高建平译，商务印书馆2010年版，第27页。
③ ［美］杜威：《艺术即经验》，高建平译，商务印书馆2010年版，第21页。
④ ［美］杜威：《艺术即经验》，高建平译，商务印书馆2010年版，第27页。

在虚空中，或仅仅是依靠人们自身作出努力的产物，而是长期地、积累性地与环境相互作用的产物。然后，杜威明确地说，要将"审美因素吸收进自然"①，这就是自然美学思想的直接流露，而后杜威通过引用赫德森、爱默生等人的思想来赞扬自然美。赫德森是 20 世纪二三十年代"回归自然"运动的重要代表人物之一，他说："当我看不见生机勃勃地生长着的草，听不见鸟鸣和各种乡间的声音时，我就感到活得不舒服"。他还谈到自己看见合欢树的感觉，"月夜下松软的簇叶显出灰白色，比起别的树来，这一棵有着强烈的生机，更意识到我和我的在场"②。这是讲赫德森自己与自然相处时那种愉快之情，是自然审美的例子。此外，杜威其美学思想中也强调审美体验一定是在为"事物自身目的"而发生的，而那种为了外在目的的体验，要么是实践主导的，要么是理智主导的。"当其决定任何可被称为一段体验的要素被高高地提升到知觉的阈限之上，并且为着自身原因（for their own sake）而显现之时，一个对象就特别并主要是审美的，它产生审美知觉所特有的享受。"③ 这里一个事物在审美知觉中，因其自身原因而显现出来，会带来巨大的审美知觉的愉悦，这才是兴趣，这才是审美体验。而环境美学也追求如其本然地欣然自然。这一点可以对环境美学影响深远。

　　杜威的美学思想独树一帜，为了解决艺术与美学理论分裂的问题，"绕道而行"，从一般的体验开始考察，无意中推动了自然美学的发展，对后来环境美学有着多方面的影响。但是杜威的自然美学思想还是零散的，还不足以称作"环境美学"。

二、柯林武德的自然美学思想

　　柯林武德是 20 世纪英国著名的哲学家、美学家、历史学家，主要著作有《宗教与哲学》（1916）、《心灵的思辨》（1924）、《艺术哲学新论》（1925）、《历史哲学》（1936）、《形而上学论》（1940）、《自然的观念》（1945）、《历史的观念》（1946）等，其思想对 20 世纪西方历史、艺术、美学等领域均有较大影响。严格地讲，柯林武德是一位表现主义美学家，是克

---

① ［美］杜威：《艺术即经验》，高建平译，商务印书馆 2010 年版，第 32 页。
② 转引自［美］杜威：《艺术即经验》，高建平译，商务印书馆 2010 年版，第 32 页。
③ ［美］杜威：《艺术即经验》，高建平译，商务印书馆 2010 年版，第 66 页。

罗齐表现主义美学的继承者，认为美学研究的中心是艺术，但是他在实际研究中，关注自然美学，尤其是《自然的观念》一书，以自然为考察中心，考察西方世界自从古希腊以来的自然观，高度强调了自然观念史研究的重要性。柯林武德的自然美学研究主要体现在《艺术哲学新论》和《自然的观念》两本著作中。

　　《艺术哲学新论》尽管主要谈论的是艺术，但是柯林武德对自然美保留了一定位置，因为该书第三章便是《自然美》，他认为自然全美，并将自然美划分了三类。柯林武德说："自然这个词在任何上下关系中，都具有否定的意义。它总是表明我们自己活动的界定……自然的观念呈现为活动观念的否定相对物，而每一种活动在不同种类的自然中都有它的相对物。因此，审美意义上的自然就是那种我们自己在想象的必然性中发现的自然，是任何进一步想象活动的开端和根据，这种活动感到它自己是自由的活动。"① 在柯林武德看来，自然意味着对人类活动的否定，标示出人类活动的边界，因此相对于人类活动而言，自然具有一定的在先性，审美意义上的自然则是人类审美想象活动的"开端和根据"，自然美的情感是一种给予的情感，人面对自然更多的是一种被动的情感。"因为自然是一个否定词，所以它总是以它相应的实在为先决条件。在审美的意义上，自然是以审美活动为先决条件的，是对这个通过活动本身感觉到的活动的否定。把一个对象称之为自然，就是表示感觉到它在任何意义上都不是我们自己活动成果。因此，就它属于一个对象来说，任何美都是自然的美，我们不认为我们自己是这个对象的创造者……当我们如此被动地感觉它时，那么任何美都是自然的美。"② 正因为自然的在先性，自然是被给予人类的，人类只能被动地体验自然，因此面对自然时，人类的审美体验应该是自然全美。

　　　　人们把自然称为上帝的艺术……自然中没有丑的东西。当我们否认
　　自然的对象是美的时，我们不是在反思它，而是在反思我们自身。因
　　此，每一个自然的对象都是同样美的，上帝象喜欢夜莺和狮子一样喜欢

---

①　［英］罗宾·乔治·科林伍德：《艺术哲学新论》，卢晓华译，工人出版社 1988 年版，第 46 页。
②　［英］罗宾·乔治·科林伍德：《艺术哲学新论》，卢晓华译，工人出版社 1988 年版，第 48 页。

大菱鲆和河马，他亲手做的事是完全美的充分保证。如果我们看不到那种完美，那就是我们自己的过错。这是从被动情感必然得出的结论：那种情感的意思是指，美在我们周围到处大量地存在着，我们必须做的一切都是被给予我们的东西。自然的美没有对立面：无论我们见到它还是见不到它。这就赋予它一种直接或自发的特殊性质。它是某种无人为其尽力的东西，是某种不是靠努力而是求助于纯粹的神的恩典活动成为绝对地和精美地正确的东西。百合花无心做它们的衣服，而对于那个人来说它们的衣服是完美的。山是美的，因为没有人建造它；森林是美的，因为没有人种植它；雪花是美的，因为没有银匠用锤子和锉碰过它。在每一种情况中，不尽力的自然直接性对于它的美来说不是某种偶然的东西，而正是它的美的心脏。①

柯林武德对自然全美观念的认可与推崇，是对自然美学的坚守与执着，也是对自然的热爱。他谴责人类对自然美的破坏："对它的修饰，也损坏了自然。修剪百合花、在人体上刺花纹、用花园的花栽种野景，都是用干涉这种自生性来毁坏对象的自然美。如果妨害对象的原因不是有意修饰它，而是由于别的动机或没有动机，那么同样的事情也会发生：一条铁路或一个采石场毁坏一座山的美，不是由于提出实用的思想，而是由于割裂了它的天然流线。当我们发现菌蕈是一颗过路人失手丢下的李子时，我们享受红菌蕈就变得恶心，这不是因为我们厌恶李子或过路人，而是因为我们正在享受我们认为是自然色彩调配的东西的自发性。"②

柯林武德认为，按照欣赏者自我意识程度不同，可以将自然美分为三类：一是纯粹自然美；二是包括未开化状态的人类生活世界；三是包含人类文明阶段的人类生活世界。这三种自然美所针对的欣赏主体自我意识不同：第一类是针对只意识到自己是人而言的，自然对他来说就是指没有人性的东西，这种自然美是对所有人类活动的否定；第二类是针对不仅意识到自己是人而且是文明人而言的，自然对他而言，不仅包括非人的东西，还包括处于

---

① ［英］罗宾·乔治·科林伍德：《艺术哲学新论》，卢晓华译，工人出版社 1988 年版，第 49—50 页。
② ［英］罗宾·乔治·科林伍德：《艺术哲学新论》，卢晓华译，工人出版社 1988 年版，第 50 页。

未开化状态的人类生活世界，如原始社会、乡村社会，这种自然美是对明显的人造物的否定；第三类是针对认为自己是艺术家，自然对他而言，不仅包括非人的东西、未开化的人类生活世界，还可以包括铁路、轮船、工厂等文明阶段的人类世界，这类自然美是对有意识地成为美的意图的否定。"意识到自己是人的人，发现海洋、暴风和恒星中的自然美；意识到自己是文明的人，在原始人类社会和他们的产品中发现同样类型的美；意识到自己是艺术家的人，在机器和其他文明的功利产品中发现同样类型的美。包含在所有者三种情况中的美的类型是相同的：它是旁观者和他的对象之间对比的美，是美的东西的美。因为它不是被设计成美的：用一句话来说，是直接的自然美。"① 从柯林武德对自然美的阐释中可以看出，他对自然的理解从"非人的东西"上升为"与自然和谐相处的世界"，然后上升到"自然而言的世界"，由此"自然"的外延逐步扩大，从非人的事物，扩展到未开化的人类世界，再扩展到工业文明下的人类世界。

柯林武德的深刻之处，不仅在于他对自然美的三种划分，还在于他对三种自然美的具体阐释，带有一定现代生态学意识和共同体意识。比如，柯林武德对于第一种纯粹自然美的阐释，他说道："对于喜欢纯粹自然美的视觉来说，野花是讨人喜欢的，因为它在它适当的位置中，它顺应它的周围环境，它不可避免地要抛弃土壤和气候的影响，虽然我们可能不懂地质学和植物学，但这种必然性实际上被认为是花和它生长的土地间的一个有机的统一体。"② 柯林武德从有机体和周围环境的适应性来理解自然美，带有海克尔所开创的现代生态学的意识，这是自然美学的一大进步。当然，柯林武德也谴责人类对自然的驯服，他说："当荒野得到驯服时，它的野性美就消失了。因此，人类对自然控制的发展，总是要限制这种心情的范围和机会。当荒芜的土地被耕作时，它们不再引起由于它们无视人类的控制所产生的反应，因为这些变化是人类自我意识的必然结果，所以作为他享受它们的美的来源的天赋同样也是他逐渐地消灭那种享受的来源。"③ 比如柯林武德对第

① ［英］罗宾·乔治·科林伍德：《艺术哲学新论》，卢晓华译，工人出版社1988年版，第51—52页。
② ［英］罗宾·乔治·科林伍德：《艺术哲学新论》，卢晓华译，工人出版社1988年版，第54页。
③ ［英］罗宾·乔治·科林伍德：《艺术哲学新论》，卢晓华译，工人出版社1988年版，第53页。

二种自然美的理解，将未开化的人类世界也包含进自然美当中，追求未开化的人类世界与自然是一个统一体，具有人与自然和谐的共同体意识。他说："就人类的产品来说，可能被感觉到的正是这个统一体。用栎木梁、砖、石头建造的村舍似乎表现着它坐落其上的土地的特性。它是美的，不是因为它用这种材料建造的也不是用另一种材料建造的，而是因为它是用建造风景本身的材料建造的。横穿荒野的小路增加了荒野的美，因为它记录了样子，人们按照这种样子开凿了他们横穿土地的路，所以它精巧地突出了那块土地的造型和结构。耕地和草地按照它们各自的特性突出了各种不同的土壤性质，自然的植物也是这样。甚至人们经过若干代与自然联系的生活后，好象也受到自然情绪的感染，他们象牧羊人一样走路，他们的眼睛是山区人的眼睛，他们语言仿效他们的职业，就象他们的职业仿效土地一样。"①

自然观是自然审美活动的基础，《自然的观念》详细考察了西方世界中自然观的变迁，展现了西方世界如何看待自然、理解自然，最终落在现代有机的进化论自然观上，从而为自然美学提供了一个科学的自然观。1. 古希腊时期是有机的自然观。古希腊人对自然的看法是三元统一的：在物理层面上，自然是活的，动物和植物参与/分享自然躯体的物理组织；在灵性上，动物或植物分享自然的灵魂（soul），也就是自然是有灵魂的，因此自然是活动的、活力的；在理智上，动物或植物分享自然的心灵（mind），也就是说，自然有心灵，这种心灵使得自然是理智的、有秩序的、有规则的，因此自然是有理性的。2. 文艺复兴时期是机械的自然观。机械论自然观"不承认自然界被物理科学所研究的世界是一个有机体，并且断言它既没有理智也没有生命。因此，它没有能力以理性的方式操纵它自身的运动，并且它根本就不可能自我运动。它所表现出来的运动以及物理学家所研究的运动，都是外界施与的，它们的规律性应归属于同样是外加的'自然定律'。自然界不再是一个有机体，而是一架机器：一架按字面意义和严格意义上的机器，一个被在它之外的理智心灵，为着一个明确的目的设计出来、并组装在一起的躯体一个部分的排列。"② 3. 现代时期是进化的自然观。在柯林武德看来，

① ［英］罗宾·乔治·科林伍德：《艺术哲学新论》，卢晓华译，工人出版社 1988 年版，第 54 页。
② ［英］R. G. 柯林武德：《自然的观念》，吴国盛译，商务印书馆 2017 年版，第 8 页。

现代自然观的核心观念是在 18 世纪后期到 19 世纪初逐渐形成的。这种现代自然观的核心思路是，类比自然科学家所研究的自然界的进化过程与历史学家所研究的人类事物的兴衰变迁。如柯林武德指出：

> 如同希腊自然科学是基于大宇宙的自然和小宇宙的人——人通过他的自我意识向自己所揭示的样子——的类比，如同文艺复兴的自然科学是基于作为上帝手工制品的自然和作为人的手工制品的机械的类比，现代自然观也同样，基于自然科学家所研究的自然界的过程和历史学家所研究的人类事物的兴衰变迁这两者之间的类比。直到 18 世纪末它才开始找到了表述，自此之后直到今日，它一直在积蓄力量，使自己变得更为可靠。①

进化论自然观是建立在达尔文进化论基础之上，"过程"（process）、"变化"（change）、"发展"（development）、"进步"（progress）、"进化"（evolution）等是现代自然观的核心关键词。进化论自然观意味着，生物物种不是固定不变的永久种类的仓库，而是在时间中诞生和消亡，这意味着迄今为止不变的东西本身实际上从属于变化，消除了自然界中变与不变因素之间非常古老的二元论。柯林武德对自然观念的研究，揭示了自然观从古希腊到现代经历了有机论自然观、机械论自然观与进化论自然观等不同阶段，强调了自然观研究在哲学美学研究中的地位，对 20 世纪自然哲学、自然美学有重要影响。

三、自然美学向环境美学的蜕变

20 世纪六七十年代，自然美学在经历了低谷之后开始复兴，其标志便是赫伯恩《当代美学与对自然美的忽视》（1966）的发表，然而该文同时也标志着环境美学的兴起。聂春华说赫伯恩"推动了 20 世纪中叶传统自然美学向环境美学的过渡"②，笔者也指出赫伯恩"清清楚楚地将传统自然美学

---

① ［英］R. G. 柯林武德：《自然的观念》，吴国盛译，商务印书馆 2017 年版，第 13 页。
② 聂春华：《罗纳德·赫伯恩与环境美学的兴起和发展》，《哲学动态》2015 年第 2 期。

与当代环境美学区别开"①。尽管如此，在环境美学兴起以后，自然美学并没有消失，比如马尔科姆·巴德 2002 年还出版了《自然审美欣赏——自然美学论集》②。因此，对传统的自然美学和新兴的环境美学之间的联系和区别的探讨，既是自然美学需要解决的问题，也是环境美学需要解决的问题。

简而言之，传统的自然美学与新兴的环境美学之间的区别可以概括为四点：

首先，两者的时代背景不同。传统的自然美学在 18 世纪兴起，其背景也伴随着工业革命对自然的破坏，但是那种破坏还是局部的，对人们更重要的影响则来自城市的兴起。由于城市兴起，城市生活远离了自然环境，因此传统自然美学常常以乡村象征自然，自然美学呼吁的不是保护自然，而是回归自然、拥抱自然；不是人类保护自然，而是人类从自然中获得力量。环境美学兴起的时代背景则是全球环境危机，从 20 世纪初到六七十年代，发生了著名的世界八大公害事件，并且 1972 年在斯德哥尔摩召开了世界第一次环境大会，环境问题成为人类社会共同关注的问题，除了环境污染、资源短缺、生态失衡等自然生境相关的危机外，其实全球环境危机也伴随着或者加剧了一系列社会危机，由此大自然重新回到人们的视野当中。在这种背景下，哲学美学那种只重视艺术、忽视自然的做法，自然而然遭到了赫伯恩等美学研究者的挑战。环境美学正是在这种时代背景下应运而生，因此环境美学家与环境伦理学关系很近，有着较为直接的保护环境诉求。

其次，两者的哲学基础（即自然观）不同。从理解欣赏者与欣赏对象（也即人与自然）的哲学关系来看，传统自然美学的哲学基础主要是主体与客体、人与自然、灵与肉两分的观点。这种主客两分的世界观从近代哲学家笛卡尔那里可以找到根基，无论是 18 世纪康德的静观欣赏模式，还是在如画欣赏模式那里，或者是在 19 世纪浪漫派的超自然主义欣赏方式那里，这种欣赏者与欣赏对象两分的模式都存在着，只有在杜威那里，这种两分的模式才得到一些消解。而环境美学的哲学基础则完全反对人类中心主义的自然欣赏方式，反对将欣赏者与欣赏对象完全割裂，反对人与自然对立。环境美

---

① 程相占：《环境美学的理论思路及其关键词论析》，《山东社会科学》2016 年第 9 期。

② Malcolm Budd, *The Aesthetic Appreciation of Nature：Essays on the Aesthetics of Nature*, Oxford：Oxford University Press, 2002.

学的思想基础是"人在环境中"，由此可以说，"环境美学框架中的自然审美之所以不再是传统的'自然美学'而是'环境美学'，关键原因就在于它超越了传统自然美学的主客二元框架，明确提出审美主体与审美对象的关系不再是'主客对立'，而是'相互融入'"①。

再次，两者的理论诉求不同。传统自然美学高度强调自然欣赏的重要性，但是对自然的欣赏总体来说，并没有摆脱艺术欣赏规则的影响。比如传统自然美学最重要的理论之一便是如画理论，它主张欣赏自然时，将自然风景与艺术相连，自然越是与景观画相似，那么它就越美。这种欣赏方式其实是以艺术为导向而建构起来的审美理论，将自然抽象为一个本质上类似艺术品的事物，没有重视自然自身的特点。这种观点尽管在梭罗和杜威那里受到了一些抵制，但依然是自然美学的主流思想，并且这种观点在当下自然欣赏中依然具有强大的影响力。相比之下，环境美学的理论诉求不是发掘自然与艺术相似的地方，恰恰相反，从赫伯恩开始，环境美学就高度强调自然并不是艺术品：自然不是人工制品，与艺术有着本质区别。于是从赫伯恩开始，卡尔森、伯林特、齐藤百合子等众多环境美学家都带着这种思路，强调应该按照自然本身的特点，如其本然地欣赏自然，只不过每个人具体的路径不同，如赫伯恩认为艺术品有框架，而自然对象没有框架，应该按照自然有关的标准来评价自然美；卡尔森认为科学知识是对自然事物正确的理解，因此欣赏自然时要重视自然科学知识；伯林特强调人与环境是连续的，因此欣赏自然时应当采取交融的模式；齐藤百合子直接强调要如其本然地欣赏自然，哪怕是不优美的自然风景也是自然欣赏的对象。由此可见，如其本然地欣赏自然，不仅是环境美学的理论诉求，也可以说"这对于 20 世纪囿于艺术欣赏范式的传统自然美学向环境美学的过渡无疑起了奠基性的作用"②。

最后，两者的研究范围不同。从研究对象的角度来看，自然美学研究的对象是大自然，包括自然个体事物和自然环境，而环境美学研究的范围则宽广得多。虽然环境美学是在研究"如何恰当地欣赏自然"中兴起的，但是随着环境美学自身发展，其研究范围从自然环境扩展到人建环境、日常生活

① 程相占：《环境美学的理论思路及其关键词论析》，《山东社会科学》2016 年第 9 期。
② 聂春华：《罗纳德·赫伯恩与环境美学的兴起和发展》，《哲学动态》2015 年第 2 期。

环境、环境艺术等广阔领域。简言之，自然美学包括对自然个体事物、自然环境的研究，而环境美学包括对自然环境、人建环境、日常生活环境及其当中的平凡事物的研究，因此可以说，自然环境是两者共同关注的地方，是两者的交集。

　　从以上对传统自然美学与当下新兴的环境美学的不同之处分析，也可以见出两者的联系。除了在研究对象，两者有着共同的交集——自然环境外，实际上，环境美学的兴起极大地促进了自然美学在当代的发展。比如当代自然美学重要人物马尔科姆·巴德在《自然美学的基本谱系》（*Aesthetics of Nature：A Survey*）一文中指出，当代自然美学在诸多层面展开自身的理论体系，把伯林特的交融美学、卡尔森对自然客观性的诉求、卡尔森提出的肯定美学以及自然作为自然本身的审美鉴赏等诸多环境美学的成果吸收进来。①可见，自然美学的复兴促进了环境美学的诞生，而环境美学的研究思路和欣赏模式也促进了当代自然美学的持续而深入的发展。

---

①　参见〔英〕M. 巴德：《自然美学的基本谱系》，刘悦笛译，《世界哲学》2008 年第 3 期。

第三章　环境美学的发展历程

在正式讨论环境美学之前，我们首先需要整理、概括环境美学研究的学术历程，以便为以下各章提供必要的知识背景。

本书所研究的环境美学跨度为 54 年：始于 1966 年，止于 2020 年。为了论述的方便，主要依据环境美学领域中一些重要著作的出版年份，将环境美学半个世纪的学术历程划分为三个发展时期：产生期（1966—1982）、成型期（1983—2000）与深化拓展期（2001—2020）。下面将依次介绍环境美学的重要文献。

第一节　环境美学的产生期（1966—1982）

国际学术界普遍认为，环境美学正式发端于 1966 年英国学者赫伯恩发表的论文《当代美学与对自然美的忽视》。[①] 笔者对此并无异议，但必须说明的是：这样的学术共识仅仅是"事后追溯"的结果，也就是说，当环境美学发展到一定程度、引起了广泛重视的时候，学术界便自觉或不自觉地回顾其发展历程，试图为它清理、建立起一个学术谱系。客观地说，赫伯恩此文发表的时候并没有引起太多注意，人们也并没有将之视为环境美学方面的论文，因为它所研究的是一个有着悠久历史传统的问题——"自然美"。

该文之所以在正式发表 30 年之后（甚至更晚一些）才受到学术界的关

---

① Ronald W. Hepburn, "Contemporary Aesthetics and the Neglect of Natural Beauty", in *British Analytical Philosophy*, B. Williams and A. Montefiore (eds.), London: Routledge and Kegan Paul, 1966.

注，赫伯恩本人甚至被称为"环境美学之父"①，原因在于该文提出并论证了两个新问题：一个是 20 世纪前半期占据主导地位的分析美学的理论局限——分析美学号称"美学"，但究其实质而言，它只不过是"艺术哲学"，其学术焦点是艺术，特别是艺术的定义，艺术之外的大千世界被武断地排除在了美学研究的视野之外。这既不符合美学史的理论实际，又不符合人们审美活动的实际。赫伯恩在全球环境运动刚刚兴起的时候，呼吁美学界将研究的焦点从艺术转向自然，某种程度上是对于环境运动的美学呼应，引导了环境美学研究的思想主题：关注环境、保护环境、尊重环境，特别是审美地欣赏环境。另一个是该文论述了环境审美欣赏的基本特性，初步论证了环境审美的"融入"（involvement）模式。该文的题目尽管是"自然美"，但其内容却是"对于自然环境的审美欣赏"——欣赏者沉浸在环境之中，对于环境及其所包含的事物进行审美欣赏。简言之，赫伯恩所揭示的"人在环境中"这个基本结构，一直是环境美学的立足点和立论前提。②

　　从文章的标题可以看到，赫伯恩关注的并不是严格意义上的"环境美学"这个问题，而是西方美学史上早就被讨论过很多次的"自然美"问题。将这篇文章视为环境美学的正式开端，必然会引发一系列更加深层的理论问题："自然"与"环境"的联系与区别是什么？"自然审美"与"环境审美"的联系与区别又是什么？"自然美学"能否等同于"环境美学"？等等。这些问题都是环境美学经常涉及的论题。

　　在追踪"环境美学"这个术语正式产生的具体时间时，笔者发现了阿诺德·伯林特（Arnold Berleant）发表于 1972 年的一篇文章，题目就是《环境美学》。这篇文章尽管只有短短的两页，但提出了一系列重要问题，包括环境美学的理论来源、环境的分类、环境审美的基本特点等。伯林特提出，通过细致考察现代艺术可以发现，新兴的美学具有三个基本特征：艺术与生活之间的连续性、艺术的动态特性、审美活动的人文主义的功能主义。这些特征暗示着一种远远超越了惯常限制的概念框架，为这个世界向全部感知意

---

① 这个称呼来自英国学者，参见 Emily Brady, "Ronald W. Hepburn: In Memoriam", *British Journal of Aesthetics*, 2009, 49（3）, pp. 199-202。

② 对于赫伯恩的研究，可以看看程相占：《环境美学对分析美学的承续与拓展》，《文艺研究》2012 年第 3 期。该文第一部分为"赫伯恩对分析美学的批判反思与当代环境美学的正式发端"。

识和意义开放奠定了基础。这种理论观念不仅具有审美意蕴，而且具有道德和政治意蕴。伯林特认为，这些概念可以被运用到惯常审美情境之外的其他情境，用来处理超过传统限制的诸多场合。环境正是这种场合，无论是自然环境还是人建环境。伯林特列举了一些例子：中世纪大教堂这样的物理与社会环境不仅将大多数艺术汇聚在一起，而且调动了所有感官的融入（engages all the senses）；帆船这种人工制品将完美的功能与迷人的美结合起来，乘坐帆船则是完全交融在一个彻底的感性环境之中（total engagement in a thoroughly sensory environment）。伯林特还专门讨论城市区域这种环境，提出这种环境可以被视为一种审美对象；在这样的环境中，实践和审美可以进行动态综合，被启迪的审美判断成为道德目标的社会工具。① 我们将会讨论伯林特的"交融美学"，其关键词"交融"在这里已经出现了。这是笔者目前为止发现的最早以"环境美学"为题的文章。正因为如此，真正的"环境美学之父"不是赫伯恩，而应该是伯林特。

　　1974 年，华裔文化地理学家段义孚（Yi-Fu Tuan）出版了专著《恋地情结——环境感知、态度与价值研究》，坚持认为应该将环境作为审美欣赏的对象。该书的主题是人与地方的情感联系，从物种、群体与个体等不同层面考察了环境感知与价值，因而被视为一部环境美学著作。②

　　1974 年，加拿大学者卡尔森参加在美国召开的美国美学年会时，提交了题为《环境美学与"露营"敏感性》（Environmental Aesthetics and "Camp" Sensitivity）的会议论文。这篇文章当时并没有发表，卡尔森对之进行了修改，1976 年以《环境美学与审美教育的困境》正式发表。③ 这是卡尔森最早论述环境美学的文章。但严格说来，环境美学研究正式开始于 1972 年甚至更早，创始者主要是北美的一批地理学者，他们关注的焦点是地方④与景

---

① Arnold Berleant, "Environmental Aesthetics", *Cakes and Ale*, Vol. 4, No. 8 (January 13, 1972), p. 3.

② Yi-Fu Tuan, *Topophilia: A Study of Environmental Perception, Attitudes and Values*, Englewood Cliff, N. J.: Prentice Hall, 1974.

③ Allec Carlson, "Environmental Aesthetics and the Dilemma of Aesthetic Education", *The Journal of Aesthetic Education*, Vol. 10, No. 2 (April, 1976), pp. 69-82. 为了确认这件事，周思钊博士专门给卡尔森先生发邮件求教，得到了上述回答。

④ 英语原文为 place，又译"场所"。

观的审美特性（aesthetic qualities）。① 也就是说，环境美学最初是作为地理学研究的新方向而出现的。那些地理学者们很重视人类体验与社会价值，这就促使他们更加接近哲学与人文学科；而来自哲学、文学、景观设计与地理学等不同领域的学者开始进行跨学科合作，从不同的视角来共同探讨人类与环境之间的审美关系。出于上述学术旨趣，包括卡尔森在内的几位学者于1978 年 9 月在加拿大艾伯塔大学召开了"环境的视觉特性（质量）"讨论会。针对日益严重的环境退化，他们希望该书能够激发人们更加关怀"环境的审美特性（质量）"，推动人们"更好地欣赏环境的审美价值"。② 卡尔森参与编辑的这本论文集题为《环境美学阐释文集》，正式出版于 1982 年，是国际范围内第一部以"环境美学"为题的著作，随即在学术界产生了较大影响，比如，国际上著名的刊物如《美学与艺术批评杂志》和《审美教育杂志》都及时发表书评予以推介。相对于原著，这两篇书评在某些方面更加清晰地界定了环境美学的研究对象与研究方法，因而值得我们高度重视。

芬兰的环境美学研究始于 20 世纪 70 年代，1980 年出版了芬兰语论文集《环境美学》。该书基于 1975 年举办的一系列讲座，由芬兰学者基努恩（Aarne Kinnunen）和约·瑟帕玛（Yrjo Sepanmaa）合编。参加这些讲座的不仅有美学家，而且有建筑师和环境规划师，他们共同考察与环境相关的审美问题。而这也正是后续的芬兰美学的风格：学术圈相当小，研究这些问题的学者也很少，所以自然需要寻找各自领域之外的学者、相邻学科和更多的受众。③

《美学与艺术批评杂志》1984 年发表的书评进一步明确了环境美学的研究对象，将之界定为"我们对于城市、乡村和荒野等各种景观与各种空间的体验中的审美价值的性质与范围"④。这句话读起来比较拗口，我们可以

---

① 英文 quality 的含义有"特性""质量""品质"等，所以，aesthetic qualities 在美学著作中一般应该翻译为"审美特性"，而在此处则有"审美质量（品质）"的含义。

② Barry Sadler and Allen Carlson（eds.），*Environmental Aesthetics：Essays in Interpretation*，Victoria，B. C.，Canada：Dept. of Geography，University of Victoria，1982，pp. iv-v.

③ 参见 Arto Haapala，"Contemporary Finnish Aesthetics"，*Philosophy Compass* 6/1（2011），pp. 1-10。

④ 参见 *The Journal of Aesthetics and Art Criticism*，Vol. 42，No. 3（Spring，1984），pp. 335-337。以下论述均参考这篇书评。

从三方面来理解：一是"环境"的含义——按照这句话，"环境"包括"城市、乡村和荒野等各种景观与各种空间"；二是"美学"的研究对象——"体验中的审美价值的性质与范围"；三是"环境美学"的研究对象——"环境与空间体验中的审美价值的性质与范围"，可以简单地将之概括为"环境的审美价值的性质与范围"。从这三方面出发，我们就会对环境美学有着比较清晰的理解。

这篇书评还进一步明确了环境美学研究的两种立场或方法。第一种是"经验性的社会科学家"的立场，它试图用定量的方法来测量各种环境的客观特性或质量；第二种是"人文主义者"的立场，它借助概念或现象分析而试图发现环境中的各种审美价值。应该说，这两种方法的结合，就是我国美学界一直倡导的"理论与实践相结合"的学术理念。但是，好像只有到了环境美学这里，美学理论才与社会实践真正地结合了起来。

这篇书评还简单地揭示了环境美学研究所面临的困难：很少环境是为了人们的审美反应而特别设计的，大多数景观都是通过地方的传统而不是艺术传统而演化的，它们都需要面对极其广泛的文化所塑造的种种不同的审美偏好。正因为这样，该书评作者提出，直到当时，很少有人试图通过研究去揭示一个普遍的潜在基础，用于指导人们研究对于物质世界的审美欣赏（the aesthetic appreciation of the physical world），最后这句话更简明地揭示了环境美学的研究对象——对于物质世界的审美欣赏，值得我们高度重视。

《审美教育杂志》1984年夏季号上发表的书评指出，这部文集认识到环境美学的无定形领域（或街景）确实是跨学科的，因为来自艺术和科学的特殊能力应该与环境和社会科学家的能力相结合。不管涉及的学科是什么，对视觉意识的关注贯穿了所有论文集中的文章。这篇书评认为，在艾伯塔大学举办的讨论会解决了批判性地感知环境的特殊困境，它是由这样一个事实引起的，即与占据特定空间或格式的视觉艺术作品不同，环境将形式整合在一个整体环境中，远远超出框架和基座所设定的限制。

这篇书评最后指出，《环境美学阐释文集》中的每篇文章都有一些非凡的见解，可以提高来自其他领域和学科的学者的洞察力，特别是那些通过文学和视觉艺术来培养对日常环境的视觉意识的人，可以从这本书中受益。这种对"共同关注"（eyes-on）的强调，在目前各级艺术教育课程中大多还缺乏。将这些阐释性文章所体现的思想运用到艺术教育领域，将有助于培养出这些优秀作家和学者们所渴望的具有视觉敏感性的公民。这就将对环境美学的关注拓展到了审美教育的领域，可以视为较早的环境审美教育文献。①

《环境美学阐释文集》后来不断被学者们广泛引用，它在当代环境美学史上占据着突出地位，标志着环境美学的正式诞生，其理论意义至少有五个方面：一是为环境美学确立了正式的名称，有助于环境美学日后形成一个相对独立的学科；二是明确了环境美学的思想主题——关注环境退化，回应全球性的环境危机；三是明确了环境美学的研究对象——对于物理世界（包括城市、乡村和荒野等各种景观与各种空间）的审美欣赏；四是提出了环境美学的两个核心论题——环境的审美特性（aesthetic quality）与环境的审美价值（aesthetic value）；五是明确了环境美学的研究方法——多领域的跨学科研究。

在环境美学领域内，卡尔森占据突出地位，这不仅因为他参与编订了国际上第一部环境美学著作，而且因为他也较早使用了"环境美学"这个术语。我们上面提到，卡尔森1974年在参加美国美学年会时，就提交了以环境美学为题的论文；② 但他正式发表的以环境美学为题的论文则是1976年的《环境美学与审美教育的困境》一文。不过，真正确立卡尔森在环境美学领域开创者地位的文章，则是1979年发表的《欣赏与自然环境》。③ 这篇文章所提出的在环境中"欣赏什么"与"怎么欣赏"两个问题，后来一直是卡尔森环境美学探索的核心问题，甚至一直引领着环境美学的研究思路，我们可以将之称为环境美学的"什么—怎么"范式。

至此，环境美学有了正式名称，有了代表性论著，最关键的是，有了属于本领域的特殊问题。所以，我们可以有把握地说，到了1982年，环境美

---

① 参见 "Special Issue: Defining Cultural and Educational Relations-An International Perspective", *Journal of Aesthetic Education*, Vol. 18, No. 2 (Summer, 1984), pp. 106-108。

② 相关介绍参看薛富兴编译的卡尔森环境美学文选，[加] 艾伦·卡尔松：《从自然到人文——艾伦·卡尔松环境美学文选》，薛富兴译，广西师范大学出版社2012年版，第326页。薛富兴教授曾经在卡尔森工作的大学做访问学者，在卡尔森的亲自指导下进行环境美学研究，因此，对于卡尔森的环境美学有着精深的理解和比较准确的把握。不过，笔者对于卡尔森这两篇论文标题的翻译都不同于薛译。

③ Allen Carlson, "Appreciation and the Natural Environment", *Journal of Aesthetics and Art Criticism*, 37 (1979), pp. 267-276.

学已经正式诞生了。

第二节 环境美学的成型期（1983—2000）

环境美学在诞生之后的 20 年间发展很快，迅速成型乃至成熟。这个论断的依据有二：一是多部以环境美学为题的著作正式出版，其中不乏系统性的理论框架构建；二是国际上具有代表性的辞书纷纷设置相关词条，如《布莱克维尔美学指南》设置了由卡尔森执笔的"环境美学"词条，[1]《牛津美学百科全书》设置了由伯林特执笔的"环境美学"词条，[2]《劳特里奇哲学百科全书》设置了由卡尔森执笔的"环境美学"词条，[3]《斯坦福哲学百科全书》也设置了由卡尔森执笔的"环境美学"词条。这些情况表明，环境美学已经得到了国际学术界的公认。

芬兰学者约·瑟帕玛早在 1970 年就开始了环境美学研究，1982 年他得到加拿大政府资助，前往加拿大埃德蒙顿艾伯塔大学，师从卡尔森进行学术访问与合作研究，所以受到卡尔森的影响很大。他出版于 1986 年的《环境之美》一书，是国际上最早由一个学者单独完成的系统性环境美学专著，其副标题为"环境美学的普遍模式"，比较清晰地显示了该书的学术目标与学术价值：为环境美学构建一个全面系统、可以普遍运用的理论模式。瑟帕玛认为美学一直由三个传统主导，即美的哲学、艺术哲学和艺术批评，该书借鉴分析美学的美学观，深入辨析了自然欣赏与艺术欣赏的 14 点区别，比较充分地体现了分析美学对环境美学的重大影响。[4] 瑟帕玛也因此成为国际上创建环境美学这个领域的代表性学者。

1988 年，由杰克·纳泽（Jack L. Nasar）编辑的论文集《环境美学的理论、研究与应用》出版。该书以"人—环境—行为关系"（person-environment-

---

① David E. Cooper（ed.），*A Companion to Aesthetics*，Oxford：Blackwell，1992，pp. 142–144.

② Arnold Berleant，"Environmental Aesthetics"，in Michael Kelly（ed.），*Encyclopedia of Aesthetics*，New York：Oxford University Press，1998. Vol. 2，pp. 114–120.

③ Allen Carlson，"Environmental Aesthetics"，in *Routledge Encyclopedia of Philosophy*，E. Craig（ed.），London：Routledge，1998，2011，2014.

④ Yejo Sepänmaa，*The Beauty of Environment：A General Model for Environmental Aesthetics*，Denton：Environmental Ethics Books，1986.

behavior relations）为理论模型，汇集了不同学科的经典论文和一些新论文，探讨了与视觉环境相关的理论问题及其实践应用问题，研究了审美标准在设计、规划与公共政策中的实际应用。全书的 32 篇论文被划分为"理论""经验研究""应用"三部分，涉及的主要问题包括：城市环境美学的行为与知觉、建筑中的符号美学、知觉与景观、对于审美偏好的理论分析、城市的开放空间、环境设计中的审美偏好、景观质量评估、自然环境知觉的意义维度及其与审美反应的关系、乡村景观的审美偏好、城市环境与规划中的视觉需要、英语国家的审美控制、公共政策制定中的风景美问题、乡村社区中的美学与社区设计问题、景观美学的理论生产、审美规则与法庭，等等。①

　　国际范围内第二部系统性的环境美学著作，是美国学者阿诺德·伯林特出版于 1992 年的《环境美学》。与此前的几本著作不同，该书大大增强了哲学意味，重点探讨了环境知觉与体验对于人类生活的意义和影响。伯林特认为，环境不仅仅是人的背景或场景，而是与我们完全整合而且连续在一起的，"人类—环境连续统一体"（the human-environment continuum）既是理论术语，又是具体情境。他特别强调，我们需要重新界定环境的概念并认识到它的审美维度。该书还指出，审美体验总是语境性的，人类连同其他事物都栖息在同一个相互关联的领域里，环境知觉最突出的特征是交融的特性（the quality of engagement）。尤其值得注意的是，伯林特所关注的环境不仅仅是自然环境，他还进一步关注非自然的各种环境，认为人类任何栖息地的审美方面都是环境美学所应该探讨的对象；这些非自然环境的范围非常广泛，诸如从外部太空到博物馆，从建筑到景观，从城市到荒野，等等。简言之，伯林特在重新阐释"环境"这个关键词的基础上，将环境美学的研究焦点限定在"对环境的审美知觉"或简称"环境感知"上，从哲学层面进一步明确了环境美学的研究对象。②

---

① 　Jack L. Nasar（ed.），*Environmental Aesthetics：Theory，Research，and Applications*，Cambridge：Cambridge University Press，1988.

② 　Arnold Berleant，*The Aesthetics of Environment*，Philadelphia：Temple University Press，1992. "伯林特"又译"柏林特"，本书根据商务印书馆 2004 年出版的第 4 版《英语姓名译名手册》统一改译。在伯林特的论著中，"对环境的审美知觉"（the aesthetic perception of environment）一般简称"环境知觉"（environmental perception）。

《环境美学》出版五年之后，伯林特又出版了他的另外一部环境美学著作，进一步确立了他在环境美学领域的重要地位。这部著作题为《生活在景观中——走向环境美学》，它所关注的核心问题是：我们如何生活在环绕我们的景观之中。针对这个问题，伯林特提出了两个关键概念，一个是"审美交融"（aesthetic engagement），另外一个是"环境连续性"（environmental continuity）。以这两个概念为基石，伯林特提出了一种整体性的立场，用于理解我们生活场所的意义以及产生意义的那些场所。根据这种理论旨趣，伯林特除了关注那些引人注目的重要景观之外，更加关注日常生活中的普通场景，诸如家园、工作场所、当地旅行场所等。他认为，这些平凡的景观同样能够引发我们积极的审美欣赏，有助于我们发现它们所隐含的各种连续性，带给我们愉悦和意义。简言之，由于关注我们所居住的普通场所，伯林特的环境美学研究大大缩短了美学与日常生活的距离，为此后"日常生活美学"的兴起做好了铺垫。另外，这本书还讨论了通常与环境运动相伴的诸多问题，包括环境保护、污染控制与生活质量等，使得这本书具有浓厚的生态意味，从而启发了后来的生态美学构建。①

出版于 1993 年的《景观、自然美与艺术》一书也值得注意。这是一部论文集，其理论主题是探索自然审美反应的复杂结构，其理论资源来自艺术史、文学批评、地理学与哲学。该书探索了我们关于自然、美与艺术的各种观念之间的相互关系，指出自然是由社会构建的结果，自然观包含着特定的文化因素，自然美浸染着来自艺术的概念，对于自然的审美欣赏受制于艺术媒介，艺术与自然之间的区分和联系都值得怀疑，科学理解、交融与感情都在自然审美欣赏中发挥着作用。全书共收录 12 篇论文，涉及的论题包括：自然、美的艺术与美学，没有形而上学的自然美，琐碎与严肃的自然审美欣赏，电影中的景观，沙漠与冰之矛盾美学，园林、大地艺术品与环境艺术，比较自然美学与艺术美，欣赏艺术与欣赏自然，艺术与自然的美学，为自然所感动，等等。②《美学与艺术批评杂志》称这部论文集具有很高的标准，

①　Arnold Berleant, *Living in the Landscape*: *Toward an Aesthetics of Environment*, Lawrence: University Press of Kansas, 1997.

②　Salim Kemal and Ivan Gaskell（eds.），*Landscape*, *Natural Beauty and the Arts*, Cambridge, UK: Cambridge University Press, 1993.

"为自然美学的发展铺平了道路"。①

　　同期著作值得关注的还有加拿大学者波蒂厄斯（J. Douglas Porteous）出版于1996年的《环境美学：观念、政策与规划》一书。作者长期关注城市地理与规划、文化地理学和地理学哲学等学科，探索的核心学术主题是"心中的景观"②，也就是人与他们环境之间重要的无形关系（包括依恋、审美、伦理与精神等方面），该书系统地研究了这些关系并试图将相关知识运用到规划实践当中。该书作者认为，可以通过由如下四种主要立场所组成的矩阵来理解环境美学：人文主义、实验主义、行动主义与规划范式，有必要清除四种立场之间的障碍，使相关观念和信息得以沟通。这个矩阵形成了该书的讨论框架。简言之，作者所倡导的环境美学可以称为"公共环境的美学"，它有着伦理与道德维度。作者试图解决的核心问题有两个：公共环境为什么变成了丑陋的荒原或陈腐的景观？具有审美愉悦的公共环境对于人们的福祉有多么重要？围绕这两个问题，该书在跨学科的开阔视野中，探讨了如何用概念来把握分析环境美，如何保护和设计西方城市、乡村和荒原中的环境美。该书追溯了审美思想与实践的历史，考察了基本的审美概念及其对于景观审美政策（aesthetic policy in the landscape）的意义，其最终落脚点在于公共政策与规划的重要功能，最为典型地体现了环境美学的社会实践取向。③

　　对于环境美学发展史来说，1998年是一个非常重要的年份。这一年，国际美学界最为重要的学术刊物《美学与艺术批评杂志》发表了"环境美学"专题，该专题由伯林特与卡尔森两人共同主持，共包括10篇文章。第一篇文章是齐藤百合子（Yuriko Saito）的《风景不优美之自然的美学》，第二篇文章是戈德维奇（Stan Godlovitch）的《审美地评价自然》，第三篇是

---

① 2018年6月6日，见 https：//www.amazon.com/Landscape-Natural-Cambridge-Studies-Philosophy/dp/0521558549。

② 该作者还有一部著作，题为《心灵的景观——感觉与隐喻的世界》。该书认为，景观是我们通过我们的眼睛来体验我们环境的方式，我们通过视知觉、其他感官知觉与存在知觉而与环绕我们的世界相遇。第一部分"感性世界"探索了味景（Smellscape）、声景（Soundscape）和身景（Bodyscape），第二部分"隐喻的景观"更加深入地探讨了存在景观所包含的人类生命的自相矛盾，比如身景与内景（Inscape）的对立等。参见 J. Douglas Porteous, *Landscapes of the Mind*：*Worlds of Sense and Metaphor*，University of Toronto Press，1990。

③ J. Douglas Porteous, *Environmental Aesthetics*：*Ideas*，*Politics and Planning*，London；New York：Routledge，1996.

福斯特（Cheryl Foster）的《环境美学中的叙述与氛围》，第四篇是布雷迪（Emily Brady）的《想象与自然审美欣赏》，第五篇是伊顿（Marcia Muelder Eaton）的《自然审美欣赏中的事实与虚构》，第六篇是罗尔斯顿（Holmes Rolston III）的《森林中的审美体验》，第七篇是费希尔（John Andrew Fisher）的《山峦洋溢着什么——为自然的声音辩护》，第八篇是舒曼（Sally Schauman）的《园林与红谷仓——遍布的田园及其环境后果》，第九篇是梅尔基奥尼（Kevin Melchionne）的《生活在玻璃房中——家庭生活、室内装饰和环境美学》，第十篇是桑德瑟（Barbara Sandrisser）的《培养寻常事物——日本复杂的当地语》。单纯从这些题目可以看到，环境美学所涉及的环境类型包括自然环境、乡村环境、城市环境以及日常生活环境（诸如商业中心和居室），涉及的美学问题包括审美评价的范围、审美欣赏的性质以及审美关联问题。

伯林特与卡尔森两人合写的专栏"导语"，全面介绍了环境美学的相关问题，值得研究者高度重视。首先，他们介绍了环境美学涉及的学科和环境美学的理论焦点。这些学科包括伦理学、心理学、文化理论、艺术理论、认识论、批评以及形而上学，环境美学著作甚至将审美兴趣与人类学、社会理论、政治科学观念史和生物学等学科结合起来。尽管环境美学涉及的学科如此庞杂，但是，其理论焦点还是非常清楚的，两位学者将之概括为"审美关怀向环境的应用"。接下来，这个导语辨析了"环境美学"与"自然美学"的关系。两位学者认为，环境美学不同于康德时代就已经出现的自然美学，因为"环境"是一个更具有包容性的术语，不同的理论家往往采取不同的方式来理解环境，比如，将环境分别理解为全景式的风景、周围的事物，甚至是包括审美知觉者的语境性背景等。接下来，该导语讨论了"环境欣赏"（environmental appreciation）与"审美欣赏"（aesthetic appreciation）的关系、环境美学与应用美学（applied aesthetics）的关系、环境美学与环境伦理学的关系、美学与不同的环境领域，等等。这就比较明晰地勾勒出了环境美学的整体学术版图。①

① Arnold Berleant and Allen Carlson, "Introduction", in *The Journal of Aesthetics and Art Criticism* 56 (1998), pp. 97-100.

环境美学成型期的最后一本重要著作，是卡尔森出版于 2000 年的《美学与环境——对自然、艺术与建筑的审美欣赏》。这是作者的一部论文集，收录了作者自 20 世纪 70 年代以来所有重要的环境美学论文。西方传统美学主要研究艺术欣赏问题，但卡尔森明确指出，审美体验不仅包含艺术，而且包含自然；为了恰当或正确地欣赏自然、获得对于自然的审美体验，需要借助于自然科学提供的科学知识；也就是说，对于自然的科学理解，能够强化而不是弱化我们对于自然的审美欣赏。该书还指出，伦理价值与审美价值密切相关，对于自然环境与人建环境的审美欣赏都有着客观基础；生态学与对于自然的审美体验之间有着重要关联。简言之，卡尔森的环境美学的显著特点是协调科学与美学，强调科学知识在环境审美活动中的突出地位。西方传统自然美学比如康德的审美理论，注重辨别审美判断与知识判断、审美欣赏与科学认知之间的差异，而卡尔森则在环境运动的时代语境中将二者统一了起来，某种程度上背离或发展了康德自然审美理论。①

第三节　环境美学的深化拓展期（2001—2020）

21 世纪以来，环境美学受到了更加广泛地关注，国际上权威的美学工具书都设置了相关词条，比如，出版于 2001 年的《劳特里奇美学指南》收录了"环境美学"词条，出版于 2005 年的《牛津美学手册》收录了"自然美学"与"环境美学"两个词条。再如，2001 年出版的《劳特里奇哲学百科全书》设置了由卡尔森执笔的"环境美学"词条，② 2005 年出版的《牛津美学百科全书》设置了由伯林特执笔的"环境美学"词条，③《斯坦福哲学百科全书》在 2007 年发表了由卡尔森执笔的"环境美学"词条，这个词条后来不断更新，到了 2019 年已经更新到了第九版。这些情况表明，环境

---

① Allen Carlson, *Aesthetics and the Environment：The Appreciation of Nature, Art and Architecture*, London：Routledge, 2000.

② Allen Carlson, "Environmental Aesthetics", in E. Craig（ed.）, *Routledge Encyclopedia of Philosophy*, London：Routledge, 1998, 2011, Retrieved April 18, 2014, from http：//www. rep. routledge. com/article/M047.

③ Arnold Berleant, "Environmental Aesthetics", in *Encyclopedia of Aesthetics*, Michael Kelly（ed.）, New York：Oxford University Press, Vol. 2, 1998, pp. 114–120.

美学已经得到了国际学术界的普遍公认。

21 世纪的环境美学研究可以被称为"环境美学的深化拓展期",它主要由两方面的原因促成:一是人类进入 21 世纪之后,全球范围内的环境危机不但没有得到有效遏制,反而愈演愈烈——这无疑促使环境美学研究更加引人注目,全球范围内研究环境美学的学者越来越多,比如,不少中国学者开始加入到环境美学研究的群体当中,与世界各地的学者一道,共同促使环境美学研究日益深化;二是经过 20 世纪几十年的学术积累,环境美学的理论框架已经基本形成,主要论题也已基本清晰,为学术界的进一步研究奠定了比较坚实的基础。

环境美学在 21 世纪的深化拓展主要体现为如下几个方面:一是自然美学进一步繁荣,对于自然的审美欣赏引起了更广泛的关注,一些艺术哲学著作甚至开始讨论自然审美问题,表明西方美学的主导性范式艺术哲学开始主动接纳环境美学;二是在自然美学进一步繁荣的同时,出现了两部以"自然环境美学"为题的著作,表明学术界更加清楚地认识到了"自然"与"自然环境"二者之间的联系与区别,更加突出了"环境美学"的关键词是"环境"而不是"自然";三是"环境"概念进一步从"自然环境"延伸到"人建环境",出现了专门探讨人建环境(特别是城市环境)的环境美学论著;四是环境美学与环境伦理学的联盟进一步加强,国际上一些著名的环境伦理学家如罗尔斯顿开始关注环境美学问题,而环境美学家们也开始探讨环境保护论问题——两个领域的交叉与合作,共同促使环境美学的生态意蕴日益加强,孕育在环境美学母体中的生态美学已经出现;五是由于"环境"概念向日常生活环境(场所或场景)的延伸,促使"日常生活美学"日益壮大;六是由于环境美学研究队伍的日益扩大,世界各民族的环境审美传统与环境文化受到了应有的重视,西方之外的其他文化传统如日本、中国以及其他原住民的环境美学资源,开始进入环境美学领域。下面分别进行论述。

一、自然美学的深化

2001 年,"环境美学之父"、英国学者赫伯恩出版了论文集《审美所及的范围——艺术与自然论集》。他认为,美学所应用的范围远远超过艺术世界,审美所能及的范围涵盖了人类的许多领域。因此,美学不应该仅仅作为哲学的一个狭窄专业来研究，其范围既涵盖对于自然和艺术的欣赏，又涵盖其他领域的审美价值；真理、主体性与审美，审美与道德的联系，审美与宗教等论题，等等，都进入了其学术视野。正如该书第五章的标题"生活与生活提升作为美学的关键概念"所显示的那样，他认为审美的主要功能在于提升生活（或生命）。① 这是一种明显区别于艺术哲学的新型美学观，值得我们高度重视。该书第一章"琐碎的与严肃的自然审美欣赏"提出，在对自然进行审美欣赏时，我们应该重温以前各种形而上学与宗教对于自然的深度阐释，应该排除那种旅游观光式的漫不经心方式，排除对于自然的懒惰简单化和错误知觉，实现对于真正自然的审美欣赏。实现严肃的自然审美欣赏需要三个要素：自我理解、对于审美欣赏对象的认知、自由而活跃的想象力。只有区分了琐碎的与严肃的自然审美欣赏，我们才能劝说环境设计的实践者尊重环境的审美价值，才能够与他人尽可能清楚地交流核心问题：为什么我们如此重视自然审美欣赏对于完满实现人生的价值。这些论题都已经超越了赫伯恩前期的相关成果。②

　　英国学者巴德的系统性专著《对自然的审美欣赏》出版于 2002 年，此时，学术界已经清晰地认识到，自然所提供的审美体验远远超过了艺术的范围，自然美学并不是艺术美学（aesthetics of art）的附加物，它所提出的问题也并非艺术哲学能够容纳。该书的核心问题是一个理论追问：对于自然世界的严肃审美欣赏涉及什么？它所包含的具体问题如下：应该如何理解对于自然的审美欣赏，对自然的审美反应的特征，自然提供的审美体验有什么种类，欣赏自然需要什么种类的审美判断，人类入侵自然的审美意义是什么，对自然的审美判断是否能够客观真实，肯定美学关于自然的信条，自然知识的审美意义，特别是科学知识对于严肃的自然审美欣赏是否必要，恰当的自然审美欣赏的正确模式，③ 等等。该书还考察了康德的经典自然美学，对于

---

① 英文原文 life 既有"生活"之意，也有"生命"之意。

② Ronald W. Hepburn, *The Reach of the Aesthetic*: *Collected Essays on Art and Nature*, Aldershot and Burlington, Ashgate, 2001.

③ 早在 1984 年，就有学者提出过如下问题：是否存在正确的自然审美欣赏？参见 Yuriko Saito, "Is There a Correct Aesthetic Appreciation of Nature?", *The Journal of Aesthetic Education*（Summer, 1984）。

卡尔森的肯定美学进行了尖锐批评。①

2007 年，加拿大学者海德出版了《与自然相逢：走向环境文化》一书。该书提出，与自然彬彬有礼地相遇，对于发展环境友好的文化至关重要。其基本理念是，我们日益经历的环境退化主要是文化错位的结果：我们的各种文化都没有恰当地对待我们赖以生存的自然环境。该书广泛地考察了人类与自然世界互动的多种视野，分三部分依次按照伦理学、美学与文化考察了人与自然的多重关系。海德特别强调环境良知（environmental conscience）的突出地位，强调道德与自然欣赏之间有着至关重要的联系，其最终目的在于倡导"自然的文化"而促成环境文化（environmental culture）。②

与上书同年出版的，还有美国学者穆尔的著作《自然美：超越艺术的美学理论》。该书从哲学角度论述了在对自然事物进行审美判断时所包含的各种原理。与一般的当代自然美学或环境美学论著不同，该书比较注重分析美学的基本概念，比如审美判断、审美体验与审美价值等。它集中讨论了审美体验的关键特征，特别是那些能够维持和激发注意力的特征；还探讨了对艺术品的审美欣赏与对于自然的审美欣赏为什么能够互相加强，对于自然美的体验为什么又怎么样能够有助于提升生命质量。该书综合自然美理论中的科学立场与感情立场而采取了中间路线，甚至被视为自康德《判断力批判》以来最重要的论述美的著作。③

2008 年，加拿大学者帕森斯出版了《美学与自然》一书。这是一部自然美学教材，其学术立意是为学生提供自然美学的全面信息和知识。为了充分地论述自然美学，该书与其他两条理论主线进行了对比研究：一是美学对于艺术价值的理解，二是当代环境伦理学对于人与自然关系的思考。该书将自然的审美价值研究概况为五种主要立场，探讨了各种不同环境中的自然审美欣赏，诸如荒野、园林以及环境艺术等。该书还明确主张，保护自然之美为保护荒野提供了富有说服力的根据。④

---

① Malcolm Budd, *The Aesthetic Appreciation of Nature*, Oxford, UK: Oxford University Press, 2002.

② Thomas Heyd, *Encountering Nature: Toward an Environmental Culture*, Aldershot, UK, and Burlington, VT: Ashgate, 2007.

③ Ronald Moore, *Natural Beauty: A Theory of Aesthetics beyond the Arts*, Peterborough, Ontario: Broadview Press, 2007.

④ Glenn Parsons, *Aesthetics and Nature*, Continuum, 2008.

二、自然环境美学的正式确立

一般来说，"自然"是一个总体概念，包括整个自然界以及自然世界中的所有事物、所有现象。"自然环境"应该是整个自然之中的一部分，它主要是个空间概念。比如，自然界中人迹罕至的山谷生长着各种自然事物，相对于这些自然事物，这个山谷就是自然环境。因此，将自然环境美学独立出来，表明自然美学开始明确意识到"自然"与"自然环境"的联系与区别，美学传统上并不罕见的"自然美学"由此走向了富有当代特色的"环境美学"。

自然环境美学的论著主要有两部，一部是英国学者布雷迪出版于 2003 年的专著《自然环境美学》，另一部是卡尔森与伯林特合编的论文集《自然环境美学》。

布雷迪的主要贡献是提出了"整合美学"或者说环境审美中的"整合模式"。该理论在讨论美学基本概念如审美体验、审美判断与审美价值时，试图将主观立场与客观立场整合起来。其认为，对于自然的非工具性的审美评价潜在地基于一种伦理立场，亦即尊重自然。这就明确地将环境伦理学视为环境审美的基础与前提。该书是第一部系统地探讨自然环境美学的论著，最明显的特点是将哲学美学与环境哲学结合起来，研究的问题包括审美体验的性质，审美价值，审美特性，自然审美欣赏理论，艺术与环境，自然审美欣赏中的想象、感情与意义，对于自然的审美判断的论证，审美价值与伦理价值的交叉点，美学中自然保护与环境政策的功能，等等。该书试图为环境美学提供坚实的理论基础，将环境美学与生态问题、环境保护与环境规划等联系起来。[1]

论文集《自然环境美学》出版于 2004 年，共收录论文 16 篇，其中有 5 篇于 1998 年发表于美国《美学与艺术批评杂志》"环境美学"专号，对于促进环境美学的快速发展起到过重要的推动作用。其他论文的作者也都是环境美学领域的关键人物，如赫伯恩的代表作《当代美学与对自然美的忽视》，卡尔森的《欣赏与自然环境》，伯林特的《关于艺术与自然的美学》，

---

[1] Emily Brady, *Aesthetics of the Natural Environment*, Edinburgh, UK: Edinburgh University Press, 2003.

卡罗尔的《论被自然感动：介于宗教与博物学之间》，齐藤百合子的《如其本然地欣赏自然》等。卡尔森和伯林特为论文集撰写了长篇导言，按照时间顺序从宏观上勾勒了环境美学的发展历程和概念框架，试图界定环境美学学科并为之制定标准。导言概括了从 18 世纪至 20 世纪的自然审美欣赏的三个范式、两次范式转变、九种欣赏模式，并描绘了环境美学的未来研究方向。该论文集的焦点是我们欣赏自然环境时所出现的哲学问题与美学问题，包括如下论题：自然美的性质与价值、艺术欣赏与自然欣赏之间的关系、知识在自然审美欣赏的功能、环境参与在环境欣赏中的重要性、自然审美欣赏与我们维护自然的伦理义务，等等。简言之，该论文集是环境美学兴起以来代表性成果的集中展示，是把握该学科最重要的文献之一。①

三、人建环境②美学与城市美学

如果要将环境进行分类的话，最简单的划分就是二分法：自然环境与人建环境。所谓人建环境，就是人类在自然环境的基础上根据自己的需要所改造、重建的环境，按照改造程度的由低到高又可以划分为农业景观、园林、城市等环境形态。如果说环境美学的研究对象就是环境审美的话，那么，完整的环境美学无疑应该包括人建环境美学（它又包括园林美学、城市环境美学等）。

从环境美学的实际发展历程来看，学术界研究的侧重点一直是自然美学或自然环境美学，人建环境美学（如城市环境美学）的论著很少；只是到了 21 世纪，人建环境美学才开始引起了较多的关注。正因为如此，《人类环境美学》一书才显得弥足珍贵。

21 世纪以来，伯林特继续保持着旺盛的创造力，在主编了论文集《环境与艺术》③、出版了自己的专著《美学与环境——一个主题的多重变奏》④

① Allen Carlson and Arnold Berleant (eds.), *The Aesthetics of Natural Environments*, Peterborough, ON, Canada：Broadview Press, 2004.
② 人建环境对应的英文术语是 built environment，它主要是城市规划领域使用的术语。环境美学领域则通常采用 human environment 的表述方式。本书认为二者是同义词。
③ Arnold Berleant (ed.), *Environment and the Arts：Perspectives on Environmental Aesthetics*, Aldershot, UK, and Burlington, VT：Ashgate, 2002.
④ Arnold Berleant, *Aesthetics and Environment：Variations on a Theme*, Aldershot：Ashgate, 2005.

之后，于 2007 年再次与卡尔森合作，主编并出版了《自然环境美学》的姊妹篇《人类环境美学》，改变了前期环境美学主要关注自然或自然环境的理论倾向，正式将自然环境之外的人建环境纳入环境美学研究的议程，从而使得环境美学更加全面系统。该书所谓的"人类环境"包括乡村景观和城市景观，而城市景观（或公共空间）又包括购物中心、主题公园、园林以及我们的日常生活场景等。这些不同的环境各有其审美价值，我们对它们的审美欣赏与审美体验，决定了所生活的这个世界的审美质量——之所以这样说，是因为全球范围内城市人口已经超过了农村人口，城市环境理应成为环境美学研究的主要对象。该书包括 16 篇论文，内容有：如何审美地欣赏人类环境，城市的丰富性与建筑艺术，城市美学，多重感知与城市，漫步城市，购物中心美学，主题公园美学，美学在市民环境运动中的功能，如何欣赏农业景观，园林、自然与愉悦，等等。①

　　卡尔森与伯林特一样保持着学术创造力，他出版于 2008 年的专著《自然与景观——环境美学导论》最集中地体现了环境美学的理论发展：从自然环境美学到人建环境美学。正如该书标题的两个关键词所显示的那样，该书一方面关注自然美学，另一方面关注人类创造的景观与人类改变的景观（human-modified landscapes）。该书首先追溯了环境美学的历史渊源，然后总结了当代自然美学的各种立场，进而转向人类创造或人类改变的环境，特别是欣赏这类环境所遇到的困境。卡尔森的侧重点还是集中在他早就提出的"怎样欣赏环境"这个问题上——怎样审美地欣赏城市与乡村景观，其最终落脚点还是如下一个问题：当我们审美地体验环境时，是否存在着一种正确的方式？卡尔森对此的答案当然是肯定的，他依然坚持其"科学认知主义"立场，坚持强调科学知识在环境审美中发挥着至关重要的作用。②

　　集中研究城市环境美学的是法国学者布朗出版于 2008 年的专著《走向环境美学》。该书关注美学在城市规划与管理中的位置，建议城市规划与景观设计专家们在日常环境中充分顾及居民的需求与品味，从而避免以精英主

①　Arnold Berleant and Allen Carlson（eds.），*The Aesthetics of Human Environments*，Peterborough，Ont：Broadview，2007.

②　Allen Carlson，*Nature and Landscape：An Introduction to Environmental Aesthetics*，Columbia University Press，2008.

义思想来对待美的事物。布朗从伯林特的"参与美学"立场出发，考察了日常城市生活的多种因素（动物、植物和花园，还有空气），旨在让人们从接近民主的视角出发，适应自己作为多感官生物的城市生存处境。该书认为，我们需要重新理解、界定环境这个概念，不应该抛开城市环境而仅仅研究自然环境。学术界以前主要关注自然，认为自然不在城市之中，城市不但是反自然的，而且是生态破坏和环境污染的始作俑者。布朗敏锐地发现，自然同样存在于城市之中，只不过"城市中的自然"有其独特的存在形态。布朗认为，环境不仅是"这颗行星的宏观平衡"；对人们来讲，也存在着一个被人们所亲身经历、人们习以为常的"亲近环境"，日常生活就在其中展开。布朗建议我们去重新发现并重视公共、普通的"寻常环境"，因为它就是人们的生活本身。为此，布朗不再局限于学者的话语，转而研究普通人的话语，研究普通人对于寻常环境的日常体验，探索人们与亲近环境之间那种普遍而真实的关系。客观地说，此前并非没有城市美学著作，比如 20 世纪 60 年代出版的凯文·林奇的一代名著《城市意象》①；但是，布朗这本书是第一部运用环境美学框架来研究城市美学的系统性著作，可以视为环境美学对于快速城市化的理论回应；与此同时，它提出的"寻常环境"概念将环境美学与日常生活紧密地结合了起来，从而催生了日常生活美学。仅此两点，就可以看出该书的理论重要性。②

四、环境美学与环境伦理学的进一步联盟

对于自然的审美欣赏，必然包含着对于自然的理解与态度；反过来，自然的审美价值又会影响人们对于自然的态度。正因为如此，环境美学与环境伦理学一开始就有着不解之缘，二者之间的关系是一个值得高度关注的论题。这个论题一方面有利于环境美学的健康发展，另一方面也有利于环境伦理学的进一步深化。

当代环境伦理学的发端，可以追溯到美国学者罗尔斯顿发表于 1975 年的论文《有生态伦理吗?》，罗尔斯顿于 1988 年又出版了《环境伦理学》一

---

① Kevin Lynch, *The Image of the City*, The MIT Press, 1960.
② Nathalie Blanc, *Vers une Esthétique Environnementale*, Versailles, Quae, 2008.

书，标志着环境伦理学这门学科的正式形成。环境伦理学倡导人类应该对自
然环境承担道德责任，但是，这种道德责任的根据又是什么呢？罗尔斯顿找
到了一个关键词：美。他于 2002 年发表了一篇引人注目的文章，题为《从
美到责任——自然美学与环境伦理学》。该文开门见山提出的口号是"有
美，则有责任"，但同时又认为，并非所有的责任都依赖于美，审美律令毕
竟不同于道德律令；罗尔斯顿特别深刻地指出，并非所有的审美体验都依赖
于美。罗尔斯顿最后的结论是扩展美学而使之包含责任，以便我们恰当地欣
赏生物共同体的所有成员。简言之，在罗尔斯顿看来，环境美学必然是一种
"关怀"美学——平等地关怀天地万物的美学；只有这种经过了深化了的美
学，才能够充当环境伦理学的充分基础；而环境伦理学所期待的，正是这种
超越了"肤浅"美学的"深层"美学。这篇文章深入地探讨了环境美学与
环境伦理学之间相互支撑、相互深化的关系，引起了学术界的广泛关注。①

　　与罗尔斯顿一样，另外一位美国环境伦理学家哈格洛夫也将环境伦理的
根据诉诸自然美，他主张将环境保护政策的根据建立在自然的审美价值上。
他认为，与人类创造的艺术相比，自然是美的、好（善）的，道德代理人
有义务保护和推动这个世界上的善。自然依据它的纯粹存在就是美的（因
而是好的），这就是哈格洛夫环境伦理学的"本体论论证"。为了批判人类
对自然的控制，批判人类对于自然美和自然自主性的破坏，哈格洛夫提出了
一句名言："自然的本真性来自如下事实：它的存在先于它的本质。"② 此前
的环境伦理学主要有两种立场：基于人类的利益而为环境政策提供工具性论
证，基于非人类的价值而提出内在价值论证。哈格洛夫的立场可以视为上述
两种立场的折中：它一方面试图借助自然的审美价值来为环境伦理提供基
础，这在某种程度上近似于一种工具性立场；另一方面它又认为，自然的审
美价值是自然的内在价值。为了解决这个矛盾，哈格洛夫认真地区分了两种
自然审美：一是对于自然的较高层次的审美体验，二是对于自然美的单纯消

①　Holmes Rolston，Ⅲ，"From Beauty to Duty：Aesthetics of Nature and Environmental Ethics"，in *Envi-ronment and the Arts：Perspectives on Environmental Aesthetics*，Arnold Berleant（ed.），Aldershot，Hampshire，UK，and Burlington，VT，2002，pp. 127–141.

②　Eugene Hargrove，*Foundations of Environmental Ethics*，Englewood Cliffs，NJ：Prentice Hall，1989，p. 195.

费。尽管这些看法是在环境伦理学的理论框架里讨论的，但也应该视为当代自然美学的一部分。

与哈格洛夫的理论方向相反，环境美学家们则从环境美学出发去讨论环境伦理问题。这方面的代表作首推卡尔森与美国学者林托特合编的论文集《自然、美学与环境保护论——从美到责任》。环境美学所关注的核心问题之一是自然的审美价值。但是，每当考虑到环境退化这个时代课题时，人们就会自然而然地进一步思考：自然的审美价值应该具有什么样的伦理内涵？这个问题也就是两个英文谐音词语 beauty（美）与 duty（责任）之间的音韵关系①：如果我们发现自然是美的（事实判断），那么我们为什么不应该更好地照顾她（价值判断）？这个问题成为全书的理论主线，它集中显示了环境审美欣赏与环境危机问题之间的复杂关系，显示了环境美学在哪些地方能够为环境保护论做出应有的贡献。它所收集的文章，有 6 篇出自历史上著名的环境保护论前驱，如爱默生、梭罗、缪尔、利奥波德等，另外 17 篇则出自当代著名学者。这些文章展示了当今环境信念和态度的各种基础，诸如科学基础、艺术基础与审美基础。该书第二部分探索了将自然概念化的不同观点，关于如何恰当而尊重地欣赏自然的论争；第三部分集中介绍了以卡尔森为代表的"肯定美学"；最后一部分则明确地将美学、伦理学与环境保护论结合起来，探讨它们之间相互影响的各种方式。简言之，环境美学与环境伦理学的交叉点成为本书的理论焦点。②

五、日常生活美学的深化

提及日常生活美学，学术界一般都会联想到法国马克思主义哲学家与社会学家列斐伏尔，他早在 20 世纪 30 年代就对日常生活进行了深刻反思与批

---

① 汉语翻译则无法准确地传达二者之间由谐音所建立的天然联系。

② Allen Carlson and Sheila Lintott（eds.），*Nature, Aesthetics, and Environmentalism: From Beauty to Duty*，Columbia University Press，2008. 该书将环境美学兴起以来至 2008 年的自然审美欣赏模式归纳为九种：对象模式、风景模式、科学认知模式/环境模式、其他认知模式、交融模式、唤醒模式、神秘模式、想象模式、自然模式。进而从环境保护论的角度向自然美学提出了五点要求：第一，自然美学需是无中心的而不仅仅是人类中心的；第二，自然美学应关注环境本身而非如画的风景；第三，自然美学应是深刻的、严肃的；第四，自然美学应是客体化的而非主体化的；第五，自然美学应有道德参与，而不是道德中立或道德虚无的。

判。在列斐伏尔看来，日常生活是两种重复模式交互作用的结果：一种是自然中的周期性循环，另一种是所谓的理性过程中的线性重复。日常生活一方面意味着循环，诸如昼夜更迭、季节变更、活动与休息、欲望与满足、生命与死亡等，另一方面意味着工作与消费的重复性姿态。在现代生活中，重复性姿态易于压碎周期性循环，日常生活迫使其自身走向千篇一律、单调乏味。人们在日复一日、年复一年地过着近似的日子，所有事物又都变化了——变化又是被程序化的变化。①

　　列斐伏尔的上述批判激发人们去思考日常生活的审美维度。特别是当人们摆脱传统美学仅仅关注艺术的理论偏见之后，就会发现日常生活中的事物与活动、生活场景等，都会带来一种不同于艺术体验的审美体验，一种综合的、沉浸的、多种感官的审美体验——而这正是人建环境美学的研究内容。正是在这种意义上我们可以说，日常生活美学与环境美学是一种交叉关系，二者有着较大的合集。

　　关于日常生活美学的兴起背景及其与环境美学的关系，卡尔森有过一个论断："从它的早期阶段开始，环境美学的范围逐渐扩展，不仅包括自然环境，而且包括人类与人类影响的环境。与此同时，这个学科也考察这些环境中的事物，从而引发了所谓的日常生活美学。这个领域不仅研究比较常见的事物和环境，而且研究一系列日常活动。因此，21世纪伊始，环境美学的研究范围包括了艺术之外的几乎所有事物的审美意义。"② 按照这个论断，日常生活美学就是环境美学的一部分，可以视为环境美学在21世纪的深化与拓展。

　　但是，仔细梳理起来就会发现，卡尔森的上述论断需要进一步推敲：日常生活美学虽然与环境美学有着密切联系，但也有其自身的发展历程与特定内涵。比如，较早的日常生活美学著作是美国学者库普弗出版于1983年的《作为艺术的体验——日常生活中的美学》一书。该书试图将美学从博物

① 参见 Henri Lefebvre, "The Everyday and Everydayness", Translated by Christine Levich, in *Yale French Studies*, 73 (1987), pp. 21–37。

② Allen Carlson, "Environmental Aesthetics", in *The Stanford Encyclopedia of Philosophy* (*Summer* 2012 *Edition*), Edward N. Zalta (ed.), URL=<http: //plato. stanford. edu/archives/sum2012/entries/environmental-aesthetics/>.

馆、音乐厅中转移出来，转而探讨审美体验对于日常生活的影响，探讨审美价值在日常生活中的地位，论述审美特性与关系对于社会价值、道德价值与个体价值的影响。该书在考察审美价值对于体育、性关系、暴力与教育的实践意义的同时，也考察了审美剥夺的影响。① 此后的相关著作则有出版于1992 年的《艺术的边界：艺术在日常生活中的位置的哲学探索》②、出版于1995 年的《生活的艺术：世界精神传统中的日常美学》③ 等。严格来说，这些著作与环境美学都没有直接关系。

文化地理学家段义孚于 1993 年出版的《传送新奇与奇妙——美学、自然与文化》一书，某种程度上也可以视为一部日常生活美学著作。该书提出，应该将传统的审美范畴诸如美、静观、无利害性与审美距离等应用到评估日常生活中，用来考察非艺术对象和地点的审美价值。该书认为，感受和美都是生活与社会的基本要素，审美不仅是文化的一个方面，而且是它的中心内核，亦即它的动力和最终目标；审美遍布于我们存在的所有层面。该书的理论主题是建立文化、自然与审美之间的联系，它强调社会环境问题的积极方面，同时也批判人类的愚蠢行为所导致的环境问题。④

卡尔森之所以将日常生活美学的兴起归因于环境美学的促动，其理论逻辑如下：环境美学的发展过程可以概括为环境审美对象的范围或尺度的变化：从原始的自然环境到人类环境，从大到小，从非凡到平常。21 世纪出版的一些环境美学著作更加关注人类的、小而平常的对象，这样的美学就是日常生活美学。⑤ 卡尔森所举的例子是美国学者莱特和史密斯合编的《日常生活美学》一书，所收集的都是著名环境哲学家的论文，所探讨的是日常生活的真实世界里的审美现象与审美活动。该书共分三个部分，其中，第一

① Joseph H. Kupfer, *Experience as Art: Aesthetics in Everyday Life*, Albany: State University of New York Press, 1983.
② David Novitz, *The Boundaries of Art: A Philosophical Inquiry into the Place of Art in Everyday Life*, Philadelphia: Temple University Press, 1992.
③ Crispin Sartwell, *The Art of Living: Aesthetics of the Ordinary in World Spiritual Traditions*, Albany: State University of New York Press, 1995.
④ Yi-Fu Tuan, *Passing Strange and Wonderful: Aesthetics, Nature and Culture*, Island Press, 1993.
⑤ Allen Carlson, "Environmental Aesthetics", in *Routledge Encyclopedia of Philosophy*, E. Craig (ed.), London: Routledge, 1998, 2011, Retrieved July 04, 2014, from http://www.rep.routledge.com/article/M047SECT7.

部分试图从理论上探讨日常生活美学，第二部分以"欣赏日常环境"为标题，清楚地显示了它与环境美学的亲缘关系。①

之所以将日常生活美学与环境美学并列起来，是因为二者都是对于传统艺术哲学的批判超越。具体到环境美学与日常生活美学的深层关系，这两部系统性著作值得关注，一部是《日常生活美学》，另一部是《平常中的非凡——日常生活美学》。下面分别来介绍。

日裔美籍学者齐藤百合子是环境美学领域的著名学者之一，先后发表过一系列影响广泛的论文，比如《是否存在正确的自然审美欣赏?》（1984）、《风景不优美的自然的美学》（1998）、《如其本然地欣赏自然》（1998）、《美学与艺术的环境方向》（2002）、《美学的绿化》（2004）、《天气美学》（2005）、《环境美学的承诺与挑战》（2005）、《美学中公民环境保护论中的功能》（2007）等。在长期研究环境美学的基础上，齐藤百合子于 2007 年出版了《日常生活美学》一书。该书将现代西方美学概括为以艺术为中心的美学，认为这种美学一贯忽视了人们的日常生活的审美维度与人们的日常审美体验。其认为，人们对于事物与事项的审美回应（包括审美趣味和审美判断）构成了日常生活。我们日常生活中所使用的各种人工制品都是经过设计的产品，每天都必然与环境打交道——这些物品与环境的审美维度必然影响着生活质量以及这个世界的状态。该书旨在研究这种超越艺术反应之外的审美反应所包含的内容与产生的结果。②

齐藤百合子认为，欣赏日常生活有两种方式，一是在平常之中寻找非凡，二是强调平常中的平常。尽管她有时认为二者都很重要，但她更倾向于后者。因为在她看来，如果我们聚焦于平常中的非凡，我们将错过"个体交融的维度"，而这种维度所体现的特征"正是我们对待日常环境与事物的特征"。③ 与此形成鲜明对比的是美国学者莱迪的立场，他出版于 2012 年的专著《平常中的非凡——日常生活美学》的标题就明确显示了他的立场。

莱迪也是环境美学领域比较有影响的学者，他早在 1995 年就在《美学

---

① Light Andrew and Jonathan M. Smith（eds.），*The Aesthetics of Everyday Life*，New York：Columbia University Press，2005.

② Yuriko Saito，*Everyday Aesthetics*，New York：Oxford University Press，2007.

③ Yuriko Saito，*Everyday Aesthetics*，New York：Oxford University Press，2007，p. 202.

与艺术批评杂志》发表了《日常外观的审美特性——"灵巧""凌乱""清洁""肮脏"》一文①，后来被作为第九章收进伯林特与卡尔森主编的《人类环境美学》一书。这篇文章可以视为他的日常美学理论的先声。《平常中的非凡——日常生活美学》讨论的美学，就是关于我们日常生活中所遇见的事物与环境的美学。与齐藤百合子不同，莱迪强调日常生活美学与艺术美学之间的密切关系，他所关注的只是被传统艺术美学所忽略的那些审美术语或范畴，诸如"灵巧""凌乱""可爱""伶俐""快乐"等。莱迪着重探讨了分析美学所忽略的艺术创作过程，这使他发现艺术与日常生活之间有着一种连续性——从这种连续性的角度来看，所谓的艺术创作无非是日常体验向艺术体验的转化，因此，生活体验自身也就是艺术性质的一部分。从艺术创作过程来看，艺术家的日常审美体验一般都是其艺术活动与灵感的前奏，而艺术品又可以反过来影响人们的日常体验。自环境美学兴起以来，一些环境美学家为了论证环境欣赏的独特性，往往自觉、不自觉地夸大了环境欣赏与艺术欣赏之间的差异，人为地割裂了二者之间的内在联系。莱迪的理论无疑有着补偏救弊的作用。他的目的是重建一种普遍的审美体验理论，能够用来解释我们对于艺术、自然与日常生活的欣赏。应该说，这种学术旨趣非常可贵。②

　　简言之，日常生活美学最为切近地回答了"我们应该怎样生活"这个问题。齐藤百合子的美学理论倡导对我们的生活环境怀抱审美与道德两种感受力，而莱迪的理论则使得我们以艺术眼光来看待生活。这无疑都是在环境美学促动下所产生的积极的理论成果。

六、走向整合与创新的环境美学

　　经历了半个多世纪的发展历程，环境美学的未来发展方向是什么？回答这个问题，最好来看一下 2014 年出版的一本书：《环境美学：跨越分界与开

① Thomas Leddy, "Everyday Surface Aesthetic Qualities: 'Neat,' 'Messy,' 'Clean,' 'Dirty'", *Journal of Aesthetics and Art Criticism*, 53（1995），pp. 259-268.

② Thomas Leddy, *The Extraordinary in the Ordinary: The Aesthetics of Everyday Life*, Broadview Press, 2012. 中译本参考［美］托马斯·莱迪：《平凡中的非凡——日常生活美学》，周维山译，河南大学出版社 2019 年版。

辟新天地》。环境美学在其 50 多年的理论探索中，跨越了几个公认的分界：分析哲学与大陆哲学的分界，西方传统与东方传统的分界，普遍化立场与历史化立场的分界，理论关怀与实践关怀的分界。因此，环境美学就是上述这些分界的沟通与整合。该书第一部分在展望环境美学的未来方向时指出，应该将日常人工产品、人类活动与社会关系纳入环境美学研究的视野中。第二部分指出，环境美学范围的日益扩大需要持续地反思美学与其他领域的关系，比如，环境美学与伦理学如何相关？对于环境的审美欣赏必需一种尊敬的态度吗？理论与实践的关系是什么？等等。第三部分则专注于自然美学与艺术美学的关系，提出的新问题包括：艺术在什么程度上能够帮助我们形成环境想象？艺术能够有助于拯救地球吗？考虑到过去几十年中环境艺术、大地艺术等新兴艺术样式不断涌现，自然欣赏与艺术欣赏之间的关系变得更加复杂起来，应该进行相应的理论概括与升华。该书最后一部分以案例研究的方式来说明理论研究的实际应用问题，探索如何运用康德与杜威的美学来辩护风力发电厂之美，我们是否应该在学习"像山那样思考"（利奥波德语）的同时，也学习"像购物商场那样思考"？如何理解对于野生动物的审美欣赏（也就是动物美学问题）？等等。①

对于环境美学来说，2018 年是一个非常重要的年份。该年美国《美学与艺术批评杂志》第 76 卷推出了一个专号，题为"善、美、绿色——环保主义和美学"（The Good，The Beautiful，The Green：Environmentalism and Aesthetics）。该专号包括五个部分，分别为："导言"，"用美学支持环保主义"，"美学可以用来支持环保主义吗？"，"情感与环境：过去和现在"，"动物与作为艺术品的环境"，一共收录 12 篇论文，论文的作者都是环境美学领域具有推动性作用的人物，主要论文有卡尔森的《环境美学、伦理学与生态美学》，齐藤百合子的《消费者美学与环境伦理学——问题与可能性》，布雷迪的《约翰·缪尔的环境美学——审美、宗教与科学的交织》等，这些论文为新时期推进环境美学进一步深入以及多领域发展起到了一定的作用。沙普谢伊（Sandra Shapshay）和特南（Levi Tenen）为该专刊撰写

---

① Martin Drenthen and Jozef Keulartz（eds.），*Environmental Aesthetics：Crossing Divides and Breaking Ground*，Fordham University Press，2014.

了导言，指出人类对地球气候产生的影响已经成了一个无可争议并令人担忧的问题，他们希望在这些论文中能找到激励读者批判性地思考当今政策中各种利害攸关的问题，以及它们对未来的影响。这次专号起源于 2016 年 5 月在印第安纳大学布鲁明顿校区举办的一次研讨会，该会议由美学家、环境伦理学家和科学哲学家组成国际小组，讨论了环境美学和伦理之间的关系，本期专号的主要目标之一是评估早期环境美学文献中所表达的乐观情绪，探寻人们对美和其他美学价值的体验能在多大程度上帮助人们关注环境保护。①

　　作为中国学者，我们自然而然地会思考如何将中国传统环境美学思想吸收、转化到当代环境美学之中，如何发掘中国传统环境审美思想的核心价值而弥补西方环境美学的理论缺陷。笔者对此作了一些探索②，但还远远不够。相比之下，齐藤百合子就很值得我们学习。她利用在美国工作的学术机会，一方面研究环境美学，另一方面研究日本美学；一方面把日本传统美学思想介绍到西方，另一方面又将之与环境美学结合起来而创造出日常生活美学。西方学者在谈到东方美学时，谈到日本的机会要多于谈到中国的机会。在展望环境美学的发展方向时，她特别提出环境美学应该国际化，应该包括不同文化中的自然环境审美传统。③ 有着悠久环境审美传统的中国学术界，应当向这个方向更加努力。

① Sandra Shapshay and Levi Tenen, Introduction to "The Good, the Beautiful, the Green: Environmentalism and Aesthetics", *The Journal of Aesthetics and Art Criticism*, Vol. 76, No. 4 (2018), pp. 391-397.

② 参见程相占主编：《中国环境美学思想研究》，河南人民出版社 2009 年版。

③ Yuriko Saito, "Future Directions for Environmental Aesthetics", *Environmental Values*, 19 (2010), pp. 373-391.

第四章　环境美学的定义及其美学观

从历史发展的角度把握环境美学的整体面貌之后，接着就应该从理论层面展开对于环境美学的研究。而这样做的第一个问题应该是：什么叫环境美学？

单纯从字面上来说，"环境美学"这个术语包括两个关键词，一个是"环境"，另一个是"美学"。这就意味着，要想把握环境美学，必须把握"环境"与"美学"这两个关键词及其内在关联。

通过第三章的论述可知，环境美学在长达50多年的发展历程中，所涉及的学科包括地理学、伦理学、心理学、文化理论、艺术理论、认识论、人类学、社会理论和生物学等，这些学科对于环境的理解往往不同；与此同时，即使都是环境美学研究者，他们的环境观和美学观也都不尽相同。这就意味着，不同的环境观与不同的美学观，必然造成不同的环境美学观，也就是形成不同的环境美学定义。

本章首先介绍环境美学的几个代表性工作性定义及其隐含的环境观与美学观，然后重点分析最通行的那种环境美学定义所隐含的美学观，从而揭示环境美学在美学观方面的理论创新之处。

第一节　环境美学的定义

提及环境美学，我们首先想到国际著名美学家伯林特的一个论断：环境美学"是一个学科，具有其自身的概念、自身的研究对象和问题；而更加重要的是，它有其自身的贡献"。[1]在另外一个地方，伯林特再次重申：环境

---

[1] Arnold Berleant, *The Aesthetics of Environment*, Philadelphia: Temple University Press, 1992, p. xii. 中译本参考［美］阿诺德·伯林特：《环境美学》，张敏、周雨译，湖南科学技术出版社2006年版。

美学"具有其自身合法性的，具有自己独特的概念、问题和理论"①。笔者觉得伯林特的论断是符合实际的。那么，什么是环境美学？按照时间顺序依次来看三位重要环境美学家的不同表述。

第一位是芬兰学者瑟帕玛，他于1986年出版了《环境之美——环境美学的普遍模式》一书。该书在正文之前有一份占据大半页的全书内容提要，该提要开篇写道："美学一直由三个传统主导着：美的哲学、艺术哲学和元批评。在现代美学中，艺术之外的各种现象从来没有得到认真、广泛地研究。笔者这本书的目标是系统地描绘环境美学这个领域的轮廓——它始于分析哲学的基础。笔者将'环境'界定为'物理环境'，其基本区分是处于自然状态的环境和被人类改造过的环境。"② 瑟帕玛所持的美学观就是他所说的"三个传统"的合并，即美学＝美的哲学＋艺术哲学＋元批评。后两者集中体现了分析美学对环境美学中的影响。③

就环境美学的研究对象而言，瑟帕玛的《环境之美——环境美学的普遍模式》一书的正文则提出："环境美学基本的出发点是将美学理解为'美的哲学'。环境美是其研究对象，对于环境之美的各种论断也是其研究对象，而对于这些论断的论述则是元批评。"④ 也就是说，环境美学是研究"环境美"（the beauty of the environment）的学科。

那么，环境是什么呢？瑟帕玛对环境有着详尽的解释。他说：

> 环境是环绕我们的东西（我们作为观察者处于它的中心），我们用我们的各种感官感知它，我们在它的范围内运动、获得我们的存在。这里的问题是感知者与外在世界的关系问题——即使没有感知者，外在世界依然存在。⑤

---

① Arnold Berleant, "Environmental Aesthetics", in *Encyclopedia of Aesthetics*, Vol. 2, Michael Kelly (eds.), New York: Oxford University Press, 1998, p. 114.

② Yrjo Sepanmaa, *The Beauty of Environment: A General Model for Environmental Aesthetics*, Painomeklari Ky, Scandiprint Oy, Helsinki, 1986. 这个提要没有标明页码。作者下文紧接着又将"物理环境"表述为"physical environment"。

③ 关于环境美学与分析美学的关系，本书第六章将对此进行详尽论述。

④ Yrjo Sepanmaa, *The Beauty of Environment: A General Model for Environmental Aesthetics*, Painomeklari Ky, Scandiprint Oy, Helsinki, 1986, p. 17.

⑤ Yrjo Sepanmaa, *The Beauty of Environment: A General Model for Environmental Aesthetics*, Painomeklari Ky, Scandiprint Oy, Helsinki, 1986, pp. 15-16.

　　这是对于环境的最一般意义上的理解，极其接近常识或哲学上的朴素实在论：客观存在的外部"环境"（the environment）就是"环绕某物之境"，也就是说，环境总是相对于一个具体的中心而言的：谁是感知者，谁就是它的中心。这种环境观受到了美国学者伯林特的指名批评。此外，瑟帕玛在环境一词之前加了一个定冠词"the"，表明环境是"这个特定的环境"，而这一点更是伯林特所坚决反对的。在伯林特看来，添加一个定冠词，意味着"环境"是可以客观对象化的一个"客体"或"对象"——而这是对于环境的根本误解，所以伯林特用了很大精力来批判分析这个问题。我们下面将细致讨论。

　　伯林特在 1992 年出版了其环境美学代表作之一《环境美学》，从该书"前言"的关键概念可知，他认为环境美学所研究的核心问题是"对于环境的审美知觉体验"[①]。在为牛津大学出版社出版的《美学百科全书》所撰写的"环境美学"词条中，伯林特对于环境美学进行了比较详尽地解释。他这样写道：

　　　　在其最宽泛意义上，环境美学意味着：作为整个环境综合体一部分的人类与环境的欣赏性交融——在这个环境综合体中，占据支配地位的是各种感觉性质与直接意义的内在体验。……因此，环境美学成为对于环境体验的研究——研究其知觉维度与认知维度的直接而内在的价值。[②]

　　这段话的核心术语是"环境体验"，其关键是"人类与环境的欣赏性交融"。如果我们对于伯林特的美学理论有足够了解的话，就会发现这段话其实也反映了他的美学核心，也就是他自己概括的"交融美学"。本书设置专门一章研究伯林特的交融美学。

　　如果说瑟帕玛的美学观忽略了"美学之父"鲍姆加滕所提出的"审美

[①] Arnold Berleant, *The Aesthetics of Environment*, Philadelphia：Temple University Press, 1992, pp. xi, xiii.

[②] Arnold Berleant, "Environmental Aesthetics", in *Encyclopedia of Aesthetics*, Vol. 2, Michael Kelly (eds.), New York：Oxford University Press, 1998, pp. 116–117.

学"的话，那么，伯林特则非常坚定地致力于回到审美学的源头，并且，这种美学观反过来改造了瑟帕玛所论述的那种外部客观环境观，使得伯林特对于环境有着独具一格的理解，从而成为当代环境美学的重大理论收获之一。

为了便捷地了解伯林特的美学理论，不妨参考他本人的一段学术声明。他这样介绍道：

> 感官的知觉（sense perception）位于"审美学"这个词的词源的核心之处（希腊语，aisthesis，意思是"通过各种感官而得到的知觉"），而且是审美理论、审美体验及其各种实际应用的中心。伯林特在审美（the aesthetic）中发现了人类价值的本源、征兆和标准……伯林特的哲学思想源自对于体验的彻底解释——这种体验受到两种哲学的影响，一是实用主义那非奠基性的自然主义，二是存在主义现象学（existential phenomenology）那不可分的直接性。无论是在艺术中还是在环境里，都引导着他强调活跃欣赏的交融（engagement）与连续性（continuity）。①

这段话可谓言简意赅，它表明了伯林特的美学观即"审美学"，指出了审美对于人类文化创造的根本意义，介绍了伯林特美学的两个哲学来源——实用主义与现象学，提出了伯林特美学理论的三个关键词：知觉、交融、连续性。而这三个关键词都是伯林特对于环境美学的独特贡献，某种程度上代表着当今环境美学的理论高度。

一般来说，环境是环境科学的研究对象，属于自然科学，而美学则是人文学科，二者有什么关系呢？对于环境美学持怀疑态度的人自然而然就会提出这样的疑问。在伯林特看来，环境与美学的关系非常密切：一定的环境观取决于一定的美学观，反过来，从审美的角度来反思环境，则会得出不同的环境观——二者互相生发，乃至互相生成。

伯林特从辨析各种不同的环境观入手。他认为，环境概念是非常成问题

---

① 这是伯林特本人的学术网页对其美学研究的总体说明，2011 年 8 月 8 日，见 https：//arnoldber-leant.com/。

的，通常流行的多种环境概念，诸如自然环境（natural surroundings，或 natural setting）、物理环境（physical surroundings）、外部世界（external world）等，都有其不足之处。伯林特特别反对将环境客观化、对象化。他甚至从英语语法的角度，强调不能在"环境"（environment，伯林特一般只使用这个词语）一词前面使用英语定冠词"the"，因为一旦使用了这个定冠词，环境就成了固定的、具体的、如同一个客观对象的东西，这种意义上的环境"就成了独立存在体（实体），我们可以思考它、处理它，好像它外在于、独立于我们自己"①。为了强化自己的这一观点，伯林特还特意进一步申述，被人类客观对象化的环境观，可以从某个侧面揭示人类掠夺环境的理由：环境只不过是人类可以利用的自然资源而已。伯林特还在这里引述了瑟帕玛的《环境之美》，含蓄地批评了瑟帕玛将环境理解为"观察者的外部世界"的观点。②

　　特别意味深长的是，伯林特从西方传统哲学的高度，剖析了对象化环境观的思想根源，他称之为"心—身二元论最后的幸存者之一"。他认为，环境绝不是"我们可以从远处凝视的一个遥远的地方"，"因为不存在外部世界，没有外部；同时也没有一个内部的密室，我在那里能够躲避来自外部力量的伤害。感知者（心灵）是被感知者（身体）的一个方面，反之亦然。人与环境是连续的"。③ 我们知道，从柏拉图哲学开始直到基督教神学，西方思想一直相信人类有一个基本特征：人类的心灵或灵魂在身体死亡之后可以继续存活。这种信仰导致的理论难题是心灵与身体的二元论：身体有死而灵魂永恒。

　　笛卡尔继承并发展了西方传统的心—身二元论，在其《第一哲学沉思》之六中他争辩道：我有一个明白而清晰的关于我自己的观念，一个思维着的非广延的事物；还有一个对于身体的明白而清晰的观念，它是一个广延的、非思维的事物，二者的特征正好相反。笛卡尔的结论是：心灵可以离开其外

① Arnold Berleant, *The Aesthetics of Environment*, Philadelphia：Temple University Press, 1992, pp. 3-4.

② Arnold Berleant, *The Aesthetics of Environment*, Philadelphia：Temple University Press, 1992, p. 191.

③ Arnold Berleant, *The Aesthetics of Environment*, Philadelphia：Temple University Press, 1992, p. 4.

延的身体而存在。总之，心灵是不同于身体的实体，其本质是思维。① 此后，笛卡尔式的心—身二元论一直是西方哲学和思想争执不下的焦点问题之一，其中，梅洛-庞蒂的身体现象学比较成功地破除了这种二元论：身体既是感知的对象，又是进行感知的主体，没有能够脱离身体的心灵。伯林特从1970 年出版第一部著作《审美场——审美经验现象学》② 开始，现象学，特别是梅洛-庞蒂的身体现象学就一直在他的美学研究中发挥着举足轻重的作用。简言之，现象学使得伯林特能够比较深入地反思批判西方哲学传统中的一系列的二元论，诸如自然与人为、内在自我与外在世界、尘世与神圣、自然与文化等，他本人则时时刻刻主张超越二元论而走向心身合一、人与环境合一的"一元论"。

从超越二元论的自觉意识出发，伯林特赞同美国超验主义思想家、中国传统山水画等思想资源中的自然观。他认为，这种自然观不仅使人与广阔的自然环境和谐，而且把人吸收到自然环境之中；这种意义上的环境，"就是人们以某种方式生活的自然过程，无论人们采用怎样的方式生存在它之中。环境就是被体验到的自然，人们生存其间的自然"。简言之，环境就是"由有机体、知觉和场所构成的、充盈着各种价值的、没有缝隙的统一体"。③

对于这种与常识意义上的环境观差别巨大的环境观，伯林特甚至觉得很难用英语来表达它。他提出，英语中当然有丰富的相关词汇可以表示"环境"，诸如"setting""circumstances"等，但它们都是二元论式的概念；其他一些词汇，诸如"场域"（field）、"语境"（context，也有"环境"的意思）和"生活世界"（lifeworld）或许会更好一点；但我们在思考它们时，仍然必须提高警惕，避免对象化、二元论的思维方式。总之，在理解环境、理解人与环境的关系时，必须警惕和避免西方文化的"形而上学偏见"。

那么，这种意义上的环境与审美又有什么关系？受梅洛-庞蒂知觉现象学的影响，伯林特的着眼点在于"知觉的行为"（act of perception）。在他看

① 参见 Daniel Garber，"Descartes，René"，in *Routledge Encyclopedia of Philosophy*，E. Craig（ed.），London：Routledge，1998，2003，Retrieved July 31，2011，from http：//www. rep. routledge. com/article/DA026。

② Arnold Berleant，*The Aesthetic Field*：*A Phenomenology of Aesthetic Experience*，Springfield，Ⅲ：C. C. Thomas，1970.

③ Arnold Berleant，*The Aesthetics of Environment*，Philadelphia：Temple University Press，1992，p. 10.

来，被整合为一体的体验过程是被知觉的，它具有审美维度。他提出："每一个事物，每一个场所，每一个事件，都是被一个知觉灵敏的身体（an aware body）体验到的——这个身体有着感知的直接性和直接的意义。在这种意义上可以说，每一个事物都具有审美因素。而对于一个与事物交融的参与者来说，审美要素总会出场。"① 从这里我们可以看到，梅洛-庞蒂对于身体知觉的论述很多地方被伯林特借鉴吸收了。因此，可以说，伯林特所理解的环境是一种高度审美化的环境。如果考虑到格式塔心理学对于梅洛-庞蒂知觉现象学的重大影响，考虑到伯林特的环境美学对于格式塔环境心理学的吸收，②那么，甚至可以把伯林特心目中的环境称为"环境格式塔"——既不是客观的、外在的物理环境，也不是主观的、内在的意识世界，而是以身体知觉为中介的、物理环境和意识世界两方面因素的创造性整合。

　　总之，对于审美因素的考虑扩大了伯林特的环境观，使之超越了瑟帕玛的客观的"物理环境"而成为"环境格式塔"；与此方向相反，新的环境观念又反过来改造了我们对于美学的理解。环境美学所研究的对象再也不是"环境美学之父"赫伯恩所说的"自然美"，而是环境中存在的那些无论美丑、无论大小的事物，用伯林特的话来说，就是"环境的知觉特征"；环境美学从此不再是"自然美学"。在其出版于 1991 年的《艺术与交融》一书中，伯林特详尽地阐发了他的独特美学观"交融美学"（aesthetics of engagement）；③ 他的环境美学就是这种美学观在环境审美上的合理延伸，所以，他也把自己的环境美学称为"交融的环境美学"（an environmental aesthetics of engagement）。④ 国内学者对于英文词语"engagement"有不同的翻译，诸如"参与""介入"等，笔者根据中国古代诗论"情景交融"的说法，一般翻译为"融合"或"交融"——如果说中国古代美学所说的"意境"或"境界"的基本特征就是"情景交融"的话，伯林特的"环境格式塔"也

① Arnold Berleant, *The Aesthetics of Environment*, Philadelphia: Temple University Press, 1992, p. 10.

② 伯林特在《环境美学》一书中多次涉及格式塔心理学，参见 Arnold Berleant, *The Aesthetics of Environment*, Philadelphia: Temple University Press, 1992, pp. 18, 45, 90, 150。

③ 参见 Arnold Berleant, *Art and Engagement*, Philadelphia: Temple University Press, 1991。

④ 参见 Arnold Berleant, *The Aesthetics of Environment*, Philadelphia: Temple University Press, 1992, p. 13。

可以称为"意境"或"境界"：它不是单单"在物"的"景"，也不是单单"在心"的"情"，而是"情景交融"的"意境"。①

在宏观勾勒环境美学的整体理论图景时，学术界一般将之划分为两种理论立场：一种是以伯林特为代表的"交融立场"，另一种是以加拿大学者卡尔森为代表的"认知立场"，两种立场的美学观不同，环境观则差异更大，对于艺术欣赏与环境欣赏之间关系的理解则存在着根本分歧——伯林特认为二者是一致的，卡尔森则基本上是通过对比二者的差异来展开自己的环境美学研究，从而形成了环境美学理论景观中并峙的"双峰"。我们下面来讨论卡尔森的观点。

卡尔森于 2000 年出版了汇集其主要环境美学论文的著作《美学与环境——对自然、艺术与建筑的欣赏》。② 该书的"导论"首先提出了"什么是'环境美学'"这个问题。为了回答这个问题，卡尔森开门见山地提出了自己的美学观："美学是哲学的这样一个领域：它研究我们对于各种事物的欣赏——这些事物影响我们的诸种感官，特别是以一种令人愉悦的方式。"③卡尔森又将欣赏称为"审美欣赏"（aesthetic appreciation），因此，对于他而言，美学其实就是"审美欣赏学"或"审美欣赏理论"。

根据这种美学观，卡尔森在一部辞书中对于环境美学进行了如下界定：

> 环境美学是 20 世纪下半叶出现的两到三个美学新领域之一，它致力于研究那些关于世界整体的审美欣赏的哲学问题；而且，这个世界不单单是由各种物体构成的，而且是由更大的环境单位构成的。因此，环境美学超越了艺术世界和我们对于艺术品欣赏的狭窄范围，扩展到对于各种环境的审美欣赏；这些环境不仅仅是自然环境，而且也包括受到人

---

① 王夫之《姜斋诗话》提出："情、景虽有在心在物之分，而景生情，情生景，哀乐之触，荣悴之迎，互藏其宅。"

② Allen Carlson, *Aesthetics and the Environment：The Appreciation of Nature，Art and Architecture*, London；New York：Routledge，2000. 杨平翻译了这本书并将书名修改为《环境美学》，四川人民出版社 2006 年版。

③ Allen Carlson, *Aesthetics and the Environment：The Appreciation of Nature，Art and Architecture*, London；New York：Routledge，2000, p. xvii.

类影响与人类建构的各种环境。①

从这里的定义可以看到，卡尔森认为，环境美学的研究对象就是"对于各种环境的审美欣赏"。促使卡尔森研究环境美学的是一个简单事实：审美欣赏的范围不仅仅限于传统观念所认为的艺术，而且也包括自然和我们的各种"环境"（surroundings）——其字面意思是"环绕某人或某物的各种事物"，卡尔森将之视为另外一个英文词"environment"（环境）同义词，也就是说，他在二者之间画上了等号，并且经常使用前者（伯林特则不会这样使用，他主要使用后者，而且不加英语的定冠词"the"）。这种环境观决定了卡尔森环境美学的核心问题，其逻辑在于如下一个"三段论"：

（一）大前提：审美欣赏是审美主体对于审美对象的欣赏；

（二）小前提：环境也是审美对象；

（三）因此，环境美学的核心问题就是：审美主体如何对"环境"进行审美欣赏？

卡尔森郑重提出："在我们对于世界整体的审美欣赏中，我们必须从两个最基本的问题开始，一个是'审美地欣赏什么'，另一个是'如何审美地欣赏'。"②这两个最基本的问题，就是卡尔森环境美学所致力探索和回答的核心问题。

我们可能会觉得有些奇怪："如何审美地欣赏环境"怎么会成为学术问题呢？原因在于，卡尔森发现，环境作为"审美对象"（aesthetic object）与艺术品作为审美对象差异极大。一件艺术品作为审美的"对象"时，欣赏者一般是外在于它而"对"着它、把它作为"象"（对—象）；也就是说，审美对象在审美主体之外，审美主体也在审美对象之外，二者是相互分离的，最起码是可分的；但是，作为"审美对象"的环境，却无法成为这种意义上的"对象"，因为，"作为欣赏者，我们被深深地浸入我们的欣赏对

① Allen Carlson, "Environmental Aesthetics", in *The Routledge Companion to Aesthetics*, Berys Gaut and Dominic McIver Lopes (eds.), London：Routledge, 2001, p. 423.

② Allen Carlson, *Aesthetics and the Environment：The Appreciation of Nature, Art and Architecture*, London；New York：Routledge, 2000, p. xviii.

象之内"①。这里，必须认真注意卡尔森的措辞：在表达"深浸于……之内"这种意思时，他使用的英语是"are immersed within"。对于这个表达式，我们可以从三方面把握：（一）语法方面，它是个被动语态，表明作为审美主体的我们，是"被浸入环境之中"的：我们无法摆脱环境，永远不可能跳到环境"之外"而将之作为"对象"；（二）immerse 这个动词的基本含义是"浸""泡""沉浸""使深陷于"等，这表明欣赏者与环境之间的关系如同一个人浸入水中那样，沉浸其中，密不可分；（三）介词 within表示"在……的里面""在……的内部""在……的范围内"等，它强调的是欣赏者只能在环境之"内"而不能在它之"外"。

之所以不厌其烦地详细解析卡尔森的英文表达方式，是因为他对环境这种"审美对象"的独特性有着非常清晰地认识，而这种认识反过来又成了他的环境美学研究的立足点和出发点。因为我们只能"在环境之内欣赏环境"，所以造成了如下连锁效应：第一，运动时，"我们就改变了我们与它的关系，同时，也改变了对象自身"。这就意味着，审美对象是不断流动变化的，这使"如何欣赏"这个问题变得更加困难。第二，因为审美对象是"我们的环境"，"欣赏对象冲击着我们的所有感官，当我们居留其间或在它之中移动时，我们目有所观，耳有所听，肤有所感，鼻有所嗅，甚至也许还舌有所尝。简言之，审美欣赏一定是由对于环境欣赏对象的体验所塑造的，而这种体验一开始就是亲密的、整体的且无所不包的"②。这就意味着，"审美地"（aesthetically）欣赏独特的审美对象，需要有独特的审美感官。我们知道，传统西方美学理论认为，人的感官有两种是高级的，即视觉与听觉；而嗅觉、味觉和触觉则是"低级的"。③ 这种感觉等级制在环境美学里被初步打破了，这无疑是美学理论的一个突破。

总之，在卡尔森看来，环境这个审美对象其实就是"世界整体"（world at large），它时时刻刻处于运动变化的过程中；它既不是某个艺术家有意识

---

① Allen Carlson, *Aesthetics and the Environment：The Appreciation of Nature，Art and Architecture*，London；New York：Routledge，2000，p. xvii.

② Allen Carlson, *Aesthetics and the Environment：The Appreciation of Nature，Art and Architecture*，London；New York：Routledge，2000，p. xvii.

③ 相关讨论可以参看程相占：《论身体美学的三个层面》，《文艺理论研究》2011 年第 6 期。

地设计、创作的"作品"，也没有明确的时间界限和空间边界。凡此种种都表明：它只不过是一个"潜在的"审美对象。为了把握其审美性质和意义，我们必须重塑审美欣赏力。卡尔森的这些论述使人很容易联想到伯林特《环境美学》一书第一章的标题："环境对于美学的挑战"。伯林特主要讲"环境体验"，而卡尔森则主要讲"环境欣赏"，尽管他也偶尔使用"体验"一词。简言之，环境审美体验与环境审美欣赏在某些根本之处冲击着、修正着传统美学观，正在促使美学观的调整与重塑。

第二节　环境美学的美学观：审美欣赏理论

总括上述三位代表性学者所提出的三个环境美学定义，可以提炼出三个不同的关键词："环境美""环境体验""环境审美欣赏"（简称"环境欣赏"）。三者既有联系，也有明显的区别。从美学观的角度来说，第一个关键词背后隐含的美学观是"美的哲学"，也就是从哲学角度对于美的研究。这种美学观是鲍姆加滕之前西方美学观的主流，比如，柏拉图与阿奎那的美学思想都可以称为"美的哲学"。这种美学观在鲍姆加滕提出"审美学"之后依然有着一定的影响。但是，这里需要明确的是，"美的哲学"的研究范围要远远小于"审美学"。根据本书第一章对于康德审美理论的研究可知，"美的分析"仅仅是其全部理论的一部分，除此之外还有"崇高的分析"，甚至可能包括"丑的分析"。更为重要的是，随着心理学研究的壮大，对于"审美体验"的研究逐渐成为美学研究的重点，这方面的代表作首推杜威的著作，包括《经验与自然》（1925）与《艺术即经验》（1934）等。伯林特的美学深受杜威的影响，他所说的"环境体验"更为准确的说法其实是"环境审美体验"。

这里需要重点讨论的是卡尔森的表述"环境审美欣赏"。将环境美学的研究重点放在对于环境的审美欣赏上面不仅仅是卡尔森一人的观点，而是他与伯林特共同认可的观点。他们二人在 1998 年合作主持《美学与艺术批评》杂志"环境美学"专号的时候，认真讨论过"环境欣赏"与"审美欣赏"的关系。也就是说，在这里，"审美欣赏"（aesthetic appreciation）而不是"审美体验"被视为环境美学的核心。他们合作的"导论"提出：

　　审美欣赏的含义和特征是美学中经常反复出现的主题，但是，在环境这个语境中，欣赏受到了特别的注意。环境美学将欣赏这种观念，移向一种更加交融而且完整的体验，而不是像我们通常做的那样，仅仅将之归诸艺术。这是因为，在环境体验中，并不存在传统的欣赏对象，我们欣赏的是整个区域；而且我们体验环境的时候，并不主要地通过一种感官，而是通过感官意识的整个范围。此外，这种意识自身也不是静止的，而是持续变化着的，就像环境被太阳、日夜、季节、年轮等各种运行影响着那样。通过交融的、包容的、动态的特征，环境增强了我们的欣赏性体验，其方式或许比我们通常体验艺术的方式更加有力、更加直接。这就向审美理论提出了挑战，要求它协调如下两种审美欣赏：一是对于自然的、对于更加普遍的环境的审美欣赏，二是对于艺术的审美欣赏——从传统上来说，对于艺术的审美欣赏一直是静态的，持久的，有着审美距离，以及分离的、界限明确的审美对象。①

　　这段话包括如下理论要点：第一，提出环境的"欣赏性体验"（appreciative experience）的原因与目的。我们知道，"体验"是西方美学中一个比较常见的关键词，审美理论一般将之称为"审美体验"（aesthetic experience），用以区别一般的日常生活体验——二者之间的关系、边界与区别，通常构成了审美理论的核心问题。但是，伯林特与卡尔森二人在这里并没有选用这个普遍使用的术语，而是选择了"审美欣赏"（aesthetic appreciation）这个术语。他们二人非常清楚地知道，受艺术哲学的束缚，"欣赏"通常都是指"艺术欣赏"，总是与艺术鉴赏或赏析相关。但是，他们有意扩大了"欣赏"的内涵，并且特意创造了一个新的表达方式——"欣赏性体验"，其学术目的在于将审美体验与艺术欣赏二者贯通起来，用以说明对于环境之审美体验的特殊性及其与艺术欣赏的联系。第二，与艺术欣赏相比，对于环境的审美欣赏或欣赏性体验有着如下四个特点：一是欣赏的不是某个对象而是整个区域；二是运用的是所有感官构成的整体意识而不是某个感

————————

① Arnold Berleant and Allen Carlson, "Introduction", *The Journal of Aesthetics and Art Criticism*, 56, 1998, pp. 97–100.

官；三是这种意识总是像意识流那样处于不断的变化之中；四是环境会随着自然节律的变化而持续变化——这些特点都与艺术的欣赏不同。既然对于环境的欣赏性体验（也就是对于环境的审美欣赏）如此独特，如此不同于对于艺术的审美欣赏，那么，如何能够将两种不同的"审美欣赏"整合起来而形成一种"审美欣赏理论"，这就是环境美学作为一种审美理论所面临的挑战。

正是出于这种学术考虑，伯林特与卡尔森还直接使用了另外一个新的术语，即"环境欣赏"（environmental appreciation），用来替代"对于环境的欣赏性体验"这种比较繁琐的表达方式。两位学者的基本思路还是反思传统美学对于"审美欣赏"的假定，反思对于自然（或环境）的审美欣赏与对于艺术的审美欣赏二者之间的差异及其深层的相似性。总的来说，二人认为，应该从根本上重新思考"审美欣赏"的含义，将之合理地运用到艺术与自然（环境）两个领域，这样，就会形成一种涵盖不同领域的"审美欣赏理论"，美学因此被改造为突出"欣赏"的当代新形态，即"审美欣赏理论"。这就促使我们思考：审美欣赏理论能否成为一种涵盖艺术与自然两个领域的统一的美学理论？从卡尔森对艺术欣赏与自然欣赏作出区分来看，统一理论很难成立。

这种理论取向让我们联想到卡尔森的美学观，上面就已经提到，这里不妨重复一下。卡尔森这样写道："美学是哲学的这样一个领域：它研究我们对于各种事物的欣赏——这些事物影响我们的诸种感官，特别是以一种令人愉悦的方式。"① 在卡尔森那里，"欣赏"的准确含义就是"审美欣赏"（aesthetic appreciation）。这就意味着，卡尔森提出了一种新型的美学观：美学就是"审美欣赏学"或"审美欣赏理论"。他与伯林特合作的这篇导论，其实采用的是他自己的而不是伯林特的美学观——伯林特的美学观主要是鲍姆加腾意义上的"感性学"或曰"审美学"。这就意味着，自鲍姆加腾以来，西方美学观又一次发生了质的转变，根据本书第一章所作的历史描述，这里可以简单勾勒如下：

———————————

① Allen Carlson, *Aesthetics and the Environment*：*The Appreciation of Nature*, *Art and Architecture*, London；New York：Routledge, 2000, p. xvii.

　　审美学（鲍姆加滕）→艺术哲学（黑格尔）→元批评（比尔兹利）→审美欣赏理论（卡尔森与伯林特，以卡尔森为主）

　　那么，卡尔森又是如何论述这种新型美学观的呢？与此同时还要进一步追问：对于环境美学而言，这种新型美学观的意义何在？我们下面首先来看第一个问题。

　　卡尔森在论述其新型美学观的时候，围绕的核心问题如下："欣赏"在何种意义上是"审美的"？1979 年，卡尔森在《美学与艺术批评》杂志上发表了一篇重要论文，题目是《欣赏与自然环境》，简明地表达了他的环境美学的两个关键词：一是欣赏，二是自然环境。卡尔森指出，欣赏自然与欣赏艺术一样需要知识：要知道欣赏艺术的什么、怎么欣赏艺术——也就是要恰当地欣赏艺术，人们必须根据艺术史所提供的正确范畴（correct categories）；以此类推，要想知道欣赏自然的什么、怎么欣赏自然，从而确保"对于自然的恰当欣赏"（appropriate appreciation of nature），人们就必须根据正确的自然范畴，也就是自然史（亦即自然常识和自然科学知识）所提供的知识。在批判自然欣赏的"对象模式"与"风景模式"的基础上，卡尔森初步论证了他的"环境模式"（environmental model）。这个模式具有如下两个要点：一是要把自然欣赏为"环境"；二是要把自然欣赏为"自然的"。① 这篇文章初步阐述了卡尔森环境美学的大部分主要观点，对于研究其环境美学理论至关重要。

　　但是，这篇文章并没有详细讨论其标题中的第一个关键词"欣赏"，而是将之作为一个不证自明的现成术语拿来即用。这就意味着，这篇文章隐含着一个严重的缺陷："欣赏"并不总是"审美的"。随着研究的日益加深，卡尔森开始意识到这个问题的重要性；为了保证他所讨论的"对自然的欣赏"是"审美问题"而不是一般的道德问题，他对于"欣赏"这个术语进行了详细论证。论证这个问题的文章题为《欣赏艺术与欣赏自然》，最初发

————————

① Allen Carlson, "Appreciation and the Natural Environment", *Journal of Aesthetics and Art Criticism*, 37（1979），pp. 267-276.

表于 1993 年出版的论文集《风景、自然美与艺术》①，后来又收进卡尔森的
代表作《美学与环境——欣赏自然、艺术与建筑》（2000），成为该书的第
七章。② 仔细对比可知，两个版本的正文没有什么变化，但是，2000 年的
版本对于一些注释进行了删减，从而掩盖了这篇文章的论战性质。更为重要
的是，所删减的内容对于我们把握卡尔森的美学观及其阿基米德点至关重
要，所以，这里依据该文的 1993 年版进行论述。

卡尔森受过严格的分析美学训练，深知明确界定美学术语的理论内涵之
重要性。所以，这篇文章开门见山地指出："欣赏这个概念对于艺术欣赏和
自然欣赏都是很常用的，但是，它通常都没有在相关的理论著作中得到考
察。"③ 这是典型的分析美学的思维方式：在使用一个概念或术语的时候，
必须对之进行明确界定，从而避免歧义及其可能引发的不必要的混乱。这一
点对于中国美学研究非常重要。汉语本来就具有极强的诗性，汉语美学论著
的传统一直强调所谓的"只可意会，不可言传"，注重词语的含蓄或朦胧。
对于文艺作品而言，这或许是必要的、具有正面价值的；但是对于理论著作
而言，这往往是导致理论混乱甚至理论灾难的直接原因。因此，卡尔森的美
学论证方法值得我们借鉴。

非常值得注意的是，卡尔森直接触及了"美学的阿基米德点"问题：

> 美学家们对于审美欣赏的各种探索详述了审美的性质，但对于欣赏
> 则语焉不详。这个概念没有得到讨论是一个遗憾，因为无论对于哲学美
> 学，还是对于我们日常处理这些事情而言，它都是中心的。④

在理解这段话的时候，汉语美学可能会遇到较大困难，因为在汗牛充栋

① Allen Carlson, "Appreciating Art and Appreciating Nature", in *Landscape*, *Natural Beauty and the Arts*, Salim Kemal and Ivan Gaskell（eds.），Cambridge University Press, 1993, pp. 199-227.

② Allen Carlson, *Aesthetics and the Environment*: *The Appreciation of Nature*, *Art and Architecture*, London; New York: Routledge, 2000.

③ Allen Carlson, "Appreciating Art and Appreciating Nature", in *Landscape*, *Natural Beauty and the Arts*, Salim Kemal and Ivan Gaskell（eds.），Cambridge University Press, 1993, p. 199.

④ Allen Carlson, "Appreciating Art and Appreciating Nature", in *Landscape*, *Natural Beauty and the Arts*, Salim Kemal and Ivan Gaskell（eds.），Cambridge University Press, 1993, p. 199.

的汉语美学论著中，讨论得最为薄弱的就是这里所说的"审美的性质"（the nature of the aesthetic）这个问题。某种程度上甚至可以说，汉语美学的不少论著尚未认真地讨论过"审美"（the aesthetic）这个术语，以至于长期徘徊在美学大门之外。在笔者看来，中国美学研究要想真正取得实质性进展，必须从辨析这个术语的含义开始，因为这个术语才是"美学"这个学科真正的"门径"。严羽在讨论学习诗歌的方法时曾经倡导"入门须正，立志须高"，还特别指出了"入门之不正"的危害①，值得汉语美学研究引以为戒。

　　这里特意使用"汉语美学"这个概念来指称"中国美学"，目的在于提醒读者语言对于美学论著的潜在影响。在英语中，aesthetic 的基本词性有两类，最常用的一类是形容词，其含义为"感性的"或"审美的"②。我们常说的"美学"的英文表达，就是在这个词的后面增加了一个"s"，用来表示一个学科。因此，该词准确的翻译应该是"感性学"或"审美学"，而汉语美学通常将之翻译为"美学"，无意中大大突出了一个"美"字而掩盖了"审美"，实在是"差之毫厘，失之千里"，导致汉语美学一直无法准确理解和表述"审美"这个术语。卡尔森这里的表述是西方美学界常用的方式，即在形容词 aesthetic 之前添加定冠词"the"，将之转化为一个名词，表示一类事物或一种特征、特性或状态，简称"审美"。在笔者看来，这个术语才是美学这个学科的首要关键词和"正门"，西方美学界对此有着基本的共识，比如，《斯坦福哲学百科全书》《劳特里奇美学指南》等权威工具书都设立了这个词条。下文将会进行讨论，这里暂时回到卡尔森的论述上来。

　　卡尔森的论证思路是：从美学理论史的角度，发掘人们在讨论"审美"这个术语的时候，如何一步步将理论注意力转向了"欣赏"，从而界定该术语的含义。卡尔森追溯了西方的哲学传统，认为该传统将欣赏与"非功利性"（disinterestedness，又译"无利害性"）连在了一起。在卡尔森看来，

---

① 严羽在《沧浪诗话·诗辨》中指出："夫学诗者以识为主，入门须正，立志须高，以汉魏晋盛唐为师，不作开元天宝以下人物。若自退屈，即有下劣诗魔入其肺腑之间，由立志之不高也。行有未至，可加工力；路头一差，愈骛愈远，由入门之不正也。"

② 该词也可以用作名词，其含义等同于 aesthetics，即"美学"。但这种用法远远不如 aesthetics 常用。

该传统尽管主要关注的是"审美"而不是"欣赏",但也为理解"欣赏的性质"(the nature of appreciation)提供了洞见。卡尔森并没有从美学史上讨论非功利性最为重要的康德美学着手,而是重点借鉴了两位当代美学家的相关理论,一位是斯托尼茨,另外一位是迪基。

斯托尼茨(1925—)是一位美国美学家,于1960年出版了《美学与艺术批评之哲学的批判性导论》一书,依次讨论了审美体验、艺术的性质、艺术的结构、美学的三个问题、艺术的评价、艺术的批评等问题。该书是一部教材,其"前言"开宗明义,明确将三个导论性课程相提并论,三者分别是美学(aesthetics)、艺术哲学(philosophy of art)与艺术批评的哲学(philosophy of art criticism)。作者希望学生们通过"批判性分析"学习,能够充分理解我们对于"艺术和审美的根本信念",特别是能够将那些"关于理论的概念分析技巧"灵活运用。就该书的关键词而言,作者明确指出,从逻辑上来说,"审美态度"这个概念是全书的中心。① 从这些简单的介绍中我们可以感受到,无论是美学观还是研究方法,该书都属于分析美学,其核心内容是从分析美学的理论视野出发,对于以审美态度为核心的美学问题进行导论性介绍。这些背景介绍对于我们理解卡尔森的环境美学研究非常重要,因为他曾经多次引用该书作为理论依据。

卡尔森首先引用了斯托尼茨对于"审美态度"的界定:"对于任何意识对象、只是为了其自身原因的、非功利而同情的注意与静观。"② 这个定义有点拗口,其要点包括如下四个:一是审美态度是一种"注意"与"静观";二是这种心理活动方式(或精神状态)的特点是"非功利而同情的";三是这种心理活动的对象可以是意识的任何对象,或者说,无论什么,只要能够被意识到,都可以成为这种意义上的对象(其实就是审美对象);四是

---

① 参见 Jerome Stolnitz, *Aesthetics and Philosophy of Art Criticism: A Critical Introduction*, Boston: Houghton Mifflin, 1960, p. vii。

② Jerome Stolnitz, *Aesthetics and Philosophy of Art Criticism: A Critical Introduction*, Boston: Houghton Mifflin, 1960, p. 35. 斯托尼茨后来继续探讨"审美态度"这个关键词,相关论文有如下两篇: Jerome Stolnitz, "'The Aesthetic Attitude' in the Rise of Modern Aesthetics", *The Journal of Aesthetics and Art Criticism*, Vol. 36, No. 4 (Summer, 1978), pp. 409-422; Jerome Stolnitz, "'The Aesthetic Attitude' in the Rise of Modern Aesthetics: Again", *The Journal of Aesthetics and Art Criticism*, Vol. 43, No. 2 (Winter, 1984), pp. 205-208。

这种态度的目的只是为了事物"自身的原因",而不是为了事物之外的其他原因。这四个要点都非常重要,对于我们理解西方美学中的"审美"至关重要。

既然"审美态度"这个概念是斯托尼茨该书的中心,那么,这个概念所表明的美学观就有利于我们深入理解他所并置的三个课程的联系与区别:"美学"所研究的审美对象无所不包,是一个总集;而"艺术哲学"所研究的仅仅是这个总集中的一个子集——艺术,也就是所有审美对象的一部分。从这个角度来看,"艺术哲学"仅仅是"美学"的一部分,绝不是美学的全部——这就意味着,将美学等同于艺术哲学是一种狭隘的乃至错误的美学观。这就为人们打破艺术哲学的禁锢、研究艺术品之外的审美对象或审美领域提供了强大的理论支持。正是从这个角度我们可以说,斯托尼茨的这本美学著作研究初步打破了艺术哲学的狭隘壁垒,为环境美学的发展铺平了道路。卡尔森之所以特别重视这本书,深层原因正在这里。而"艺术批评的哲学"的内容则更加具体,其目的是为"艺术批评"提供依据和标准。

卡尔森引用斯托尼茨对于"审美态度"的论述,目的当然不是为了论述以往的美学观,而是为了论述他的理论焦点"欣赏"。他认为,尽管斯托尼茨并没有直接讨论审美的"欣赏",但是可以假设,在讨论相关的观念比如"审美体验"① 的时候,斯托尼茨侧面涉及了这个问题。非常有意思的是,卡尔森在简单介绍了斯托尼茨的"审美态度"与"审美体验"两个概念之后,概括了自己对于"审美欣赏"的界定:

> 审美欣赏可以被界定为采用这种态度时参与进来的总体欣赏。因此,斯托尼茨对于审美态度的论述,提供了对于欣赏之性质的洞见。②

卡尔森这里的论证思路是参照"审美态度"来界定"审美体验",进而

---

① 斯托尼茨认为,这个术语可以通过参照"审美态度"这个概念来进行界定。参见 Jerome Stolnitz, *Aesthetics and Philosophy of Art Criticism: A Critical Introduction*, Boston: Houghton Mifflin, 1960, p. 42。

② Allen Carlson, "Appreciating Art and Appreciating Nature", in *Landscape*, *Natural Beauty and the Arts*, Salim Kemal and Ivan Gaskell (eds.), Cambridge University Press, 1993, p. 200.

参照"审美体验"来理解"审美欣赏"。斯托尼茨在回归传统的同时也看到，审美欣赏虽然以审美态度为前提，但却不完全等同于审美态度，它不是消极被动的静观，而是一种"警示和充满活力的行为"。也就是说，审美欣赏是一个复杂的过程：首先要借助审美态度使自己从日常生活中超脱出来，将注意力集中于对象本身；然后在对象的引导下，"调动起我们的想象力与情感能力对该对象做出回应，进而融入一系列情感的、认知的与身体的'活动'之中"①。因此，虽然斯托尼茨没有为审美欣赏下一个明确的定义，但是，卡尔森根据他的讨论，总结出了上述审美欣赏的定义。

卡尔森此处的论述表明，他坚持如下两个要点：一是"欣赏"的前提是"审美态度"，没有审美态度，就无欣赏可言；二是然而，当一个人对某物采取了审美态度之后，其欣赏尚不是严格意义上的"欣赏"，即"审美欣赏"，因为严格意义上的"欣赏"还有另外一个特点，即"交融的"——只有具备这种特点的欣赏，才是"审美的"。这表明，卡尔森基本上是在"交融的"这个意义上来理解"审美的"。无论其论述是否充分，他无疑触及了整个美学领域最为扑朔迷离的"阿基米德点"问题：何为"审美的"？"交融的"这个术语是否足以揭示"审美的"这个术语所要传达的意义？我们会发现，被卡尔森严厉批评过的伯林特美学的关键词，竟然也是这个"交融的"之名词形式"交融"（engagement）。卡尔森甚至专门写过一篇题为《美学与交融》的论文，集中批判了伯林特的"交融"理论，② 表明这个术语是环境美学的核心关键词之一，我们后面将会进行详细讨论。

在界定了"欣赏"的定义之后，卡尔森开始讨论其适用的范围。他依然引用斯托尼茨对于审美态度的观点：审美态度可以被运用到"意识的任何对象"上。③ 既然如此，欣赏的范围就是"无限的"，而这一点对于环境美学至关紧要。卡尔森强调指出："认识到审美欣赏的这种范围，对于理解

① Allen Carlson, "Appreciating Art and Appreciating Nature", in *Landscape*, *Natural Beauty and the Arts*, Salim Kemal and Ivan Gaskell (eds.), Cambridge University Press, 1993, p. 201.

② Allen Carlson, "Aesthetics and Engagement", *British Journal of Aesthetics*, Vol. 33, No. 3, 1993. 笔者曾经给伯林特先生发邮件，询问他对于卡尔森的这篇文章的看法。伯林特表示，他未曾看到过卡尔森的这篇文章，如果当时就看到了，一定会及时回应的。

③ Jerome Stolnitz, *Aesthetics and Philosophy of Art Criticism: A Critical Introduction*, Boston: Houghton Mifflin, 1960, p. 39.

自然欣赏特别重要，因为自然有着明显的多样性，呈现出种种不同的形状、尺寸、类型与种类，很多似乎都不是为了欣赏而特制的——这一点不同于范式性艺术品。"①

但是，卡尔森随即通过引用斯托尼茨的观点，进一步讨论了欣赏不同于传统审美态度理论的地方。斯托尼茨认为，传统的审美态度理论着重强调了"静观"这种"被动的"状态，而他的审美态度理论则强调，我们要将"具有分辨能力的注意力"聚焦于对象，"激发"自己的想象力与情感来回应它，进而"融入（engage in）一系列情感的、认知的与身体的'活动'之中"。正是通过这种方式，欣赏偏离了传统上"与静观、无利害性以及与审美自身相伴"的"牛一样空白的凝视"（blank cow-like stare）。简言之，欣赏的根本特性是"主动的"②，这是它与"审美"不同的地方。

上面提到，审美态度是斯托尼茨美学理论的中心，其他关键词诸如审美体验等，都需要借助它才能得到说明。这就意味着，没有这个概念，其美学理论大厦就可能崩塌。从这个意义上来说，否定审美态度就等于拆除美学大厦的地基。卡尔森清醒地意识到，当代美学家中不乏这样的学者，迪基就是其中最为著名的一位。

迪基也是美国美学家，分析美学的代表人物之一。与斯托尼茨坚持并发挥审美态度理论针锋相对，迪基1964年发表的论文明确断言"审美态度是一个神话"③。迪基反对审美态度观念的所有形式，他通过分析发现，那些审美态度理论都不过是对于"专注"（attentiveness，也可以翻译为"注意"）的区分，不是对于"利害"（interest）的区分。他认为，前者对于大多数审美态度的定义才是首要的。此外，迪基特别反对这样一个观点："无利害的"注意才有意义。他针锋相对地提出，无论一个人的注意是有利害的还是无利害的，这都是知觉的区分，因为在所有情况下，"有利害的注意"并不真的是一种特殊的注意，而是带着不同动机或目的的知觉（per-

① Allen Carlson, "Appreciating Art and Appreciating Nature", in *Landscape*, *Natural Beauty and the Arts*, Salim Kemal and Ivan Gaskell (eds.), Cambridge University Press, 1993, p. 200.

② Allen Carlson, "Appreciating Art and Appreciating Nature", in *Landscape*, *Natural Beauty and the Arts*, Salim Kemal and Ivan Gaskell (eds.), Cambridge University Press, 1993, p. 201.

③ George Dickie, "The Myth of the Aesthetic Attitude", *American Philosophical Quarterly*, Vol. 1, No. 1 (Jan., 1964), pp. 56-65.

ception)——注意则是一样的。出于这些思考，迪基严厉攻击无利害传统"误导了审美理论"，因为它限制了"审美关联"（aesthetic relevance）。①

卡尔森对于迪基的"审美关联"概念非常重视，他也根据这个概念来反思和批判无利害传统，特别是斯托尼茨的审美态度理论。他认为，该传统的各个本质要素之间有着矛盾冲突，比如，斯托尼茨的审美态度定义，要求注意既是"无利害的"，又是"同情的"。卡尔森指出，这两种要求相互矛盾：无利害性拉向审美关联的普遍准则，而同情则拉向其他方向。

卡尔森认为，一方面，欣赏是"积极回应性的"（responsive），为了"同情地"回应，它必须"'如其本然地'接受对象"，"追随对象的引导并与之相呼应"——只有这样，我们才能"享受其个体特性"；但另一方面，"无利害性"却要求如下一种体验，它"似乎把我们和对象都从体验之流中分离出来"——在这种体验中，对象"被从它与其他事物的相互关系之中脱离开来"。② 卡尔森着重指出，后面这一点是无法接受的，因为它与"审美关联"这个概念相抵触。斯托尼茨并没有把"审美关联"作为一个专门的美学概念进行界定，他只是提出了如下两个设问：

> 对于审美体验而言，思想或形象或一点知识（它们都不出现在对象自身之中）是"相关联的"吗？如果这些曾是相关的，那么，它们在什么情况下是这样的？③

这就是说，在斯托尼茨的理论中，所谓的"其他事物"，指的就是"思想或形象或一点知识"。斯托尼茨追问的是，这些东西是否与审美体验相关？如何与审美体验相关？这个追问深刻而有力，因为当一个对象与思想、知识等

---

① George Dickie, "The Myth of the Aesthetic Attitude", *American Philosophical Quarterly*, Vol. 1, No. 1 (Jan. , 1964), p. 61.

② Allen Carlson, "Appreciating Art and Appreciating Nature", in *Landscape*, *Natural Beauty and the Arts*, Salim Kemal and Ivan Gaskell (eds.), Cambridge University Press, 1993, p. 201. 卡尔森这里的论述方式是，首先引用斯托尼茨《美学与艺术批评之哲学的批判性导论》的原文，然后指出其内在矛盾。

③ Jerome Stolnitz, *Aesthetics and Philosophy of Art Criticism：A Critical Introduction*, Boston：Houghton Mifflin, 1960, p. 53.

事物完全脱离的时候，它又如何能够被理解而成为审美对象？如何能够进入我们的审美体验之中？因此，这个问题不仅涉及审美对象的构成问题，而且涉及审美体验的成分及其相互关系问题，比如，体验与思想、知识的关系，应该属于美学理论最基本的问题。正是由于斯托尼茨对于这些问题的追问，才促使卡尔森提出了"审美关联"这个术语，进而强化了他的认知美学立场——借助科学知识来进行审美欣赏。卡尔森认为，斯托尼茨的上述两句话是他对于"审美关联这个问题"的表述。他在引用这两句话后进一步发挥道：

> 这种表述它的方式强调了我所谓的审美关联问题的一个方面，或许是最重要的方面。①

"审美关联问题"（the issue of aesthetic relevance）是此前美学理论忽视的一个问题，卡尔森对此特别重视，因为这个问题对于他所坚持的科学认知主义立场至关重要，而那些批判和反对卡尔森的学者，很大程度上是因为他们没有注意到这个美学问题。

到这里，可以归纳一下卡尔森的论证要点：卡尔森的学术目的是为了论证他的环境美学关键词"欣赏"，指出该词与传统美学关键词"审美"的联系与区别。就联系而言，二者都与无利害传统及其关键词审美态度相关；就区别而言，与传统审美态度学说强调被动性的"静观"与"分离"不同，欣赏则在强调主动的、积极的回应的同时——卡尔森甚至明确将之称为"回应性欣赏"（responsive appreciation）②，还强调审美对象与思想、知识的关联。这些思想体现为一个新的美学理论关键词：审美关联。我们将来会发现，卡尔森在讨论环境美学中的"怎么欣赏"这个问题的时候，之所以时时刻刻强调科学知识的重要性，关键原因在于他看到了知识与审美体验的关联性。我国一些学者批评卡尔森的环境美学混淆了科学认知与审美活动，实在是由于不了解卡尔森的美学理论所致——到目前为止，我国众多的美学论

---

① Allen Carlson，"Appreciating Art and Appreciating Nature"，in *Landscape*，*Natural Beauty and the Arts*，Salim Kemal and Ivan Gaskell（eds.），Cambridge University Press，1993，p. 223.

② Allen Carlson，"Appreciating Art and Appreciating Nature"，in *Landscape*，*Natural Beauty and the Arts*，Salim Kemal and Ivan Gaskell（eds.），Cambridge University Press，1993，p. 202.

著基本上都没有涉及"审美关联"这个术语。

简言之，尽管卡尔森赞同无利害传统对于欣赏的洞见，但他也认为必须对该传统进行改造与发展，而改造的焦点是包含在该传统中的一个问题，卡尔森将之概括如下："欣赏者与对象的分离，以及对象与它的各种相互关系的脱离。"传统的无利害观念包含着"分离"（isolation）或"脱离"（divorcing）的思想，这就会导致如下后果："将欣赏降低为臭名昭著的呆牛般的凝视（cow-like stare）。带着这种降低的做法，批评家们忽略了那个传统中所包含的丰富的、扩展性的与回应性的欣赏思想。"①这就是说，卡尔森认为无利害传统本来就包含着他所赞成的关于欣赏的思想——这种思想认为，欣赏并非消极的、静态的接受，而是积极的、扩展性的、回应性的。正因为这样，一般人所认为的那些"非审美的"（nonaesthetic）对象，并不应该被排除在所谓的"无利害的注意"之外。

因此，通过重新阐发"欣赏"这个概念，卡尔森扩大了"审美的对象"（aesthetic object，简称"审美对象"）的范围，把那些被传统美学误判为"非审美的对象"的也纳入了欣赏的范围。这就意味着，被一般人视为"非审美的"东西，在卡尔森看来也可以是"审美的"。一句话，卡尔森坚持认为，如何理解"审美"，是美学理论的关键。

笔者认为，坚持这一点意义重大，因为卡尔森看到，迪基在批评传统审美态度理论的时候，同时否定了"审美"这个概念。他引用了迪基的如下一段话：

> 没有理由认为，存在一种特殊的意识、注意或知觉；同样地，我并不认为有任何理由去认为存在一个特殊的审美欣赏。②

① Allen Carlson, "Appreciating Art and Appreciating Nature", in *Landscape*, *Natural Beauty and the Arts*, Salim Kemal and Ivan Gaskell (eds.), Cambridge University Press, 1993, p. 202.

② Allen Carlson, "Appreciating Art and Appreciating Nature", in *Landscape*, *Natural Beauty and the Arts*, Salim Kemal and Ivan Gaskell (eds.), Cambridge University Press, 1993, pp. 202–203. 卡尔森所引用的这两句话，出自迪基出版于 1974 年的著作《艺术与审美的体制性分析》，参见 George Dickie, *Art and the Aesthetic: An Institutional Analysis*, Cornell University Press, p. 40. 卡尔森还不失时机地引用了迪基《审美态度的神话》中的意思一致的一句话："这篇文章的基本目标是暗示'审美'这个术语的空虚"，用来作为自己的批评对象。

卡尔森尖锐地指出，迪基这种过度的批判，如同在泼洗澡水的同时，也把澡盆中的孩子泼掉了。试想一下：如果真的像迪基所言，"审美的"这个术语是一个没有任何实质意义的"虚空"的话，那么，该词所修饰的一系列"审美理论"关键词，诸如审美态度、审美体验、审美对象，等等，都将丧失其理论意义。果真这样的话，美学理论大厦岂不轰然坍塌？作为著名学府美学教授的迪基，当然不会彻底打碎自己的饭碗，他提出的替代方案就是所谓的"体制理论"（institutional theory，又译"制度理论"），用"体制"（或"制度"）来保证美学问题的合法性，比如说，来给艺术下定义。这个体制就是迪基美学的关键词"艺术界"（artworld）。卡尔森没有讨论迪基的这些极端观点，而是做出了一个折中论断："无利害性传统的问题与一般哲学美学的问题一样，在于投向审美这个概念的注意力过多，而投向欣赏这个概念的注意力过少。关于前者的努力歪曲了无利害性，因此，欣赏自身被降低为一种有限的、分离的状态，就像呆牛凝视（caricaturizable）那样。将重点转移到后者会产生不同的图景。"①

在卡尔森看来，已经至少有两位美学家进行了这种重点之转移，一个是斯托尼茨，另外一个是齐夫（Paul Ziff，1920—2003）。先看斯托尼茨。他在讨论艺术欣赏的时候，涉及审美关联的普遍准则问题，讨论过"相关联的知识"（relevant knowledge）问题。他指出：

> 我们不必声讨所有"关于某物的知识"从审美上看是不相关联的。"关于某物的知识"在如下三种情况下是相关联的：在它并不弱化或破坏对于对象的审美注意（aesthetic attention）时，在它与对象的意义和表现性相称时，当它强化某人对于这个对象直接审美反应（immediate aesthetic response）的质量与意义时。②

卡尔森认为，斯托尼茨所讨论的三点当中，第一点讲的是审美，第二、

① Allen Carlson, "Appreciating Art and Appreciating Nature", in *Landscape, Natural Beauty and the Arts*, Salim Kemal and Ivan Gaskell (eds.), Cambridge University Press, 1993, p. 203.
② Jerome Stolnitz, *Aesthetics and Philosophy of Art Criticism: A Critical Introduction*, Boston: Houghton Mifflin, 1960, p. 58.

三两点的目的则是增强对于对象的欣赏——这就等于完成了研究重点的转移。尤为重要的是，这种重点的转移突出了欣赏的两个关键特性：一是对于对象的回应性；二是由关于对象的知识提供信息（或启发）。我们后面将会看到，欣赏的这两方面特性，都是卡尔森环境美学的理论支撑点，他独特的环境美学理论植根于此。

齐夫也是一位美国美学家，卡尔森最为重视的是他提出的"观赏的行为"（act of aspection）学说——这是一种参与对象的方式，这种方式部分地构成了对它的欣赏。齐夫认为，不同的观赏行为适合于不同的作品，比如，不同的种类、风格、流派的艺术品，都需要采用不同的行为方式去观赏。因此，关于作品的历史及其性质的知识，就指示了适当的行为，也就是适当的欣赏方式——这句话反过来讲就是，如果想要以适当的行为方式去欣赏不同的艺术品，就必须具备关于艺术品的历史及其性质的知识；知识的有无，决定了欣赏方式的适当与否。卡尔森非常重视齐夫的这些理论，他将其要点概括如下："欣赏就是如下一系列活动：不仅对于对象是回应性的，而且将关于它的知识合并进来作为根本成分。"①

齐夫认为，所有事物都可以成为审美欣赏的对象，但是，由于事物千差万别，不同的事物需要不同的"审美关联"。他指出：

　　鉴于各种对象的特征总是不同的，观赏行为的特征、条件以及必备的品质、技巧与人的能力等，也都必然不同——如果对于对象的注意从审美上来看是值得的话。②

卡尔森引用了齐夫的这一观点，并做了一个较长的注释。在这个注释中，卡尔森将欣赏的性质概括为"对象取向的"（object-orientated），也就是说，欣赏者的欣赏活动必须以对象为主导，在对象的引导下展开欣赏；为了更好地欣赏对象，欣赏者必须从知识的角度，了解对象的不同种类、风格特

---

① Allen Carlson, "Appreciating Art and Appreciating Nature", in *Landscape*, *Natural Beauty and the Arts*, Salim Kemal and Ivan Gaskell（eds.）, Cambridge University Press, 1993, p. 203.
② Paul Ziff, "Anything Viewed", in Paul Ziff, *Antiaesthetics: An Appreciation of the Cow with the Subtile Nose*, Dordrecht: Reidel, 1984, p. 136.

点等，从而展开"恰当的"或"正确的"欣赏——这些思想构成了卡尔森环境审美理论的核心观点，造就了他独树一帜的环境美学。从这个角度我们完全可以说：准确把握卡尔森的欣赏理论，是准确理解其环境美学理论的前提。

卡尔森坦诚地指出，这种观点并非他的创见。他特别注明，齐夫的这种观点在斯托尼茨后期的学术著作中也变得更加明确。比如1978年，斯托尼茨作为美国美学学会主席发表了演讲，该演讲将无利害性的特点概括为：涉及"对于对象性质上的个体性的细心考虑"，并且，他也像齐夫那样，认为对象自身好像提出"各种要求"——"如果该事物想要被按照其独特所是的东西而被品味的话，那么这些要求就必须被满足。"①

概括来说，卡尔森借鉴了斯托尼茨与齐夫等人的观点并做了引申发挥。他提出，欣赏不同的对象，"要求采用不同的行为，使用不同的能力与技巧，并知道不同的事情。审美关联的普遍准则，被对象的被给予的欣赏性关联指示物所取代"②。将迪基、齐夫等人所讨论的"审美关联"发挥为"欣赏性关联"（appreciative relevance），是卡尔森对于审美理论的独特贡献；而这种引申发挥的思路是，反思和批判无利害性传统及其所衍生的审美态度理论，反思的焦点是对比"审美"与"欣赏"两个概念的差异。尽管卡尔森的论述稍显拖沓冗长，但是，他的如下一段话对自己的思路和观点做了比较清晰地说明，值得我们引用：

> 斯托尼茨和齐夫对于欣赏的讨论表明，尽管哲学美学对于这个概念的论述相对较少，但从它对于审美的探讨中，也有可能汲取一些有用的观察。具有反讽意味的是，正是在从传统对审美的痴迷中抽离出来的过程中，欣赏这个概念才被带到了焦点之中。对审美的痴迷阻碍了对欣赏的恰当理解，因为它把这个概念拉向一种有限范围内的被动状态，（这种被动状态）受到审美关联的普遍标准的限制，就像呆牛般的凝视。

① Allen Carlson, "Appreciating Art and Appreciating Nature", in *Landscape*, *Natural Beauty and the Arts*, Salim Kemal and Ivan Gaskell (eds.), Cambridge University Press, 1993, p. 224.

② Allen Carlson, "Appreciating Art and Appreciating Nature", in *Landscape*, *Natural Beauty and the Arts*, Salim Kemal and Ivan Gaskell (eds.), Cambridge University Press, 1993, p. 204.

与此相反，从哲学美学中导出来的"欣赏"这一概念，似乎完全违背了它的意愿，却揭示了"欣赏"是一种交融的精神和肉体活动——它适用于任何对象，对该对象有强烈的反应，几乎唯一地（或排他性地或仅仅）由其性质所引导。①

这段论述清楚地显示，卡尔森试图追溯"审美"一词的当代发展来讨论其理论贡献与局限，并针对其局限而发展自己的关于"欣赏"的理论，即将之界定为"交融的精神与肉体活动"（engaged mental and physical activity），用于取代"像呆牛般的凝视"（blank cow-like stare）。

论述至此，可以对本章进行一些总结了。什么是美学？对于这个问题的回答，就是我们常说的美学观——它既是美学学科成立的依据，又是美学研究的逻辑起点。环境美学既然是"美学"，那么，它就必须回答"什么是美学？"这个问题，才能为自己奠定合法性基础。

综观环境美学的所有主要论著，几乎可以断言，环境美学对此问题有着比较明确而统一的认识：美学就是关于审美欣赏的理论，卡尔森对此有着最为集中的讨论。

作出这个论断的根据在于，环境美学所讨论的核心问题是对于艺术品之外的环境以及其他事物的"审美欣赏"（aesthetic appreciation），诸如对于自然（或自然环境）的审美欣赏，对于农业景观的审美欣赏，对于城市景观的审美欣赏，对于日常事物的审美欣赏，等等。在环境美学文献中，"审美欣赏"往往简称"欣赏"（appreciation）。环境美学展开论证的基本思路就是对比艺术欣赏（art appreciation）与自然欣赏（nature appreciation）的差异。

这就引发了一个关键问题："欣赏"除了具有"审美的"意义之外，还具有什么样的意义呢？特别是，这种意义对于环境美学到底意味着什么？

我们知道，"appreciation"这个英语单词除了"欣赏"的含义之外，还有着另外一个基本含义，即"感激"。当西方人表达"感激"或"感谢"

---

① Allen Carlson, "Appreciating Art and Appreciating Nature", in *Landscape*, *Natural Beauty and the Arts*, Salim Kemal and Ivan Gaskell (eds.), Cambridge University Press, 1993, p. 204.

的意思时，经常使用的就是这个术语的动词形态 appreciate。这就意味着，当人们说"欣赏"某物的时候，首先表达的心情是"感激"，然后表达的才是对于某物的肯定或赞成——简言之，这个词语首先表达了一种"肯定性态度"。

然而，肯定性态度仅仅是一种态度，它所传达的是一种伦理意味而不是审美意味，也就是说，笼统地说"欣赏某物"还不属于审美问题。有鉴于此，环境美学家们不约而同地在"欣赏"之前增加了一个修饰语——"审美的"（aesthetic），表明他们是在"审美的"意义上使用"欣赏"（appreci-ation）这个术语的，他们讨论的问题就是"审美的问题"，也就是"审美欣赏"（aesthetic appreciation）。

与此前的西方美学观相比，将美学的根本问题理解为"审美欣赏"是一个意味深长的重大变化，它透露出一种极富时代意义的信息：人类对于自己的生存环境，首先应该抱有感激之情，尊重环境自身的客观属性和内在价值，欣赏环境的客观特征和动态过程。只有在这个基础上，我们对于环境的审美活动才不会破坏环境。这就意味着，环境伦理问题与环境审美问题必须紧密地结合起来。这是环境美学的美学观所反映的一个重大理论取向，值得我们高度重视。

第三节　环境美学的美学史意义：美学的三重转向

初步地清理了环境美学的工作性定义、环境观、美学观和基本问题之后，下面尝试着发掘一下这种新兴美学理论的美学史意义。必须声明的是：环境美学研究正处于广泛展开的进程之中，笔者下面所总结的三个方面不全面，更不是定论；它们是笔者最关心的课题，表明了笔者美学研究的努力方向。

一、美学的生态转向

从社会思潮的角度来说，环境美学产生于 20 世纪 60 年代以来日益强劲的全球环境运动之中，可以视为这一运动的一部分。以 1962 年出版的蕾切尔·卡逊的《寂静的春天》为标志，环境运动从社会政治、经济模式、文化思想、生活方式等方方面面，批判工业化所造成的严重危害，特别是对于环境的严重污染与破坏，反思环境危机对于人类文明的践踏及其恶果。因为环境危机又被称为"生态危机"，所以，环境运动基本上可以等同于生态运动，二者在很多地方上是重合的。

　　作为对全球性环境恶化与生态危机的理论回应，环境美学也高度关注环境问题，从而引发了美学的第一个转向"生态转向"：从审美对象的角度来说，这种转向应该称为"环境转向"——从艺术品转向各种环境；但就其深层思想底蕴而言，称之为"生态转向"或许更佳。这里对作为修饰语的"生态的"（ecological）进行一点说明。作为自然科学之一生物学的分支，生态学所研究的是各种有机体与其环境之间的种种相互关系或各种交互作用。自然科学的主要任务是客观描述"事实"，也就是客观地描述那些"相互关系"和"交互作用"。但是，当我们今天在倡导的意义上提出"生态文明"时，这里的"生态的"就不是中性的描述，而是包含着强烈而明确的"价值"取向（事实与价值之间的关系此处无法讨论）。我们知道，人类是众多生命有机体的一种，人类与其生存环境之间的"相互关系"和"交互作用"比一般有机体更加复杂、更加多样；环境保护论、生态主义者所强烈批判的"无度地掠夺环境"，无疑也是人与环境各种关系中的一种，即"掠夺关系"，而这种关系显然应该是被批判、被抛弃的。因此，在今天的反思、批判生态危机的语境中，"生态的"主要意味着人类与自然环境之间的"和谐共存的伦理关系"——这是一种强烈的价值导向。

　　笔者的这种论述具有学理依据。我们知道，英文 Ecology（生态学）的前缀是 eco-，它来自一个希腊词 oikos，其意思是"家园"或"栖居之处"。① 任何人与其所栖居的家园的关系，无疑都是亲近的、和谐的关系。环境美学所提出的一些概念或理论命题如"环境美""环境审美欣赏""环境审美体验"等，无不表明人与环境之间存在着一种超越功利和占有欲望的、纯粹的"审美关系"；环境美学强调的正是这种审美关系。伯林特的《环境美学》在介绍了海德格尔的"栖居"思想时提出了一个反问："这难

----

① 参见 Michael Allaby：《牛津生态学词典》，上海外语教育出版社 2001 年版，第 135 页。

道不是所有艺术的条件和审美的终极目标吗?"① 所表达的正是这个思想。简言之，环境美学的思想主题在于为人类构建可以安乐栖居的家园，也就是"人性化环境"，所以在进行理论探讨的同时，也有大量地方涉及环境设计与环境规划。

明白了这个理论主题，就不难理解为什么大部分环境美学著作中都会不同程度地涉及生态问题。比如，卡尔森特别强调生态知识在环境审美中的决定性作用；瑟帕玛在其《环境之美》一书第二版的"附言"中特意增加了"生态学与美学"一节，明确指出环境美学"是环境运动和它的思考的产物，对生态的强调把当今的环境美学从早先有 100 年历史的德国版本中区分了出来"②。另外一个更加有力的例证是韩裔美籍学者高主锡（Jusuck Koh），他在伯林特环境美学基础上发展出了"生态美学"，即"一种关于环境的整体的、演化的美学"，也可以概括为"生态的环境设计美学"。③ 明确了环境美学所隐含的"生态转向"，不但可以使我们更加清醒地认识环境美学的思想主题，而且可以使我们更加准确地辨别环境美学与生态美学的联系与区别。

二、美学的身体转向

人有五种感觉，即视觉、听觉、嗅觉、味觉和触觉，它们分别对应于身体的五种感官，都是身体的组成部分。在西方传统的感觉等级制度中，视觉和听觉通常被视为"高级感觉"，它们一直统治着西方美学理论和艺术实践；而嗅觉、味觉和触觉三者则被视为"低级感觉"。目前，这种等级制已经受到了广泛质疑和批判反思。④ 传统西方形而上学为了突出心灵的高贵性，通常将在心—身二元论的框架中将所谓的三种低级感觉贬低为"身体的"（bodily）。环境美学已经初步打破了西方传统的感觉等级制度，如卡尔

---

① Arnold Berleant, *The Aesthetics of Environment*, Philadelphia: Temple University Press, 1992, p. 159.

② ［芬］约·瑟帕玛：《环境之美》，武小西、张宜译，湖南科学技术出版社 2006 年版，第 221 页。

③ 参见程相占：《美国生态美学的思想基础与理论进展》，《文学评论》2009 年第 1 期。高主锡原译"贾苏克·科欧"，此处根据韩国姓名习惯予以更正。

④ 参见魏家川：《从触觉看感官等级制与审美文化逻辑》，《文艺研究》2009 年第 9 期。

森已经注意到嗅觉、味觉和触觉在环境欣赏中的作用，就是上文引用的、他所说的"肤有所感，鼻有所嗅，甚至也许还舌有所尝"。

真正有意识地打破西方传统心—身二元论框架、突出身体知觉之重要性的，无疑是伯林特的环境美学。他在这方面所取得的成果几乎是独树一帜、无人可比的。上文提及伯林特环境美学的哲学来源之一是梅洛-庞蒂的身体知觉现象学。受其影响，伯林特多处论述身体在环境审美体验中的重要功能，甚至专门认真研究过"审美身体化"问题。伯林特探讨的核心问题是"身体如何参与到审美活动之中"。在他看来，纯粹的身体与纯粹的心灵都是哲学的虚构，应该抛弃心—身二分这个西方传统假设，应该借鉴和吸收身体现象学与佛教传统的心—身观，将二者视为一个"多层的心—身连续统一体"。伯林特甚至断言"审美成为身体化的模式"，他还引用了美国当代诗人、女性主义者艾德丽安·里奇的一句名言："诗歌是传达身体化体验（embodied experience）的工具。"① 当然，当代西方已经出现了比较独立的"身体美学"（somaesthetics），那就是另外一位美国学者理查德·舒斯特曼在实用主义美学基础上发展出来的身体美学。② 我们可以说，环境美学与身体美学一道突出了身体在审美活动中的重要作用，正在共同促成着美学的"身体"转向。

三、美学的空间转向

西方传统哲学思想一般认为，空间是客观的、量化的、均质的、普遍的、可以运用数学方式来度量的东西，简言之，空间与人的存在无关。但是，在《筑·居·思》一文中，海德格尔以桥为例说明了人与空间的关系是"栖居"关系。他指出："说到人和空间，这听起来就好像人站在一边，而空间站在另一边似的。但实际上，空间决不是人的对立面。空间既不是一个外在的对象，也不是一种内在的体验。……人与位置的关系，以及通过位

① 参见 Arnold Berleant, *Re-thinking Aesthetics*: *Rogue Essays on Aesthetics and the Arts*, Aldershot: Ashgate, 2004, Chapter 6, pp. 83—90。

② Richard Shusterman, "Somaesthetics: A Disciplinary Proposal", *Journal of Aesthetics and Art Criticism*, 57 (1999). 该文的译文可以参考：[美] 理查德·舒斯特曼：《实用主义美学》第10章，彭锋译，商务印书馆 2002 年版，第 347—374 页。另外参见 [美] 理查德·舒斯特曼：《身体意识与身体美学》，程相占译，商务印书馆 2011 年版。

置而达到的人与诸空间的关系，乃基于栖居之中。人和空间的关系无非是从根本上得到思考的栖居。"① 人栖居于某处，并不是把该处所当作一个外在的对象来认识，而是把该场所当作自己的活动空间；该空间并非与人对立的外在事物，它伸展开来，将人作为一个参与者而包括其中。在海德格尔上述栖居思想的影响下，伯林特也提出了"人类如何栖居在地球上"的问题。他的思路是将建筑视为一种"环境设计"，提出了"建筑必须被无例外地理解为人建环境的创造"这样的命题。在伯林特看来，建筑不是一般意义上的"筑造"，其理论原则应该基于"人类环境的美学"。为此，伯林特区分了都意指"建筑"的两个英语词汇，一个是 buildings，其词根是 build，也就是"修建"或"建造"；另一个是 architecture，特别是那些乡土建筑，可以"反映人们的心境以及它们生活世界的质量"，所以，这种意义上的建筑对于人类学和哲学都具有中心意义：它植根于人类各种创造和生存需要的基础上，它不但界定，而且包含了一个问题："人类如何栖居在地球上"。②

在现象学家当中，梅洛－庞蒂对于空间的论述最为详尽。他拒绝接受古典物理学对于视觉空间的经典性说明——空间是在反思中被"客观地"认识到的物理空间。他有一段话被伯林特经常引用："我们的器官不再是器具，相反，我们的器具是可以拆分的器官。空间不再是笛卡尔《屈光学》中所描述的东西——是各种物体之间的关系网络，例如，被我的视觉所观看到的，或者被一个从外部观看并重建它的几何学者所看到的那样；相反，它是这样一种空间：它从我开始被计算、被估量，而我则是空间性的零位或一阶零点。我并不按照它外部的壳层来观看它，我从内部生活在它之中，我被浸入它之中。毕竟，这个世界是环绕我的一切，而不是在我面前。"③经过了存在哲学的思想洗礼，经典物理学所关注的"物理空间"（physical space）被"空间知觉"（spatial perception）或"空间体验"（spatial experience）所取代而成为备受关注的焦点，二者之间的差异也就是欧几里得—牛顿空间与

---

① 《海德格尔选集》，孙周兴选编，上海三联书店1996年版，第1199—1200页。
② Arnold Berleant, *Art and Engagement*, Philadelphia: Temple University Press, 1991, pp. 77–78.
③ Maurice Merleau-Ponty, *The Primacy of Perception*, *And Other Assays on Phenomenological Psychology*, *the Philosophy of Art*, *History and Politics*, James M. Edie（ed.）, Northwestern University Press, 1964, p. 178.

爱因斯坦—现象学空间之间的差异。在梅洛-庞蒂这些思想的基础上,伯林特指出,空间是每种艺术样式都具备的重要审美维度,但是,空间在"绘画与环境知觉中更为显著,在这里,空间是一个中心要素"①。伯林特的环境美学主要研究的对象就是环境知觉,作为其"中心要素"的空间,自然就成了他的环境美学的主题。

　　总而言之,环境美学的出现提出了一系列重大的美学理论问题,促成了美学的生态学转向、身体转向和空间转向,对西方美学传统提出了严峻挑战,值得我们认真研究。

---

① Arnold Berleant, *Art and Engagement*, Philadelphia: Temple University Press, 1991, p. 62.

第五章 环境美学的理论思路与关键词

环境美学兴起的理论背景是自黑格尔以来的艺术哲学，也就是环境美学所概括的"以艺术为中心的理论"。这种美学学说的深层意味在于，艺术是人类审美活动的典型表现，艺术毋庸置疑应该成为美学研究的焦点。因此，在黑格尔武断地宣布美学即艺术哲学之后，20 世纪上半期的艺术哲学更加热衷于艺术的定义问题，好像除了艺术欣赏之外，人类不再有其他任何审美活动——人类审美活动的范围被武断地、大大地缩小了。

有鉴于此，环境美学反其道而行之，努力打破艺术哲学的束缚，果断地将美学研究的对象扩大到艺术之外的所有其他事物，诸如自然、环境、环境中的寻常事物等，从而解决了环境美学的第一个关键问题——"欣赏什么？"但是，随之而来的就是一个极富挑战性的问题"怎样欣赏"——怎样欣赏环境以及环境中的事物？如果不能合理地解释这个问题，那么，环境美学必然被艺术哲学讥讽为"非法越界"，因为艺术哲学曾经对于"如何欣赏艺术"有着比较充分地讨论。

在这种情况下，环境美学家们普遍采取了对比的论述思路与方法：首先对比艺术与环境的不同，进而对比艺术欣赏与环境欣赏的不同，从而论证"如何审美地欣赏环境"这个关键问题。因此，环境美学的理论核心就聚焦于如下两个密切相关的问题：第一，与艺术品相比，环境的根本特性是什么？第二，环境的特性如何影响乃至决定了对于环境的审美欣赏？目前，环境美学已取得了众多理论研究的成果，许多理论家通过思考如何回答与解决"如何审美地欣赏环境"这一问题提出了自己的审美理解与审美欣赏模式。虽然不同理论家提出不同的理论见解和看法，但他们都立足于同一个基础即"环境的特性"来进行理论建构与理论阐述，环境的特性才是真正决定与解决审美欣赏态度问题的根据。他们第一个问题所要解决的是，环境美学何以是"环境的"？第二个问题所要解决的则是，环境美学何以是"美学"？只有将这两个问题都解决了，环境美学作为一种新型的美学才能从学理层面获得合法性。

尽管并非每一个环境美学家都如此清晰地意识到上述思路，但他们都认识到，艺术品一般都是独立的对象，比如，挂在墙上的一幅绘画，欣赏者总是站在艺术品的对面去欣赏它，所以，艺术品往往又被称为"艺术对象"（art object）。但是，环境却不是与人相对的"对象"，人们一般不能也不会置身某个环境之外欣赏它——环境审美往往都是欣赏者走进环境之中进行审美欣赏，典型的例子是"游园"。这就意味着，环境的首要特性是"环绕性"或"可进入性"。可以这样说，环境就是以某一对象为中心，环绕着它的事物及其空间的整体。环境是一个空间概念，其中必然包含着空间的维度。它与欣赏者之间的关系隐含着一个意味深长的结构——"身在环境中"（bodied-being-in-the-environment）。这个结构之所以重要，一方面是因为它揭示了环境的特性与环境审美的特征；另一方面是因为它暗中回应了海德格尔所揭示的著名存在结构"在—世—中"（being-in-the-world），从而使得环境审美获得了比较深厚的哲学内涵。

环境美学的基本理论思路就是揭示"身在环境中"这一根本结构并论述其审美意义，这在三位最具代表性的学者赫伯恩、卡尔森、伯林特那里都有明确体现，只不过他们所使用的关键词略有差别而已。下面依次讨论这三位环境美学家及其关键词。

第一节 赫伯恩：融入

为了建构当代环境美学的学术谱系，西方学术界将环境美学的发端追溯至罗纳德·赫伯恩1966年发表的文章《当代美学与自然美的忽视》，赫伯恩因此被称为"环境美学之父"。该文之所以重要，原因在于如下四方面：一是反思了当时主流美学（也就是分析美学）的方法、思路与问题焦点，揭示了环境美学兴起的美学理论背景；二是揭示了环境审美有别于艺术审美的根本特征即"身在环境中"这一结构，为环境美学研究指明了思路和方向；三是论述了科学知识对于自然审美的重要意义，讨论了自然审美体验与真实（truth）之间的关系，开启了环境美学中"认知立场"的先声；四是初步指出了自然审美与自然保护的关系，明确界定了环境美学的时代主题。限于本章的主题，这里集中讨论第二点。

公正地说，在赫伯恩时代，人们其实也很热衷欣赏自然，并没有完全忽视自然美。但是，赫伯恩指出："相对当今那些热衷于户外活动、旅行队、露营以及自驾游而言，对自然进行严肃的审美关注却是罕见现象。""这种对自然的热衷尽管显得时尚，但实为贬损自然的热衷。"①也就是说，赫伯恩所要探讨的问题是"对自然进行严肃的审美关注"从而避免"贬损自然"。这句话看似平常，但放在环境美学的整个理论话语中则显得意味深长。这是因为，环境美学在讨论自然审美欣赏的时候，通常把审美欣赏区分为两类：一类是琐碎的、肤浅的，另一类则是严肃的、深入的。② 这就意味着，审美欣赏有适当与否之分，对于自然的审美欣赏也有适当与否之分。环境美学家们通常将第二类称为"适当的"，而判断适当与否的标准主要有两个：一是能否准确揭示自然审美的特性；二是是否尊重自然本身。这两个标准合在一起，就是环境美学的重要理论命题"如其本然地欣赏自然"③，也就是把自然当作自然本身来欣赏。

根据上述标准可以看到，当时占据主流地位的分析美学虽然没有完全忽视自然美，但在环境美学看来，分析美学对于自然美的分析无疑是"不当的"（下面将详尽分析这一点），甚至是"错误的"，正如赫伯恩在论述"自然对象与艺术对象之间的重要差异"时所指出的那样："假定一个人接受的审美教育无法处理这些差异，假定它灌输给他的仅仅是适合艺术品欣赏的态度、方法策略、期望，那么，我们可以确信，这样的人要么不会审美地

---

① Ronald W. Hepburn, "*Wonder*" *and Other Essays*：*Eight Studies in Aesthetics and Neighbouring Fields*, Edinburgh：Edinburgh University Press, 1984, p. 9.

② 参见 Allen Carlson and Sheila Lintott（eds.）, *Nature*, *Aesthetics*, *and Environmentalism*：*From Beauty to Duty*, New York：Columbia University Press, 2008, p. 8。

③ 这个理论命题是环境美学家齐藤百合子一篇论文的标题，参见 Yuriko Saito, "Appreciating Nature on its Own Terms", *Environmental Ethics*, 20（1998）, pp. 135-149。

关注自然对象，要么会以一种错误的方式来对待它们。"① 那么，赫伯恩的
理论任务就是要解释如下问题：如何对自然进行严肃的、正确审美的关注？
换言之，如何适当地欣赏自然？

赫伯恩的论证思路是对比艺术欣赏与自然欣赏的差异。他指出，艺术对
象的很多共同特点是自然对象所不具备的，但这并不一定是坏事，反而可能
是好事，"反而可以积极并有价值地促成对于自然的审美体验"。比如："它
在某种程度上能够促使欣赏者融入到（be involved in）自然的审美处境自身
中去。有时，他可能会作为一个静止的、非交融的（disengaged）观察者来
面对自然对象；但更典型的则是，对象从各个方向包围着他。"② 这里的引
文之所以要特意标出两个英文单词，是因为这两个英文单词都是环境美学的
关键词，前者是赫伯恩的关键词，后者的反义词的名词形态 engagement 则
是伯林特的关键词（下详）。这两个关键词不但明确地显示了环境美学的理
论思路，同时也显示了赫伯恩这篇文章对于环境美学的重要影响。赫伯恩随
即将动词"融入到"（be involved in）改变为其名词形式"融入"（involve-
ment）并进一步解释道：

> 我们不仅拥有欣赏者与对象的相互融入（mutual involvement），而且
> 也具有一种反思效果；通过这种效果，欣赏者以一种不同寻常且生机勃
> 勃的方式来体验他自身；这不仅仅被注意到，而且也被审美地思考过。这
> 种效果并非不适用于艺术，特别是建筑；但在自然体验中，它被更为强烈
> 地认识到，而且它也是普遍的，因为我们处于自然之中并且也是自然的一
> 部分；我们不会像站在墙边面对墙上的一幅画那样，也站在它的对面。③

这段话可谓赫伯恩环境美学的精髓，值得高度重视，因为它揭示了审美
主体（欣赏者）与审美对象的新型关系，从而清清楚楚地将传统自然美学

---

① Ronald W. Hepburn, *"Wonder" and Other Essays: Eight Studies in Aesthetics and Neighbouring Fields*,
　　Edinburgh: Edinburgh University Press, 1984, p. 16.
② Ronald W. Hepburn, *"Wonder" and Other Essays: Eight Studies in Aesthetics and Neighbouring Fields*,
　　Edinburgh: Edinburgh University Press, 1984, p. 12.
③ Ronald W. Hepburn, *"Wonder" and Other Essays: Eight Studies in Aesthetics and Neighbouring Fields*,
　　Edinburgh: Edinburgh University Press, 1984, pp. 12-13.

与当代环境美学区别开来。这种新型关系表现在如下两方面：

第一，现代美学的哲学基础是主—客二元对立的认识论，审美主体与审美对象（亦称"审美客体"）的关系也是二元的、相互分离的。现代美学也曾经高度重视自然审美问题，比如，康德不但大量讨论过自然审美问题（包括对于自然美与自然崇高的研究），而且明确地提出自然美高于艺术美。但是，环境美学框架中的自然审美之所以不再是传统的"自然美学"而是"环境美学"，关键原因就在于它超越了传统自然美学的主—客二元框架，明确提出审美主体与审美对象的关系不再是"主客对立"，而是"相互融入"。

第二，审美主体与自然之关系的根本改变在于，审美主体身在自然之中并且是自然的一部分。这是人与自然关系的重大变革。赫伯恩在其文章的开篇部分就提到，当代人类的典型形象是这样一个"陌生人"——一个被冷漠、无意义且"荒诞的"自然所包裹的"陌生人"①。这清楚地表明，赫伯恩在讨论自然美的时候，深层思考的问题却是人与自然的关系。赫伯恩这段话特意突出了"在之中"这一根本特征，专门使用了斜体以示强调，表明人只能处于自然之中并且只能是自然的一部分。这一论断无疑是对现代自然观的批判反思，既标志着人类中心主义自然观在美学领域的退场，也标志着一种能够回应环境危机的新型自然观的出场。赫伯恩将这些思想都凝聚为一个关键词：融入。这就意味着，只有采用融入的方式，才能严肃地、正确地、适当地欣赏自然。

紧接上文，赫伯恩讨论了"融入"这个术语的反义词"分离"（detachment），目的是进一步阐述融入模式的理论优势，其思路还是对比艺术欣赏与自然欣赏。他提出，艺术欣赏的模式主要是"分离"，也就是欣赏者处于艺术品之外；而自然欣赏的模式则是"融入"，也就是欣赏者融入欣赏对象之中。在赫伯恩看来，融入这种欣赏模式具有很大的优势：通过融入自然，观赏者"用一种异乎寻常而生机勃勃的方式体验他自身"。这种模式及其审美效果在艺术里也并非完全没有，比如，欣赏者也可以融入建筑之中进行审美欣赏；但是，融入的审美体验在自然体验中更加强烈也更加充盈，赫伯恩用诗歌一

---

① 参见 Ronald W. Hepburn, "Wonder" and Other Essays: Eight Studies in Aesthetics and Neighbouring Fields, Edinburgh: Edinburgh University Press, 1984, p. 10。

样的句子强烈赞赏融入自然："在融入自然时，作为欣赏者的我既是演员又是观众，融合在风景之中并沉醉于这种融合所引发的各种感觉，因这些感觉的丰富多彩而愉悦，与自然积极活跃地游戏，并让自然如其所是地与我游戏，与我的自我感游戏。"① 这里所说的"游戏"的英文原文是 play，人与自然之间的相互游戏用英文表达就是 interplay（相互游戏），下面要讨论的伯林特就使用了这个词。这是环境的特性"可融入性"带给审美主体的审美效应。

如果仅仅停留在这里，尚未将环境审美有别于艺术审美的独特性完全揭示出来。这是因为，与艺术品（比如一幅画）的明确框架相比，自然事物（比如一片蓝天）的另外一个重要特点却是没有明确的框架乃至边界，这一基本特性对于审美欣赏又有什么影响呢？艺术哲学当然不会讨论这样的问题，但是，环境美学却必须面对这个理论挑战。这里涉及赫伯恩环境美学中一个令人犯难的问题：如何理解和翻译 context 这个术语。

单纯从词义的角度来说，这个词语具有如下三个基本义项：语境、背景、环境。如果将这个术语放在艺术哲学的"语境"之中，那无疑应该翻译为"语境"；但是，如果从环境美学这个"背景"出发来理解，这个词的含义却是"环境"，等同于赫伯恩这篇文章所使用的另外一个术语 environment。赫伯恩简要地讨论了美学中的一个基础理论问题。他这样写道：

> 人们努力对语境（context）做出越来越全面或越来越充分的研究，这种语境决定了自然对象或景象被感知到的特性（perceived qualities）——在所有审美体验中，正是语境复杂性（contextual complexity）而不是其他任何单独因素，造成了情感特性（emotional qualities）的细微差别；并且，这种细微的差别被赋予了很高的审美价值（aesthetic value）。在很大程度上，对这种价值的追求，促使我们去接受我所谓的"整合的挑战"——去注意或接受审美上相关的某一形状或声音，而这一形状或声音起初存在于我们的注意力之外。②

---

① Ronald W. Hepburn, "Wonder" and Other Essays: Eight Studies in Aesthetics and Neighbouring Fields, Edinburgh: Edinburgh University Press, 1984, p. 13.

② Ronald W. Hepburn, "Wonder" and Other Essays: Eight Studies in Aesthetics and Neighbouring Fields, Edinburgh: Edinburgh University Press, 1984, p. 18.

　　这段话言简意赅，它首先涉及艺术哲学的一个重要理论问题，即如下四个关键词之间的关系：审美体验、语境复杂性、情感特性、审美价值；而在环境美学视野中，语境就是环境，"语境复杂性"就是"环境复杂性"，"情感特性"则被"感知特性"所取代。从理论上来说，环境的复杂性是无限的，事物的感知特性也是无限的，欣赏者与环境之间的互动依然是无限的；那么，哪些事物（或对象）的哪些特性能够被欣赏者"审美地"感知而成为审美体验的组成部分，其可能性（不妨称之为"审美可能性"）同样是无限的。众所周知，审美价值有高低大小之分，那么，还应当进一步追问：上述无限的审美可能性之中，究竟哪种审美可能性具有更高的审美价值？在笔者看来，审美可能性问题是环境美学的重要理论贡献之一，而这一理论成果的前提是对于环境之特性的深刻认识。尽管赫伯恩没有铸造这个新术语，但他无疑最早涉及了这个问题。

　　赫伯恩在《当代美学与自然美的忽视》一文中，看到了科学知识在自然审美欣赏中的重要作用。他认为，在某种意义上"认识到"就是简单的"知道"或"懂得"。此处"知道"和"懂得"在倾向性方面是可分析的。对自然环境进行审美欣赏，不需要积累与储备太多系统、浓厚、丰富的科学知识，简单的知道就可以进行审美观照。这种自然欣赏要求的简单"知道"偏向于自然科学的研究方法，诉求着分析性与可操作性，既然对自然审美欣赏是可分析的、可实验的、可证实的，那么这种简单的"知道"内在地包含与"真实"的固有关联，强调从自然环境中感知到的审美体验因为"真实"的参与而具有体验的稳定性与可重复性，这种审美体验不会因为外界审美因素的改变而使曾经被真实感知过的审美经验，成为一种活跃易变的审美体验"假象"。因为本身具有客观准确可分析等科学属性的"真实"参与了审美经验的建构过程，所以客观实在在最初感知获得审美体验时，就带有了审美体验的某种确定性质与具体审美反应，而不会在审美体验过程中产生的审美感知出现太多的审美距离偏差。比如，赫伯恩举例说"如果知道一棵树已经腐烂，我就不会再去欣赏它外在的力量之美"[1]。

---

[1]　Ronald W. Hepburn, "Contemporary Aesthetics and the Neglect of Natural Beauty", in *The Aesthetics of Natural Environments*, Allen Carlson and Arnold Berleant (eds.), California: Broadview Press, 2004, p. 57.

另外，赫伯恩的论文《自然审美欣赏中的琐碎与严肃》强调，无论在自然中还是在艺术中，审美欣赏都涉及两种审美态度——琐碎的与严肃的。他提出："在自然审美欣赏中，我们需要承认一种感知成分和一种思想成分的二元性。"① 感知成分在自然审美欣赏过程中是最为直接的、易获得的审美因素。与此同时，赫伯恩也对思想在审美欣赏过程中的重要作用给予了重视。他认为，在审美欣赏过程中，"思想的因素可能会带来以具体细节为依据的类比思想"②。

赫伯恩作为环境美学研究的先驱，对自然审美与自然保护两者之间的关系给予了充分重视，明确界定了环境美学的时代主题。在文章的结尾赫伯恩写道，当一个学生发现"应该"不能以"是"为根据时，他可能会练习检验自己的实践道德自信。③

第二节　卡尔森：浸入

客观地说，赫伯恩的《当代美学与自然美的忽视》发表之初并没有引起太多的关注和重视，最早正式使用"环境美学"这个术语的也不是他，而是美国学者阿诺德·伯林特。因此，从环境美学学术史的角度来说，赫伯恩可以视为环境美学的开启者，而卡尔森和伯林特则是真正的奠基者。卡尔森的主要贡献在于，非常明确地界定了环境美学的定义，比较深入地分析了环境美学的性质及其理论要点，详尽列举并对比论述了各种环境审美模式，发展了独树一帜的"肯定美学"（positive aesthetics）。正是在进行这些学术工作的过程中，卡尔森提出了与赫伯恩的"融入"说最为接近的"浸入"（immersion）说。

---

① Ronald W. Hepburn, "Trivial and Serious in Aesthetic Appreciation of Nature", in *Landscape*, *Natural Beauty and the Arts*, Salim Kemal and Ivan Gaskell (eds.), Cambridge: Cambridge University Press, 1993, p. 66.

② Ronald W. Hepburn, "Trivial and Serious in Aesthetic Appreciation of Nature", in *Landscape*, *Natural Beauty and the Arts*, Salim Kemal and Ivan Gaskell (eds.), Cambridge: Cambridge University Press, 1993, p. 67.

③ ［英］罗纳德·赫伯恩：《当代美学与自然美的忽视》，李莉译，《山东社会科学》2016 年第 9 期。

卡尔森在其代表作《美学与环境——对于自然、艺术与建筑的审美欣赏》一书的"导论"中，清楚地解释了环境美学的性质。他写道：

> 审美欣赏的焦点是环境这一事实，显示了这种欣赏的几个重要维度，这些维度反过来又决定了环境美学的性质。第一个维度来自如下确切的事实：欣赏的对象（即"审美对象"）是我们的环境（environment）、我们的周围事物（surroundings）。因此，我们作为欣赏者，浸入而内在于（are immersed within）我们的欣赏对象。①

这一段话可谓卡尔森环境美学理论的基点，值得我们认真分析。为了突出环境的特性，卡尔森同时使用了两个词语来指称它，一个是 environment，另外一个是 surroundings。这两个词语固然是同义词，但是，后者更加突出了"环绕""包围"等意思，更加明确地突出了欣赏者被各种事物层层包围的意思，所要着力表达的是欣赏者与其欣赏对象的关系：二者不是主客体二元对立，而是一方包裹另一方，即环境包裹欣赏者。因此，"浸入"这个术语所要传达的理论意义在于，就像人浸泡在水中而被水包裹着那样，环境的欣赏者浸入在环境之内而被环境包裹着。

卡尔森很快在其"导论"中重复了这个要点，他进一步写道："我们浸入欣赏的潜在对象之中，我们的任务是达到对于那个对象的审美欣赏。"② 这句话隐含着艺术品与环境之间的对比。艺术品一般是"现成的"，比如，墙上的一幅画现成地挂在那里，欣赏者固然也需要充分调动自己的积极性进行再创造、再阐释，但在一般情况下，那幅画就是那幅画，欣赏者所要欣赏的对象总是明确的。但是，环境作为审美对象则是"潜在的"，因为无论在环境中欣赏什么、怎么欣赏，都需要充分调动欣赏者的积极性来与环境进行积极互动，通过积极互动而随机构成欣赏对象。正是从这个角度来说，环境审美比艺术审美更加困难，欣赏者需要完

---

① 　Allen Carlson, *Aesthetics and the Environment*: *The Appreciation of Nature*, *Art and Architecture*, London, New York: Routledge, 2000, p. xvii.

② 　Allen Carlson, *Aesthetics and the Environment*: *The Appreciation of Nature*, *Art and Architecture*, London, New York: Routledge, 2000, p. xviii.

成更加繁重的"任务"——把潜在的对象实现出来并对之进行审美欣赏。这表明，卡尔森同样认为，环境审美的基本特点是欣赏者与环境之间的相互作用。

　　上述基本认识决定了卡尔森环境美学的理论核心，也就是他着力倡导并论证的"环境模式"。提出并详尽论证这一审美模式的是发表于 1979 年的重要论文《欣赏与自然环境》①，这篇文章后来作为第四章收入《美学与环境——对于自然、艺术与建筑的审美欣赏》一书。为了讨论对于自然的适当的审美欣赏，卡尔森首先讨论了对于艺术的欣赏，然后讨论自然欣赏的几种艺术模式。严格说来，"自然欣赏的艺术模式"这个理论表述是自相矛盾的，或者说是不当的，因为单纯从字面上来说，"自然"无疑是"自然的"，而"艺术"则无疑是"人工的"。既然二者本来是两个不同的领域，那么，一个显而易见的理论疑问就应该是：用人工的模式（艺术模式）去欣赏自然的事物（自然）是否适当、是否正确？

　　我们今天觉得这个问题"显而易见"，那是因为当前有着比较明确的环境意识或生态意识；但从美学理论史的角度看，在西方占据主导地位的自然审美模式的确是艺术模式，也就是用艺术的眼光、视野、思路、趣味、评价标准等，把自然当作艺术品来欣赏。集中体现这种审美取向的有两种自然审美模式，一种是"对象模式"（object model），自然对象被欣赏为非再现的雕塑那样；另外一种是"风景模式"（landscape model），也就是把自然当作风景画来欣赏。在卡尔森看来，这两种艺术模式都无法准确把握"自然环境的性质"（the nature of the natural environment），因而都是"不适当的"或"不充分的"。卡尔森认为，我们只有充分认识了自然环境的性质，才能更加合理地探讨对于它的审美欣赏。有鉴于此，卡尔森郑重提出了自然欣赏的"环境模式"（environmental model）。他指出：

　　　　为了明白在自然环境之中欣赏什么、如何欣赏，我们必须更加仔细地考虑那种环境的性质。就这一点而言，我想强调如下两个相当明显的

---

① Allen Carlson, "Appreciation and the Natural Environment", *Journal of Aesthetics and Art Criticism*, 37 (1979), pp. 267-276.

要点，第一个要点是，自然环境是环境（environment）；第二个要点是，它是自然的（natural）。①

卡尔森的环境美学著作尽管很丰富，但其理论纲领就是这几句浅显易懂的话。我们这里尝试分析一下其理论意义。

首当其冲的是对于自然环境之性质的思考，其理论底蕴依然是自然观：自然的性质到底是什么？我们究竟应该怎样对待自然？众所周知，黑格尔在将美学狭隘地等同于艺术哲学的同时，也并没有完全忽视对于自然美的讨论；只不过，他的自然美理论具有如下两个突出特点：第一，自然美低于艺术美；第二，自然美的根据是将人的印记打在自然之上，或者说"自然的人化"。这就意味着，自然本身即使可以作为审美对象被人欣赏，那也是因为自然被人加工改造而成为人的产品——当然，这种加工改造的方式有时候是社会实践的，此即我国实践美学自然美理论的根据；有时候则是想象的，此即美学史上各种艺术模式的自然审美理论之根据。但无论哪种理论，其共同取向都忽视，甚至无视自然本身的性质，没有把自然当作自然来欣赏。从卡尔森环境美学的立场来看，这种自然审美理论肯定是"不适当的"，甚至是错误的。卡尔森之所以要特别强调自然环境是"自然的"，其思想底蕴正在于此。这就意味着，与赫伯恩相似，卡尔森的环境美学同样关注自然观的适当与否、正确与否。这一点也可以视为对当代环境伦理学思想主题的回应。

在适当的自然观的基础上，环境美学作为美学而不是环境伦理学，应该讨论的还是审美问题，即适当的审美方式。为了论述这个问题，卡尔森引用了加拿大美学家弗朗西斯·斯帕肖特（1926—2015）讨论"审美环境"（aesthetic environment）时所提出的观点。斯帕肖特认为，从环境角度考虑某物，就是要"自我与地点"（self to setting②）的关系上来考虑，而不是从

①　Allen Carlson, *Aesthetics and the Environment*: *The Appreciation of Nature*, *Art and Architecture*, London, New York: Routledge, 2000, p. 47.

②　setting 这个词可以翻译为"环境""背景""地点"等，卡尔森这里将之用作 environment 与 surroundings 的同义词。为了从汉语的角度区别三者，这里将 setting 翻译为"地点"，将 surroundings 翻译为"周围事物"。

"主体与客体"或"旅行者与景色"的关系来考虑①。卡尔森对此发挥道，环境就是我们作为"有知觉的一部分"而存在于其中的地点，它就是我们的周围事物（surroundings）②。这是对于主—客二元论哲学与美学的明确批判与突破，可以视为卡尔森环境美学的哲学基础。

在确定了欣赏者及其所处环境的新型关系之后，卡尔森将环境审美视为一个动态的过程，分析了环境如何从日常生活的"模糊背景"而逐步变成欣赏者的"审美环境"。从审美理论的角度来说，这个转变的过程就是从原始体验转变为审美体验的过程。卡尔森认为，在这个转变过程中，发挥决定性作用的是关于环境之性质的知识。环境的类型很多，只有借助科学知识（包括地质学、地理学与生态学等），欣赏者才能把握不同的环境类型及其不同的性质。这一点是卡尔森的环境美学最为鲜明的特点，也是其遭受误解，甚至饱受诟病最多的地方。比如，很多批评者认为卡尔森的"认知立场"混淆了认识与审美、科学知识与审美体验。但在笔者看来，这种批评纯属无稽之谈，因为它没有准确把握卡尔森的理论要点。卡尔森充分意识到了科学知识与审美体验存在明显区别，但他同时认为，环境知识对于环境审美体验发挥着决定性作用。他明确提出：

> 我们关于特定环境之性质的知识，确定了欣赏的适当边界，审美意义的特殊焦点，以及与那种类型环境相关的行为的季相变化（acts of aspection）。因此，我们这里讨论的模式，开始回答在自然环境之中欣赏什么与如何欣赏这两个问题——而这样做的前提是，适当地考虑那个环境的性质。这一点之所以重要，不仅仅因为审美原因，而且也因为道德原因和生态原因。③

需要补充说明的是，上文提到的卡尔森所言的"浸入之中"，其英文原

---

① 参见 Francis Sparshott, "Figuring the Ground: Notes on Some Theoretical Problems of the Aesthetic Environment", *Journal of Aesthetic Education*, 1972, Vol. 6, p. 13。

② Allen Carlson, *Aesthetics and the Environment: The Appreciation of Nature, Art and Architecture*, London, New York: Routledge, 2000, p. 47.

③ Allen Carlson, *Aesthetics and the Environment: The Appreciation of Nature, Art and Architecture*, London, New York: Routledge, 2000, p. 51.

文是 are immersed in，其中，immerse 的名词形态是 immersion。卡尔森早先并没有使用这个名词，但他后来与伯林特合编《自然环境美学》一书的时候，二人合作的"导论"中明确出现了 immersion in nature 这种表述①，翻译为汉语就是"浸入自然"——浸入自然而成为自然的一部分，借助自然科学知识来确定自然环境的类型与性质，进而确定所要欣赏的边界、焦点和欣赏方式，从而获得适当的（而不是不当的甚至是错误的）环境审美体验——这就是卡尔森环境美学的理论要领。

第三节 伯林特：交融

在当代西方环境美学整体理论格局中，与卡尔森形成双峰并峙的是美国学者阿诺德·伯林特。伯林特与赫伯恩、卡尔森二人都是亲密的学术朋友，他们之间有着频繁的学术讨论；其中，伯林特与卡尔森的学术论争尤为频繁而激烈。我们甚至完全可以说，他们俩的学术论争构成了环境美学发展演变的一条主线。

伯林特美学的关键词是 engagement，他将自己的美学（包括艺术美学和环境美学两个领域）统称为"交融美学"（aesthetics of engagement），该词在国内已经出现了多种不同译名，笔者一般将之翻译为"交融"②。对于"交融"介绍得最为集中而明确的是《自然环境美学》一书的"导论"，这由卡尔森和伯林特二人共同执笔，应该是双方都能接受的概括，因此是我们

---

① Allen Carlson and Arnold Berleant，"Introduction：The Aesthetics of Nature"，in *The Aesthetics of Natural Environments*，Allen Carlson and Arnold Berleant（eds.），California：Broadview Press，2004，p. 17.

② 关于伯林特"aesthetics of engagement"的中文翻译，目前共有四种译法，即介入美学、参与美学、结合美学、交融美学。介入美学参见［美］阿诺德·伯林特：《环境与艺术》，刘悦笛等译，重庆出版社 2007 年版；刘悦笛：《从"审美介入"到"介入美学"——环境美学家阿诺德·伯林特访谈录》，《文艺争鸣》2010 年第 21 期。参与美学参见［加］艾伦·卡尔松：《自然与景观》，陈李波译，湖南科学技术出版社 2006 年版；［美］阿诺德·伯林特：《生活在景观中——走向一种环境美学》，陈盼译，湖南科学技术出版社 2006 年版。［美］阿诺德·柏林特：《美学再思考——激进的美学与艺术学论文》，肖双荣译，武汉大学出版社 2010 年版。结合美学参见［美］阿诺德·伯林特：《环境美学》，张敏、周雨译，湖南科学技术出版社 2006 年版。交融美学参见［美］阿诺德·伯林特：《从环境美学到城市美学》，程相占译，《学术研究》2009 年第 5 期；程相占：《论生态审美的四个要点》，《天津社会科学》2013 年第 5 期。

把握这个关键词的最佳文献。

这篇导论指出，赫伯恩与卡尔森都强调自然欣赏与艺术欣赏的差异，但与二人不同，伯林特则强调二者的相似性，同时倡导超越传统的一系列二元对立（比如主体—客体），缩小欣赏者与欣赏对象之间的距离，目标是达到前者与后者之间总体的、多感官的连续性（continuity），无论是自然还是艺术。在与其他自然美学立场进行对比时，伯林特的美学立场被概括为一句话："交融美学强调我们与自然的密切融合（involvement with nature）。"①这句话明确地将伯林特的关键词 engagement 与赫伯恩的关键词 involvement 等同起来；如果把 involvement 翻译为"融入"的话，那么，就应该寻找一个与它接近的词语来翻译 engagement，笔者最初选择的是"融合"，后来在"情景交融"这个命题的启发下翻译为"交融"。这句话不仅揭示了伯林特环境美学的理论思路，也概括了其思想主题：人类再也不能与自然"分离"甚至对立了，人类只不过是自然的一部分，永远只能内在于自然之中——我们选择的汉语词语诸如"融入""融合""交融"等，所要传达的都是这个意思。

非常意味深长的是，卡尔森还明确把伯林特的"交融"与赫伯恩的"融入"以及自己的"浸入"视为同义词。在概览当代环境美学的各种主要立场的时候，卡尔森曾经将伯林特的交融模式列为继对象模式、风景模式、自然环境模式之后的第四种模式（当然还有其他几种模式）②。这种模式强调自然的语境维度以及我们对它的多感官体验，其环境观认为，环境是各种有机体、知觉与地方的无缝统一体。在此基础上，交融模式号召我们"把我们自身浸入我们的自然环境之中"（to immerse ourselves in our natural environment），从而消除传统的诸如主体与客体等二元对立，最终最大限度地缩短我们与自然之间的距离。简言之，在交融模式看来，"审美体验包含欣赏

① Allen Carlson and Arnold Berleant, "Introduction: The Aesthetics of Nature", in *The Aesthetics of Natural Environments*, Allen Carlson and Arnold Berleant（eds.）, California: Broadview Press, 2004, p. 17.

② 卡尔森在另外一个地方曾经将环境美学的审美模式归纳为九种，参见 Allen Carlson and Sheila Lintott（eds.）, *Nature, Aesthetics, and Environmentalism: From Beauty to Duty*, New York: Columbia University Press, 2008, pp. 8–11。

者在欣赏对象之中的完全浸入（total immersion）"①。这无疑表明，能够表明环境美学理论思路的三个关键词融入、浸入与交融都是同义词。

　　鉴于伯林特在我国的广泛而重要的影响，笔者这里想集中讨论一下对其关键词的翻译问题。为了描述"在环境之中"这一基本事实，伯林特分别使用了两个不同的术语，一个是 participation，另一个是 engagement。我国学术界看到了这两个词语在伯林特的著作中是近义词，所以不加分别地都翻译为"参与"，许多学者因而都把伯林特的美学称为"参与美学"。笔者认为，这种翻译非常值得商榷，原因有二：第一，伯林特使用了两个术语，如果我们只用一个术语来翻译它们，就等于故意掩盖两个原词之间的区别，从而误导阅读译著的读者，误认为伯林特只使用过一个术语——翻译外语学术著作的时候，关键术语应该尽可能做到一一对应，这是笔者恪守的基本原则。第二，更加重要的是，伯林特既然使用了两个不同的词语，表明他认为二者有着区别。他用 engagement 而不是 participation 来作为自己的美学旗号，其实隐含着深刻的理论思考。

　　笔者最初接触 engagement 这个英文关键词的时候，首先想到的汉语对应词是"融合"，后来联想到中国文论中极其常见的"情景交融"命题，才确定将之翻译为"交融"。做出这个选择，是因为觉得只有"交融"这个术语才能准确揭示和把握伯林特环境美学的理论来源与理论特色，进而从整体上把握环境美学的基本思路与思想主题。国内学术界已经注意到，杜威经验主义美学与欧洲现象学美学对于伯林特环境美学都有重要影响，这都是毋庸置疑的基本事实。但是，伯林特环境美学的另外一个重要来源尚未引起我们的注意，这就是美国著名心理学家詹姆斯·吉布森（James J. Gibson）的"可供性"理论。

　　"可供性"的英文是 affordance，它来自英文动词 afford，也就是"提供"的意思。吉布森创造这个新词的目的是描述其生态心理学的关键词"环境可供性"，也就是"环境提供给动物的东西"，环境向生物所提供的"行动可能性"。从理论上来说，环境具有无限的可能性；但是，究竟哪种

---

① Allen Carlson, *Aesthetics and the Environment: The Appreciation of Nature, Art and Architecture*, London, New York: Routledge, 2000, pp. 6-7.

可能性能够成为现实性，却取决于动物的特殊能力。这就意味着，同样的环境，对于具有不同能力的动物就会呈现出不同的"可供性"。比如，自然界中客观地充满着无数种声音，但究竟哪种声音能够被听到，则完全取决于某种动物的听力。人类之所以无法感受蝙蝠的声音世界，原因在于人类不具备蝙蝠那种感受超声波的能力。因此，以超声波形式存在的声音世界只能为蝙蝠提供"可供性"——对于不具备相关听力的人类来说，这种可供性就等于不存在。因此，"可供性"既不是环境单方面的客观属性，也不是动物单方面的主观属性，而是超越了主—客二元对立的、由主体与客体二者良性互动所产生的"关系属性"①。

　　吉布森的上述理论，可以借助中国古代文论中的相关思想进行诠释。笔者首先联想到的是宋代范晞文所说的"景无情不发，情无景不生"。范晞文《对床夜语》卷二用举例的方式讨论杜甫诗歌出现的"情"与"景"现象，比如，他认为，杜诗的"水流心不竞，云在意俱迟"是"景中之情也"，而"卷帘唯白水，隐几亦青山"是"情中之景也"；至于"感时花溅泪，恨别鸟惊心"，则是"情景相触而莫分也"。在进一步举出"一句情一句景"的诗歌例子之后，他得出结论说："固知景无情不发，情无景不生。"② 情景关系是古代文论的核心命题之一，是意境理论的基石。范氏所言"景无情不发"是说，如果诗人没有特定的"情"，那么，自然界中尽管景象万千，特定的"景"也不会呈现出来。这就是说，"景"尽管是客观世界中的客观存在，但它也必须与特定的"情"相对。这种情形非常普遍，近似于我们常说的"生活中并不缺少美，而是缺少发现美的眼睛"。与此相应，"情无景不生"则从另外一个方面来说明问题：诗人的"情"也不是凭空产生的，它取决于特定的"景"的激发；只有进入特定的情景之中，某种特殊的感情才能产生。简言之，范晞文用"情景相触而莫分"来概括情与景之间的关系，非常接近吉布森所创造的"可供性"概念所包含的动物及其环境的互动关系，即"环境提供的可能性"。

---

①　对于"可供性"及其译名的讨论，参见程相占：《论生态美学的美学观与研究对象——兼论李泽厚美学观及其美学模式的缺陷》，《天津社会科学》2015 年第 1 期。该文提出了"审美可供性"这个生态美学新概念，对应于本文上面所提出的"审美可能性"。
②　丁福保辑：《历代诗话续编》（上），中华书局 1983 年版，第 417 页。

伯林特对于吉布森的"可供性"概念比较重视，比如，他的《环境美学》一书曾经引用吉布森的代表作《视知觉的生态立场》一书来讨论这个概念。在伯林特看来，吉布森所讨论的是观察者与环境的互补关系，可供性概念"超越了主—客二元论"，"因为可供性同时是环境与行为的事实"。"可供性既指向观察者又指向环境：外观的不同安排以及其他环境特征为不同的动物提供了不同的行为。实体，对象，人物等，都对不同的活动有着不同的可供性"。总之，伯林特认为，吉布森与格式塔心理学家们一样，都对感知者与被感知对象之间的相互游戏（interplay）有着敏感性，可以与梅洛-庞蒂的知觉现象学一起，作为构建"地方美学"（an aesthetics of place）的理论基础。① 我们在讨论赫伯恩环境美学的时候提到，赫伯恩曾经提到"游戏"（play），人与自然之间的相互游戏用英文表达就是 interplay，伯林特这里使用的正是这个词②。

现在要讨论的问题是：要描述人与环境之间的相互作用，什么样的关键词最为恰当？伯林特使用的英文词语是 engagement，我们应该使用哪个汉语词汇呢？这个问题的实质是"词与物"的关系问题；而从"词与词"的关系来看，我们要挑选的这个汉语词汇其实就是对于伯林特英文术语的翻译。那么，目前已经出现的"介入""结合""参与""交融"等四个选项之中，究竟哪个用来翻译 engagement 更加恰切？如果都不恰切，那么，更好的选项又是什么？这无疑是一个开放的问题。

笔者之所以选择"交融"，主要原因有二：一是表层原因，"介入""结合""参与"三者都是美学理论色彩或曰意味很淡薄的词语，都不如"交融"能够携带更浓厚的历史文化信息；二是深层原因，只有"交融"才能够更加准确地揭示环境美学的理论思路与思想主题。这就需要在更加宽广的理论视野里、从整体上把握环境美学。具体到文本而言，就需要从环境美学的文献中寻找的 engagement 近义词而做出详尽分析。根据对于赫伯恩、卡

① Arnold Berleant, *The Aesthetics of Environment*, Philadelphia: Temple University Press, 1992, p. 150. 伯林特的另外一本环境美学著作《生活在景观中——走向环境美学》也提到吉布森及其"可供性"概念，参见 Arnold Berleant, *Living in the Landscape*: *Toward an Aesthetics of Environment*, Kansas: Kansas University Press, 1997, p. 107。
② 英文 interplay 通常翻译为"相互作用"，但如果结合西方美学史上的"游戏"理论，特别是从赫伯恩与伯林特的环境美学理论出发，这个术语就应该翻译为"相互游戏"。

尔森与伯林特三人的分析，笔者认为，环境美学所揭示、所面对的审美事实是：融入环境之中的欣赏者与环境之间所进行的相互游戏。所谓环境美学就是对于这一基本事实的理论描述、提炼与分析，所谓的环境美学关键词就是在进行这个工作的过程中所选择的词语。根据这种理论，笔者坚持认为，伯林特的关键词 engagement 翻译为"交融"比较恰当。

从中西文论关键词比较研究的角度来看，"交融"一词非常方便我们调动中国古代文论的相关资源，进一步发扬中华美学精神。比如，牟世金在20 世纪后期曾经讨论中华民族的艺术构思特色，提出"情景交融"是"传统要求"，认为情与物的结合才能产生"文"，这是构成文学艺术的基本原理，也是文学艺术的基本规律。而这个原理或规律，在我国古代传统观念中就是"情景交融"说。牟世金的历史文献依据是宋代范晞文评论杜甫诗歌时所说的"景无情不发，情无景不生"。在引用了这则古代文献之后，牟世金作出了如下论断："这评语正体现了我国古代文艺创作中'情景交融'的传统观念。"①

尽管范晞文本人并没有直接提出"情景交融"这个说法，但中国古代文论中不乏相关论述。比如，《筱园诗话》这样写道：

> 律诗炼句，以情景交融为上，情景相对次之，一联皆情、一联皆景又次之。……情景交融者，景中有情，情中有景，打成一片，不可分拆。②

"情景交融"这个命题基本上成了中国人的口头禅，即使小学语文课上也会讲到。因此，笔者认为，用"交融"来翻译 engagement 既通俗易懂，又具有较深的理论内涵，是一个比较理想的选择。

小　结

顾名思义，"环境美学"包括"环境"与"美学"两个关键词，二者

---

① 牟世金：《雕龙集》，中国社会科学出版社 1983 年版，第 60、62 页。
② （清）朱庭珍：《筱园诗话》卷四。

之间的内在关联是这种新型美学形态合法性根据之所在。本章所讨论的环境美学的三位代表性人物对此都有着清醒的认识，都从环境的性质入手来分析环境美学的理论思路；他们分别选择三个同义词"融入""浸入""交融"，他们选择的术语分别是融入、进入、交融。这三个术语不仅是近义词，而且所揭示的深层结构无一例外都是"身在环境中"：身处环境之内的欣赏者，与其所在、所赏的环境之间进行积极互动。这个理论思路隐含着两个理论取向，一个是环境美学的生态取向，另一个则是环境美学的身体取向。前者使环境美学与生态美学密切相关，而后者则使环境美学与身体美学具有一定的关系。我们认为，只有准确把握了环境美学的理论思路，才能准确把握它与相关的美学理论形态诸如自然美学、生态美学的联系与区别，从而凸显环境美学的独特理论贡献与理论价值。本章对此进行的初步探讨，可以作为将来进一步讨论的基础。

第六章　分析美学与环境美学

　　环境美学并非无源之水、无本之木，它有着比较丰厚的美学理论资源。这些资源主要有三种：一是与环境美学直接相关的分析美学；二是作为哲学基础的现象学；三是作为历史资源的康德美学。除此之外，杜威美学也对环境美学产生了一定的影响。本章考察环境美学与分析美学的关系。

　　在为《斯坦福哲学百科全书》所作的"环境美学"条目的开头，卡尔森这样写道："环境美学是哲学美学的一个较新的分支领域。它发生在分析美学之内，产生的时间是 20 世纪的后 30 年。在此之前，分析传统中的美学主要关注艺术哲学。环境美学是对这一重点的回应，它转而探索对于自然环境的审美欣赏。"① 卡尔森所描述的重点正是环境美学与分析美学的关系。不过，二者的关系究竟是什么，卡尔森并没有进行归纳总结。本书对此进行比较详尽地梳理，目的主要有两方面：第一，准确地揭示环境美学的理论背景；第二，在与分析美学的对比分析中，凸显环境美学的理论思路和问题意识。

第一节　赫伯恩对分析美学的批判与
环境美学的发端

　　卡尔森说环境美学"发生在分析美学之内"具有很大的合理性，但遗憾的是，他没有深入挖掘一个更加基本的问题：环境美学为什么会发生在分

①　Allen Carlson, "Environmental Aesthetics", *The Stanford Encyclopedia of Philosophy* (Summer 2020 Edition), Edward N. Zalta (ed.), URL = < https：//plato. stanford. edu/archives/sum2020/entries/environmental-aesthetics/>.

析美学之内？或者说，两种貌似风马牛不相及的美学理论到底有着什么内在关联？

要回答这个问题，我们不妨首先引用被称为"环境美学之父"① 的赫伯恩的一段话："尽管最近的美学一直很少关注自然美本身，但是，在其分析艺术经验的过程中，它也频繁地比较我们两种不同的审美欣赏：欣赏艺术对象与欣赏自然中的物体（对象）。它已经使得这些比较研究处于美学论争的焦点，处于几种不同类型的语境之中。但是，尚未追问或充分回答的问题是：这些比较是否公允？特别是，那些对于自然体验的说明是充分的或是歪曲的？"② 这段话言简意赅，其意义值得我们深入挖掘，从而揭示西方美学的当代发展逻辑。

赫伯恩先后长期担任英国诺丁汉大学和爱丁堡大学哲学系主任，主攻领域为道德哲学。他所处的那个时代正是分析哲学繁荣昌盛之时，他当然无法回避其影响。在其论文集《"奇迹"与其他文章——美学与邻近诸领域八论》的"导言"部分的结尾，他特意地评论了哲学方法。他写道："在当今的思想气候中，无需证明这些文章的某些部分为什么会涉及语言与概念分析（linguistic and conceptual analysis）；然而，我的很多讨论都不能归于这些范畴：我允许我自己自由地探索真正的问题、评价问题和反思'体验'的各种形式。"③ 这几句话尽管表明了作者本人突破分析哲学藩篱的学术自由和勇气，但无疑也显示了分析哲学对他的强大影响。

众所周知，在分析哲学中，语言和概念辨析是其最基本、最核心的哲学主张。当这种哲学涉及或进入美学领域时，那些令人眼花缭乱、歧义丛生的美学概念范畴，自然而然成了被解析的对象。自黑格尔将美学界定为"艺术哲学"以来，艺术成了美学研究的核心。那么，什么是艺术？艺术的定义成了分析美学"核心中的核心"，正如分析美学的领军人物之一比尔兹利所说："在过去的 60 多年间，影响最广泛和最持久的美学问题——至少在

---

① 这个称呼来自英国学者，参见 Emily Brady，"Ronald W. Hepburn：In Memoriam"，*British Journal of Aesthetics*，49（2009），pp. 199-202。

② Ronald W. Hepburn，*"Wonder" and Other Essays：Eight Studies in Aesthetics and Neighbouring Fields*，Edinburgh：University Press，1984，pp. 23-24.

③ Ronald W. Hepburn，*"Wonder" and Other Essays：Eight Studies in Aesthetics and Neighbouring Fields*，Edinburgh：University Press，1984，p. 7.

英语国家——就是'什么是艺术'的问题", "以至于定义这个术语成为了这个哲学分支学科的最核心、最必不可少"的部分。①

　　回答"什么是艺术?",从反面回答其实就是回答"什么不是艺术?"——知道了什么不是艺术,当然就了解了什么是艺术——人类的思维逻辑就是如此奇特。所以,分析美学家通常采用的方法就是比较艺术与非艺术。尽管分析美学家们为定义艺术提出了"六套方案",但自始至终无法令人满意地解决这个最核心的问题。乔治·迪基提出来的解决方案是限定艺术品的最低条件,艺术品必须是"人工制品"(artifact)。② 与此对应的、顺理成章的结论便是:非艺术品是人工制品的反义词"自然物体"。因此,要深入研究艺术,必须研究自然物体以便比较。于是,以艺术为核心的分析美学,竟然以奇特的思维逻辑走向了对于自然的研究,自然美学与环境美学的理论序幕就这样拉开了。所以,我们不能简单地说自然美学和环境美学的基本取向是"反分析美学的"。

　　基于分析美学的上述逻辑,赫伯恩一代名文《当代美学与自然美的忽视》的方法与核心要点是:辨析对于艺术的审美欣赏(艺术欣赏)与对于自然的审美欣赏(自然欣赏)之间的差异,在此基础上,积极肯定自然欣赏的正面价值。他主要讨论了两点,其理论逻辑正来自分析美学。第一点可以概括为"内外"之别:欣赏者只能在艺术对象"之外"欣赏它;但是,在对于自然的审美体验中,观赏者可以走进自然审美环境自身"之内"——"自然审美对象从所有方向包围他"。例如,在森林里,树木包围他,他被山峦环绕;或者,他站立在平原的中间。也就是说,欣赏自然时,"我们内在于自然之中并成为自然的一部分。我们不再站在自然的对面,就像面对挂在墙上的图画那样。"从欣赏模式的角度而言,"内外"之别就是"分离"(detachment)与"融入"(involvement)之别:前者主要是艺术欣赏的模式,而后者则主要是自然欣赏的模式——观赏者与对象的相互融入或融合。在赫伯恩看来,融入这种欣赏模式具有很大的优势:通过融入自然,观赏者"用一种异乎寻常而生机勃勃的方式体验他自己"。这种效果在艺术

---

① 参见刘悦笛:《分析美学史》,北京大学出版社 2009 年版,291 页。
② 参见朱狄:《当代西方艺术哲学》,人民出版社 1994 年版,第 116—133 页。

里也并非没有，比如观赏者也可以融入建筑；但是，融入的审美体验在自然体验中更加强烈、更加充盈。赫伯恩用诗歌一样的句子强烈赞赏融入自然："在融入自然时，作为欣赏者的我既是演员又是观众，融合在风景之中并沉醉于这种融合所引发的各种感觉，因这些感觉的丰富多彩而愉悦，与自然积极活跃地游戏，并让自然与我游戏、与我的自我感游戏。"① 这样的赞赏，无疑表明了赫伯恩在倡导自然审美，鼓励美学从艺术哲学走向环境美学。

艺术欣赏与自然欣赏的第二点差异可以概括为"有无"之别——有无框架和边界：艺术品一般都有框架或基座，这些东西"将它们与其周围环境明确地隔离开来"，因此，它们都是有明确界限的对象，都具有完整的形式；艺术品的审美特征取决于它们的内在结构、取决于各种艺术要素的相互作用。但是，自然物体是没有框架的、没有确定的边界、没有完整的形式。② 对于分析美学来说，自然物体的这些"无"是其负面因素；也就是说，分析美学之所以像赫伯恩批判的那样"忽视"自然，主要原因在于自然的"无"的特点：无框架、无边界、无确定性。正如赫伯恩所指出的："美学在分析哲学追求精确性的影响下日益缜密或细密。一些分析美学家致力于完全彻底地说明审美体验，而这种说明无法参照对于自然的体验。审美体验的一些特征无法在自然中发现，所以，只有艺术是最卓越的审美对象，可以作为参照更好地研究审美体验。"③

但是，倡导自然美研究的赫伯恩却反弹琵琶，认真发掘了那些"无"的优势。艺术品的审美特征取决于它们的内在结构、取决于各种艺术要素的相互作用；相反，自然物体都没有框架。这在某些方面是审美的劣势，但是，"无框架"也有一些不同寻常的优势：对艺术品而言，艺术框架之外的任何东西都无法成为与之相关的审美体验的一部分；但是，正因为自然审美对象没有框架的限制，那些超出我们注意力的原来范围的东西，比如，一个声音的闯入，就会融入我们的整体体验之中，改变、丰富体验。自然的无框

---

① Ronald W. Hepburn，"*Wonder*" *and Other Essays*：*Eight Studies in Aesthetics and Neighbouring Fields*，Edinburgh：University Press，1984，pp. 12–13.

② Ronald W. Hepburn，"*Wonder*" *and Other Essays*：*Eight Studies in Aesthetics and Neighbouring Fields*，Edinburgh：University Press，1984，pp. 13–14.

③ Ronald W. Hepburn，"*Wonder*" *and Other Essays*：*Eight Studies in Aesthetics and Neighbouring Fields*，Edinburgh：University Press，1984，p. 11.

架特性还可以给观赏者提供无法预料的知觉惊奇，带给我们一种开放的历险感。另外，与艺术对象如绘画的"确定性"（determinateness）不同，自然中的审美特性（aesthetic quality）通常是短暂的、难以捕捉的，从积极方面看，这些特性会产生流动性（restlessness）、变化性（alertness），促使我们寻找新的欣赏视点，如此等等。① 在进行了比较详尽的对比分析之后，赫伯恩提出：对自然物体的审美欣赏与艺术欣赏同样重要，两种欣赏之间的一些差别，为我们辨别和评价自然审美体验的各种类型提供了基础——"这些类型的体验是艺术无法提供的，只有自然才能提供。在某些情况下，艺术根本无法提供。"② 这表明，自然欣赏拓展了人类审美体验的范围，因而具有无法替代的价值，理应成为美学研究的题中应有之义。这等于为环境美学的产生提供了合法性论证。

第二节　分析美学与卡尔森的自然欣赏模式

像很多分析哲学家一样，卡尔森一直倾向于从分析哲学的角度看待美学。他对于美学基本理论的兴趣不是很大，他大体上认为，美学所研究的无非就是审美主体对于审美对象的审美欣赏。这是一个主—客二元的美学理论框架。1979 年，他的著名论文《欣赏与自然环境》在《美学与艺术批评杂志》上发表③，从此确立了他研究环境美学的基本思路和理论框架，也奠定了他在环境美学领域的领先地位。

卡尔森的环境美学自始至终围绕两个核心问题展开：第一个是"欣赏什么"，第二个是"怎样欣赏"，这两个问题都是以艺术哲学为参照的。艺术品是人类的创造物，即迪基所说的"人工制品"，因此，我们知道它是什么，知道什么不是作品的一部分，知道它的哪些方面具有审美意义，还知道人们创造它们的目的是为了审美欣赏，总之，我们知道欣赏什么、怎样欣

---

① Ronald W. Hepburn, *"Wonder" and Other Essays: Eight Studies in Aesthetics and Neighbouring Fields*, Edinburgh: University Press, 1984, pp. 14-15.

② Ronald W. Hepburn, *"Wonder" and Other Essays: Eight Studies in Aesthetics and Neighbouring Fields*, Edinburgh: University Press, 1984, p. 16.

③ Allen Carlson, "Appreciation and the Natural Environment", *Journal of Aesthetics and Art Criticism*, 1979, 37, pp. 267-276.

赏。这里，卡尔森引用了分析美学家阿瑟·丹托（1924—2013）"艺术界"（artworld）的观点。

早在 1964 年，丹托发表了《赋予现实物体以艺术品的地位：艺术界》一文，提出某物只有经过了艺术界的认定才能成为艺术品。也就是说，某物能否成为艺术品，关键不在于它自身是否具有传统美学理论所说的"审美属性"等，而在于艺术界是否认可它。艺术界包括艺术理论氛围和关于艺术史的知识等。① 丹托的本意在于剖析一件物品"如何成为"艺术品，开了另一位分析美学家迪基的"艺术惯例论"的先声；不过，卡尔森介绍艺术界理论是为了说明"如何欣赏"艺术品——因为艺术史知识和艺术界区分了艺术与现实其他部分的界限，艺术史知识可以指导人们欣赏艺术。卡尔森并不完全同意丹托和迪基的理论，他也无意深入讨论艺术和艺术界——因为他的论题是如何审美地欣赏自然环境。在他看来，分析美学的上述理论尽管"是对艺术的正确说明，但它不能不加修正地运用到自然环境欣赏中。因此，对于自然而言，'欣赏什么'和'如何欣赏'依然是两个开放的问题。"② 这就意味着，卡尔森的环境美学研究基于他对分析美学的批判性反思——分析美学所欠缺的地方，正是他要着力探索的方向。

卡尔森批判了自然欣赏中的两种模式，一是对象模式，二是景观模式。意味深长的是，他把二者都称为"艺术模式"（artistic model）或"艺术范式"（artistic paradigm），表明它们都是艺术欣赏的普遍模式——而正因为它们是人们欣赏艺术品时所通常采用的模式，它们无法完全适用于自然欣赏。这表明，卡尔森环境美学的思维方式与赫伯恩一样，都是比较艺术欣赏与自然欣赏的差异。他自己在论述"环境模式"时，则反复强调乃至重复一个基本点："自然环境是自然的，自然环境不是艺术作品。"③他提出的自然环境模式不像艺术模式那样把自然物体同化为艺术对象，也不像景观模式那样把自然环境简化为风景。但是，这种模式依然遵循着"对于艺术进行审美

① Arthur Danto, "The Artistic Enfranchisement of Real Objects, the Artworld", *Journal of Philosophy*, 1964, Vol. 61, pp. 571–584.

② Allen Carlson, *Aesthetics and the Environment*: *The Appreciation of Nature, Art and Architecture*, London; New York: Routledge, 2000, p. 42.

③ Allen Carlson, *Aesthetics and the Environment*: *The Appreciation of Nature, Art and Architecture*, London; New York: Routledge, 2000, p. 49.

欣赏的普遍结构"，欣赏自然环境就是把这种"普遍结构"运用到不是艺术的事物那里。① 一言以蔽之，艺术依然是卡尔森环境美学的最终底色——尽管他的环境模式对于"欣赏什么"这个问题的回答是"任何事物"，对于"怎样欣赏"这个问题的回答是"借助自然科学知识把自然体验为自然的"。

　　笔者不禁要追问两个层面的问题：第一，真的有这种"艺术欣赏的普遍结构"吗？如果有，它来自哪里？答案只能是"可能有"，它应该来自长期的艺术审美教育；第二，更进一步，将这种"艺术"欣赏的普遍结构运用到对于自然环境的欣赏上，真的能做到卡尔森所说的、在自然环境中"欣赏一切""如其自然地欣赏"吗？因为卡尔森本人对于这两个问题的回答都必然是肯定的，所以他提出了"自然全美"的"肯定美学"。但在笔者看来，由于卡尔森受艺术哲学的影响实在太深，对于艺术过度执着，他所提出的"自然环境模式"最终还是一种"艺术模式"而已，只不过它比卡尔森本人所批评的两种艺术模式更加隐蔽而已。笔者的结论是：卡尔森最终并没能走出艺术哲学，更不用说"反分析美学"了——他的环境美学是分析美学的理论延续或扩展。在当代环境美学家中，真正超越分析美学藩篱的是卡尔森的挚友兼学术论争的老对手伯林特——而伯林特的哲学基础正是与分析哲学处于对峙状态的现象学——这已经超出了本书的讨论范围。

第三节　分析美学与瑟帕玛的环境美学体系构建

　　芬兰学者约·瑟帕玛早在 1970 年就开始了环境美学研究，是国际上创建环境美学这个领域的重要代表之一。1982 年他得到加拿大政府资助，前往加拿大埃德蒙顿艾伯塔大学，师从艾伦·卡尔森进行学术访问与合作研究，所以受到卡尔森的很大影响。他出版于 1986 年的《环境之美》一书是国际上最早的由一个学者单独完成的系统性环境美学专著，其副标题"环境美学的普遍模式"显示了该书的学术目标与价值：为环境美学构建一个系统全面、可以普遍运用的理论模式。该书借鉴分析美学的美学观，深入辨

---

① Allen Carlson, *Aesthetics and the Environment: The Appreciation of Nature, Art and Architecture*, London; New York: Routledge, 2000, p. 51.

析了自然欣赏与艺术欣赏的 14 点区别，更加充分地体现了分析美学对环境美学的重大影响。我们首先来看瑟帕玛的美学观及其对于环境美学的界定。

在《环境之美》一书的扉页上，瑟帕玛用一页的篇幅勾勒了全书的思路与框架。他开篇就写道："美学一直由三个传统主导着：美的哲学，艺术哲学和元批评。在现代美学中，艺术之外的各种现象从来没有得到认真、广泛地研究。笔者这本书的目标是系统地描绘环境美学这个领域的轮廓——它始于分析哲学的基础。笔者将'环境'界定为'物理环境'，其基本区分是处于自然状态的环境和被人类改造过的环境。"① 这段言简意赅的概述至少包含了三方面的内容，它们都与界定环境美学这个新领域密切相关：第一，什么是美学；第二，什么是环境；第三，环境美学的哲学背景。对于我们这里的论题来说，第一、第三两个问题值得认真讨论。

什么是美学？按照西方美学观念史的轮廓，这个问题不难回答：美学首先是"美学之父"鲍姆加滕于 1735 年初次提出、于 1750 年充实完善的"感性学"（审美学），然后是黑格尔于 19 世纪提出的"艺术哲学"。直到环境美学兴起之时甚至直到目前，在西方处于主导地位的基本上是艺术哲学，尽管 20 世纪的艺术哲学已经与黑格尔的艺术哲学大不相同——20 世纪的艺术哲学主要经历了分析哲学的精神洗礼，哲学基础、研究方法和主要理论问题都与 19 世纪不可同日而语。那么，如何理解和看待瑟帕玛所说的"美学一直由三个传统主导着：美的哲学，艺术哲学和元批评"这句话？简单说来，这句话存在许多含混和不准确之处：一方面它忽视了鲍姆加滕的审美学及其重要意义，另一方面它把元批评单列了出来，这其实正是比尔兹利的美学观。我们下面来认真讨论一下。

瑟帕玛并非不了解鲍姆加滕，他认为"美的哲学"就来自鲍姆加滕。他这样写道："鲍姆加滕早期的美学定义始于'美的哲学'（philosophy of beauty）这一基础，后来，这个基础一直被普遍地扩展为'审美学'（aesthetics），也就是'审美哲学'（aesthetic philosophy）。当时，审美被设想为一个极其宽广的领域，其范围包括各种审美对象，或具有审美属性的所有对

---

① Yrjo Sepanmaa, *The Beauty of Environment: A General Model for Environmental Aesthetics*, Painomeklari Ky, Scandiprint Oy, Helsinki, 1986. 作者下文紧接着又将"物理环境"表述为"physical environment"。

象，或那些从审美的观点来研究的事物。"① 这段话表明，瑟帕玛对于鲍姆
加滕的感性学之本义"审美学"有着精深的了解；然而奇怪的是，他在自
己的环境美学研究中完全放弃了"审美哲学"而仅仅抓住"美的哲
学"——他的论著的标题"环境之美"已经充分体现了这一点，其内在逻
辑是：美学是研究"美"的，环境美学当然就是研究"环境美"的；而环
境又被他理解为物理环境（physical environment），所以一个合理的推理就
是：环境美学所研究的就是物理环境的美，或客观存在于物理环境之中的
美。瑟帕玛对于鲍姆加滕的美学观所做的断章取义的片面接受，严重地影响
了他的环境美学的深度与高度。这是非常遗憾的事。与瑟帕玛截然不同的
是，环境美学家伯林特自始至终坚持，环境美学应该回到鲍姆加滕意义上的
"审美哲学"。

　　瑟帕玛的美学观受分析美学影响很大，特别是受到比尔兹利美学观的影
响。比尔兹利的《美学——批评哲学的各种问题》被认为是 20 世纪分析美
学最深刻、最重要的著作。比尔兹利写作《美学》一书的时代，正是分析
哲学如日中天的时候，它在美国高校占据着支配地位，主宰着当时的哲学理
论。比尔兹利对于分析哲学的态度比较折中：他并没有完全接受逻辑实证主
义或日常语言哲学的观点和方法；对于他来说，采取分析的立场研究艺术哲
学，只不过意味着批评性地考察支撑艺术与艺术批评的基本概念和信条。从
事这种哲学工作，需要明晰、精确，需要甄别与评价艺术品的见识。基于上
述哲学观，比尔兹利认为美学无异于关于艺术的"元批评"（meta-
criticism）。《美学》这部名著开门见山的第一句话就明确地揭示了这种立
场："如果没有人曾经讨论过艺术作品，那将没有美学的各种问题——我这
样说的目的是划出这个研究领域的范围。"接下来他又进一步提出："在这
部书的研究过程中，我们将把美学设想为一种与众不同的哲学探索：它关注
批评的性质和基础。"② 也就是说，美学研究的无非是艺术以及艺术批评的
哲学基础。比尔兹利认为，批评性的陈述有三类，即描述性的、解释性的和

---

① Yrjo Sepanmaa, *The Beauty of Environment*: *A General Model for Environmental Aesthetics*,
Painomeklari Ky, Scandiprint Oy, Helsinki, 1986, p. 2.

② Monroe Beardsley, *Aesthetics*: *Problems in the Philosophy of Criticism*, 2nd ed. Indianapolis: Hackett
Publishing Company, Inc., 1981, pp. 1, 6.

评价性的。第一类关注艺术作品的非规范性的属性，也就是一般正常人都可以感到的属性；解释性的陈述也是非规范性的，但它关注艺术作品的"意义"，也就是这部作品与外在于它的某物的语义关系；与前两种陈述不同，评价性陈述则是规范性的判断，也就是说，它要判断一个作品的好坏优劣、如何好与如何坏。①

　　比尔兹利的上述观点深深影响了瑟帕玛。瑟帕玛把"元批评"特别突出出来，与"美的哲学""艺术哲学"放在一起，并列为他所说的"美学的三个研究传统"。这样说多少有点夸大其词：比尔兹利的"元批评"就是他的艺术哲学，二者并非两个东西；何况，元批评只不过是 20 世纪在分析哲学影响下所产生的艺术哲学观念之一，接受这种艺术哲学观的学者并不多见，它从来也没有成为什么"美学传统"。瑟帕玛这样说，无非是为了突出元批评的理论价值，抬高它的理论地位，从而为自己的"环境批评"（environmental criticism）确立根据。

　　《环境之美》一书的总页数为 184 页，而"环境批评"所占的篇幅为 57 页（从第 79 页到第 136 页），基本上是三分之一，足见其分量之重。在这一部分里，瑟帕玛依次讨论了环境批评的定义，哪些人可以称为环境批评家，环境批评的成分与任务等，其中，环境批评的成分与任务是他最为关心的。他仍然是借鉴了比尔兹利的观点来展开论述：比尔兹利认为批评性的陈述有描述性的、解释性的和评价性的三类，瑟帕玛就亦步亦趋地研究了环境描述、环境解释和环境评价三方面，认为环境批评的任务就是这些。公正地说，瑟帕玛所研究的环境批评具有很大的开拓性，因为在他之前，批评主要是艺术批评，没有人想到环境批评；在日益发展壮大的环境运动中，描述环境、解释环境和评价环境无疑都具有重大意义。因此，瑟帕玛的理论贡献不容忽视。这里的所关注的主要是他与分析美学的关系。这种关系可以简单概括为"承续而拓展"：瑟帕玛首先承续了比尔兹利的元批评观念，然后将之拓展到比尔兹利所忽略的环境领域，也就是扩大了元批评的对象和范围。

　　除了比尔兹利之外，其他的著名分析美学家如维特根斯坦（1889 —

①　参见 Wreen Michael，"*Beardsley's Aesthetics*"，*The Stanford Encyclopedia of Philosophy*（*Fall* 2010 *Edition*），Edward N. Zalta（ed.），URL = < http：//plato. stanford. edu/archives/fall2010/entries/beardsley-aesthetics/>。

1951）、莫里斯·韦茨（1916—1981）、阿瑟·丹托、乔治·迪基等，都是
瑟帕玛著作中经常引用的人物。瑟帕玛对为分析美学奠基的分析哲学大师维
特根斯坦充满敬意。在《环境之美》一书的"致谢辞"里，瑟帕玛提及的
第一个人物就是维特根斯坦。维特根斯坦本人论及美学与艺术的论著并不
多，他对于分析美学的贡献主要在于哲学思维方法上。他后期提出的"语
言游戏"与"家族相似"等观念表明，他反对那种"对普遍性的追求"。他
的追随者之一韦茨将这些观念应用到分析美学的核心工作——为艺术下定义
时，提出了艺术是个"开放的概念"的说法。瑟帕玛在讨论"三个美学传
统"之一的"艺术哲学"时，引用和借鉴了上述两位分析美学家的观点。①
丹托在瑟帕玛这里出现频率很高，他最为著名的观点是"艺术界"理论：
艺术界是由某种历史、理论环境构成的。该理论对于后来迪基提出的"艺
术惯例论"和"艺术圈"说都有重大影响，瑟帕玛则引用了说明他的"艺
术活动"与"分类"。他转述丹托的话说："艺术作品总是存活在于一种关
系之中，即它与调控它的概念系统的关系：那也就是与艺术理论、与美学的
关系。"②

　　赫伯恩自然环境美学的论证方式是比较艺术欣赏和自然欣赏的差异，瑟
帕玛的环境美学继续沿着这个思路前行，只不过他把赫伯恩提及的两点差异
扩充为更加详尽的三方面共 14 点。这样划分的原因在于：瑟帕玛的理论出
发点是艺术作品，因为在他看来，艺术作品是最基本的例证，其他现象都可
以与它比较；艺术作品包括三方面的问题：创作、作品本身和接受者，所
以，瑟帕玛把他的比较划分为与之一一对应的三方面：第 1—3 点与创作有
关，第 4—11 点与作品的属性有关，而第 12—14 点与观察者或受众有关。
应该说，这个思路本身就是分析美学的。但更为明显的则是，瑟帕玛在这里
频繁地引用了丹托和迪基的相关理论。这里重点来分析瑟帕玛所论述的环境
与艺术的第一点区别。

　　瑟帕玛的表述如下："艺术品是人工制品，是人造的——而（自然）环

---

① Yrjo Sepanmaa, *The Beauty of Environment*：*A General Model for Environmental Aesthetics*,
　Painomeklari Ky, Scandiprint Oy, Helsinki, 1986, p. 10.

② Yrjo Sepanmaa, *The Beauty of Environment*：*A General Model for Environmental Aesthetics*,
　Painomeklari Ky, Scandiprint Oy, Helsinki, 1986, p. 6.

境则是既定的、独立于人的，或在没有全局规划的情况下形成的。"① 在瑟帕玛看来，艺术作品总是艺术家的活动与艺术惯例作用的结果，创造艺术品的目的是为了审美考察，至少是为了激发审美讨论。为了增强自己的理论根据，瑟帕玛在此几乎列举了迪基的所有代表作，诸如《艺术与审美》《艺术圈》。我们知道，迪基提出的"惯例论"（institutional theory）是西方最流行、引发争议最多的艺术理论之一。迪基最初在《艺术与审美》认为，一件艺术作品必须具备两个最基本的条件：第一，它必须是人工制品；第二，它必须由代表某种社会惯例的艺术界中的某人或某些人授予它以鉴赏的资格。其中，第二个条件更加重要，它是惯例论的核心。②

　　惯例论受到了来自比尔兹利等人的尖锐批评，迪基在回应批评的过程中也不断修正自己的理论。《艺术与审美》出版 10 年之后发表的《艺术圈》一书则基本上放弃了"授予"的概念，修正后的惯例论保留了艺术品的第一个基本条件，即"必须是件人工制品"，而把第二个条件修改为：它是为了提交给艺术界的公众而被创造出来的。此时的迪基所重点探讨的已经不是"授予"问题，而是"什么是人工制品"问题。这样一来，第一个条件就成了迪基艺术哲学的核心，他以一块自然形成的漂浮木头为例展开讨论，旨在说明人工制品与非人工制品的差异。比如：某人捡起一块漂浮木头，把它扔在海滩的另外一个地方——这块木头就不是人工制品，因为它没有受到任何人的加工；如果某人捡起了这块同样的木头，用小刀把它削成一把鱼叉，这时，它就是人工制品，因为有人加工过了它，如此等等。③

　　这里无意讨论迪基惯例论的是非得失，目的是想揭示如下事实：辨别自然物与人工制品之间的区别是艺术哲学的中心议题之一，它天然地包含着走向自然美学的因子。瑟帕玛的环境美学正好利用了艺术哲学的这个要点，他在自己的著作中明确地标注了自己的理论来源。

　　迪基的"艺术惯例论"还影响了瑟帕玛对环境与艺术所做的第二点区

① Yrjo Sepanmaa, *The Beauty of Environment*: *A General Model for Environmental Aesthetics*, Painomeklari Ky, Scandiprint Oy, Helsinki, 1986, p. 56.

② George Dickie, *Art and the Aesthetic*: *An Institutional Analysis*, Cornell University Press, Ithaca and London, 1974, pp. 35-45.

③ George Dickie, *The Art Circle*: *A Theory of Art*, Haven Publications, New York, 1984, pp. 44-45.

别："艺术品产生于、接受于由各种惯例构成的框架之中——环境之中则没有这样明确的框架。"在论述第四点时，瑟帕玛引用了丹托的理论："艺术品是虚构的——环境则是真实存在的。"此处引用的是丹托 1973 年的论文《艺术品与真实之物》。① 其他还有一些引用，这里不再一一列举了。总之，可以非常有把握地说，瑟帕玛环境美学是分析美学"自然与人工"之辩的合理延伸——而这一点，也正是赫伯恩倡导自然美研究的出发点。

总而言之，环境美学与分析美学的关系可以概括为一句话：承续而拓展。这当然只是环境美学的一个方面或一个立场——卡尔森经常讲环境美学有两个立场，一是以他本人为代表的"认知立场"，二是以伯林特为代表的"交融立场"。伯林特的环境美学主要受到现象学美学与实用主义美学的影响，与分析美学的距离很远，那将是另外一个论题了。下一章将对此进行讨论。

---

① Yrjo Sepanmaa, *The Beauty of Environment: A General Model for Environmental Aesthetics*, Painomeklari Ky, Scandiprint Oy, Helsinki, 1986, pp. 55-59.

第七章　现象学与环境美学

　　前面提到，在宏观勾勒环境美学的整体理论图景时，学术界一般将之划分为两种理论立场：一个是以伯林特为代表的"交融立场"，另一个是以卡尔森为代表的"认知立场"，两种立场的美学观不同，环境观差异更大，对艺术欣赏与环境欣赏之间关系的理解存在着根本分歧——伯林特认为二者是一致的，卡尔森则基本上是通过对比二者的差异来展开自己的环境美学研究的，这些成了环境美学理论景观中并峙的"双峰"。

　　造成环境美学这种理论格局的原因固然是多方面的，但是，最重要的原因却是二者的哲学立场与美学背景存在根本差异。在西方哲学界，英美"分析"哲学一般是同欧洲"大陆"哲学相对的，二者在方法论与理论预设上的不同导致了分析美学与现象学美学的差异。如果说分析美学深深地影响了赫伯恩、卡尔森、瑟帕玛等人的环境美学的话，那么，环境美学的另外一个代表性人物伯林特则深受现象学美学的重大影响。只有厘清了环境美学对于现象学美学的接受和发展，才能比较全面地理解环境美学的美学理论背景及其所引发的环境美学中的两种主要立场。

　　现象学是由胡塞尔在 20 世纪开端时创立的一个哲学流派，学术界通常将之称为"现象学运动"，其代表人物除了胡塞尔之外，还有海德格尔、梅洛-庞蒂等一大批哲学家。这些学者通常从胡塞尔的早期著作出发，根据各自所关注的问题而发展出不同的现象学定义，进而发展出各种不同的现象学学说。这就意味着，将这些哲学家联系在一起的根本纽带不是他们共同的学术主张，而是其共同的思想风格或一致的思想方法，即"现象学方法"。

伯林特的美学研究以现象学美学为起点。早在 1970 年，他就出版了
《审美场——审美经验现象学》一书①，这为他后来的美学研究（包括艺术
美学与环境美学两方面）确立了基本立场和理论思路。现象学在伯林特的
环境美学研究中发挥了重要作用，很大程度上影响了他的环境观、审美观、
思想主题、研究方法以及理论要点等②，下面依次进行讨论。

第一节　现象学对伯林特的环境观的影响

在正式论述现象学与环境美学的关系之前，首先简要地介绍一下伯林特
接受现象学的过程。

法国现象学家米歇尔·杜夫海纳是现象学运动中以美学研究而举世闻名
的哲学家，他于 1953 年出版了后来成为名著的《审美经验现象学》一书。
杜夫海纳 1960 年在美国布法罗大学法语系做访问教授，在此期间，正在该
校求学的伯林特听过他的几次讲座。但是，两人当时并没有建立比较紧密的
联系，只是后来在一些国际会议上相遇时，两人才建立了友好的联系。伯林
特 1970 年出版的《审美场——审美经验现象学》一书，引用了杜夫海纳于
1960 年 9 月在布法罗大学所作讲座中的一句话："在我们目前的文明状态
中，审美经验是唯一幸存的、可以用来证明人类与世界之间原初和谐关系的
东西。"③这句话对林特的影响是潜在的、深远的。杜夫海纳的《审美经验现
象学》直到 1973 年才被译成英文，而伯林特则在 1970 年就已经写完《审美
场——审美经验现象学》，之后才看到杜夫海纳的著作，所以，当时杜氏对
伯林特的影响比较有限。伯林特自己说，他在读杜夫海纳的著作时认识到，
他从康德传统中解放了自己，从而比杜夫海纳走得更远。伯林特在布法罗大
学哲学系学习期间之所以深受现象学影响，是因为当时他正在做有关马文·

---

① 参见 Arnold Berleant, *The Aesthetic Field*: *A Phenomenology of Aesthetic Experience*, Springfield, Ⅲ: C. C. Thomas, 1970。

② 现象学运动中出现了为数众多的哲学家，以美学研究著名的主要有德国学者盖格尔、波兰学者英伽登和法国学者杜夫海纳，但这三位学者的美学理论都没有出现在伯林特的环境美学研究之中，其原因值得探讨。

③ Arnold Berleant, *The Aesthetic Field*: *A Phenomenology of Aesthetic Experience*, Cybereditions, 2000, p. 133.

法伯（Marvin Farber）以及弗里茨·考夫曼（Fritz Kaufmann）的毕业论文，而这两人都曾是胡塞尔的学生。从法伯那里，他学到了现象学作为方法论的价值，懂得了必须避免现象学绝对的主观主义和观念主义（idealism）倾向。他也研究了考夫曼的美学。总之，这些都是他思想中现象学倾向的来源，它们指导了他的审美方向，促使他从理论上反思自己早年的音乐训练，以及对一切艺术的强烈兴趣。①

现象学对于伯林特的影响，首先体现在他的环境观上。在最通常的意义上，环境就是我们周围的事物，包括环绕在我们周围的有生命的和无生命的事物，无生命的成分则包括土地、水和空气等。通常说的自然环境就是这种意义上的环境。环境作为科学术语是生态学的关键词，《牛津生态学词典》对环境的定义是："有机体生存的外部条件的全部范围，包括物理的和生物的。"② 前一种意义上的环境所对应的英文词语是 surroundings（周围事物），后一种意义上的环境所对应的英文词语则是 environment，二者在英文中往往被视为同义词。无论是在日常意义上还是在科学意义上，环境的基本特性就是客观实在性——它是环绕在某个事物周围的所有客观事物的总和。

但是，伯林特却不这么认为。他明确反对从"周围事物"这个意义上来理解"环境"，也就是坚持反对用英文单词 surroundings 来指称"环境"。从表面来看，这只不过是一个措辞问题；但从深层来看，这却是哲学立场的选择问题。伯林特充分借鉴了现象学的观念，明确提出了"环境现象学"（phenomenology of environment）："环境并非主体静观行为的客体——环境与我们是连续的，是我们生存不可或缺的条件。"③ 这个论断集中体现了伯林特的环境观念及其哲学根源，值得我们认真讨论。

众所周知，现代哲学奠基者笛卡尔提出了"我思故我在"这个著名的哲学命题，其分析方法是将世界视为由一系列事物组成的客体，同时将具有心灵的人视为认识主体，由此确立了现代哲学的主—客二元认识论框架。现

① 参见程相占、[美] 阿诺德·伯林特：《环境美学的理论基础：阿诺德·伯林特教授访谈》，未刊稿。

② Michael Allaby, *Oxford Dictionary of Ecology*, Oxford University Press, 1994, p. 143.

③ Arnold Berleant, *The Aesthetics of Environment*, Philadelphia: Temple University Press, 1992, p. 156.

象学的创立者胡塞尔从其老师布伦塔诺那里借鉴了"意向性"概念，认为意识的基本特点总是指向对象的，也就是说，意识总是关于某物的意识。从这个角度来说，主体与客体在根本上是无法分离的，而是互相关联的——这就是意识的根本结构。而所谓的"现象"，就是显现在意识行为中的东西。从这个意义上来说，既没有无主体的世界，也没有无世界的主体。简言之，在现象学中，主体这个术语不再被设想为"笛卡尔式的我思"（Cartesian Cogito）意义上的思维范畴，而是被设想为"生活在与世界、与身体、与其他真实之人不可分离的关系之中"的人①。这就在某种意义上超越了现代哲学的主—客二元论。

伯林特明确批判笛卡尔的主体性观念，将之称为"分离的主体性"②；在借鉴现象学对于主体与世界密切关系之论述的基础上，伯林特提出了自己的环境观，其实也就是将现象学的"世界"概念改换成了"环境"这个概念。他提出："环境是我们与自然过程合作的结果，考虑环境的时候不能脱离人的融入。某物被如何感知，与它被如何构建同样重要。"③ 仔细推敲，这几句话既有康德哲学的影子，又有胡塞尔现象学的影子，而这二者之间又有一定的内在关系。胡塞尔发表于1900年和1901年的《逻辑研究》着重对意识现象进行现象学描述，可以称为"现象学心理学"；但在出版于1913年的《纯粹现象学和现象学哲学的观念》第一卷中，胡塞尔的现象学发生了所谓的"先验转向"，也就是采取了康德"先验观念论"的思路，为知识或意识的可能性寻找基础，从而将现象之外的任何实在"悬置"了起来。他将"现象学的悬置"通俗地称为"加括号法"，通过运用这种方法，"我们使属于自然态度本质的总设定失去作用，我们将该设定的一切存在性方面都置入括号：因此将这整个自然世界置入括号中。这个自然界持续地'对我们存在'，'在身边'存在，而且它将作为被意识的'现实'永远存在着，

① Gabriella Farina, "Some Reflections on the Phenomenological Method", *Dialogues in Philosophy, Mental and Neuro Sciences* 7 (2014: 2), pp. 50—62.

② Arnold Berleant, *The Aesthetics of Environment*, Philadelphia: Temple University Press, 1992, p. 149.

③ Arnold Berleant, *The Aesthetics of Environment*, Philadelphia: Temple University Press, 1992, p. 129.

即使我们愿意将其置入括号之中。"① 我们可以看到，胡塞尔的看法是非常辩证的，胡塞尔并不断然否定自然世界的客观存在，但是，为了使哲学达到他所理想的"严格的科学"状态，他的学术策略是将实在、存在或自然世界等"存而不论"，以便忠实地描述在直观中直接向我们呈现的东西。这样做的理论后果就是，环绕我们的自然世界的存在被放进了括号之中，我们得以集中注意力，去反思自己清醒体验的结构。

伯林特尽管没有引用胡塞尔的著作，但他主张的"环境现象学"正是将客观存在的"自然过程"（即胡塞尔所说的"自然世界"）存而不论，他所说的"环境"正是在人的直观中直接呈现出来的东西，因此是"我与自然过程合作的结果"。只有从这个角度，我们才能理解他所坚持的如下一个观点：考虑环境的时候"不能脱离人的融入"。因为现象学意义上的环境，不是独立于人的意识之外的周围事物，而是在人的意向性中构成的东西；环境的样态怎么样，用康德的话来说就是，取决于它"被如何构建"；用现象学的话来说就是，取决于它"被如何感知"。因此，严格说来，伯林特所说的环境不是"物理环境"（physical surroundings），而是体验中的环境，即"环境体验"（environmental experience）。伯林特明确提出要从审美的角度来看待环境，这种意义上的环境只能是他所说的"人类环境"（human environment）或"审美环境"（aesthetic environment）。正是通过这种意义上的环境，伯林特揭示了环境与美学的内在关联，从而为构建环境美学铺平了道路。

相比较而言，伯林特的学术盟友和论争对手卡尔森则持实在论立场，认为环境美学所讨论的就是实实在在的客观环境，即物理环境。卡尔森从来没有认为表达环境的两个词语 environment 与 surrounding 之间有任何区别。这两位学者之所以构成了环境美学整体理论中双峰并峙的格局，深层原因正在这里。这里讨论伯林特的环境观，目的也是为了更好地理解环境美学的整个理论格局。如何评价这两种不同的环境观，最终将取决于如何评价哲学史上著名的观念论与实在论之争。伯林特采纳现象学意义上的环境观，使得他得

① ［德］胡塞尔，［荷］舒曼编：《纯粹现象学通论》，李幼蒸译，商务印书馆 1992 年版，第 97 页。该书即《纯粹现象学和现象学哲学的观念》第一卷，简称《观念》Ⅰ。笔者认为，引文中的"现实"应该翻译为"实在"。

以明确区分环境的一系列同义词，比如，周围事物、景观、世界，等等①，从而为他的环境美学研究明确了研究对象。与此同时，这种环境观使得伯林特将环境美学的研究焦点集中在环境体验及其深度上，使得环境欣赏者采用"清醒的、具身的、积极的、交互性的体验来把握世界"②，从而使得环境体验穿透了世界的表层而进入其深层。再者，伯林特强调，欣赏环境并非观赏外在的风景；将人类与环境分离开来的思想，"哲学上是没有根据的，科学上则是错误的。它会导致灾难性的实践后果，就像生态运动已经证明的那样"③。从这个角度来说，伯林特的现象学环境观极大地突出了人与环境的连续性，强调了环境对于人的生存的至关重要性，从而将环境美学与生态运动联系起来，深化了环境美学的思想主题。

第二节　伯林特对梅洛-庞蒂知觉现象学的继承与发展

　　环境美学的中心词无疑是"美学"，其英文即 aesthetics，也就是在形容词 aesthetic 之后添加一个 s 而成为一个名词。如果我们将 aesthetic 理解为"审美的"的话，那么，aesthetics 的恰当汉译名称就是"审美学"而不是"美学"。④ 之所以有必要指出这一点常识，一个原因是，只有这样我们才能理解环境美学的美学观；另一个原因则是，只有这样才能准确把握环境美学的理论表达方式。从美学观的角度来说，在分析美学占据主导地位的 20 世纪前半期，美学被等同于艺术哲学，这种美学观将审美对象的范围仅仅限定为艺术品，因而大大缩小了审美的范围。环境美学坚决反对这种美学观，它认为任何事物都可以成为审美欣赏的对象，即"审美的对象"（aesthetic object）；也就是说，只要条件允许，任何对象都可以是"审美的"，即可以使

---

① 参见 Arnold Berleant （ed.）, *Environment and the Arts*: *Perspectives on Art and Environment*, Aldershot: Ashgate, 2002, pp. 6–7。

② Arnold Berleant, *The Aesthetics of Environment*, Philadelphia: Temple University Press, 1992, p. 18。

③ Arnold Berleant （ed.）, *Environment and the Arts*: *Perspectives on Art and Environment*, Aldershot: Ashgate, 2002, p. 10。

④ 我们将"审美学"与"美学"视为可以互换的同义词，只有在为了方便表达不同理论意义的时候才区分二者。

用"审美的"这个形容词来修饰它。这就涉及环境美学的理论表达问题，伯林特明确提出，"什么使得某物成为审美的"这个问题，是美学自古以来的根本问题。① 因此，无论卡尔森还是伯林特，都认真细致地讨论过"审美"（the aesthetic）这个问题。

概括地讲，伯林特一方面试图坚持鲍姆加滕的美学观，另一方面，又借鉴梅洛-庞蒂的知觉现象学进行发展。在讨论"审美的"这个术语的时候，他追溯到了鲍姆加滕于 1750 年提出的观点，认为鲍姆加滕从一开始就将"审美的"认定为"通过各种感官所得到的知觉（perception）"②。严格来说，伯林特这个说法不太准确。鲍姆加滕最初提出"审美学"（即美学）的年份是 1735 年，他在 1750 年出版的《美学》第一卷给这个刚刚诞生的学科下了一个定义，即"感性认知的科学"。③ 也就是说，鲍姆加滕使用"审美的"这个术语，来指通过各种感觉器官所得到的认知或认识，也就是常说的"感性知识"，但是其美学定义并没有出现"知觉"这个术语。伯林特之所以作出这种判断，主要是为了从词根上将"审美"与"知觉"这两个术语联系起来，从而强调知觉对于美学的首要性。不妨来看伯林特对于知觉的一段论述：

　　"知觉"是一个很难的术语，它对于心理学、现象学和哲学都是根本的。它也占据了美学的中心位置。——感性体验的确是审美知觉（aesthetic perception）的中心。当我们与环境交融的时候，我们就会更强调它。④

无论鲍姆加滕还是康德，都没有将知觉当作美学的关键词。但是，伯林特却明确地将知觉当作环境美学的中心，并且特别强调它对于环境体验的重

① 参见 Arnold Berleant（ed.），*Environment and the Arts*：*Perspectives on Art and Environment*，Aldershot：Ashgate，2002，p. 1。

② Arnold Berleant，*The Aesthetics of Environment*，Philadelphia：Temple University Press，1992，p. 156.

③ Alexander Gottlieb Baumgarten，*Ästhetik*［Lat. -Germ.］，translated，with an introduction，notes and indexes ed. by Dagmar Mirbach，Vol. 1. Hamburg，2007，p. 20.

④ Arnold Berleant，*The Aesthetics of Environment*，Philadelphia：Temple University Press，1992，p. 19.

要性。在众多现象学家当中，最为重视知觉的首推梅洛-庞蒂，他的代表作
《知觉现象学》一书清楚地表明了这一点。伯林特明确引用梅洛-庞蒂《知
觉的首要性》的思想，并提出了自己环境美学的理论要点：

> 环境现象学隐含着它自己的美学。梅洛-庞蒂主张，知觉是人类生
> 活的中心要素，它之所以是首要的，是因为"知觉的体验是在如下时
> 刻我们的在场——当事物、真实和价值为了我们而构建之时"。而且，
> 知觉同时也是审美的中心术语。知觉被扩展来包括想象性知觉（这对
> 于文学艺术是至关重要的），它是审美体验的必要条件；对于某些审美
> 体验来说，它还是充分条件。——无论对于人类生活还是对于审美体
> 验，知觉都具有中心性。这一观念表明，作为生命之条件的环境，在其
> 自身内部就包含着审美的种子。①

这段话内容丰富，对于理解伯林特的环境美学至关重要。首先是梅
洛-庞蒂的知觉理论。梅洛-庞蒂试图在胡塞尔现象学的基础上，借鉴格式
塔心理学思想来分析知觉的结构。在发表其代表作《知觉现象学》（1945）
的次年，梅洛-庞蒂提出了"知觉的首要性"这个命题，目的是为了总结这
本书的主题并为之辩护。胡塞尔声称，意识总是关于某物的意识；梅洛-庞
蒂则相应地提出，"所有意识都是知觉的"。② 他认为，被知觉到的生活世界
是首要的实在，即真正实在的真实存在。知觉意识的结构是我们走进存在和
真理的首要入口，在知觉中被给予我们的那个世界就是具体的、通过主体间
性而构建的、由直接体验组成的生活世界。这就是说，梅洛-庞蒂之所以提
出知觉是首要的，是因为他想针对现象学运动中出现的实在论与观念论之争
表达自己的哲学立场：他既不是一个实在论者，也不是观念论者，而是一个
现象学家。③ 这就意味着，世界并非客观存在的周围事物，而是被我们的知

① Arnold Berleant, *The Aesthetics of Environment*, Philadelphia: Temple University Press, 1992, p. 156.
② Maurice Merleau-Ponty, *The Primacy of Perception*, Edited by James M. Edie. Evanston, Ⅲ: Northwestern University Press, 1964, p. 13.
③ 参见 aurice Merleau-Ponty, *The Primacy of Perception*, Edited by James M. Edie. Evanston, Ⅲ: Northwestern University Press, 1964, p. xvi.

觉所感知的世界（perceived world）。这个意义上的世界正是伯林特所说的环境。由此可见，知觉之所以是"首要的"，是因为它肩负如下两重重任：构建世界，让我们得以接近真理。

　　从以上简单说明可以看出，梅洛-庞蒂探讨知觉的目的并非解决审美问题。但是，伯林特却进一步提出，知觉也是审美的中心术语，对于审美体验也具有中心性。这就意味着，鲍姆加滕的美学定义"感性认识的科学"，某种程度上被伯林特改造成了"知觉学"。但是，冷静地说，这个改造显得比较粗糙，因为它忽视了一个根本问题："知觉的"与"审美的"并非同义词，也就是说，一般知觉并不必然就是"审美的"。伯林特显然看到了这一点，所以他又在"知觉"前面加上了修饰语"审美的"，提出了"审美知觉"（aesthetic perception）这个术语。但这种学术"加法"近乎"循环论证"：既用知觉来说明审美的内涵，又用审美来限定知觉的内涵。最后的理论结果只能是，审美的含义依然不甚清晰。

　　尽管如此，伯林特的探讨仍然具有一定的理论价值，它促使我们思考美学的"阿基米德点"问题。如果接受鲍姆加滕的美学观而将美学理解为"审美学"，那么，"审美的"这个形容词就是美学的阿基米德点，学术界普遍使用这个术语来修饰审美学的一系列关键词，诸如审美态度、审美体验、审美主体、审美对象、审美特性、审美评价、审美教育等。也就是说，离开了"审美的"这个术语，我们几乎无法讨论"审美学"。伯林特显然看到了这一点，他的学术策略是用知觉来解释审美。应该说，这是审美理论的一个重大进展。如果联系他的其他一些论述，就会发现伯林特对于"审美知觉"也作了一定的解释，从中可以看到他对于"审美"的说明。比如，伯林特在其代表作《环境美学》的"前言"中这样写道：

　　　　这些探索的根本动力是需要重构环境的概念并认识其审美含意。我们正在认识到，自然与人类世界并不是相反的，环境也不是外在的领域。美学能够通过理论术语和具体状况，帮助我们把握人与自然的不可分离性。事实上，环境美学展示了体验与知识等概念在我们这个时代的变化，这些变化越来越反对那些习以为常的思想和实践。因为我们从对于环境的审美知觉，发现了这种相互性，发现了我们世界里各种力量的连续性——那些由人类行动所产生的力量，那些我们必须回应的力量。从它们的最终同一性中，我们不仅发现了体验的质的直接性，而且发现了我们交融的即刻性。①

从这段论述可以看出，伯林特的环境美学其实就是"环境审美知觉学"；"对于环境的审美知觉"（aesthetic perception of environment），使我们认识到了人与自然的同一性，这是对于现代哲学人与自然关系论的重大改进，也是环境美学的思想意义之所在。伯林特在论述环境审美体验之特性的时候，侧面涉及了审美知觉的两个特性，一个是"质的直接性"（qualitative directness），另一个是"即刻性"（immediacy）。前者是从人与知觉对象的关系角度来说的：人作为知觉者，可以借助知觉能力"直接地"把握对象的"质"，即现象学常说的"本质"，这种意义上的知觉无疑近似于现象学常说的"本质直观"；后者则是从时间过程这个角度来说的：这种直接地把握是即刻的、当下的。简言之，"直接而即刻"，这就是"审美知觉"的特性。由此可以推断，伯林特所说的"审美的"这个修饰语，主要意义就是"直接的而即刻的"，他有时将"审美"概括为"聚焦的注意力的直接性"②。"环境审美知觉"的简称就是"环境知觉"，伯林特经常使用这个简称并将之视为"环境体验"的同义词。为了突出知觉的首要性，他有时候还采用过"知觉体验"（perceptual experience）这种表达方式。

还需要特别注意的是，伯林特重视知觉的文化意义。比如，他将人类环境称为"知觉系统"，认为从审美的视角来把握的话，它就具有"感性丰富性、直接性和即刻性"，同时还具有"知觉所携带的文化模式和意义"。因此，环境就是"物理—文化领域"，环境美学必然涉及"文化美学"。由于文化总包含特定的价值观，所以他又说，价值"处于审美的中心"③。这些论述也有助于理解他所说的"审美的"这个术语。

综上所述，伯林特环境美学所要研究的是"环境审美知觉体验"；知觉

---

① Arnold Berleant, *The Aesthetics of Environment*, Philadelphia: Temple University Press, 1992, p. xiii.

② Arnold Berleant, *The Aesthetics of Environment*, Philadelphia: Temple University Press, 1992, p. 23.

③ 参见 Arnold Berleant, *The Aesthetics of Environment*, Philadelphia: Temple University Press, 1992, pp. 20-22。

之所以是"首要的"，是因为知觉具有各种强大功能，诸如构建世界、揭示真理、传达文化价值等。这些思想无疑是对于梅洛-庞蒂知觉现象学的继承和发展。我们不妨进一步讨论一下知觉现象学与环境美学的关系，以便从中揭示环境美学超越现代美学的地方。

梅洛-庞蒂哲学研究的出发点是反思和批判笛卡尔哲学存在的问题，即人类主体性与身体的关系，人类主体性与世界的关系。与现代哲学从感觉入手不同，梅洛-庞蒂在格式塔心理学的启发下直接从知觉入手。对他而言，知觉与经验性感觉（empirical sensation）相反，后者只是有机体受到刺激时简单做出的反射性回应。与此相反，梅洛-庞蒂断言，知觉是意识的原初形态，我们在"在活动中"体验知觉及其视野。人类主体作为世界之中的存在，首先是活生生的身体（lived body）。在主体与客体二分之前，知觉行为展示了预先存在的现象模式。知觉既不像经验性感觉那样被动，也不像观念论所认定的构建那样主动；它不把自己的身体显示为简单的客体，而是将之显示为向一个世界呈现，并在这个世界之中进行知觉的途径。此外，在知觉行为中，知觉主体已经通过意向性而与被知觉的世界相关。通过有意识的反思及其对象化所发现的世界，总是我通过我的身体而栖息的世界；也正是通过我的身体，我体验到自己与世界的根本沟通和自然交流。梅洛-庞蒂在《知觉现象学》中这样写道：

> 当我反思身体的本质的时候，如果我发现它与世界的本质相连的话，那么，这是因为我作为主体性的存在，与我作为身体的存在、与世界的存在是统一的；还是因为，如果正确地理解的话，我所是的主体，最终无法与这个特殊的身体、无法与这个特殊的世界分离。我们在主体的核心之处发现的本体世界与身体，并不是作为观念的世界与身体；相反，世界是压缩为一个整体的世界自身，而身体则是具有认识能力的身体自身。①

---

① M. Merleau-Ponty, *Phenomenology of Perception*, Trans. Donald A. Landes, London and New York: Routledge, 2012, p. 431.

在这段论述中，梅洛-庞蒂比较彻底地改造了西方传统身体观，将传统身体观所认定的动物性的"肉体"，改造为"具有认识能力的身体"（know-ing-body），并以之为基点重新考察了身体与主体性、身体与世界这些重大问题。身体成为知觉体验的基点与核心。这些思想深深地影响了伯林特的环境美学，他写道：

> 如果我们继续将知觉体验当作我们的试金石，那么，环境的范围将由出现在特殊情形中的知觉和行为的范围来决定。我们可以与胡塞尔谈论我们知觉场的视域，在很多时候，我们处于那个场的中心，即梅洛-庞蒂所说的空间性的基准点。这并不是因我们是最重要的，而是因为我们必然是它的知觉来源。而且，就像我们现在认识到的那样，环境超过了环绕我们的东西。因此，这个基准点，亦即环境向四周延伸的那个辐射点，既是环境的一部分，又与环境是连续的。然而，将这个基准点认定为环境的来源不是为了抬高人的位置或包含某种主体性。——环境产生于如下二者之间的相互作用：一是作为知觉的来源和发生器的我自己，一是我的感觉与行动的物理条件和社会条件。当这些要素合并为一时，我们才能谈论环境。环境不是知觉者的构建或一个地方的地理特征，甚至不是它们的总和——它是它们在积极体验中的本源统一。①

简言之，伯林特将知觉体验视为一种积极的、主动的、活跃的体验，正是通过它与周围事物的互动才构成了我们的环境。与此同时，伯林特承认物理条件和社会条件的实在性，他明确提出这些物质条件包括我们所吃的食物、所呼吸的空气，等等，"这些条件是确实而实在的"②。这里可以用一个公式来概括伯林特的环境美学思路：物理条件+知觉体验=环境。从朴素实在论或科学实在论的角度来说，物理条件（或状况）就是环境，它是独立于人的客观实在，所谓的环境审美欣赏就是对于这种环境的审美欣赏。但

---

① Arnold Berleant, *The Aesthetics of Environment*, Philadelphia: Temple University Press, 1992, p. 132.

② Arnold Berleant（ed.）, *Environment and the Arts*: *Perspectives on Art and Environment*, Aldershot: Ashgate, 2002, p. 18.

是，从现象学的角度来说，这种实在论的立场是不严格的，应该以知觉为中心重新理解环境概念。伯林特正是这样做的，他的环境之所以被称为"知觉环境""审美环境"或"人类环境"，原因正在于他与梅洛－庞蒂一样强调知觉的首要性，而知觉与审美又有着难分难解的关系。强调人类与环境之间的连续性，强调环境与人类的身体、与人类的自我密不可分，都有助于增强人类的环境保护意识。伯林特环境美学的积极意义也正在这里。

第三节　海德格尔的栖居与空间思想
对伯林特环境美学的影响

海德格尔在多大程度上能够被称为一位"现象学家"，国际学术界心存疑虑，比如，美国现象学史专家施皮尔伯格的学术名著《现象学运动》专门设置第七章，使用了一百多页的篇幅讨论"作为现象学家的马丁·海德格尔"，但出人意料的是，他在该章最后却提出"海德格尔在多大程度上是现象学家?"这个问题。① 无法确知伯林特接受海德格尔的过程，但是，从伯林特现有的数种著作来看，海德格尔的踪迹几乎无处不在。伯林特是将海德格尔作为"存在主义现象学"来接受的，他本人的学术声明称："伯林特的哲学思想源自对于体验的彻底解释——这种体验受到两种哲学的影响，一是实用主义那非奠基性的自然主义，二是存在主义现象学那不可分的直接性。"② 国际学术界所说的"存在主义现象学"（existential phenomenology）主要是指海德格尔对于现象学的哲学发展，由此可见伯林特对于海德格尔现象学的重视。

无法确知伯林特接受海德格尔的过程，但是，从伯林特现有的数种著作来看，海德格尔的踪迹几乎无处不在。海德格尔对伯林特的影响主要是环境美学的思想主题，即"栖居"思想。

海德格尔于 1951 年做过一个演讲，题目是《"……人诗意地栖居……"》，

---

① 参见［美］赫伯特·施皮尔伯格：《现象学运动》，王炳文、张金言译，商务印书馆 1995 年版，第 474—587 页。

② 这是伯林特本人的学术网页对于其美学研究的总体说明，2020 年 8 月 8 日，见 https：//arnold-berleant.com／。

通过分析他所推崇的诗人荷尔德林的诗句，海德格尔表达了他本人对于"栖居"之本质的看法。在海德格尔看来，由于住房短缺，由于世人备受劳作之折磨，由于趋功逐利……真正意义上的栖居与"诗意"格格不入。要从栖居角度思考人的生存，就不能把栖居仅仅理解为"住所的占用"，而应该像荷尔德林那样，把栖居视为"人类此在的基本特征"。而"作诗是本真的让栖居"，也就是说，作诗是一种特殊的"筑造"（即"建筑"）方式，诗歌能够"让"人类得以"栖居"。因此，栖居的本质与诗的本质是相通的，"作诗与栖居相互要求着共属一体"。尽管作诗是人之栖居的基本能力，但本真的作诗也并非随时随地都能发生的事情。那么，何时才能作诗、才能诗意地栖居呢？荷尔德林写道："只要善良，这种纯真，尚与人同在，人就不无欣喜，以神性度量自身……"海德格尔引用了这几句诗，然后得出了自己的结论："只要这种善良之到达持续着，人就不无欣喜，以神性度量自身。这种度量一旦发生，人便根据诗意之本质而作诗。这种诗意一旦发生，人便诗意地栖居在这片大地上。"①

按照海德格尔的上述思路，可以看到一系列关键词之间的关系，可以概括如下：善良→神性→作诗→筑造→栖居。这种意义上的"栖居"其实是一种远远超越世俗"居住"的生存方式和生存理想。但是，在今天这个越来越世俗化的世界上，"如何栖居"已经成为一个非常尖锐的问题。

在海德格尔看来，栖居是存在的基本特征，人正是通过栖居这种方式而存在的。海德格尔在其早期著作《存在与时间》中所揭示的"在—世—中"（being-in-the-world）结构已经初步涉及栖居问题，其后期著作则将栖居强调为人生在世的基本方式，并且提出了另外一种结构，即通常所说的"天地神人四重奏"（fourfold），可以简单地概括如下："人"存在于"大地"之上、"天空"之下，同时还面对"神灵"。这种意义上的"栖居"主要发生在人处于事物之中，因为栖居通过让四重奏影响事物而保卫它，所以，"栖居"就是一种动词意义上的"建筑"。因此，人类建筑的事物，比如桥梁，就是顾及四重奏的场所，同时也安排并保护它，这种保护就是栖居的基本本

---

① Martin Heidegger, "Building Dwelling Thinking", in *Poetry*, *Language*, *Thought*, trans. A. Hofstadter, New York: Harper, 1975, pp. 143-161. 中译本参考 ［德］海德格尔：《海德格尔选集》，孙周兴选编，上海三联书店 1996 年版，第 462—480 页。

质。作为一种在世方式，栖居就是与自由领域和平相处——这种自由领域保卫每个事物按照其本质而展现自身，展现为大地、天空、神灵与人的聚集。比如说，建筑一座桥，就是建造一个与众不同的场所，在这里，上述四者聚集到一起合而为一，四重奏直接地联合建筑的过程，它对于场所的建造与安排。这样的建筑将四重奏带到这里所建造的事物之中，按照这种方式建造的事物保卫着四重奏，而四重奏保卫又是栖居的基本本质。正是在这种意义上，海德格尔提出："只有当我们能够栖居的时候，我们才能建筑。"①

在海德格尔上述栖居思想的影响下，伯林特也提出了"人类如何栖居在地球上"的问题。他的思路是将建筑视为一种"环境设计"，提出了"建筑必须被无例外地理解为人建环境的创造"这样的命题。在伯林特看来，"建筑"不是一般意义上的"筑造"，其理论原则应该基于"人类环境的美学"。为此，伯林特区分了意指"建筑"的两个英语词汇，一个是buildings，其词根是动词build，也就是"修建"或"建造"；另一个是architecture，伯林特特别用来指那些乡土建筑，认为它们可以"反映人们的心境以及它们生活世界的质量"，所以，这种意义上的建筑对于人类学和哲学都具有中心意义：它植根于人类各种创造和生存需要的基础上，它不但界定而且包含了如下一个重要问题："人类如何栖居在地球上？"②

海德格尔在《"……人诗意地栖居……"》一文中曾经提出，成为人就是存在于大地上，就是栖居，而这正是动词意义上的"建筑"（即英文的building）这种人类活动的意义——栖居于大地上、存在于大地上的展示。人虽然生存于大地上，但是，他还"仰望天空"，"这种仰望贯通天空与大地之间。这一'之间'被分配给人，构成人的栖居之所。……神性乃是人借以度量他在大地之上、天空之下的栖居的'尺度'。唯当人以此方式测度他的栖居，他才能够按其本质而存在。人之栖居基于对天空与大地所共属的那个维度的仰望着的测度。"③

---

① Martin Heidegger, "Building Dwelling Thinking", in *Poetry*, *Language*, *Thought*, trans. A. Hofstadter, New York: Harper, 1975, p. 160.

② Arnold Berleant, *Art and Engagement*, Philadelphia: Temple University Press, 1991, pp. 77-78.

③ Martin Heidegger, "Building Dwelling Thinking", in *Poetry*, *Language*, *Thought*, trans. A. Hofstadter, New York: Harper, 1975, pp. 143-161. 中译本参考［德］海德格尔：《海德格尔选集》，孙周兴选编，上海三联书店1996年版，第470—471页。

　　伯林特完全接受了海德格尔的上述栖居思想，他以一些著名的当代环境艺术为例指出，这些艺术作品不仅仅超越了艺术的通常规模、打破了传统的审美欣赏方式和"审美对象"概念，而且把身体置于环境艺术的结构之中，引导我们超越艺术品的界限而直接与自然环境的各种力量接触，召唤我们注意周围的不可见的力量，诸如空气的变化、光线的改变等。这些环境艺术品有助于把人带进"与自然、乃至宇宙过程的交流之中"——这种努力是建筑、环境设计和环境艺术都追求的。简言之，伯林特所理解的"栖居"，就是"与自然乃至宇宙过程的交流"——这无疑是对海德格尔上述"人生天地间"思想的承续与发挥。伯林特这样写道：

　　　　这就是栖居，海德格尔坚持，与大地和天空一道生存，带着我们人类的各种局限性而处于各种宇宙力量之中。而这不正是所有艺术的条件和审美的终极目标吗？①

　　对于自然力量和宇宙过程的强调，使得伯林特的环境美学理论具有浓厚的生态意味，使他在某种程度上走向了生态美学。

　　海德格尔在《"……人诗意地栖居……"》一文中还写到桥：桥创造了溪流的两岸，它将"溪流、两岸与大地带到一起而成为相互的邻里"。实际上，桥"将陆地聚集为环绕溪流的景观"。不仅如此，桥"还向它自身聚集……大地与天空，神与人"。这种思想表明，通常所说的某处"空间"并非几何学意义上的纯粹的"虚空"，而是与我们的现实生存密切相关的"场所"（即英文 place，是生态批评的关键词之一，又译"地方"或"处所"），也就是我们的"栖息地"，或曰"生存环境"。伯林特正是根据这种思路提出，人应该摈弃传统的空间观而以思考"场所"取而代之——正是通过栖居于某处、归属于某个场所，人际关系才得以出现，比如，人对于故乡家园的依恋，对于母校校园的眷恋，背后隐含的都是深层的人类情感。伯林特正是以此为基点对于当前的人类生存状况展开了反思。他认为，大众工业社会最严重的失败在于：它缺乏向人发出请求、让人获得归属感的"场

---

① Arnold Berleant, *Art and Engagement*, Philadelphia: Temple University Press, 1991, p. 159.

所"——正因为经常缺乏场所感所带来的归属感，即使有家、有财富，我们却无家可归、倍感凄凉。针对这种弊端，他从环境美学的角度提出，环境可以被塑造得鼓励人们参与，也可以被改造得恐吓人、控制人或压迫人；当环境设计成为人性化的设计时，它不仅适合身体的形状、运动和使用，它也与这个有意识的有机体一起发挥作用，一起扩展、发展而完满实现。这是一个目标，一种深思熟虑的美学有助于实现它。他提出，自己所倡导的参与美学，"能够成为一种强大的力量，将我们居住的这个世界转化成一个适于人类栖居的场所"①。这样的论述清晰地表明，在伯林特看来，环境美学的思想主题就是为了让人类获得宜居的场所，而这又来自海德格尔的"栖居"思想。

环境是一个与空间密切相关的概念。海德格尔的空间思想也给伯林特以较大影响。西方传统哲学思想一般认为，空间是客观的、量化的、均质的、普遍的、可以运用数学方式来度量的东西，简言之，空间是与人的存在无关的。海德格尔批判这种空间观，在《筑·居·思》一文中，他以桥为例说明了人与空间的关系是"栖居"关系。他指出："说到人和空间，这听起来就好像人站在一边，而空间站在另一边似的。但实际上，空间决不是人的对立面。空间既不是一个外在的对象，也不是一种内在的体验。……人与位置的关系，以及通过位置而达到的人与诸空间的关系，乃基于栖居之中。人和空间的关系无非是从根本上得到思考的栖居。"②这就是说，人栖居于某处，并不是把该处所当作一个外在的对象来认识，而是把该场所当作自己的活动空间；该空间并非与人对立的外在事物，它伸展开来，将人作为一个参与者而包括其中。伯林特引用了海德格尔对于栖居的论述，并将之与日本的传统时空哲学联系起来，提出了"知觉空间"（perceptual space）概念。他说："我们生存的空间变成地方性的和个人的，它被长期的活动磨平，融合着记忆与意义，它可以与场所等同，包含着场所之爱。"③ 人的栖居必然发生在

① Arnold Berleant, *Aesthetics and Environment*: *Variations on a Theme*, Aldershot: Ashgate, 2005, p. 14.
② ［德］海德格尔：《海德格尔选集》（下），孙周兴选编，上海三联书店 1996 年版，第 1199—1200 页。
③ Arnold Berleant, *Art and Engagement*, Philadelphia: Temple University Press, 1991, p. 95.

特定的场所之中，场所也就是人的栖居的具体展开。所以，伯林特的理论落脚点最终还是栖居。

海德格尔在给 W. J. 理查森的回信中承认 1937 年前后自己的思想发生了转向，他说："您对'海德格尔 I'和'海德格尔 II'之间所作的区分只有在下述条件下才可成立，即应该始终注意到：只有从在海德格尔 I 那里思出来的东西出发才能最切近地通达在海德格尔 II 那里有待于思的东西。但海德格尔 I 又只有包含在海德格尔 II 中，才能成为可能。"①海德格尔一生思考的焦点始终是存在的意义问题，但其后期思考的进路与其前期思考的进路比较起来，存在着一种翻转关系：前期是从此在之存在方式——生存出发探索存在的意义，后期是从存在出发来探索此在在生存中如何应合于存在。某种程度上可以说，海德格尔有一个从前期的"存在与时间"到后期的"栖居与空间"的转向，他的后期的"栖居与空间"的思想在伯林特的环境美学中得到了充分的回响。

另外，现象学方法（phenomenological method）也对伯林特有着较大影响，具体体现为他的环境体验描述美学，也就是采用现象学所说的"描述"的方法来描述人的环境体验。这一点还可以进一步探讨。

小　　结

环境美学最初的研究者是地理工作者或景观设计师，他们的研究主要以环境规划设计为导向，理论深度很有限。加拿大学者卡尔森主要关注科学问题，对于哲学问题并没有太多的兴趣，所以，他的环境美学研究尽管成果很丰硕，但哲学深度略显不足。这种状况到了伯林特这里发生了较大变化，原因在于伯林特对于现象学有着长期而浓厚的兴趣。完全可以说，通过借鉴现象学的理论资源，伯林特改变了环境美学的理论面貌，使之更加接近"哲学美学"。

但是，伯林特没有认真反思并讨论现象学运动中一直存在的观念论与实在论之争，在某种程度上忽视了环境的客观性，因而削弱了其环境美学应对

---

① ［德］海德格尔：《海德格尔选集》（下），孙周兴选编，上海三联书店 1996 年版，第 1278 页。

环境危机的力度。与此同时，现象学那晦涩、艰深的特点，同样也影响了伯林特的环境美学，导致其理论不如卡尔森的环境美学那样通俗易懂。卡尔森主要接受了分析哲学的影响，而分析哲学与现象学之间本来就有着很多区别乃至理论冲突，二者的区别与冲突体现在环境美学领域，就是卡尔森与伯林特二人之间经常性的论争——正是通过二人的论争，形成了环境美学领域中的两大代表性立场，即以卡尔森为代表的"认知立场"和以伯林特为代表的"交融立场"。正是从这个宏观理论图景中，可以清晰地看到现象学对于环境美学的重要意义。

第八章　环境美学中的肯定美学

1984 年，艾伦·卡尔森（Allen Carlson）在《环境伦理学》杂志第 6 期发表了论文《自然与肯定美学》（Nature and Positive Aesthetics）①，正式为"肯定美学"（positive aesthetics）命名，由此"肯定美学"作为一种美学形态，成为当代西方环境美学的重要理论成果，与伯林特的"交融美学"（aesthetics of engagement）齐名。

肯定美学基本立场是：所有未经人类染指的原始自然在本质上、审美上是好的。但是肯定美学不单单是"自然全美"，它还涉及环境伦理学、环境保护论等议题。如艾伦·卡尔森和希拉·林托特（Sheila Lintott）在论文集《自然、美学与环境保护论：从美到责任》的篇章介绍中指出，肯定美学是一个自然美学和环境保护论相交叉的重要议题："一定程度上，环境保护论能够凭借呼吁自然的肯定审美价值而得到支持。一方面，环境保护论者发现在追求保护自然这一目标上，对于那些在传统上被视为风景优美的或传统上优美的自然而言是相对简单的。另一方面，他们在处理那些被认为是丑的或难看的自然时十分棘手。但是如果自然的美给予我们保护它的理由，如果所有自然具有肯定的审美价值，那些我们就有一个合法的理由去保护在一些人看来审美上甚至不吸引人的自然。"② 1984 年之后，产生了大量关于肯定美学的文献，为了展示肯定美学，卡尔森和林托特在该书第三编"自然与肯定美学"部分，分别选取了艾伦·卡尔森、齐藤百合子（Yuriko Saito）、詹娜·汤普森（Janna Thompson）、斯坦·伽德洛维奇（Stan Godlovitch）、马

---

① Allen Carlson, "Nature and Positive Aesthetics", *Environmental Ethics*, 6 (1984), pp. 5-34.

② Allen Carlson and Sheila Lintott (eds.), *Nature, Aesthetics, and Environmentalism: From Beauty to Duty*, New York: Columbia University Press, 2008, p. 205.

尔科姆·巴德（Malcolm Budd）、格林·帕森斯（Glen Parsons）等六位研究
者的论文①。毫无疑问，在卡尔森看来，这六位研究者的论文是肯定美学的
代表性文献。实际上，霍姆斯·罗尔斯顿（Holmes Rolston）也是肯定美学
的重要代表，他在《环境伦理学》专著中论述了肯定美学，得到环境美学
界广泛认可。或许罗尔斯顿的肯定美学思想并非以单篇文章的形式表达出
来，因此不方便选入该论文集。鉴于卡尔森在肯定美学研究方面的深厚造
诣，本章以卡尔森所选的代表人物为依据，并添加上罗尔斯顿，形成七节，
逐节讨论七位代表人物的肯定美学思想。

第一节　艾伦·卡尔森

卡尔森在《自然与肯定美学》一文中，正式提出肯定美学：他不仅考
察传统的自然全美观念，将之发展成肯定美学；而且还总结了关于肯定美学
的三种论证，并一一给予反驳；更重要的是，他提出了关于肯定美学的科学
认知主义论证，这是对于肯定美学的第一个具有系统性、逻辑严密性的论
证，标志着肯定美学可以作为一种成熟的理论形态，写入环境美学史中。

一、从传统自然全美观念到肯定美学

关于传统自然全美观念，本书第二章《环境美学兴起之前的自然美学》
已经作了较为详细的介绍，在此简要概括一下卡尔森对于传统自然全美观念
的考察与研究。

卡尔森认为，传统自然全美观念可以追溯至 18 世纪，它与"自然美优
先"以及"自然美作为艺术的规范（norm）"这些观念有关。也即是说，在
18 世纪美学研究中，自然是审美范例，人们根据自然审美体验来规定一般
的审美体验，而不是根据艺术审美体验来规定一般的审美体验，从而使自然
美成为审美规范，这样自然美优先于艺术美，抬高了自然美的地位，为传统

---

① 这六篇文章分为是："Nature and Positive Aesthetics"（Allen Carlson）；"The Aesthetics of Unscenic
Nature"（Yuriko Saito）；"Aesthetics and the Value of Nature"（Janna Thompson）；"Valuing Nature
and the Autonomy of Natural Aesthetics"（Stan Godlovitch）；"The Aesthetics of Nature"（Malcolm
Budd）；"Nature Appreciation，Science，and Positive Aesthetics"（Glen Parsons）。

自然全美观念奠定了理论根基。但是，卡尔森并未详细考察 18 世纪自然美优先的观念，本书的第二章对此作了详细研究。

卡尔森认为，19 世纪，传统自然全美观念在少数先驱者那里明确形成并表露出来。对此，卡尔森详细考察了康斯太勃尔（John Constable）、罗斯金（John Ruskin）、乔治·马什（George Marsh）、威廉·莫里斯（William Morris）、约翰·缪尔（John Muir）等人对于自然全美观念的表达与论述。对他们而言，自然全美观念需要从两个方面来理解：其一，只要是野生自然都是美的；其二，只要是受到人类影响的就是坏的、不美的。

20 世纪，传统自然全美观念进一步发展，并深入大众内心，有着较为广泛的大众基础。对比，卡尔森考察了洛温塔尔（David Lowenthal）、菲尔斯（Leonard Fels）、罗修（Lilly-Marlene Russow）、西蒙森（Kenneth Simonsen）、罗尔斯顿（Holmes Rolston）、米克（Joseph Meeker）和埃利奥特（Robert Elliot）等人对传统自然全美观念的论述，发现传统自然全美观念已经在不同学科中得到认可。最后，卡尔森考察了阿尼·金努恩（Arne Kinnunen）1981 年发表的《自然美学》（Luonnonestetiikka）一文，指出金努恩已经针对关于艺术的批评美学，提出了关于自然的肯定美学雏形。

其实，根据卡尔森对于传统自然全美观念的考察，可以梳理出一条关于肯定美学形成的历史线索，即：首先，18 世纪自然美优先观念的确立；其次，19 世纪至 20 世纪 80 年代（1981 年之前）传统自然全美观点的发展；再次，1981 年肯定美学雏形形成；最后，1984 年肯定美学正式提出。

二、对肯定美学三种论证的批判

卡尔森梳理传统自然全美观念，提出肯定美学之后，还专门考察了关于肯定美学的三种论证方案，即非审美（nonaesthetic）论证、崇高论证与有神论论证。

非审美论证的提倡者是唐·曼尼森（Don Mannison）和罗伯特·埃利奥特（Robert Elliot）。其论证思路如下：（1）自然不是人工产品，更不是艺术品。（2）审美判断是只针对人工产品，尤其是艺术品而言的，因此自然被排除在审美判断范围之外，所以自然欣赏（appreciation）是非审美的（nonaesthetic）。（3）对于艺术以及人工产品的审美判断涉及批评性的、否定的判断，而自然欣赏与评价则不涉及批评性的、否定的判断。（4）因此，与艺术欣赏对应的是批评美学；与自然欣赏对应的是肯定美学。卡尔森认为这种论证不合理，因为它将审美欣赏局限于艺术世界，而把自然从审美欣赏范围中排除了。

崇高论证的提倡者是西蒙森（Kenneth Simonsen），他根据博克和康德的崇高观念，认为人们将原生自然判断为审美上否定的做法是无意义的。因为自然在人类理解和控制的范围之外。如卡尔森总结道："如下事实使得自然被欣赏为崇高的，即自然超出了人类控制的边界，因此自然潜在地是一种威胁、害怕或恐惧的根源。然而，作为审美体验的一种要素，这种威胁消融进肯定的审美欣赏中：面对自然威胁性的他性（otherness）时产生的吃惊（a-mazement）、惊奇（wonder）或敬畏（awe）。在当代思想中，这种观念不仅仅应用于野生自然上——因为野生自然所具有的威胁性的他性；也应用于整个自然界——因为整个自然界所具有的令人惊奇的诸特性。"①卡尔森对此种论证方案提出了批评，认为它无法有效地证明关于自然的否定审美批评是不恰当的。

有神论对肯定美学的论证，是一个典型的三段论，即：（1）上帝是全知全能全善全美的，因此上帝所创造的事物也是全美的。（2）原生自然是上帝创造的，不是人类制造的。（3）因此，原生自然是全美的。内尔森·泼特（Nelson Potter）则直接站在有神论的立场上论述肯定美学，他说："有神论者把世界看作全部都是上帝的设计和计划的产物。例如，它会把一个壮观的夕阳看作是上帝为了人类观察者的愉悦与欣赏而操纵的，正如同样的观察者把艺术画廊中的诸绘画作品看作为了他的娱乐和欣赏而创作出的……仅有的不同之处是在自然中艺术家是神，而不是人。"② 卡尔森认为，有神论对于肯定美学的证明存在问题："它不仅暗示有神论者有一种独特的自然审美欣赏，而且根据有神论关于邪恶问题的立场以及基督教有神论的历史视角来看，它还是反直觉的。"③ 因此，卡尔森认为，关于肯定美学的非

① Allen Carlson，"Nature and Positive Aesthetics"，*Environmental Ethics*，6（1984），pp. 5–34.

② Nelson Potter，"Aesthetic Value in Nature and in the Arts"，in Hugh Curtler（ed.），*What Is Art*? New York：Haven Publications，1983，pp. 142–143.

③ Allen Carlson，"Nature and Positive Aesthetics"，*Environmental Ethics*，6（1984），pp. 5–34.

审美论证、崇高论证与有神论论证都行不通，于是提出了科学认知主义论证。

三、关于肯定美学的科学认知主义论证

卡尔森在《欣赏与自然环境》（1979）、《自然、审美判断与客观性》（1981）等文中发展出一种关于自然审美的科学认知主义立场，强调就像与艺术批评、艺术史相关的知识能够为艺术欣赏提供正确的、适当的范畴一样，与自然相关的科学知识能够为自然欣赏提供正确的、适当的范畴，从而保证自然审美欣赏的适当性与客观性。在科学认知主义立场的基础上，卡尔森为肯定美学提供了一种逻辑严密的证明。具体来看，其论证思路如下：

（1）因为自然不同于艺术，所以自然欣赏不同于艺术欣赏。

（2）自然欣赏借助的是科学知识所提供的正确范畴；而艺术欣赏借助的是艺术史相关知识所提供的正确范畴。

（3）科学知识所提供的正确范畴包含了审美之善的考虑；而艺术史相关知识所提供的正确范畴"先于或独立于"审美之善。

（4）因此，按照科学知识所提供的正确范畴来欣赏自然时，自然在审美上是好的；而按照艺术史相关知识所提供的正确范畴来欣赏艺术时，艺术品在审美上有好的、也有坏的。

（5）所以肯定美学适用于自然欣赏，不适用于艺术欣赏。①

条件（1）是卡尔森研究自然审美、构建当代环境美学的基本思路，也是卡尔森提出肯定美学的基本理论框架。卡尔森认为，审美欣赏应该以对象为导向（object-orientated），由此他在《欣赏与自然环境》（1979）一文中

---

① 薛富兴将卡尔森在《自然与肯定美学》中所提供的关于肯定美学的证明称为"范畴创造证明"，并对卡尔森的论证过程作了极有参考价值的概括："前提1：艺术是创造的，自然则是发现的。前提2：艺术范畴的确定及其正确性在总体上先于、且独立于审美方面的考虑；而自然范畴的确定及其正确性在重要的意义上依赖于审美方面的考虑。前提3：我们的科学部分地依据于审美价值创造自然范畴，而且在如此这般时，自然对我们而言看起来就具有了审美价值。结论：因此，我们有了关于自然的肯定美学。"见薛富兴：《对肯定美学的论证》，《中山大学学报（社会科学版）》2009年第2期。

认为，审美欣赏的基本问题是：欣赏什么（即 what）和如何欣赏（即 how）。这意味着，对于自然欣赏而言，我们应该根据自然所是、自然所具有的特性来欣赏自然；对于艺术欣赏而言，我们应该根据艺术品本身的特性来欣赏艺术品。由于自然与艺术在根源上就不同：自然是自然的，它不是人类创造的，而是人类发现的；艺术则是人工的，艺术品是人类创造的。因此自然欣赏不同于艺术欣赏，不能按照欣赏艺术的方式来欣赏自然①，这最终也意味着自然美学与艺术美学不同。

条件（2）进一步通过类比的方式，指出自然欣赏与艺术欣赏的不同在于，所借助的范畴不同。卡尔森在条件（1）中固然强调了自然欣赏与艺术欣赏不同，但是，这并不是说，自然欣赏与艺术欣赏完全没有关系。从卡尔森对段义孚的一句评论中，可以看出卡尔森对自然欣赏与艺术欣赏之间关联性的强调。卡尔森首先引用了一处段义孚对自然欣赏的描述：

> 一个成年人如果要多形态地（polymorphously）享受自然，必须学会像一个孩子一样顺从和不介意。他需要穿着旧衣服，这样才能感受自由，舒适地在小溪边的干草上伸展四肢，沉浸在身体感觉的融合（a meld of physical sensation）中：干草和马粪的气味；大地的温暖，它或硬或软的轮廓；微风拂过，和着阳光的温暖；一只正令人发痒的蚂蚁，是在伸出小腿探路；飘动的树影在他的脸庞浮动；河水流淌过卵石之声，蝉鸣声以及远处交通的声音。这样一种环境打破了所有悦耳与美学的正常规则，以混乱取代秩序，当然这全面地令人满足。②

卡尔森对此评论道："我怀疑与段义孚相反，它无法全面地令人满足。这种体验由于距离艺术审美欣赏太远，而不能被贴上'审美'或者是'欣

---

① 自然欣赏中的"对象模式"（the object model）与"景观模式"（the landscape model）就是典型的按照艺术欣赏的方式来欣赏自然，卡尔森在《欣赏与自然环境》一文中，专门反对这两种模式。见 Allen Carlson, "Appreciation and the Natural Environment", *Journal of Aesthetics and Art Criticism*, 37（1979），pp. 267–275。

② Tuan Yi-Fu, *Topophilia: A Study of Environmental Perception, Attitudes, and Values*, Englewood Cliffs: Prentice Hall, 1974, p. 96.

赏'的标签。"①从这句话可以看出，卡尔森强调，并不是所有的行为都是欣赏或审美，因此对自然的"欣赏行为"不能"距离"艺术欣赏"太远"，如果对自然所采取的"行为"距离艺术欣赏太远的话，那种这种行为连"欣赏"都不是，又怎么可能是"自然欣赏"。于是，卡尔森认为，自然欣赏与艺术欣赏之间是存在关联的，即可以先从发展得比较充分的艺术欣赏中概括出一种审美欣赏的"普遍结构"（the general structure）②，然后将这种审美欣赏的普遍结构运用于自然欣赏中。在卡尔森看来，这种普遍结构就是，审美欣赏需要借助相关的范畴，而适当的审美欣赏就需要借助关于对象的正确范畴。由此，卡尔森在自然欣赏与艺术欣赏之间建立了一种类比（analogy）关系：即自然欣赏借助的是科学知识所提供的正确范畴，而艺术欣赏借助的是艺术史相关知识所提供的正确范畴。

条件（3）进一步对比自然范畴与艺术范畴，强调科学知识所提供的自然范畴包含了审美之善，而艺术史相关知识所提供的范畴"先于或独立于"审美之善，这一点是整个论证的关键，从根源上揭示了自然审美与艺术审美的差异，而这种差异导致自然审美最终走向肯定美学，而艺术审美则最终走向批评美学。

首先看由科学知识所提供的自然范畴的特点。卡尔森认为科学知识在产生的过程中，包含了对审美之善的考虑。卡尔森指出："科学中一个较正确的范畴化（categorization）是这样的：即随着时间的推移，它能使得自然界对于那些具有科学知识的人来说，变得更加可理解、更加易于理解。为了完成这一任务，我们的科学诉诸秩序、规律、和谐、平衡、张力、稳定等等特性。如果我们的科学不能在自然界中发现、揭示或者创造这些特性，并根据这些特性来解释自然界，那么它就无法完成如下任务：使自然界对我们而言是可理解的；相反，它将使世界处于不可理解的状态中，正如那各种被我们视为迷信的世界观所示的那样。更重要的是，这些特性不仅让世界变得对我

---

① Allen Carlson, *Aesthetics and The Environment*: *The Appreciation of Nature*, *Art and Architecture*, London and New York: Routledge, 2000, p. 49. 中译本参考［加］卡尔松:《从自然到人文：艾伦·卡尔松环境美学文选》，薛富兴译，广西师范大学出版社 2012 年版，第 50 页。

② Allen Carlson, "Appreciation and the Natural Environment", *Journal of Aesthetics and Art Criticism*, 37 (1979), pp. 267–275.

们而言是可理解的，而且这些特性还是那种会让我们觉得世界在审美上是好的（aesthetically good）之特性。因此，当我们在自然界中体验它们，或者根据它们来体验自然界时，我们发现自然界在审美上是好的。这并不奇怪，因为诸如秩序、规律、和谐、平衡、张力和稳定等特性，正是那种我们在艺术中发现的在审美上是好的之特性。"①由此可以看出，卡尔森把审美楔入科学知识的诞生之中。卡尔森认为，自然不是人类创造的，而是被人类所发现的，人类在发现自然的过程中产生了科学知识，于是，科学知识的任务就是使人类能够理解自然界。然而，无序的、混乱的东西是人类无法理解的，因此科学知识为了让人类能够理解自然，就需要在发现自然的过程中，考虑诸如"秩序、规律、和谐、平衡、张力、稳定"等特性，而这些特性恰好"在审美上是好的"，因为我们已经在艺术欣赏中发现这些特性在审美上是好的了。因此，这些特性有助于我们觉得自然在审美上是好的。也就是说，科学知识所提供的关于自然的范畴，在逻辑上要后于自然对象，在某种意义上，科学知识就是根据自然对象本身的"秩序、规律、和谐、平衡、张力、稳定"等特性来提供范畴。因此，这是一种"量体裁衣"的方式，科学知识在自然界之后，科学知识在产生的过程中，已经把审美要素考虑进去了，这就保证了在科学知识所提供的范畴下欣赏自然时，自然在审美上是好的。

其次看艺术范畴的特点。卡尔森认为艺术范畴"先于或独立于"审美之善，因此，根据艺术范畴来看艺术品时，艺术品在审美上可能是好的，也可能是坏的。卡尔森说："艺术范畴是依据艺术品及其起源的具体事实而创造出来的，比如创造艺术品的时间、地点，艺术家的意图，以及艺术品所属的社会传统。确定某个特定艺术品的正确范畴，也是依据此类事实。更重要的是，确定某个特定艺术品或某类艺术品在审美上是好的还是坏的之审美特性，部分地根据对它们而言是正确的范畴这一事实。比如，因为《星夜》是一件后印象主义绘画，这比将它作为表现主义绘画在审美上更好（aesthetically better）。这样，在艺术中，范畴及其正确性之确定在总体上将先于且独立于对审美之善的考虑。这有助于解释为何艺术品并不必然在审美上是

①　Allen Carlson, "Nature and Positive Aesthetics", *Environmental Ethics*, 6 (1984), pp. 5-34.

好的，以及为什么对于艺术而言不会产生肯定美学立场。"① 由此可以看出，卡尔森认为，艺术范畴之确定，不仅要看艺术品自身的感性特征及其起源等事实，还需要看艺术品之外的"艺术家的意图""艺术品所属的社会传统"。而且艺术范畴"在总体上先于且独立于"对审美之善的考虑。这意味着，艺术范畴的产生与自然范畴的产生不同，艺术范畴并不是按照一种"量体裁衣"的方式产生出来的。卡尔森认为，在某种程度上，艺术范畴的产生方式与"量体裁衣"的方式恰恰相反，因为艺术范畴（包括正确范畴）的确立在逻辑上要先于某个特定的艺术品。正因为艺术范畴"在总体上先于且独立于"对审美之善的考虑，所以在相关艺术范畴下欣赏艺术品时，艺术品在审美上可能是好的，也可能是坏的。

条件（4）是由条件（3）推出来的一个结果。卡尔森认为，审美欣赏有适当与否、正确与否之分：适当的自然欣赏就是在正确的自然范畴下欣赏自然事物，适当的艺术欣赏就是在正确的艺术范畴下欣赏艺术品。卡尔森认为，科学知识为自然提供了正确范畴，因此要在科学知识所提供的正确范畴下欣赏自然，这种欣赏活动才是适当的。同时，由于科学知识在产生过程中已经把审美之善考虑进去了，所以按照科学知识所提供的范畴来欣赏自然时，自然在审美上是好的。同样，艺术史相关知识为艺术提供了正确范畴，因此要在艺术史相关知识所提供的正确范畴下欣赏特定的艺术品，这种欣赏活动才是适当的。然而，艺术范畴"在总体上先于且独立于"审美之善，某个特定的艺术品在审美上可能非常符合艺术史知识所提供的正确范畴，也可能不符合该范畴，因此该艺术品在审美上可能是好的，也可能是坏的。因此，在自然欣赏中可以得出肯定美学立场，而在艺术欣赏中无法得出肯定美学立场。或者说，肯定美学只适合于自然欣赏，而批评美学则适合于艺术欣赏。

为了更加形象地阐释科学认知主义立场对于肯定美学的论证，卡尔森还描述了一个思想实验，即卡尔森假设存在这样一个世界：

在这个世界中，艺术品根本不是被创造的，而是被发现的。在这样

① Allen Carlson, "Nature and Positive Aesthetics", *Environmental Ethics*, 6 (1984), pp. 5-34.

的一个世界里，"艺术家"用他们的才能和创造性，不是要创造艺术品，而是要创造一些范畴，该范畴要能够使得那些被发现的作品看起来像是杰作。再想象一下，在这里，范畴的正确性的标准是使作品看起来像是杰作。在这样的世界里，范畴及其正确性的决定将依据审美之善的考虑（在艺术家已完成其作品的情况下），所有的艺术品在事实上就是杰作，或者说，所有的作品在本质上具有审美之善，而且这样的欣赏是恰当的。在我们想象的这个世界中，也将会有一种关于艺术的肯定美学。①

在现实世界中，艺术品毫无疑问是被艺术家创造出来的，因此肯定美学在艺术欣赏中是站不住脚的。但是为了阐释肯定美学，卡尔森作了这样一个思想实验，设想存在这样一个世界，在其中艺术品是被发现的，而艺术家所从事的工作是创造艺术范畴，而不是创造艺术品。因此，在卡尔森所设想的这个世界中，对艺术欣赏而言，可以得出肯定美学。进而，卡尔森将自然欣赏类比于想象世界中的艺术欣赏："我们这个世界中里的自然对象与景观类似于想象世界中的艺术品，我们这个世界中的科学家类似于想象中的艺术家"②。的确，自然对象只是被人类所发现，科学家所做的工作是创造一些范畴，而且科学家在创造范畴的时候，和想象世界中的艺术家类似，都把审美之善考虑进去。因此，卡尔森通过这个思想实验，比较生动地阐释了他为肯定美学所提供的科学认知主义论证。

第二节　霍姆斯·罗尔斯顿

罗尔斯顿在现代环境伦理学奠基之作《环境伦理学》中，不仅赞成卡尔森所提出的肯定美学，而且还根据环境伦理学的立场，为肯定美学提供了一种富有辩证意味的论证。罗尔斯顿的论证主要分为五个步骤：第一，主张自然美具有客体性；第二，将肯定美学转变成一个伦理问题；第三，将肯定

---

① Allen Carlson, "Nature and Positive Aesthetics", *Environmental Ethics*, 6 (1984), pp. 5–34.

② Allen Carlson, "Nature and Positive Aesthetics", *Environmental Ethics*, 6 (1984), pp. 5–34.

美学转变为一个中观视野问题；第四，强调生态系统具有化丑为美的功能；第五，强调自然景观都具有肯定性的审美价值。

一、自然美具有客体性

罗尔斯顿明确反对以康德为代表的主体性美学。在康德看来，自然的审美价值是源于人类主体，是主体带入到自然中的，而不是自然自身所具有的。与此相反，罗尔斯顿主张，自然美具有客体性。罗尔斯顿指出："环境价值理论确实需要把审美价值与大自然所承载的许多其他价值区别开来。审美价值是一种过渡性类型的价值。对某些解释者来说，美是价值的范例（paradigm case of value）；他们发现，审美体验毫无例外地都是主体性的；他们推断，所有价值都是主体性的。审美体验确实是一种上层的价值；但这并不能使它成为所有下层的价值之模式。相反，环境价值理论提出的是一种更为根本的、以生物学为基础的论述……现在，对审美体验的理解要以这种更具有客体性的论述为基础。"① 因此，罗尔斯顿试图将自然的审美价值建构在一种"具有客体性的论述"之上。

具体来看，罗尔斯将审美特性分为两种，即审美能力（aesthetic capacity）和审美属性（aesthetic property）。其中，审美能力指存在观察者身上的体验能力，而审美属性则指客观地存在于自然物身上。而后，罗尔斯顿从这两个方面来论证自然美的客体性。

从审美能力的角度讲，康德所代表的主体性美学认为，只有具有理性能力的存在者才具有审美能力，因此只有人才能做出审美判断；然而罗尔斯顿从生物进化论的视角出发，认为并非只有人类物种拥有审美体验，其实动物也有（较低级的）审美体验。比如，他明确提出："谁敢说，一只被这只公羊吸引且与之交媾的母羊对公羊的健美和力量毫无感觉？虽然我们不能认为，母羊能够有意识地把它的审美体验表达出来，但它主动被公羊的强健和力量所吸引、且这种体验会以某种方式在其经验中沉淀下来，这则是与自然

---

① Holmes Rolston Ⅲ, *Environmental Ethics: Duties to and Values in the Natural World*, Philadelphia: Temple University Press, 1988, p. 233. 中译本参考 ［美］霍尔姆斯·罗尔斯顿：《环境伦理学：大自然的价值以及人对大自然的义务》，杨通进译，中国社会科学出版社 2000 年版，第 317 页。

选择理论完全一致的。"① 这里，罗尔斯顿根据进化论的观点，根据人类物种与动物物种在进化上具有连续性的观点，指出审美体验能力不应该是人类物种所独有的，而应该在动物物种那里也存在，也即是说，审美体验能力在人类物种与动物物种也具有一定的连续性。"当雄园丁鸟用贝壳和羽毛砌成鸟巢时，雌园丁鸟就'喜爱它'——以她自己所具有的体验能力，雌孔雀对雄孔雀那开屏的美丽的尾巴必定有几分喜悦，否则，雄孔雀的尾巴就成了一种累赘；自然选择远离绝不会把这样的累赘保留下来。除非我们认为鸟和兽类毫无体验能力，否则，我们很难否认，它们的体验是审美体验的雏形。"② 这里，"动物的体验是审美体验的雏形"就说明动物的体验与人的体验是连续的，不存在质的断裂，而只是量的差异而已，即审美体验在人类物种这里比在动物物种那里表现得更为强烈、集中而已。

从审美属性角度讲，罗尔斯顿指出，审美体验的对象是"大自然中的形式、结构、完整性、秩序、能力、雄壮、耐力、动态发展、对称、多样性、统一、自发性、相互依赖、由基因组保存或遗传下来的生命、创造和再生的能力、物种的进化等等。这些现象在人类产生以前就存在了，它们是创生万物的自然的产品；当我们在审美上评价它们时，我们就将体验叠加在自然的这些属性上了。"③ 这里，罗尔斯顿不仅阐释了我们在自然欣赏中欣赏什么，而且还从审美属性起源的角度论证其客体性问题，既然这些审美属性是"创生万物的自然的产品"，也就是生态系统创造出来的，不是人类主体带入自然事物当中的，那么它们的客体性就不言而喻了。"创生万物的自然有规则地创造出了景观生态系统——大山、海洋、草原、沼泽——它们的属性中包含美的意味，这些审美属性（尽管不是审美体验）是客体性地附在

---

① Holmes Rolston Ⅲ, *Environmental Ethics: Duties to and Values in the Natural World*, Philadelphia: Temple University Press, 1988, p. 234. 中译本参考［美］霍尔姆斯·罗尔斯顿：《环境伦理学：大自然的价值以及人对大自然的义务》，杨通进译，中国社会科学出版社 2000 年版，第 318 页。

② Holmes Rolston Ⅲ, *Environmental Ethics: Duties to and Values in the Natural World*, Philadelphia: Temple University Press, 1988, p. 234. 中译本参考［美］霍尔姆斯·罗尔斯顿：《环境伦理学：大自然的价值以及人对大自然的义务》，杨通进译，中国社会科学出版社 2000 年版，第 318 页。

③ Holmes Rolston Ⅲ, *Environmental Ethics: Duties to and Values in the Natural World*, Philadelphia: Temple University Press, 1988, p. 234. 中译本参考［美］霍尔姆斯·罗尔斯顿：《环境伦理学：大自然的价值以及人对大自然的义务》，杨通进译，中国社会科学出版社 2000 年版，第 318—319 页。

自然上。具有生态学立场的人们将发现，美是创生万物的自然的一个奇妙产品，它具有客体性的审美属性氛围。"① 罗尔斯顿强调了，自然事物的审美属性具有客体性，而作为主体的人，只不过为其审美属性的显现提供了一定的主体条件而已。因此，在罗尔斯顿看来，自然美具有客体性。

二、作为伦理学命题的肯定美学

卡尔森对于"肯定美学"的论述共有四点：（1）未被人类染指的自然环境主要具有肯定的审美属性；（2）所有原生自然在本质上、审美上是好的；（3）对于自然界适当的或正确的审美欣赏基本上是肯定的；（4）否定的审美判断很少或没有位置。② 这四点论述各有侧重，其中论述（2）与论述（3）的伦理内涵十分丰富：论述（2）的关键词"good"是一个伦理学术语，其名词形式为"goodness"，对应汉语中的"善"，是伦理学的关键词；论述（3）强调了自然欣赏有适当与否、正确与否之分，其言外之意就是，我们"应该"以适当的或正确的方式来欣赏自然，因此也带有明显的伦理学内涵。罗尔斯顿把肯定美学转化为伦理学命题，其策略就是强调肯定美学的论述（2）与论述（3）。比如，罗尔斯顿他在阐述卡尔森肯定美学思想时，引用的内容便是论述（2），即："自然的审美属性总是肯定性的吗？艾伦·卡尔森主张'所有原生自然……在本质上、审美上是好的。'"③ 同时，罗尔斯顿也强调论述（3），比如在罗尔斯顿主张自然美具有客体性之后，说道："这里我们所关心的仅仅是，审美反映是否是，或应该是肯定的。"④ 罗尔斯顿通过挖掘肯定美学所包含的伦理学内涵，从而将肯定美学

---

① Holmes Rolston Ⅲ, *Environmental Ethics*: *Duties to and Values in the Natural World*, Philadelphia: Temple University Press, 1988, pp. 235-326. 中译本参考 ［美］霍尔姆斯·罗尔斯顿：《环境伦理学：大自然的价值以及人对大自然的义务》，杨通进译，中国社会科学出版社 2000 年版，第 320 页。

② Allen Carlson, "Nature and Positive Aesthetics", *Environmental Ethics*, 6 (1984), pp. 5-34.

③ Holmes Rolston Ⅲ, *Environmental Ethics*: *Duties to and Values in the Natural World*, Philadelphia: Temple University Press, 1988, p. 238. 中译本参考 ［美］霍尔姆斯·罗尔斯顿：《环境伦理学：大自然的价值以及人对大自然的义务》，杨通进译，中国社会科学出版社 2000 年版，第 323 页。

④ Holmes Rolston Ⅲ, *Environmental Ethics*: *Duties to and Values in the Natural World*, Philadelphia: Temple University Press, 1988, p. 238. 中译本参考 ［美］霍尔姆斯·罗尔斯顿：《环境伦理学：大自然的价值以及人对大自然的义务》，杨通进译，中国社会科学出版社 2000 年版，第 323 页。

看成一个伦理学问题，进而为罗尔斯顿从环境伦理学角度为肯定美学提供证明，铺平了道路。

当罗尔斯顿将肯定美学转化成伦理学问题后，罗尔斯顿将论证的重点转向审美价值问题，即罗尔斯顿试图论证的重点是"自然具有肯定性的审美价值"，而不是"自然具有肯定性的审美属性"。罗尔斯顿认为自然客观上承载着多种价值，如生命支撑价值、经济价值、消遣价值、科学价值、审美价值、使基因多样化的价值、历史价值、文化象征的价值、塑造性格的价值、多样性与统一性的价值、稳定性和自发性的价值、辩证的价值、生命价值、宗教价值等十四种价值，其中审美价值也蕴含其中。为了说明自然客观地承载着审美价值，罗尔斯顿引用菲罗（A. F. Coimbra-Fiho）的观点，即"任何物种的消失对整个世界来说都意味着一个巨大的审美损失"①。正是从审美价值角度解读肯定美学，罗尔斯顿才说道："这种观点并不认为所有的地方都是一样的美或都是完全的美；它将它们绘制在一个刻度尺上，该刻度从零向上增加，没有负数。"② 审美没有大小之分，无法量化，但是审美价值有大小之分，可以量化。因此，罗尔斯顿认为，自然的审美价值在"质"上是都肯定性的，即都大于"零"，只是在"量"上有大小之别而已。

三、作为中观视野的肯定美学

"自然"（nature）一词是个集合名词：从微观上看，"自然"指由具体的各种各样的自然对象（natural objects）——如一棵树、一只羊、一块石头等——所构成的总和；从中观上看，"自然"也可以指各种各样的自然环境（natural environments）或自然生态系统（natural ecosystems），如一片沼泽地带、一片风景区等；从宏观上看，"自然"指作为整体的自然界（natural world）。卡尔森对肯定美学的描述，同时运用了"自然界"

---

① A. F. Coimbra-Fiho，A. Magnanini and R. A. Mittermeier，"Vanishing Gold：Last Chance for Brazil's Lion Tamarins"，*Animal Kingdom* 78，No. 6，December 1975，p. 25.

② Holmes Rolston Ⅲ，*Environmental Ethics：Duties to and Values in the Natural World*，Philadelphia：Temple University Press，1988，p. 237. 中译本参考［美］霍尔姆斯·罗尔斯顿：《环境伦理学：大自然的价值以及人对大自然的义务》，杨通进译，中国社会科学出版社 2000 年版，第 322 页。

"自然环境""自然"等词语①，并没有规定肯定美学的研究对象是哪种意义上的"自然"②。

实际上，自然观不同，所对应的肯定美学的论证视角也不同。如果从微观上为肯定美学提供论证，就需要证明每一个自然对象都具有肯定性的审美属性或审美价值。如果从中观上为肯定美学提供论证，就只需要证明每一个自然环境或自然生态系统都具有肯定性的审美属性或审美价值。这意味着，可以承认某个自然环境或生态系统内部存在个别丑的自然事物，但是这个别丑的自然对象并不妨碍这个自然环境或生态系统在整体上具有肯定性的审美价值。如果从宏观上为肯定美学提供论证，就只需要证明自然界在整体上、本质上或根本上具有肯定性的审美属性或审美价值即可，而无需证明每一个自然对象或每一片自然风景都是美的。

罗尔斯顿并不从微观上为肯定美学提供论证，而是从中观上为肯定美学提供论证。罗尔斯顿是借助约翰·缪尔的思想，把肯定美学转化成一个中观视野问题。缪尔认为，没有任何自然景观是丑的，只要它们是野生的。对此，罗尔斯顿阐释道："缪尔断言景观总是提供美，从来不提供丑。如果我们知觉足够敏锐，它们会成功地让我们产生令人喜欢的体验。任何说沙漠、苔原或火山爆发是丑的人，都在做一个错误的陈述，其举止是不恰当的。生态系统，至少是景色，只包含肯定的审美属性。例如云彩或多或少是美的，从来不丑，大山、森林、海滨、草原、悬崖、峡谷、瀑布和河流也如此。（天文景象——星星、星系和月亮——也总是或多或少是美的。）"③ 从这里可以看出，罗尔斯顿在阐释缪尔自然全美思想时，一方面把"美的"扩展成"肯定的审美属性"，将缪尔狭义的美学观扩展成一种广义的美学观；另一方面突出缪尔所坚持的"景观"视角，并使用"生态系统""景色"等词来作为"景观"的替换词。无论是景观，还是生态系统或景色，都不单独指向某一个自然事物，而是指向一种自然环境，即一种中观的而非微观的

① Allen Carlson, "Nature and Positive Aesthetics", *Environmental Ethics*, 6 (1984), pp. 5–34.

② 不过卡尔森本人在1984年《自然与肯定美学》一文中所坚持的自然观，是一种微观的自然观，即卡尔森试图证明每一个自然对象（natural objects）都具有肯定性的审美属性或审美价值。

③ Holmes Rolston Ⅲ, *Environmental Ethics: Duties to and Values in the Natural World*, Philadelphia: Temple University Press, 1988, p. 237. 中译本参考［美］霍尔姆斯·罗尔斯顿：《环境伦理学：大自然的价值以及人对大自然的义务》，杨通进译，中国社会科学出版社2000年版，第322页。

视角。

罗尔斯顿明确意识到这种中观视角，他说："这种主张是一个区域层面的判断，从某种视角来看它并不否认自然中的某些事物是丑的，只有从一个景观的视角，在地方性的和生态系统的视角上，自然只包含肯定的审美属性。认为人类艺术作品从没有制作坏的，这观点似乎是难以置信的。然而这里肯定命题的主张是：原生景观总是（或多或少）很好地按照审美的方式构成。"① 这里，罗尔斯顿很明确地指出，需要从"区域层面的视角""景观的视角""生态系统的视角"来看待肯定美学。很明显，这是一种中观视角，它不仅无需证明每一个具体的自然对象都具有肯定性的审美属性或审美价值，甚至"并不否认自然中的某些事物是丑的"，而且罗尔斯顿还专门列举了在一片景观当中存在的丑的个体自然对象，如麋鹿尸体、断枝的树、破损的花、虫吃过的叶子、被扁虱困扰的雏鹰、身体残缺而令人恐怖的动物，等等。正是从中观视角来看待肯定美学，罗尔斯顿甚至将肯定美学的核心表述进行了改写，用"原生景观"替代了"原生自然"，说"原生景观总是很好地按照审美的方式构成"。

四、生态系统化丑为美功能

此点建立在前面三点之上，是罗尔斯顿为肯定美学提供论证的关键所在。一般而言，所有持肯定美学立场的人，都面临一个难题，即如何阐释自然中那些个别的丑的事物。卡尔森在《自然与肯定美学》（1984）一文中，直接否认自然中存在个别丑的事物。卡尔森认为，有人之所以觉得那些事物是丑的，是因为他没有按照自然科学知识所提供的恰当范畴来欣赏该事物。卡尔森的这种解释很难让人接受，因无论我们积累的自然知识有多么丰富，还是很难承认一只覆盖满苍蝇的、翻涌着蛆虫的麋鹿尸体具有肯定的审美属性。罗尔斯顿则转换路径，首先承认自然中存在一些丑的个别自然对象，然后从生态系统的视角（即中观视角）来看个别丑的自然对象，发现自然生

---

① Holmes Rolston Ⅲ, *Environmental Ethics*: *Duties to and Values in the Natural World*, Philadelphia: Temple University Press, 1988, p. 237. 中译本参考 ［美］霍尔姆斯·罗尔斯顿：《环境伦理学：大自然的价值以及人对大自然的义务》，杨通进译，中国社会科学出版社 2000 年版，第 322—323 页。

态系统具有化丑为美的功能。

罗尔斯顿对丑的转化现象进行了直接描述，他辩证地指出：

> 如果我们在回顾与展望中扩大我们的视野（正如生态学极大地帮助我们做到的那样），我们为丑的转化的阐释获得更深入的范畴。腐烂的麋鹿重归腐殖土，它的养分得以循环；蛆虫变成苍蝇，成为鸟类的食物；自然选择使其下一代成为更佳适者环境的麋鹿。大量的变种，除非幸运地适应一些新的生态位，否则从生态系统中淘汰出去；生态系统继续通过进一步抛出变种来追寻新的环境。每一个事物必须不被看成被框架隔离开来，而是由其所处环境框定，并且这个框转而成为更大画面的一部分，我们不得不欣赏的——是一场戏剧表演，而不是一个"框架"。在一个从不间断的电影中，瞬间的丑只是一个静止的镜头。①

从这里可以看出，罗尔斯顿所谓"丑的转化"并不简单地说是"丑转化为美"，因为根据矛盾律，美与丑对立，两者只有一方为真，一个自然事物如果是丑的，就不可能同时是美的。罗尔斯顿已经论证了自然审美价值的客体性（上述第一点），并把肯定美学命题的侧重点从审美属性转移到了审美价值（上述第二点），因此罗尔斯顿讨论生态系统的化丑为美功能，其实是在中观视野中（上述第三点）处理自然事物审美价值转化问题。罗尔斯顿承认把腐烂的麋鹿视为一个具体的丑的事例，生态系统的化丑为美功能并不是说，我们从中观视角（即从生态系统的视角）来看，这只腐烂的麋鹿是美的了，而是说，这只腐烂的麋鹿在生态系统中转化成了腐殖土，再次进入生态系统循环当中，通过价值在生态系统中相互流动与转化，最终才能得出关于麋鹿尸体的审美价值的转化。

然而，价值的转化是如何可能的？在理解价值的转化之前，我们需要明

---

① Holmes Rolston Ⅲ, *Environmental Ethics: Duties to and Values in the Natural World*, Philadelphia: Temple University Press, 1988, p. 239. 中译本参考［美］霍尔姆斯·罗尔斯顿：《环境伦理学：大自然的价值以及人对大自然的义务》，杨通进译，中国社会科学出版社 2000 年版，第 324—325 页。

白生态系统的动态性。生态系统不是静态的，而是生机勃勃充满斗争的，如罗尔斯顿所说："生存是一场激烈的竞赛，在其中每一个有机体都力争在表型中表现其基因型，这些表型由环境支撑或限制，故受到环境中的偶然性的帮助或伤害。"① 生态系统本身便强调生态系统中的生物与环境之间相互影响、相互制约，并在一定时期内处于相对稳定的动态平衡状态，因此死亡与新生的相互转化是生态系统正常运行的必要部分，也是生态系统动态平衡的体现，"解决问题是自发的生态系统（就像有机体那样）的一个功能，因为生物共同体具有再循环、从挫折中恢复过来、进化物种、增加感觉能力和复杂性、化冲突为和谐、从紧迫的死亡中拯救出来生命的能力。"②

在对生态系统的这种认知之上，我们才能够理解罗尔斯顿所讲的价值（包括审美价值）转化问题。罗尔斯顿绘制了一幅"创生万物的自然的价值层面"表③，在这张表中，共有七层梯形栏目，分别是：宇宙自然系统、地壳自然系统、地球自然系统、有机自然系统、动物自然系统、人类自然系统、人类文化自然系统，其中这七层由下而上又分为三类：客体、自然主体、人类主体，在七层之间有一些箭头，而各层里散布着一些圆圈，箭头与圆圈大体是越向上越密集，其中圆圈标示内在价值，而箭头标示工具价值，整个框又是生态价值整体。

从这个表中可以看出，工具价值是生态系统中价值转换的中介，当一个事物毁灭，即其内在价值毁灭之时，它并不是就此毫无影响了，而是在生态系统内以工具价值的方式进行转化，对其他事物（即其他内在价值）产生了作用，如"当延龄草被食草动物吃掉或枯死而重新融入腐殖土壤中时，它的价值被破坏了，或者说转化成为一种工具。实体之间的关系和实体一样

① Holmes Rolston Ⅲ, *Environmental Ethics：Duties to and Values in the Natural World*, Philadelphia：Temple University Press, 1988, p. 239. 中译本参考［美］霍尔姆斯·罗尔斯顿：《环境伦理学：大自然的价值以及人对大自然的义务》，杨通进译，中国社会科学出版社 2000 年版，第 325 页。

② Holmes Rolston Ⅲ, *Environmental Ethics：Duties to and Values in the Natural World*, Philadelphia：Temple University Press, 1988, p. 222. 中译本参考［美］霍尔姆斯·罗尔斯顿：《环境伦理学：大自然的价值以及人对大自然的义务》，杨通进译，中国社会科学出版社 2000 年版，第 303 页。

③ Holmes Rolston Ⅲ, *Environmental Ethics：Duties to and Values in the Natural World*, Philadelphia：Temple University Press, 1988, p. 216. 中译本参考［美］霍尔姆斯·罗尔斯顿：《环境伦理学：大自然的价值以及人对大自然的义务》，杨通进译，中国社会科学出版社 2000 年版，第 295 页。

是真实的。事物在它们的相互关系中成其所是、保持其所是。"① 然而事物
又是处在环境甚至是整个生态系统当中，因此其内在价值（intrinsic value）
又同时转变为一种共在价值（value-in-togetherness）。罗尔斯顿说："内在价
值往往蕴藏在工具价值之中。任何一个有机体都不是单纯的工具，因为它们
都有着自己完整的内在价值。但每一个个体也可以为了另一个生命历程的利
益而牺牲；此时，它的内在价值崩解了，变成外在的，并部分地从工具上转
移到其他有机体中。当我们从生态系统的角度上阐释这种在个体之间的转移
时，伴随着进化时间，生命之流在一个生态的金字塔中向上流动。"② 这便
是罗尔斯顿所论述的价值在生态系统中的转化与流动。虽然价值转换与流动
似乎与审美问题很远，但是罗尔斯顿通过把肯定美学转化成一种伦理学问
题，从审美价值角度论述肯定美学，因而将生态系统中的价值转化与流动问
题与肯定美学联系起来了。

　　自然在客体性上承载了众多价值，而审美价值也是其中的一部分，那么
生态系统中价值转换也就包含了审美价值的转化，于是罗尔斯顿把美以及审
美因素纳入到转换过程当中。如罗尔斯顿说："我们曾在前面指出，价值就
是对一个有机体的生命产生有利的影响的东西。现在，我们可以把这一概念
扩大，即价值就是对一个生态系统产生有利的影响的东西，丰富生态系统，
使生态系统更美、更多样、更和谐、更复杂。从这个角度看，对某个个体来
说一种否定价值，在生态系统中也会是一种价值，并且产生一种转移到其他
个体那里的价值。"③ 这一点其实是利奥波德"大地伦理学"和"大地美
学"的衍生，即"只有当一件事情有利于保持生命共同体的完整、稳定和

①　Holmes Rolston Ⅲ, *Environmental Ethics: Duties to and Values in the Natural World*, Philadelphia:
　　Temple University Press, 1988, p. 217. 中译本参考［美］霍尔姆斯·罗尔斯顿：《环境伦理学：
　　大自然的价值以及人对大自然的义务》，杨通进译，中国社会科学出版社 2000 年版，第 296 页。

②　Holmes Rolston Ⅲ, *Environmental Ethics: Duties to and Values in the Natural World*, Philadelphia:
　　Temple University Press, 1988, p. 222. 中译本参考［美］霍尔姆斯·罗尔斯顿：《环境伦理学：
　　大自然的价值以及人对大自然的义务》，杨通进译，中国社会科学出版社 2000 年版，第 303 页。

③　Holmes Rolston Ⅲ, *Environmental Ethics: Duties to and Values in the Natural World*, Philadelphia:
　　Temple University Press, 1988, p. 222. 中译本参考［美］霍尔姆斯·罗尔斯顿：《环境伦理学：
　　大自然的价值以及人对大自然的义务》，杨通进译，中国社会科学出版社 2000 年版，第 303 页。

美时，才是正确的；否则，它就是错误的。"① 对罗尔斯顿而言，生态系统具有生生不息的创生能力，它能通过持续性的价值转换，维持生态群落的完整、稳定和美。

只有理解了美以及审美价值作为一种要素客体性地存在于生态系统当中，我们才能理解为什么罗尔斯顿在论述生态系统化丑为美功能时，大篇幅地论述生态系统中死与生的转化。比如，他指出："具有更复杂的批判意识的美学家将会作出如下判断：被拉入共生关系的价值冲突，不是一个丑的事物，而是一个美的事物。世界不是一个寻欢作乐的场所，不是一个迪士尼乐园，而是一个充满争斗与忧郁之美的场所。死亡是繁荣的阴影。"② 这里价值冲突是指生态系统中两个具有内在价值的事物相互冲突，即两个事物相互斗争，那么自然胜利的一方得以增长，而失败的一方消亡，但这是自然生态系统的常态，在这种冲突斗争当中，和审美或美学家有什么关系？其内在关系就在于，罗尔斯顿认为生态系统的完整与稳定、生态系统中的生命、生机与活力都是美的，而相反，生命的消亡则是丑的。然而生态系统具有生生不息的创生力量，能将死去的东西（即丑的东西，如正在腐烂的麋鹿尸体）重新纳入生态系统当中，进入生态系统的循环过程，从而对其他事物具有工具价值，从事有助于生态系统的完整、稳定与勃勃生机，而这种完整、稳定与勃勃生机就是美的。

通过生态系统中审美价值的转化来论述丑的转化问题，这还只是从纯粹的客体层面来论述问题。罗尔斯顿承认，审美既不是一个纯主体的问题，也不是一个纯客体的问题，从他把审美体验分为审美能力和审美属性就可以看出来。因此，罗尔斯顿还从主体角度，强调主体需要具有一定的审美能力，才能从审美上理解生态系统的化丑为美功能。

---

① Aldo Leopold, *A Sand County Almanac: with Essays on Conservation*, New York: Oxford University Press, 2001, p. 225.

② Holmes Rolston Ⅲ, *Environmental Ethics: Duties to and Values in the Natural World*, Philadelphia: Temple University Press, 1988, p. 239. 中译本参考［美］霍尔姆斯·罗尔斯顿：《环境伦理学：大自然的价值以及人对大自然的义务》，杨通进译，中国社会科学出版社 2000 年版，第 325 页。

　　罗尔斯顿说："一个人必须欣赏那并非明显的事物。"① 这里，明显的事物指的是那些初看起来是所谓丑的事物，如上文中提到的麋鹿尸体、断枝的树、破损的花、虫吃过的叶子、被扁虱困扰的雏鹰、身体残缺而令人恐怖的动物等。然而，如何欣赏这些明显的事物背后的非明显的内涵呢？这是罗尔斯顿论证的关键所在。对此，罗尔斯顿的核心策略是，把个体上看似丑的事物整合进中观视野（上述第三点）中，从而确保所有自然景观（即中观意义上自然环境和生态系统）都具有肯定的审美属性和审美价值。即罗尔斯顿试图告诉我们，主体的审美能力不能仅仅局限在明显的单个丑的事物上，而要把视野扩大到单个事物所处的自然环境或自然生态系统上（即视野从微观层面扩展到中观层面上），这样单个丑的事物就消融、整合进具有肯定性审美价值的景观和生态系统当中。在此，罗尔斯顿从空间（横向）和时间（纵向）两个维度来强调主体如何从微观视野提升到中观视野。

　　从空间维度看，罗尔斯顿通过阐释缪尔的思想，把肯定美学变成一个中观视野问题（上述第三点）。罗尔斯顿主张，我们欣赏自然时，不能仅仅盯着一片风景中的麋鹿尸体、破损的花、虫吃过的叶子、被扁虱困扰的雏鹰等，而要将视野扩充到整片风景带才行，即我们欣赏自然的空间范围不应该局限在个体事物上，而要放宽到景观空间整体上。而且，艺术品与自然不同，艺术品如一幅画、一座雕像等有自己的画框和底座，在空间上表明艺术品的完整性、独立性；而自然中的事物则是彼此相连的，在空间上不应该将自然事物割裂开，因此欣赏者必须将整片风景都容纳到视野中。只要欣赏者把视野扩宽到整片风景带，那么即便风景中存在个别的丑的个体事物，也无法否认整片风景具有肯定的审美属性和审美价值。如罗尔斯顿说："自然的美可能是代价高昂的和悲剧性的，然而自然是美的景色（a scene of beauty），面对毁灭时，自然总是重新显现。当景观中的各种各样的事物被整合进一个动态的进化的生态系统（a dynamic evolutionary ecosystem）中时，丑的部分并不是削减了而是丰富了整体。丑被接纳、克服和整合进肯定的复杂美

① Holmes Rolston Ⅲ, *Environmental Ethics: Duties to and Values in the Natural World*, Philadelphia: Temple University Press, 1988, p. 239. 中译本参考［美］霍尔姆斯·罗尔斯顿：《环境伦理学：大自然的价值以及人对大自然的义务》，杨通进译，中国社会科学出版社 2000 年版，第 325 页。

（positive complex beauty）之中。"① 这种丑被"接纳、克服和整合"进具有中观视野特性的"景色"和"生态系统"中。

从时间维度看，丑的自然事物通过生态系统的动态平衡，转化到自然景观整体当中。罗尔斯顿指出："在生态系统中，一棵树的无用性只表述它死亡的一半；作为一个枯木或一个正在腐烂的残躯，它为一些鸟提供筑巢的洞穴，栖木，昆虫幼虫和食物，以及为土壤提供养分，等等。认为腐烂或捕食是坏的，这和因为下雨淋湿了我的野餐，所以下雨是坏的一样不全面。这些事物对个体来说具有局部的否定价值，但是他们具有系统的价值。一个没有腐烂或下雨现象的系统将很快搁死和干涸；没有捕食现象，系统过程无法进化出较高级的生命，这对后到来的个体生命有好处。"② 从这里可以看出来，虽然单独看一个腐烂的事物，可能是具有否定的审美价值，但是这些腐烂的事物在生态系统中可以为其他事物提供肯定性的工具价值，从而通过工具价值转化到生态系统当中，因而对整个生态系统的健康、稳定和美有益。所以，我们在欣赏那些丑的事物时，不能将眼光停止在静止的时刻，而要带着更长久的时间维度，把那些个体事物放在生态系统的动态过程中，看到那些个体事物的动态变化，这样我们才能欣赏罗尔斯顿所说的"非明显的事物"，体验到深层的美。罗尔斯顿指出："尽管丑不时地以特殊事物的形式展现出来，但是丑并不是最终定论。具有一个超越'浅平'的'深度'视野的现实主义者们除了能'看到'丑在空间上的当下展开，还能'看到'时间的维度；他们知道再生的力量（regenerative force）已经在场，随着时间变化，自然将从这丑中产生出美，并且这种趋势已经呈现出来，并正从审美上刺激我们。这种美学家能够从纵向上和横向上来看自然的丑。当一个内在上丑的事件在生态系统演化过程中工具性地延伸了，丑就柔和了——尽管丑并没有消失——并且对系统之美（systemic beauty）以及后到来的无论是

① Holmes Rolston Ⅲ, *Environmental Ethics*: *Duties to and Values in the Natural World*, Philadelphia: Temple University Press, 1988, p. 241. 中译本参考［美］霍尔姆斯·罗尔斯顿：《环境伦理学：大自然的价值以及人对大自然的义务》，杨通进译，中国社会科学出版社 2000 年版，第 328 页。

② Holmes Rolston Ⅲ, *Environmental Ethics*: *Duties to and Values in the Natural World*, Philadelphia: Temple University Press, 1988, p. 239. 中译本参考［美］霍尔姆斯·罗尔斯顿：《环境伦理学：大自然的价值以及人对大自然的义务》，杨通进译，中国社会科学出版社 2000 年版，第 325 页。

同种的还是其他种的个体之美作出了贡献。"① 由此可以看出，自然系统本身就具有生生不息的创生力量，能把腐烂的丑陋的事物纳入生态系统循环当中，让丑的事物在生态系统中发挥工具性价值，从而促进生态系统整体的完整、稳定和美，由此生态系统从丑中产生出了美。因而如果欣赏者持有具有一定时间长度的视角来欣赏自然风景，而不是局限在某一瞬间的丑的事物，那么这个欣赏者就能够容纳丑的事物，进而看到丑与美在生态系统内的转化与流动。

综上所述，罗尔斯顿讨论了生态系统化丑为美功能的客体条件和主体条件。客体条件就是说，自然生态系统具有生生不息的创生力量。生态系统现实地把丑陋的、腐烂的、遭到毁坏的事物纳入生态循环当中，产生出新的富有生机的事物。主体条件就是利用生态学、环境伦理学知识拓展欣赏者的视野，从而摆脱狭隘的个人主义或人类中心主义视野。罗尔斯顿说："环境伦理学使我们从我们的个人主义的、以自我为中心的视角摆脱出来，转而考虑系统之美。"② 当欣赏者从主体上能以摆脱狭隘的个人主义，扩大欣赏视野，能以提升到可以容纳具有一定空间和时间维度的生态系统层面上，那么他就能够欣赏那些丑的事物，即便"在枯木或地下或黑暗中，有大量令人惊异的事情存在着；它们一点也不是风景优美的，但是对它们的欣赏却是审美的"③。按照罗尔斯顿思路，客体条件始终存在，那么只要在主体条件上也准备好了，则我们对自然的审美欣赏就可以在生态学、环境伦理学的指引下，转向"风景优美的整体"（scenic wholes）④。

---

① Holmes Rolston Ⅲ, *Environmental Ethics: Duties to and Values in the Natural World*, Philadelphia: Temple University Press, 1988, pp. 240-241. 中译本参考［美］霍尔姆斯·罗尔斯顿：《环境伦理学：大自然的价值以及人对大自然的义务》，杨通进译，中国社会科学出版社 2000 年版，第 327 页。

② Holmes Rolston Ⅲ, *Environmental Ethics: Duties to and Values in the Natural World*, Philadelphia: Temple University Press, 1988, p. 241. 中译本参考［美］霍尔姆斯·罗尔斯顿：《环境伦理学：大自然的价值以及人对大自然的义务》，杨通进译，中国社会科学出版社 2000 年版，第 327 页。

③ Holmes Rolston Ⅲ, *Environmental Ethics: Duties to and Values in the Natural World*, Philadelphia: Temple University Press, 1988, p. 239. 中译本参考［美］霍尔姆斯·罗尔斯顿：《环境伦理学：大自然的价值以及人对大自然的义务》，杨通进译，中国社会科学出版社 2000 年版，第 325 页。

④ Holmes Rolston Ⅲ, *Environmental Ethics: Duties to and Values in the Natural World*, Philadelphia: Temple University Press, 1988, p. 238. 中译本参考［美］霍尔姆斯·罗尔斯顿：《环境伦理学：大自然的价值以及人对大自然的义务》，杨通进译，中国社会科学出版社 2000 年版，第 324 页。

五、自然景观全美

在上述第四点中，罗尔斯顿通过强调自然生态系统的化丑为美功能，把丑的个体事物放置到具有中观特性的自然景观或自然生态系统中，以辩证的视角，解决了个别丑的自然事物问题。然后，自然中是否存在一些丑的自然风景呢？如罗尔斯顿自己问道："存在丑的景观吗？"① 也即是说，在上述第四点中，罗尔斯顿把视角从微观（即个体事物）提升到中观（即生态系统、景观等）层面，那么罗尔斯顿就需要进一步论证所有处于中观层面的景观都具有肯定性的审美属性或审美价值。罗尔斯顿对此问题的解答策略是：先列举一些极少数被认为是丑的景观，然后从生态伦理学角度给予反驳。

罗尔斯顿认为丑就是价值的毁灭，如被海啸冲毁的海滨度假胜地、被岩浆吞没的峡谷、被暴雨摧毁的森林、被大火烧焦的土地等，通常被认为一种丑的景观。他说道："有时，一些自然灾害把景观变得更糟糕。那么，自然不就产生了丑的地方吗？再一次，在某种意义上，这是丑的。没有人会在景观画中描绘这些地方；它们不是如画的。但是我们面对的不是活生生的系统中的画面，而是其发生的事件（happenings），而且这需要更深层的审美敏感性（aesthetic sensibility，或曰审美感受力）。"② 这里，"再一次"意味着罗尔斯顿在考察具有中观特性的景观时，也发现了一些丑的景观。卡尔森指出，这些景观之所以被认为是丑的，是因为它们不是如画的，不是风景优美的。

罗尔斯顿随后从欣赏方式入手，强调不能按照欣赏绘画的方式来欣赏活生生的生态系统，因为绘画是静态的、瞬间的、无生命的，而生态系统则是动态的、历史的、富有生机的。罗尔斯顿强调，欣赏者必须要具有一种"更深层的审美敏感性"，去体验生态系统中所发生的各种事件。罗尔斯顿以一场天然森林大火为例，一方面来看，它的确摧毁了许多生命，造成大火

① Holmes Rolston Ⅲ, *Environmental Ethics*: *Duties to and Values in the Natural World*, Philadelphia: Temple University Press, 1988, p. 242. 中译本参考［美］霍尔姆斯·罗尔斯顿：《环境伦理学：大自然的价值以及人对大自然的义务》，杨通进译，中国社会科学出版社 2000 年版，第 328 页。

② Holmes Rolston Ⅲ, *Environmental Ethics*: *Duties to and Values in the Natural World*, Philadelphia: Temple University Press, 1988, p. 242. 中译本参考［美］霍尔姆斯·罗尔斯顿：《环境伦理学：大自然的价值以及人对大自然的义务》，杨通进译，中国社会科学出版社 2000 年版，第 328 页。

过后的满目疮痍，但从另一方面来看，根据生态学知识，森林大火作为一个
生态事件，对森林以及整片土地有许多好处，它能消灭森林中很多有害成
分，降低树木密度，使腐殖土中的养分释放到土壤中去，促使这片森林生态
系统循环，自然演替重新开始。可以说，天然大火是森林成长过程中的一个
环节，因此"很难说一片天然大火烧焦的森林是丑的。它暂时是丑的，像
麋鹿尸体一样，因为正常的生长倾向被中止了。但是短暂的颠覆是构成更大
的系统健康所必须的。"① 也就是说，罗尔斯顿同样通过把自然灾害（如森
林大火）放到一个更大的生态系统演化的视角中，通过生态学知识把自然
灾害理解成一个生态事件，发觉其在生态系统中的工具性价值，从而论述了
丑在生态系统中的转化问题。

罗尔斯顿说："甚至力量狂暴的火山岩浆和海啸也不是没有审美属性，
尽管它们摧毁生命，但是灾难过后，在动植物群落重建的努力中存在着激动
人心的美。生命重生，这种重生是美的；但是某种意义上，生命的消失，只
要它被视作生命重生的序言，就不再如之前所认为的那么丑了。"② 罗尔斯
顿解决丑的景观问题的策略，其实就是将丑的景观放到一个更大的动态的视
野中，从而能够辩证地看待它。

第三节　齐藤百合子

齐藤百合子对于肯定美学的态度比较暧昧：一方面，齐藤百合子根据肯
定美学思路，提出"如其本然"（on its own terms）地欣赏自然、"非风景优
美的（unscenic）自然美学"等重要命题，推进了肯定美学发展，得到卡尔
森本人的高度认可；另一方面，齐藤百合子自己又申明，肯定美学在最终结
论上并不成立，认为所有自然事物不可能、也不应该在审美上都是可欣赏的。

---

① Holmes Rolston Ⅲ, *Environmental Ethics: Duties to and Values in the Natural World*, Philadelphia:
Temple University Press, 1988, p. 242. 中译本参考 ［美］霍尔姆斯·罗尔斯顿：《环境伦理学：
大自然的价值以及人对大自然的义务》，杨通进译，中国社会科学出版社 2000 年版，第 329 页。
② Holmes Rolston Ⅲ, *Environmental Ethics: Duties to and Values in the Natural World*, Philadelphia:
Temple University Press, 1988, p. 243. 中译本参考 ［美］霍尔姆斯·罗尔斯顿：《环境伦理学：
大自然的价值以及人对大自然的义务》，杨通进译，中国社会科学出版社 2000 年版，第 329—
330 页。

一、如其本然地欣赏自然

1984 年，卡尔森从自然审美欣赏的适当性问题出发，正式提出肯定美学。同样，齐藤百合子也关注到自然审美的适当性问题①，并此基础上提出了"如其本然地欣赏自然"这一命题。

齐藤百合子首先借助自然审美的适当性理论，反对传统自然美学中的如画欣赏（pictorial appreciation）和联想（association）欣赏，因为前者是按照风景画的方式来欣赏自然，而后者则是按照自然所激发的一系列历史的/文化的/文学的联想物（associations）来欣赏自然，两者都未能将关注点聚焦于自然自身上，因此在伦理上是可疑的。如齐藤百合子指出："我认为，把自然作为自然（nature as nature）来聆听，就必定涉及除了我们之外的自然自身的真实性（reality）。它包括承认，一个自然对象有它自身独特的历史和功能——该历史与功能独立于人类所赋予的历史的/文化的/文学的意义——以及它的具体的知觉特征（perceptual features）。因此，如其本然地（on its own terms）欣赏自然必须基于聆听自然的知觉特征所讲述的故事；也即是说，一个涉及自然的起源（origin）、组成（make-up）、功能（function）和运作（working）的故事，而且人类并未在场或参与其中。"②从这里可以看出，齐藤百合子对"何谓适当的自然欣赏？"的回答是：如其本然地欣赏自然。也即是"把自然作为自然来聆听"，聚焦"自然自身的真实性"，关注"自然自身独特的历史和功能"以及"知觉特征"，而且不涉及人类的活动与观念。齐藤百合子对"如其本然地欣赏自然"这一命题的提出与阐释，推进了肯定美学研究，因为肯定美学的学术追求就是要按照自然自身来欣赏自然。

进一步看，齐藤百合子认为，如其本然地欣赏自然涉及三方面的因素：需要立足于自然自身的知觉特征，在顾及道德考虑的情况下，借助有关自然

---

① 早在 1984 年，齐藤百合子就关注到卡尔森对自然审美欣赏的适当性问题的研究，参见 Yuriko Saito, "Is There a Correct Aesthetic Appreciation of Nature?", *The Journal of Aesthetic Education*, 18 (1984), pp. 35-46。

② Yuriko Saito, "Appreciating Nature on Its Own Terms", *Environmental Ethics*, 20 (1998), pp. 135-149.

的科学知识和民间叙事，来聆听自然自身。（一）审美欣赏本身就是对审美
对象感性形态的关注，因此齐藤百合子认为如其本然地欣赏自然必须立足于
自然自身的知觉特征。（二）齐藤百合子始终强调自然欣赏的道德维度。齐
藤百合子通过对比艺术欣赏与自然欣赏，指出适当性本身就涉及一个道德标
准（moral criteria）："也许我们能从我们乐意服从自然的引导中，为适当的
自然审美欣赏衍生出一个与艺术欣赏相对等的道德标准。这样一种态度会涉
及聆听自然自身的故事和如其本然地欣赏自然，而不是将我们的故事强加在
自然身上。"① 因此，对于如其本然地欣赏自然而言，道德标准很重要，她
说："我相信，适当地欣赏任何事物——即如其本然地欣赏任何事物——的
最终合理的阐释是，重视道德的重要性以及我们同情地聆听他者所讲述的关
于自然的故事，尽管我们对这故事不熟悉。"② （三）齐藤百合子在卡尔森
科学认知主义的基础上，将认知因素从科学知识扩展到关于自然的各种叙
述。齐藤百合子指出："我认为，在卡尔森观点中，科学知识对于我们的自
然审美欣赏而言是必要的，但是这里科学知识范围一定是狭窄的
（narrowed）。我下一个要点是研究一种方式，其范围应该按照这种方式来进
行拓展（expanded）。"③ 如何拓展自然欣赏中的认知要素呢？齐藤百合子指
出："科学解释（scientific explanation）与民间叙事（folk narratives）都是我
们努力帮助自然通过其感性表面（sensuous surface）来对我们讲述它自身的
故事，这些故事涉及它自身的历史与功能。"④

　　齐藤百合子不仅提出"如其本然地欣赏自然"这一命题，对肯定美学
追求欣赏自然自身的学术目标进行了高度概括，而且齐藤百合子对如其本然
地欣赏自然问题的研究，强调我们必须立足自然的感性形态，拥有尊重自然
的道德能力，聚焦有关自然自身的科学知识与民间叙事，推进了肯定美学在

① Yuriko Saito, "Appreciating Nature on Its Own Terms", *Environmental Ethics*, 20 （1998），
　　pp. 135-149.
② Yuriko Saito, "Appreciating Nature on Its Own Terms", *Environmental Ethics*, 20 （1998），
　　pp. 135-149.
③ Yuriko Saito, "Appreciating Nature on Its Own Terms", *Environmental Ethics*, 20 （1998），
　　pp. 135-149.
④ Yuriko Saito, "Appreciating Nature on Its Own Terms", *Environmental Ethics*, 20 （1998），
　　pp. 135-149.

这方面的研究。如齐藤百合子所作的总结："我认为，对自然适当的审美欣赏，必须体现一种承认（recognizing）和尊重（respecting）自然的道德能力（moral capacity），因为除了我们的存在，自然还有自己的真实性（reality），有自己的故事要讲。此外，它需要灵敏的耳朵来辨别它用特定的感性表面（sensuous surface）所讲述的故事，不管它多么乏味。我建议，我们尝试以某种方式使自然物体和现象有意义，这引导我们对自然的感性体验（sensuous experience）去恰当地欣赏它，通过修改、增强、阐明或转换其内容。"①

二、非风景优美的自然美学

齐藤百合子从自然审美欣赏的适当性出发，立足于"如其本然地欣赏自然"这一立场，推动了自然美学对于那些非风景优美的自然进行审美欣赏。与自然欣赏的如画传统相比，这种做法极大地拓宽了自然审美欣赏的范围，与肯定美学的主张相一致。

如画传统让我们在欣赏自然时，重视自然中令人印象深刻的优美风景，而忽略非风景优美的自然事物。但是，这些非风景优美的自然事物具有极大的生态重要性，所以齐藤百合子认为，从道德上讲，我们应该去欣赏这些非风景优美的自然。因此，齐藤百合子在一定程度上赞同肯定美学，试图借助肯定美学来矫正自然欣赏的如画传统。比如齐藤百合子说："当代环境伦理学家霍姆斯·罗尔斯顿重申了如下担忧，即一种贬低对优美风景构成挑战的（scenically challenged）自然部分的共同倾向。为一种爬满蛆虫的麋鹿尸体——麋鹿尸体并不是风景优美的（scenic beauty）典型例子——的肯定审美价值的辩护，他建议，我们要反对如下倾向，即寻找适合明信片式的美丽对象（pretty object）和如画风景。"② "艾伦·卡尔森也质疑自然的如画欣赏。在卡尔森看来，把自然视为一系列的景观画，这是不合适的，因为这并

---

① Yuriko Saito, "Appreciating Nature on Its Own Terms", *Environmental Ethics*, 20 （1998），pp. 135-149.

② Yuriko Saito, "The Aesthetics of Unscenic Nature", *The Journal of Aesthetics and Art Criticism*, 56 （1998），pp. 101-111. 中译本参考［日］齐藤百合子：《非美自然的美学》，李菲译，《郑州大学学报（哲学社会科学版）》2012 年第 2 期。

不是自然所是（what nature is）……卡尔森认为，借助适当的方式，则对如画构成挑战的（pictorially challenged）自然事物在审美上也是肯定的。"①

　　而且齐藤百合子在卡尔森的科学认知主义立场上，指出科学知识是人们所发现的关于自然自身言说的重要组成部分。对于艺术作品而言，总有一些贫乏的、不成功的艺术作品，这些艺术作品让我们感到失望或反感，难以获得审美愉悦。不过自然与艺术不同，"上述关于艺术的考虑并不适合于我们关于自然的审美欣赏，使得如下观点是合理的，即自然的每一部分在审美上是肯定的（aesthetically positive）。因为自然是无道德的（amoral），因此，在道德上反对或不接受关于自然的起源（origin）、结构（structure）和生态功能（ecological function）等故事，这是无意义的。此外，我不认为关于自然的故事是无趣的（uninteresting）或琐碎的（trivial）……不管起初看起来多么不重要（insignificant）、多么无趣（uninteresting）、多么令人反感（repulsive），博物学（natural history）和生态科学能揭示出自然每一部分中令人惊奇的（marvelous）作品。"② 由此可见，齐藤百合子基本上接受卡尔森对肯定美学所作的科学认知主义论证，而且对肯定美学非常友好。齐藤百合子认为，尽管自然在言说（storytelling）技能上有差异，但是自然中没有任何沉默的（mute）部分。正是如此，齐藤百合子声称："在这种意义上，我同意卡尔森的观点：'所有自然必然都显示自然的秩序。尽管自然事物在一些情形中比在其他情形中更容易被感知和理解，但是自然仍然在每一种情形中都是在场的（present），一旦我们意识到并理解了能够产生自然的力量（force）和能够阐明自然充分发展的故事，自然是能够被欣赏的。在这种意义上，所有自然都是同等地可欣赏的。'"③

　　由此可知，齐藤百合子对非风景优美的自然美学的阐释，一方面充分吸

---

① Yuriko Saito, "The Aesthetics of Unscenic Nature", *The Journal of Aesthetics and Art Criticism*, 56 (1998), pp. 101–111. 中译本参考［日］齐藤百合子：《非美自然的美学》，李菲译，《郑州大学学报（哲学社会科学版）》2012 年第 2 期。

② Yuriko Saito, "The Aesthetics of Unscenic Nature", *The Journal of Aesthetics and Art Criticism*, 56 (1998), pp. 101–111. 中译本参考［日］齐藤百合子：《非美自然的美学》，李菲译，《郑州大学学报（哲学社会科学版）》2012 年第 2 期。

③ Yuriko Saito, "The Aesthetics of Unscenic Nature", *The Journal of Aesthetics and Art Criticism*, 56 (1998), pp. 101–111. 中译本参考［日］齐藤百合子：《非美自然的美学》，李菲译，《郑州大学学报（哲学社会科学版）》2012 年第 2 期。

收和借鉴了卡尔森和罗尔斯顿版本的肯定美学论述，对肯定美学非常友好；另一方面，齐藤百合子将非风景优美的自然事物也纳入自然审美欣赏的范围中，无疑在实际上推动了肯定美学的发展。但是齐藤百合子自己却明确申明，不赞成肯定美学，认为肯定美学并不成立。

三、对肯定美学的质疑

齐藤百合子在《非风景优美的自然美学》（The Aesthetics of Unscenic Nature）一文中，明确反对肯定美学，她说："总之，我反对如下主张，即：自然中的每个事物在审美上都是可欣赏的（aesthetically appreciable）。自然中的一些现象借助其令人感到危险的方面来压倒我们，使得我们很难——即便不是没有可能的——拥有足够的物理上的（physical）或概念上的（conceptual）距离，来聆听以及审美地欣赏它们的故事。此外，即使我们能够这样做，我也质疑这样做的道德上的适当性。只要我们正在讨论的审美体验（aesthetic experience）是建立在我们整个人类的情感（sentiments）、能力（capacities）、限制（limitations）以及关注（concern）（尤其是道德关注）之上，那么自然的每个事物不可能、也不应该在审美上都是可欣赏的。"① 即是说，在齐藤百合子看来，肯定美学在审美事实层面与伦理道德层面都不可能成立。

首先，齐藤百合子从审美事实层面上反驳卡尔森版本的肯定美学立场，认为自然中存在一些丑的事物，因此肯定美学不成立。齐藤百合子从日常审美经验出发，明确指出："跳蚤、苍蝇、蟑螂、蚊子等，不管它们的解剖结构和生态作用多么有趣，它们仍是讨厌的（pesky），只有昆虫学家才能够采取一种客观的（objective）标准来对待它们。蝙蝠、蛇、鼻涕虫、蠕虫、蜈蚣和蜘蛛只会使我们毛骨悚然（creeps），使我们战栗（shudder）。蒲公英、杂草是难看的事物（eyesores）。"② 在齐藤百合子看来，受语境因素、文化

---

① Yuriko Saito, "The Aesthetics of Unscenic Nature", *The Journal of Aesthetics and Art Criticism*, 56 (1998), pp. 101–111. 中译本参考［日］齐藤百合子：《非美自然的美学》，李菲译，《郑州大学学报（哲学社会科学版）》2012 年第 2 期。

② Yuriko Saito, "The Aesthetics of Unscenic Nature", *The Journal of Aesthetics and Art Criticism*, 56 (1998), pp. 101–111. 中译本参考［日］齐藤百合子：《非美自然的美学》，李菲译，《郑州大学学报（哲学社会科学版）》2012 年第 2 期。

因素、距离因素等因素影响，无法保证所有关于自然的审美判断都是肯定的，因此肯定美学不成立。

其次，齐藤百合子从道德伦理层面上反驳罗尔斯顿版本的肯定美学立场。罗尔斯顿从作为整体的生态系统立场出发，强调我们应该将个别丑的自然事物（如一只腐烂的麋鹿尸体）放到自然景观（landscape）或生态系统（ecosystem）当中，将个别丑的自然事物消融在更宽阔的视野当中，实现化丑为美的效果，从而为肯定美学提供一种环境伦理学论证。但是齐藤百合子对罗尔斯顿版本的肯定美学提出了三点质疑：（1）罗尔斯顿混淆了审美对象，罗尔斯顿所论述的审美对象是作为整体的生态系统，而不是作为个体的自然对象（如一只腐烂的麋鹿尸体），但是罗尔斯顿在论证过程中，仅仅论证了作为整体的生态系统是美的，就匆忙下结论说，作为个体的自然对象（如一只腐烂的麋鹿尸体）也是美的。（2）罗尔斯顿将生态系统作为审美对象，是反直觉的。如果审美对象是生态系统，然而生态系统可以逐层扩大，那么导致的结果是："最终的欣赏对象甚至不是环绕着这些个别事物的当地环境（local environment），而是全球环境（global environment）。那么，如果我们应该把自然欣赏为一个大的框架（a large frame），这种立场将引出一种反直觉的（counterintuitive）结果，即我们关于自然审美体验的惟一合法的对象是全球生态圈（global ecosphere）。"① 全球生态圈是常人无法欣赏的。（3）罗尔斯顿的超人类中心主义的环境伦理观不可取。罗尔斯顿版本的肯定美学是以超人类中心主义的环境伦理观为基础，不过齐藤百合子反对超人类的视角（trans-human perspectives）："毕竟，我们处理的是由我们自己一套独特的感官器官（sensory apparatus）、偏好（propensity）、局限（limitation）和关注（concern）所支撑的我们自己的审美体验。我们关注的不是一个关于超人存在者（super-human being）的审美体验。这个超人存在者拥有一个将各种自然灾难置于其中的全球性的、幅度广阔的视野，而且这个超人存在者对待它自己存在的态度不同于我们对待

---

① Yuriko Saito, "The Aesthetics of Unscenic Nature", *The Journal of Aesthetics and Art Criticism*, 56 (1998), pp. 101–111. 中译本参考［日］齐藤百合子：《非美自然的美学》，李菲译，《郑州大学学报（哲学社会科学版)》2012 年第 2 期。

自己存在的态度。"① 我们不是超人存在者，因此我们的审美体验不应该是
非人类中心主义的。

　　总的来看，齐藤百合子对于肯定美学的看法是复杂的：一方面，她在某
种程度上赞成肯定美学，主张按照自然事物本身来欣赏自然，认识到肯定美
学是对如画欣赏传统的一种纠偏，有助于人们对非风景优美自然进行欣赏，
提升人们欣赏自然的范围和能力。另一方面，齐藤百合子考虑了肯定美学的
局限，即我们不应该将自然灾难纳入审美范围当中，对自然灾难的欣赏实际
上犯了道德适当性错误。和罗尔斯顿通过生态伦理学将自然灾难纳入到自然
欣赏范围当中的做法不同，齐藤百合子根据人类道德系统，将自然灾难排除
在自然欣赏范围之外。

第四节　詹娜·汤普森

　　詹娜·汤普森（Janna Thompson）在《美学与自然价值》一文中探讨了
肯定美学，分析了考利科特、哈格洛夫和卡尔森等人的肯定美学思想，对肯
定美学提出了一些质疑，但是汤普森质疑肯定美学，并不是反对肯定美学，
而是为了解决肯定美学存在的问题，探究自然审美判断的客观性问题，解决
自然审美价值与自然保护的关联性问题，将肯定美学拓展到自然保护领域，
从而使肯定美学更加完善、合理。

一、对肯定美学的阐释

　　汤普森从审美主体角度切入进肯定美学研究。汤普森认为，肯定美学可
以追溯到利奥波德、考利科特的大地美学思想。在大地美学提倡者看来，欣
赏者应该努力提升自身的审美感受力（sensibility），多感官地感受自然，并
借助科学知识以及自然史知识，尽可能地欣赏自然，包括对于传统文化而言
并非优美不美的自然事物。按照这种思路，"由于自然中的任何事物都有一
个延伸到千年之前的自然史，科里考特似乎建议，实际上任何环境或者生物

---

① Yuriko Saito, "The Aesthetics of Unscenic Nature", *The Journal of Aesthetics and Art Criticism*, 56
　　(1998), pp. 101–111. 中译本参考［日］齐藤百合子：《非美自然的美学》，李菲译，《郑州大
　　学学报（哲学社会科学版）》2012 年第 2 期。

都可能，或者都应该是审美欣赏的对象"①。因此，汤普森认为，根据大地美学的主张，可以从审美主体角度得出一种肯定美学立场，即我们可以欣赏所有的自然事物。

随后，汤普森着重从审美标准和范畴角度，阐释了卡尔森的肯定美学思想。卡尔森认为，审美欣赏需要参照一定的范畴或标准：在艺术欣赏中，其范畴是由艺术批评和艺术史提供的；而在自然欣赏中，应该根据如其所是的原则，其范畴应该由科学知识和自然史知识提供，"艺术与自然之间的重要差异在于，我们应有于自然的范畴在本质上依赖于存在之物（what exist）。范畴被创造出来以适应这些存在之物"②，由此自然美学应该是肯定美学。从审美标准和范畴角度理解肯定美学，其实就是从审美主体角度理解肯定美学，关于自然欣赏的范畴"适应"存在的自然物，其实就意味着人们对于自然的欣赏，应该"适应"自然本身。

而后，汤普森论述哈格洛夫的肯定美学思想，阐释创造性与肯定美学问题。哈格洛夫认为，自然的创造性是一种"冷漠的创造性"，与艺术的创造性不同："艺术的创造性需要一个创造者，该创造者根据先前存在的标准来形成计划；冷漠的创造性在进展过程中没有一个计划，也没有先前规定的标准。"③ 由此，哈格洛夫将自然的创造活动与艺术的创造活动区别开来。在此基础上，哈格洛夫说："如果存在一个创造世界并维持世界的上帝，并且笛卡尔关于创造的冷漠性的描述是真实的，那么自然就是在没有预先计划的情况下被创造出来的，并且自然的存在先于它的本质。如果不存在上帝——像萨特所宣称的那样——则没有任何人创造自然，因此，自然就需要自己创造自己。由于自然也没有预先计划其创造行为，而是通过均变论和进化论的机制向前发展，因而自然的存在又一次先于它的本质。"④ 也就是说，无论

① Janna Thompson, "Aesthetics and the Value of Nature", *Environmental Ethics*, 17 (1995), pp. 291–305.

② Janna Thompson, "Aesthetics and the Value of Nature", *Environmental Ethics*, 17 (1995), pp. 291–305.

③ Eugene Hargrove, "Carlson and the Aesthetic Appreciation of Nature", *Philosophy & Geography*, 5 (2002), pp. 213–224.

④ Eugene Hargrove, *Foundations of Environmental Ethics*, Englewood Cliffs：Prentice-Hall, 1989, p. 184. 中译本参考 ［美］尤金·哈格洛夫：《环境伦理学基础》，杨通进、江娅、郭辉译，重庆出版社 2007 年版，第 226—227 页。

是从有神论的视野来看，还是从均变论和进化论等科学的视野来看，只要根据自然创造的冷漠性特征，得出自然的存在先于它的本质。"如果自然的存在先于它的本质，自然冷漠的创造力的自然产物，是否经由上帝或自然自身，都是且不得不是善的和美的，因为如此创造的任何事物，总是同时带来与之相一致的善与美的标准。换言之，自然是其自身善与美的标准，使得丑不可能是自然自身的创造性活动的产物。这就解决了肯定美学的问题。"①也就是说，只要自然的存在先于它的本质，就可以推出肯定美学结论，因为无论是通过上帝创造了自然，还是自然创造了自身，都会同时根据自然之存在，创造出与在先存在的自然事物相一致的善和美的标准，而根据这种"量身定做"的美的标准，是不会得出"某个自然事物是丑的"结论。

二、对肯定美学的质疑

在阐释肯定美学基本思想之后，汤普森对肯定美学提出了一些质疑。汤普森的质疑主要围绕肯定美学的两个基本问题展开：1. 什么是野生自然？2. 自然中什么是美的？这两个问题其实分别针对肯定美学的自然观和美学观。

1. 什么是野生自然？

汤普森首先针对肯定美学的自然观发出质疑。汤普森说："对于哈格洛夫与卡尔森的肯定美学而言，一个明显的困难是，什么事物才被算作野生自然（wild nature）。世界上被视为荒野的大多数区域，或者是传统文化的发源地，那么这些人类的活动超过了数千年，已经对生态产生影响，（如同在澳大利亚，土著居民通过有规律地燃烧大面积灌木，上百年地鼓励某种动植物物种。）如果野生自然意味着从未人类影响的区域，那么实际上除了南极洲之外，这个世界上不存在野生自然了。"② 也就是说，按照严格意义上的"野生自然"而言，地球上基本上不存在野生自然了，因此肯定美学也没有

---

① Eugene Hargrove, *Foundations of Environmental Ethics*, Englewood Cliffs: Prentice-Hall, 1989, p. 184. 中译本参考 ［美］尤金·哈格洛夫:《环境伦理学基础》, 杨通进、江娅、郭辉译, 重庆出版社 2007 年版, 第 227 页。

② Janna Thompson, "Aesthetics and the Value of Nature", *Environmental Ethics*, 17 （1995）, pp. 291-305.

存在的意义与价值。

不过，汤普森对肯定美学自然观的批判，并不是要反对肯定美学，而是在反思和质疑：野生自然和被人类改造的自然之间存在的差别，是否真的带来重要的审美差别。"就肯定美学而言，被人类之手改变一些或一点的环境，并不清楚为什么这一事实应该使我们对于它的看法产生巨大不同。自然的创生之力量（creative power）对于人类干扰（interventions）的反应，和它对完全自然的偶然事件之反应，是一样明显的。最严重的人类干涉（interference），也没有如下自然过程所创造的变化更具有戏剧性：如火山爆发、飓风、大陆漂移。自然按照它的创造性的、有时是未预料到的方式进行调整，以适应所有这些变化。有一些结果或许对我们来说是坏的——但是这种状况并不是自然的忧虑，并不代表自然创生力量的减少。"[1] 从哈格洛夫版本的肯定美学来看，自然的创造性带来自然美，然而人类对自然的干涉，并没有取消或者严重影响自然的创造性，因此并不能因为一些自然环境被人类影响了，就遭到审美上的区别对待。

同样，对于卡尔森版本的肯定美学而言，也面对同样的质疑。卡尔森认为，关于自然的科学知识，能够揭示野生自然的复杂、秩序、统一、和谐、多样等特征，在科学知识的引导下，我们能够审美地欣赏所有的野生自然。不过汤普森质疑道："但是这些并不是区分荒野区域与那些并非自然的系统之特征。引入动物和植物的系统，能够是复杂的、有秩序的；那么一个用于农业或者甚至是充满野草和花床或者是粪堆也是如此。事实上，一片荒野也许比农业用地更富有多样性，但是农业用地很可能具有其他我们能够审美地评价的自然特性：例如，令人愉悦的色彩或设计。"[2] 卡尔森和哈格洛夫在论证肯定美学过程中，基本思路是对比野生自然与艺术品之别，汤普森则抓住他们较为忽略的问题，指责他们夸大了野生自然与被人类改造的自然之别的审美影响。野生自然与被人类改造的自然存在差别，这是事实，但是不应该由此就在审美上有差别地对待它们。

---

[1] Janna Thompson, "Aesthetics and the Value of Nature", *Environmental Ethics*, 17 (1995), pp. 291–305.

[2] Janna Thompson, "Aesthetics and the Value of Nature", *Environmental Ethics*, 17 (1995), pp. 291–305.

2. 自然中什么是美的？

汤普森对肯定美学的质疑，还在于肯定美学在野生自然与被人类改造的自然之间作了区分之后，认为凡是野生自然都比被人类改造的自然更美，而且所有野生自然不加区分地都是美的。

汤普森说："肯定美学也可以为如下问题提供答案：'自然中什么事物是美的？'所有原生自然是美的，因此值得我们欣赏和保护。越是野生的，越是美的（the more wild, the better）。"① 实际上，现代人类大多数时间都生活在人建环境中，被各种人工产品包围，很少能够接触野生自然。在这种背景下，野生自然作为一个绝对的他者，能够提供一个自我反思的避难所，"从这个观点看，自然在某种程度上具有价值，它作为一个避难所存在，或者至少作为人造世界的对立面而存在。在这方面一些自然事物比其他的自然事物做得更好或更彻底。"② "同样的原因，未被现代文化所染指的土地，对我们来说很可能有一个历史和起源的意义。通过对它的反应和欣赏它的历史，我们将自己与土地联结起来，即由当地居民所使用的土地，并赋予其意义；随着土地如同新的殖民者第一次所见的那样，我们将自己与我们自己文化的过去联系起来。主要的是，荒野是一个摆脱人类控制的持续的自然提醒物，远离人类世界的成见与优先权的避难所。"③ 这样来看，某种程度上，肯定美学主张野生自然比被人类改造的自然更美、更好，似乎是合理的。

但是汤普森以"创造性"为突破点，认为"野生自然"与"被人类改造的自然"都体现一种创造性，不能认为野生自然就比被人类改造的自然更美或更好。"如果自然的自由创造性是觉得荒野是美的之理由，那么我们没有理由不重视被人类影响的环境，没有理由不觉得它们是美的。因为人类也是自然的一部分，无论我们做什么，明显地都被视为自然创造性的一个表现。即便承认人与自然的区分，也并不清楚，为什么我们不能把自然对于我们干涉（interference）的反应之方式，视为自然创造性的另一种表现，由此

---

① Janna Thompson, "Aesthetics and the Value of Nature", *Environmental Ethics*, 17（1995），pp. 291-305.

② Janna Thompson, "Aesthetics and the Value of Nature", *Environmental Ethics*, 17（1995），pp. 291-305.

③ Janna Thompson, "Aesthetics and the Value of Nature", *Environmental Ethics*, 17（1995），pp. 291-305.

被视为一个尊重与肯定性评价的适当对象。实际上，并不清楚，为什么我们应该更重视不受人类干涉所影响的环境，而不那么重视被人类影响的环境。"① 汤普森认为，野生自然与人类改造的自然之区别，不足以作为区别对待它们的批评标准，如汤普森说："我所提倡的环境美学立场，并不让我们作出如下假定，即（相对来说）野生自然与人类影响的（domesticated）环境相比总是更好的，或荒野总是比园林更有价值。"②

此外，有一些肯定美学认为，野生自然不加区分地都是美的，这种观点似乎认为，所有野生自然是同等地美的。"我们也不能假定，所有野生区域都具有同等的（equal）审美价值。"③ 哈格洛夫、卡尔森等版本的肯定美学主张，应该区分野生自然与被人工改造的自然，却不对不同自然事物的审美价值大小进行区分。相反，汤普森认为，不应该过于重视野生自然与被人工改造的自然之区别，而是应该对不同自然事物的审美价值大小进行区分，这样才有助于自然保护。"肯定美学的拓展所提出的问题在于，根据肯定美学判断的批评标准，如果自然创造力的每个表现都被证明有价值的，如果没有证明一种表现优于另外一种的方式，那么肯定美学缺少客观审美判断所需要的东西。它并没有为与被改造的自然相比，更重视荒野的观点提供充分理由——也没有为与长满野草的垃圾堆相比更偏爱原生自然环境的观点提供充分理由。然而，如果肯定美学并未区分对待它对价值的分配，那么它就不能就如下思想为我们提供一个理由，即我们有保存荒野，或者实际上是自然中的任何事物的伦理责任。"④

三、肯定美学与自然审美判断的客观性

实际上，肯定美学面临着自然审美判断的客观性问题。如果肯定美学无

---

① Janna Thompson, "Aesthetics and the Value of Nature", *Environmental Ethics*, 17 (1995), pp. 291–305.
② Janna Thompson, "Aesthetics and the Value of Nature", *Environmental Ethics*, 17 (1995), pp. 291–305.
③ Janna Thompson, "Aesthetics and the Value of Nature", *Environmental Ethics*, 17 (1995), pp. 291–305.
④ Janna Thompson, "Aesthetics and the Value of Nature", *Environmental Ethics*, 17 (1995), pp. 291–305.

法为自然审美判断提供客观性根基，那么肯定美学就无法在自然审美价值与自然保护的伦理责任之间建立一种牢固的关联性，因而也就无法为自然保护提供可靠的保证。汤普森对于肯定美学的批判，并不是要反对肯定美学，而是要进一步完善肯定美学，解决肯定美学所面临的自然审美判断的客观性问题。

汤普森认为，卡尔森的科学认知主义无法保证自然审美判断的客观性。"科学无法就如下问题——肯定美学需要做出客观的评价（objective evaluation）——为我们提供根基。就进化史而言，没有理由喜爱某一种进化遗产的发展多过另外一种。物种诞生与消亡，人类只不过按照它自己的方式促进地球上生与死的戏剧画卷。关于数百万年的偶然事件与灾难的进化史知识，甚至鼓励如下观点，即毁坏与破坏的结果，和那些环境保护者通常所偏爱的和谐、未受影响的环境一样，都是自然的（natural）或者审美上令人愉悦的（aesthetically pleasing）。"[1] 也即是说，知识不仅能够有助于我们审美地欣赏野生自然，也会帮助我们审美地欣赏被人类改造的自然，更无法让我们在审美上区别对待各种不同的自然事物。

同时，自然审美判断的客观性也遭到一些人的质疑。一种观点认为，审美判断只针对具有艺术家意图的人工产品而言，自然被排除在审美判断范围之外，如曼尼森（Mannison）宣称："艺术品带有成为审美判断对象的意图，只有艺术品才能够成为审美判断对象。"[2] 在这种观点下，艺术家的意图可以作为艺术审美判断的参考点，从而保证了艺术审美判断的客观性，然而由于自然中不存在所谓的"意图"，因此自然审美判断就不存在客观性问题。另一种观点认为，自然审美欣赏具有多样性，因而其客观性遭到质疑。"一些人偏爱公园、园林和其他已经被人类塑型（shaped）、开垦（civilized）和耕作（cultivated）的景观之美……另一些人偏爱宏大风景的自然奇迹（wonder）：呼啸的大瀑布、险峻的山峰以及令人敬畏的深渊等……另一方

---

[1]　Janna Thompson, "Aesthetics and the Value of Nature", *Environmental Ethics*, 17 (1995), pp. 291–305.

[2]　Don Mannison, "A Prolegomenon to a Human Charuvinist Aesthetics", in *Environmental Philosophy*, Monograph Series 2, D. Mannison, M. MaRobbie, and R. Routley (eds.), Canberra: Australia: Research School of Social Science, 1980, p. 212.

面，如考利科特等环境保护主义的伦理学家们主张，我们应该而且能够学会欣赏第一眼看上去是丑的、充满敌意的环境：如一个满是蚊子的沼泽地。"①

在这种背景下，汤普森认为，肯定美学需要解决自然审美判断的客观性问题。"为了满足客观性要求，环境美学不仅必须提供一个证明价值主张的普遍策略（a general strategy），然而，它也应该能够对自然美作出或证明暂时的（tentatively）、比较性的（comparative）评价。"② 对汤普森而言，关于自然审美判断客观性的一个普遍策略是，不去强调野生自然与被人类改造的自然之区别，而是强调自然事物的审美价值具有大小之别，即"我们能对自然事物的相对价值（relative merits）作出客观的主张"③。

汤普森通过对比艺术与自然，尤其是类比艺术品审美价值的大小之别，强调自然事物审美价值具有相对的大小之别。一般而言，艺术品的审美价值确实有大小之别，不可否认，一些伟大的艺术品确实比平庸的艺术品具有更大的审美价值。汤普森认为，这种思路也可以应用到自然欣赏中。"比方说，奥尔加山（Olgas）和北美大峡谷比密西西比河边的一个断崖具有更大的审美价值（greater aesthetic value），正如沙特尔大教堂比米尼阿波里斯市或者墨尔本的任何教堂都更有价值。"④ 或者说，"桉树林比一片橡树或者悬铃木更美，就像以同样的方式，一个由澳大利亚艺术家斯切特（Arthur Streeton）或者罗伯特（Tom Roberts）所画的景观画比一个业余艺术家所画的同样风景更好。"⑤

有时候，一些艺术品被视为伟大的，具有巨大的审美价值，不是因为它看起来更美，而是因为它具有更重要的文化意义与价值。同样，在自然欣赏

① Janna Thompson, "Aesthetics and the Value of Nature", *Environmental Ethics*, 17 (1995), pp. 291-305.

② Janna Thompson, "Aesthetics and the Value of Nature", *Environmental Ethics*, 17 (1995), pp. 291-305.

③ Janna Thompson, "Aesthetics and the Value of Nature", *Environmental Ethics*, 17 (1995), pp. 291-305.

④ Janna Thompson, "Aesthetics and the Value of Nature," *Environmental Ethics*, 17 (1995), pp. 291-305.

⑤ Janna Thompson, "Aesthetics and the Value of Nature", *Environmental Ethics*, 17 (1995), pp. 291-305.

中也存在类似的情况。比如，汤普森以澳大利亚的 Merri Creek 草地为例，这片草地看起来不显眼，但是却比一般的城市草坪或玫瑰花床更具有审美价值，因为它具有独特的文化重要性，它是古利人（Koori 澳大利亚土著人）曾经在这生活的地方，通过欣赏它的美以及它的历史，我们与它的独特性、它的历史以及它的独特之美联系起来。我们看到它，就像古利人（Koori）所认知的草地，或者如同第一批白人殖民者所发现的草地。因此，它比普通的草坪具有更大的审美价值。

因此，汤普森认为，自然事物的价值大小存在区分，我们应该客观地承认这种区分。而且，对自然事物审美价值做这种区分，与肯定美学并不是相悖的。"我们有理由主张：自然中有一些事物具有伟大的审美价值。这种区别明显与如下观点是相容的，按照某种或另外一些方式，所有自然都是美的。"① 汤普森强调，自然事物的审美价值在客观上存在大小之别，为自然审美判断的客观性提供一种更符合常识的阐释方案，从而将肯定美学与自然保护密切地关联起来。

四、肯定美学与自然保护

只有对自然事物的审美价值大小进行了区分，才为自然保护奠定基础。如汤普森说："莫尔（Moore）和哈格洛夫想在审美判断（aesthetic judgment）与伦理责任（ethical obligation）之间建立关联，无法成功，除非'认为某物具有价值'这种观念具有客观性根基（objective ground）——理性的、敏感的人们能够接受这种根基。如果自然中的美或艺术中的美仅仅存在于观察者眼中，那么从审美判断中无法产生普遍的道德义务（general moral obligation），如果可能的话，只具有微弱的责任去保护一些人偶然认为具有价值之物。仅仅是个人的、主观的价值判断，不可能支持如下主张，即每个人都应该试着去欣赏某物，或者至少将之视为值得保护之物。"② 汤普森通过参照艺术审美判断，提出我们应该"对自然事物的相对价值

---

① Janna Thompson, "Aesthetics and the Value of Nature", *Environmental Ethics*, 17（1995），pp. 291–305.
② Janna Thompson, "Aesthetics and the Value of Nature", *Environmental Ethics*, 17（1995），pp. 291–305.

（relative merits）作出客观的主张"，从而使得自然事物的审美价值大小可以得到普遍的认可。由此，汤普森将自然的审美价值与自然保护关联起来：

> 然而，我们能够区别并证明这种区分的合理性这一事实，意味着我们能够有效地主张，有一些自然事物具有需要尊重（respect）的价值。这种尊重（respect）将伦理责任（ethical obligation）与它结合起来。每一个人（无论他们是否努力欣赏这种价值与否）都有责任保护或保存自然美，至少和保存伟大艺术品的责任之需求一样。①

汤普森认为，艺术品价值有大有小，面对伟大的艺术品时，我们有保护它的伦理责任，这是普遍认可的；同样，自然事物的审美价值也有大有小，面对伟大的自然事物，即具有重要审美价值的自然事物时，我们有保护它的伦理责任，这也应该是普遍认可的。因此，汤普森从自然审美判断的客观性推出了自然保护，将自然的审美价值与保护自然的伦理责任紧密联系起来。"将审美价值（aesthetic worth）与伦理义务（ethical obligation）联系起来的论证，在自然情形中能够被展示为有效的，如同在艺术情形中一样。这个结论是肯定美学提倡者所要试图得出的。"②

实际上，卡尔森也关心肯定美学与自然保护问题，不过卡尔森的思路是，肯定美学承认自然具有内在美和内在价值，这种内在美和内在价值意味着自然美是客观的，是一种非人类中心主义的，因此我们应该保护自然。然而，汤普森的思路与此不同，汤普森说："我的有些困难的立场能够被视为一种克服存在于这种论证之路径中的主要困难之方式。它显示了，我们具有客观根基把自然美视为有内在价值之物。这种内在价值不是非人类中心主义的价值。一种自然美学必须呼吁，人类处于其所是的位置，能够发现有意义的、提升的感官愉悦，或者是对想象力和智力的激励，因此，从这种欣赏中

---

① Janna Thompson, "Aesthetics and the Value of Nature", *Environmental Ethics*, 17 （1995）, pp. 291–305.

② Janna Thompson, "Aesthetics and the Value of Nature", *Environmental Ethics*, 17 （1995）, pp. 291–305.

得出的伦理义务，与人类感知和判断之方式紧密相关。"① 汤普森认为，如果自然的审美价值是非人类中心的，是超越人类关怀的，那么人类就对它兴趣，更不会去产生尊敬和保护之情。相反，"审美价值（aesthetic worth）是某种人们开始去确认认同（identify with）和欣赏之物，因此对自然之美的呼吁，比对一种独立于人类视点（human point of view）之外的内在价值（inherent value）之呼吁，能够为自然保护提供一个更满意和更合理的根基。"② 因此，汤普森认为，如果要在自然审美价值与保护自然的伦理义务之间建立牢固的关联，就必须将自然的审美价值与人类关联起来，而不能是非人类中心主义的，因为最终保护自然的行动要落实在人类上，所以人类需要对自然的审美价值产生认同与尊敬之情。

汤普森反思和批判肯定美学的自然观和美学观，最终是为了促进肯定美学发展："我所提倡的环境美学能够被视为一种发展肯定美学的方式。至少，并非与卡尔森、考利科特和哈格洛夫的方案不相容。"③ 汤普森努力将关于艺术审美价值的客观性应用到自然欣赏上，尝试把自然保护奠基在自然的肯定审美价值之上，挖掘了肯定美学在自然保护方面的意义。此外，汤普森尝试从审美主体角度理解肯定美学，增强了肯定美学的可信度。比如她说："在人们学习去欣赏艺术——尤其是那些很难欣赏的艺术——的方式与人们学习去欣赏和重视起初看起来是丑的或者不令人感兴趣的自然环境的方式之间的相似性。在澳大利亚，第一个欧洲殖民者将其景观描述为充满敌意的（hostile）、不合常理的（perverse）和令人沮丧的。在这个新世界中，几乎不存在任何东西对应它们先在的审美范畴。花费他们一些时间去学习，如何在它们新环境中发现美，如何发展适当的方式去感知和表现它。他们的成果依赖于如下观念，即澳大利亚荒野（bush）中存在一些有价值之物，值

① Janna Thompson, "Aesthetics and the Value of Nature", *Environmental Ethics*, 17（1995）, pp. 291-305.

② Janna Thompson, "Aesthetics and the Value of Nature", *Environmental Ethics*, 17（1995）, pp. 291-305.

③ Janna Thompson, "Aesthetics and the Value of Nature", *Environmental Ethics*, 17（1995）, pp. 291-305.

得努力去发现它们。"① 也即是说，面对"起初看起来是丑的或者不令人感
兴趣的自然环境"时，如果审美主体不断提升自我的审美能力，则可以欣
赏这些对象，和齐藤百合子"非风景优美的自然美学"思想一样，促进了
肯定美学的发展。

第五节　伽德洛维奇

伽德洛维奇（Stan Godlovitch）在《评价自然与自然美学的自律》一文
中，对肯定美学充满兴趣，认为肯定美学富有吸引力，他认可了自然美学的
独特性，区分了自然美学与艺术美学，促进了自然美学的自律。为了让肯定
美学令人信服，伽德洛维奇对肯定美学提出了一些深入的反思，并对肯定美
学进行了修正。但是在肯定美学与自然保护关系上，伽德洛维奇是悲观的，
他认为肯定美学无法为自然保护提供美学根基。

一、对肯定美学的反思

伽德洛维奇认为不能按照艺术美学的方式来处理自然美学，自然具有独
特的审美价值，应该追求一种自律的自然美学。在伽德洛维奇看来，艺术的
审美价值在于激发我们的想象力，但是自然完全不同，因为自然是实在的世
界，其审美价值的来源与艺术不同，我们对于自然的欣赏不是由专业的批评
家所教受的，而是自由的。正是对于自然美学自律性的追求，伽德洛维奇注
意到了关于自然的肯定美学。

肯定美学不仅认为自然具有审美价值，而且所有自然都具有肯定的审美
价值，这就鲜明地自然审美价值与艺术审美价值区分开，因为艺术美学是一
种批评美学，对于艺术而言，艺术品总是有好有坏，我们不可能做出"所
有艺术品都具有肯定的审美价值"这一结论。"这一立场值得探究，不仅因
为它主要的倡导者并非轻轻地提及，而且它可能阐明了一种自律的自然美学
如何被塑造，更重要的是，它反映了关于自然的一种肯定的尊敬氛围（pos-

---

① Janna Thompson，"Aesthetics and the Value of Nature"，*Environmental Ethics*，17（1995），
pp. 291-305.

itive reverential mood），这种氛围在诗歌、宗教、科学和环境伦理学中有广泛的表达。"① 伽德洛维奇认为，尽管肯定美学很有吸引力，但是依然需要对之加以理性的反思与检查，才能保证肯定美学立场令人信服。

1. 对肯定美学"范围"（scope）的反思

肯定美学认为所有自然都具有肯定的审美价值，其理论对象的范围是"自然"，但是"自然"一词比较模糊：一方面，"自然"可以指整个大自然，即地球生态系统整体；另一方面，"自然"也可以指所有作为个体的具体自然事物。因此肯定美学是应用到作为整体的大自然身上，还是应用到作为个体的具体自然事物上？也即是说，肯定美学是主张"作为整体的大自然具有肯定的审美价值"呢？还是主张"所有作为个体的具体自然事物都具有肯定的审美价值"呢？这正是伽德洛维奇对肯定美学"范围"的反思。

伽德洛维奇把前者视为"整体论"（holism），把后者视为"部分论"（particularism）："从表面上看，两种立场都是勉强的（strained）。部分论者不仅需要神圣的宽恕的态度，也需要显著的限制（constraint），由此我们才能在怪诞（grotesque）、毁灭（destrucitve）和残忍（merciless）中看见美。整体论甚至不能吸引或者重塑体验，因为没有人能够把自然作为一个整体进行审美地理解。"② 肯定美学如果要站住脚，让人信服，就必须妥善地解决适用范围问题，但是艾伦·卡尔森、尤金·哈格洛夫等人并没有解决这个问题。

2. 对肯定美学"强度"（strength）的反思

肯定美学的主张在"强度"上也存在含混不清的地方。一方面，肯定美学可以主张，所有自然事物只具有肯定的审美价值，即所有自然事物不带有任何否定的审美特性；另一方面，肯定美学也可以主张，自然事物既带有一定量的否定审美价值，也带有一定量的肯定审美价值，但是肯定的审美价值大于否定的审美价值，因此自然事物在总体上（on balance）仍具有肯定的审美价值，这一立场被伽德洛维奇称为剩余价值（residual value）立场。

① Stan Godlovitch，"Valuing Nature and the Autonomy of Natural Aesthetics"，*British Journal of Aesthetics*，38（1998），pp. 180–197.

② Stan Godlovitch，"Valuing Nature and the Autonomy of Natural Aesthetics"，*British Journal of Aesthetics*，38（1998），pp. 180–197.

从字面上看，剩余价值立场就是说，当自然事物身上的否定价值与肯定价值相反抵消之后，最后还剩余一定量的肯定价值，因此自然事物在总体上仍然带有肯定的审美价值。

剩余价值立场其实是从"强度"大小角度来理解肯定美学，虽然这种立场看似与肯定美学的内涵无冲突，甚至更加令人信服，但是也存在一定的问题。因为剩余价值立场也会赞成"自然事物具有不同的肯定价值观点"。那么它就会遭受到质疑："如果有人认为，尽管两个事物总体上是好的，但是其中一个在总体上负载着更多的善，即比另一个更好，那么实际上他就退回到艺术评价等级中所作的比较性判断（comparative judgment）之精神上了。它们的不同仅仅在于：艺术评价的标尺（scale）包含负值（negative），因此识别出'总体上坏的'说法；自然标尺则起始于一个无限地接近于正值（positive）且大于零值的那个点，这个零值则意味着'总体上不好也不坏'。"① 也即是说，剩余价值立场尽管赞成所有自然在总体上具有肯定的审美价值，但是却允许对自然进行评价和区分等级，因此并没有摆脱艺术美学的窠臼，没有形成自然美学的自律。

二、对肯定美学的修正

通过对肯定美学范围和强度的反思与质疑，伽德洛维奇认为，如果让肯定美学变得令人信服，需要进行一定的修补。伽德洛维奇说："所有肯定美学都依赖于如下观点：A. 自然中的每个事物总体上（overall）都具有肯定的审美价值。为了更激进地把肯定美学从艺术评价中区别开来，可以增添一个补充：B. 所有自然事物整体上所具有的肯定美学价值是非比较的（non-comparable）、非等级的（non-gradable）。"② 肯定美学强调所有自然事物都具有肯定的审美价值，而伽德洛维奇在此基础上，对自然事物的"审美价值"进行了进一步的规定，避免肯定美学陷入价值评比和价值等级区分的窠臼，与艺术美学形成区分，从而促进自然美学的自律。

---

① Stan Godlovitch, "Valuing Nature and the Autonomy of Natural Aesthetics", *British Journal of Aesthetics*, 38 (1998), pp. 180-197.

② Stan Godlovitch, "Valuing Nature and the Autonomy of Natural Aesthetics", *British Journal of Aesthetics*, 38 (1998), pp. 180-197.

　　面对观点 B，即自然事物整体上所具有的肯定审美价值是非比较的（non-comparable）、非等级的（non-gradable），存在三种可能的方案：

　　方案一，同等的价值（equal value）。这种方案认为，自然事物在审美之善（aesthetic goodness）上是同等的（equal）或者相同的（identical）。也即是说，所有自然事物，无论大小，都具有一样的审美价值。对于这种观点，伽德洛维奇反问道："一个看起来无什么特别的石灰岩石与一个看起来与众不同的蓝鲸共享着同样的（identical）审美价值？我们也许被禁止作出这种评价态度……很可能事物所展示的巨大差异（difference）并不会顺从地（passively）消失。"① 确实，我们很难认同一块普通的石头与一头蓝鲸具有同样大小的审美价值，实际上一块石头与一头蓝鲸的巨大差异的存在，也让我们不会作出这样的判断。

　　方案二，不可通约的价值（incommensurable value）。这种方案认为，尽管方案一通过比较，承认所有自然事物的审美价值大小一样，不存在等级之别，但是"比较"这种做法本身就是问题的根源。因此，方案二主张所有自然事物都具有独特性，自然中的每个事物都是独一无二的，由此证明事物自身具有不可通约的价值。但是这总方案也存在问题，"去比较同一个种类——如热带稀树草原、瀑布或者冰川——中的两个事物，是同样难以想象的吗？因为按照不能通约性（incommensurability）的方式赞成肯定美学，一个人将必须承认每一个事物及其任何细节都具有不可比较性。但是这依赖于一种对于纯粹独特性（sheer uniqueness）之价值的信念。即使那是有正当理由的，事实则是，就此而言，一个石灰岩石并不比任何诗歌或绘画——或者牙签——更独特。"② 一方面，不可通约在解释同一物种的两个不同个体时，存在一定的困难，因为两个不同个体既然是同一物种，那么其审美价值就具有一定的可通约性。另一方面，不可通约性依赖于事物的独特性，但是自然事物的独特性不可能比艺术品更具有独特性，因此这种思路无法把自然美学与艺术美学区分开。

① 　Stan Godlovitch，"Valuing Nature and the Autonomy of Natural Aesthetics"，*British Journal of Aesthetics*，38（1998），pp. 180-197.

② 　Stan Godlovitch，"Valuing Nature and the Autonomy of Natural Aesthetics"，*British Journal of Aesthetics*，38（1998），pp. 180-197.

方案三，不可无法估量的价值（inestimable value）。这种方案认为，所有自然事物都具有无法估量的或无法计算的（incalculable）价值，即它们是无价的（priceless），超出了任何数量的（quantitative）或者性质上的（qualitative）价值测量，按照这种思路，自然事物的审美价值不存在等级之别，因为它们的审美价值都是无价的，都是无限大的。伽德洛维奇认为，这种立场存在问题，"这是激进的（radical），会使其他纯粹的事物获得大量无法估量的价值"①。但是实际上，我们很难把所有的自然事物都是为具有无限多的审美价值。

以上三种方案从价值的同等性（equality）、不可通约性（incommensurability）或者是不可估量性（inestimability）等角度阐释肯定美学的非比较性，但是这三种方案都不成功，"一言以蔽之，这些变体没有一个能够保证，自然中的任何事物都具有肯定的价值。尽管如此，事物也许在审美上是同等地坏的（equally bad aesthetically），或者不可比较的恐怖的（incommensurably dreadly），或者是无法估量地糟糕的（inestimable miserable）。"② 由此，伽德洛维奇提出了一种新的方案，即非判断的（non-judgmental）审美欣赏方式。

非判断的审美欣赏方式要求我们摆脱对自然的评估与评价，以审美上超越评价（beyond evaluation）的方式接近自然，因为自然是人类之外的绝对他者，是绝对陌生的事物。前面三种方案，无论是强调自然审美价值的同等性（equality）、不可通约性（incommensurability）还是不可估量性（inestimability），都绕不开价值与评估问题，伽德洛维奇则干脆要求自然欣赏摆脱掉价值与评价，进行去人化处理。"自然作为自然——适当的自然美学对象——仅仅是指，自然不能被评价（evaluated）。这种立场接受如下观点，即价值起源于评价者的内心（mind）。只要我们把价值附加到一个事物上，正如评估与评价（evaluated and valued），它便不再是自然的，由此它已经被转化成一个人为的价值之物（an anthropogenic thing-of-value）。评价

---

① Stan Godlovitch, "Valuing Nature and the Autonomy of Natural Aesthetics", *British Journal of Aesthetics*, 38（1998）, pp. 180–197.

② Stan Godlovitch, "Valuing Nature and the Autonomy of Natural Aesthetics", *British Journal of Aesthetics*, 38（1998）, pp. 180–197.

（valuing）在根本上就是一种把人类关于价值的概念强加于事物之上的活动。"① 只要对自然进行评价，无论是好的评价还是坏的评价，都会把自然变成"一个人为的价值之物"，意味着不是按照自然自身来对待自然，因此也就不符合自然美学的自律要求。无论是从经济、政治、宗教、科学还是审美的视角来评价自然，自然都会被赋予人类的因素，因此伽德洛维奇激进地主张："如果我们希望在总体上避开一个评价的（evaluative）或判断的（judgmental）观点之界限，把自然作为自然来对待，那么我们必须不仅对自然进行去经济化（de-economize），也必须去道德化（de-moralize）、去科学化（de-scientize）、去审美化（de-aestheticize）——总之一句话，去人化（de-humanize）。"② 这意味着，我们按照非判断的方式欣赏自然，对自然进行去人化，才能真正突进自然美学的自律性。

三、肯定美学与自然保护的悖论关系

反思肯定美学内涵，对肯定美学提出修正与完善的方案之后，伽德洛维奇开始讨论肯定美学与自然保护论的关系。在卡尔森看来，肯定美学有助于自然保护论，能够为自然保护提供一定的美学基础。但是伽德洛维奇认为，肯定美学与自然保护相悖，肯定美学在自然保护决策中没有任何作用。

对于一般人而言，既然肯定美学承认所有自然事物都有肯定的审美价值，那么肯定美学有助于敦促人们保护自然。正如伽德洛维奇说："肯定美学作为一种尊敬的形式，带有一种律令去保护和保存（protect and preserve）自然。"③ 但是在自然保护实践中，肯定美学面临着一个悖论：一方面，如果肯定美学主张自然美不分等级，所有自然事物整体上所具有的肯定美学价值是非比较的（non-comparable）、非等级的（non-gradable），那么肯定美学就无法区分不同自然事物的审美价值大小，这样不利于自然保护。因为在自然保护实践中，我们的行动总需要分先后，对自然事物区分出优先性，排出

① Stan Godlovitch, "Valuing Nature and the Autonomy of Natural Aesthetics", *British Journal of Aesthetics*, 38（1998），pp. 180–197.

② Stan Godlovitch, "Valuing Nature and the Autonomy of Natural Aesthetics", *British Journal of Aesthetics*, 38（1998），pp. 180–197.

③ Stan Godlovitch, "Valuing Nature and the Autonomy of Natural Aesthetics", *British Journal of Aesthetics*, 38（1998），pp. 180–197.

等次，被迫做出选择，从而具有可操作性。

另一方面，如果自然保护实践活动区分了自然事物的等次，迫使肯定美学接受"美的等级"（degree of beauty），这就意味着否认"所有事物都具有肯定的价值"这种主张。"因为正如自然保护所做的，宣布任何事物具有最少的价值，等于说它具有最少的保护价值。并不是所有的事物都能够得到保护——这是实际的现实情况——因此对于所有的意图和目的而言，具有最少保护价值的事物与无知的保护的事物是无法区别开的（indistinguishable）。再一次，在实际的自然保护层面，我们返回到在审美上对待自然，如同在其他方面我们正当地对待一批艺术品那样，并不是所有的这些艺术品都可以被收藏。在决定诸如'美的等级'（degree of beauty）的细节中问题再一次出现了，因为我们必须返回到专门针对艺术的（art-specific）范畴，如形式（form）、整体（unity）、构成（composition）等。把自然的评价归入到艺术批评之下，就是在过程中失去了自然自身。"① 因此，面对肯定美学与自然保护的关系问题，伽德洛维奇下了一个悲观的结论：肯定美学不主张对自然审美价值进行任何等级区分，而自然保护在实践操作中需要对自然进行等级区分，两者正好相悖，肯定美学无法为自然保护提供美学基础。

第六节　马尔科姆·巴德

马尔科姆·巴德在整体上反对肯定美学，对肯定美学的内涵与相关论证都提出了质疑，明确指出肯定美学并不成立；但是关于自然审美，巴德反对把自然作为艺术（nature as art）来对待，主张必须把自然作为自然（nature as nature）来对待，这种学术目标与肯定美学的追求是一致的，只不过在如何把自然作为自然进行欣赏的方式上，巴德与卡尔森版本的肯定美学发生了争执：卡尔森认为，按照科学知识所提供的正确范畴来欣赏自然，就可以欣赏自然自身；而巴德认为，需要按照自由（freedom）与相对性（relativity）的模式来欣赏自然，才可以欣赏自然自身。

① Stan Godlovitch, "Valuing Nature and the Autonomy of Natural Aesthetics", *British Journal of Aesthetics*, 38 (1998), pp. 180–197.

一、对诸种肯定美学版本的质疑

肯定美学主张，未被人类染指的自然界在本质上、审美上是好的。对于肯定美学的基本主张，巴德指出，它在范围（scope）和强度（strength）上都没有作出十分清晰的论断。首先，"自然"一词所指范围可大可小，十分复杂，至少可以有六种使用方法：即"（1）自然被视为一个整体（a whole），（2）地球（或任何其他行星的）生物圈（biosphere），（3）每个生态系统（ecosystem），（4）每一个物种的（kind）自然（或者也许是有机的）事物，（5）每一个具体的自然（有机的）事物，（6）每一个自然事件（natural event）（或者连贯的系列事件）。"① 其次，肯定美学的主张在强度上也有多种理解：未被人类染指的自然"（1）缺乏否定的审美特性，即只拥有肯定的审美特性；（2）在整体上（overall or on balance）具有肯定的审美价值；（3）在总体上（overall）具有同等的（equal）肯定的审美价值"②。不同的排列组合可以得到不同的肯定美学版本，对此，巴德层层递进，逐一批驳了三种比较重要的肯定美学版本。

第一种肯定美学版本，即每个自然事物，包括该事物存在的每一时刻，在总体上都具有同等的肯定的审美价值（overall equal positive aesthetic value）。

在巴德看来，持这种肯定美学立场的典型代表是卡尔森，因为卡尔森在《自然与肯定美学》（1984）一文中，为肯定美学提供了科学认知主义论证，指出科学知识所创造的范畴是欣赏自然的正确范畴，而由于科学知识在创造这些范畴的时候，已经考虑到了审美之善（aesthetic goodness），因此按照这些范畴来感知自然，则自然在审美上是好的。对于卡尔森版本的肯定美学，巴德从文本细读角度，进行了非常细致的反驳。卡尔森在《自然与肯定美学》一文中列出了一些"在审美上是好的"特性，即"秩序（order）、规则（regularity）、和谐（harmony）、平衡（balance）、张力（tension）、冲突

① Malcolm Budd, "The Aesthetics of Nature", *Proceedings of the Aristotelian Society*, 100 (2000), pp. 137-157.

② Malcolm Budd, "The Aesthetics of Nature", *Proceedings of the Aristotelian Society*, 100 (2000), pp. 137-157.

(conflict) 与分解（resolution）"①。巴德针锋相对，指出"张力""冲突"与"分解"这三种审美特性对于自然事物而言，并不是好的，因此并不利于肯定美学的论证。如巴德所言："张力（tension）与冲突（conflict）本身并不是肯定的审美特性（positive aesthetic qualities），并且无论是在自然还是在艺术中，关于张力或冲突的分解也许产生如下观点，即从审美的观点看并不具有吸引力（attractive）。此外，关于一个自然事物的审美欣赏并不需要包含张力、冲突与分解等概念，这些概念往往以浅显（shallow）或者按照其他有缺陷的（defective）的方式来对待的，因为通常情况是，一个自然事物在通常的意义上讲，并不处于张力或冲突状态中。因此，对这些特性的呼吁，无法支撑肯定美学论证。"②

对于"秩序""规则""和谐""平衡"这些审美特性而言，它们是好的，可以增加自然事物的审美魅力（aesthetic appeal），但是这些好的审美特性只是对由自然法则所统治的自然界状况的反映，因此这只能说明，由自然法则所统治的自然界存在大量在审美上是好的事物，但是并无法得出如下结论：所有自然事物在审美上具有同等的魅力。因为即便各种自然事物都具有肯定的审美特性，但是这些自然事物所具有的审美特性不同，所具有的审美魅力也不同。更重要的是，由自然法则所统治的自然界，并不能排除一些事物具有否定的审美特性，比如：

　　　　如下事实——即一个有生命的事物的诸状况，如它或许是生病的（diseased）、畸形的（malformed）或者是即将死亡的，根据自然力量或过程来看，这些状况是可解释的——并不能确保（entail），当把该事物看作是相关力量的产物时，该事物必须或者应该被视为，同任何其他自然事物或者该事物自身之前或之后的状况在审美上有同等的吸引力（equally aesthetically appealing）。相反，有生命之物的衰落，遭受疾病，或者缺乏营养，会影响它们的外貌（appearance），使它们丧失富有吸引力的（attractive）色彩，如果它们能够移动，也会丧失之前移动时所

① Allen Carlson, "Nature and Positive Aesthetics", *Environmental Ethics*, 6 (1984), pp. 5-34.

② Malcolm Budd, "The Aesthetics of Nature", *Proceedings of the Aristotelian Society*, 100 (2000), pp. 137-157.

体现的行动自如（ease）与优雅（gracefulness），于是，这样就消减了它们的审美魅力（aesthetic appeal）。①

在巴德看来，由自然法则所统治的自然，尽管会呈现一些"秩序""规则""和谐""平衡"等肯定的审美特性，但是同时也不可避免地会产生一些具有否定的审美特性的事物，比如一些生病的、畸形的、即将死亡的事物。因此，巴德认为，卡尔森所提供的论证是无法令人信服的（unconvincing）："任何产生如下结论——即每个活着的自然事物在其生命的每个阶段，都与任何其他自然事物一样，在审美上具有同等的有吸引力——的论证，一定是有缺陷的。"②

第二种肯定美学版本，即每种自然物种（kinds）在总体上都具有同等的肯定的审美价值。

对于物种保护论者而言，大自然的每一个物种都是自然造化的产物，在审美上都是值得保护的，任何一种物种的消失，对于自然美而言，都是一种巨大的损失。某种程度上，卡尔森支持从物种角度来理解肯定美学。比如，2019 年 1 月，在笔者与卡尔森的通信中，卡尔森指出："诸如这些受伤的、生病的和畸形的活物等这些例子，并不是显示肯定美学并不能成为关于自然界的一个普遍性论点，而是仅仅显示了普遍性论点应该按照有点不同的方式来给予明确阐释：不是根据每一个特殊的自然事物实例，而是仅仅依据事物种类（或者也许是事物的自然类型），在其中，受伤的、生病的和畸形的自然事物可被认为是非代表性的（non-representative），因此不能被视为以这种方式而阐释为肯定美学的诸反例。我没有发展这一想法，但是它很有前景。"③ 从卡尔森对肯定美学的辩护中可以看出，卡尔森比较赞同从物种的角度来理解肯定美学。在卡尔森看来，尽管自然中存在一些"受伤的""生病的"和"畸形的"个别事物，但是从物种的角度来看，这些个别事物并

---

① Malcolm Budd, "The Aesthetics of Nature", *Proceedings of the Aristotelian Society*, 100 （2000）, pp. 137–157.

② Malcolm Budd, "The Aesthetics of Nature", *Proceedings of the Aristotelian Society*, 100 （2000）, pp. 137–157.

③ 周思钊：《与艾伦·卡尔森先生的通信》，《生态美学与生态批评通讯》2019 年第 5 期。

不是它们所属物种中"具有代表性的"（representative）例子，因此这些个别的自然事物并不能说明它所属的物种在审美上是不好的。所以，只要将肯定美学所适用的对象从"个别自然事物"改变为"自然物种"，则肯定美学依然是一个普遍性论点，即肯定美学适用于所有自然物种。

巴德也认为，这种肯定美学版本貌似比上面所论述的第一种肯定美学版本更为合理。"因为每个有生命的物种通过拥有一些它们可以很好地适合于执行的自然功能（natural function），而被赋予一些审美价值，所以有时它们的行动显示了这些吸引人的审美特性，如运动时的优雅；并且，毫无疑问，许多有生命的物种（biotic kinds）（也许所有的花）都拥有一种整体上的肯定的审美价值。甚至有一些种类的自然对象（如星系、星星、海洋）或事件（occurrence）（如火山爆发），从对其概念上的理解来看，这一类自然事物的每一个具体例子（instance）都是崇高的。"① 但是，巴德最终还是坚持认为，这种版本的肯定美并不成立。"一方面，有许多自然事物的种类并非是有生命的，其特征不适合于保证一种整体上的肯定的审美价值；另一方面，也许有一些有生命的事物，并不拥有一种整体上的肯定的审美价值。在任何情况下，自然的诸范畴都展示了极大的多样性（diversity）——如少许事物（如小山）基本上是形态学的，一些事物（如彩虹）仅仅聚集着外貌（appearances），其他的事物（如巢穴）则由它们的用途所规定——以至于关于自然物种的肯定美学学说是危险的（hazardous）。"② 也即是说，巴德认为自然物种——包括有生命的物种与非生命的物种——具有多样性，无法保证所有物种都具有一种整体上的肯定的审美价值。更重要的是，巴德认为，强势的肯定美学主张，所有自然物种都具有"同等的"肯定的审美价值。因此，即便所有物种都具有肯定的审美价值，但是由于物种的多样性，因而无法保证所有物种都具有"同等的"审美价值，因此这种版本的肯定美学依然不成立。

第三种肯定美学版本，即每个生态系统（ecosystem）作为一个整体，

---

① Malcolm Budd, "The Aesthetics of Nature", *Proceedings of the Aristotelian Society*, 100 （2000）, pp. 137-157.

② Malcolm Budd, "The Aesthetics of Nature", *Proceedings of the Aristotelian Society*, 100 （2000）, pp. 137-157.

在总体上具有同等的肯定的审美价值。

这种版本的肯定美学支持者主要是罗尔斯顿。罗尔斯顿从生态系统的角度来理解肯定美学，认为尽管自然中存在一些个别丑的事物，但是将这些个别丑的事物放在生态系统中来看，则这些丑的事物就会被生态系统所接纳，即生态系统具有化丑为美的功能，因此，所有的生态系统都是美的。罗尔斯顿说："当景观中的各种各样的事物被整合进一个动态的进化的生态系统（a dynamic evolutionary ecosystem）中时，丑的部分并不是削减了而是丰富了整体。丑被接纳、克服和整合进肯定的复杂的美（positive complex beauty）之中。"①在巴德看来，这种版本的肯定美学比前面两种更为合理。但是，巴德依然认为，这种版本的肯定美学并不成立。巴德指出这种版本的肯定美学主要存在三方面问题。

首先，这种版本的肯定美学存在着从事实到价值的飞跃问题。在事实层面，生态系统的确是自然中一个相对自立自足的（self-contained）、自我维持的（self-maintaining）的生物共同体（biological community），它包含着许多自然事物，而且每一个都有自己的小生境（niche），并且生态系统中存在着生生不息的循环运动，有机体与周围环境之间相互影响和转化。在价值（包括审美价值）层面，肯定美学主张，每个生态系统都拥有一种整体上的肯定的审美价值。肯定美学作为一种价值层面的问题，必须依赖于生态系统本身的事实情况，但是问题在于"在大多数生态系统中存在大量的猎杀（killing）与痛苦（suffering）现象，我们并不清楚，生态系统的这种本质（essence）如何保证它具有一种整体上的肯定的审美价值。"② 自休谟以来，事实与价值的二分问题一直隐藏在西方现代思想中，巴德指责这种版本的肯定美学也存在事实与价值二分问题。

其次，这种肯定美学还面临着实践上的难题，即我们如何欣赏生态系统。在巴德看来，即使生态系统具有总体上同等的肯定的审美价值，我们也无法

① Holmes Rolston Ⅲ, *Environmental Ethics: Duties to and Values in the Natural World*, Philadelphia: Temple University Press, 1988, p. 241. 中译本参考［美］霍尔姆斯·罗尔斯顿：《环境伦理学：大自然的价值以及人对大自然的义务》，杨通进译，中国社会科学出版社 2000 年版，第 328 页。

② Malcolm Budd, "The Aesthetics of Nature", *Proceedings of the Aristotelian Society*, 100 (2000), pp. 137-157.

欣赏这种审美价值。因为一般而言，我们作为一般的欣赏者，只能感知一个在时间与空间尺度都较小的生态系统，甚至只能感知其中的一小部分。巴德指出："生态系统的时段性（temporal duration），很可能极大地超出了人们观察生态系统的时间尺度，因而排除掉了人们欣赏其审美价值的现实的可能性，无论人们对生态系统中的事物或事件的感知，是如何由相关的生态学知识所引导，也无论人们在想象中所认识到的生物过程——该生物过程奠定了生态系统的视觉上的外貌或者对其外貌负责——多么生动……但是，整合进一个稳定的生态系统中的无数事件按照这种方式在系统中发生着——如在地下、在黑暗中、在一个活物体内——因此，通常是无法观察的，或者是超出了观察者的限制（limits），比如营养物从腐殖土重新释放到土壤中的过程。"①也就是说，人类对生态系统的欣赏是建立在一定的条件（conditions）之上，因此相应也会具有一定的限制，当生态系统的某些方面或者某中的某些事物超出了人类的限制时，则人类就无法欣赏了，因而也就取消了人们欣赏生态系统的"现实的可能性"。

最后，罗尔斯顿所论述的生态系统的化丑为美功能，并不成立。巴德指出，即使生态系统具有总体上同等的肯定的审美价值，我们也无法从中推出，生态系统中所包含的具体事物也具有肯定的审美价值。我们把生态系统看成整体，把生态系统中的具体事物看成部分，则并不能从前者具有肯定的审美价值，推出后者也具有肯定的审美价值。巴德指出："审美欣赏概念并不许可这种要求：把自然作为自然——把自然作为自然实际所是——的审美欣赏观点，并不意味着，关于自然事物的实际情况，尤其是它在一个生态系统中所发挥的功能，与该事物的审美欣赏相关，必须考虑一下，有关该自然事物自身的审美欣赏是否是有缺陷的（defective）或肤浅的（shallow）。"②也就是说，巴德认为，既不能用对于生态系统的欣赏，来取代对生态系统中具体事物的欣赏；同时也不能用对于具体事物在生态系统中所发挥功能的欣赏，来取代对具体事物自身的欣赏。

---

① Malcolm Budd, "The Aesthetics of Nature", *Proceedings of the Aristotelian Society*, 100 (2000), pp. 137–157.

② Malcolm Budd, "The Aesthetics of Nature", *Proceedings of the Aristotelian Society*, 100 (2000), pp. 137–157.

二、"把自然欣赏为自然"与自由模式

巴德虽然反对肯定美学，但是这并不意味着，巴德的自然美学思想与肯定美学截然不同。实际上，巴德与肯定美学的学术目标或立场是一致的，两者都追求在把自然欣赏为自然（nature as nature），反对在自然欣赏中把自然作为艺术（nature as art）来对待，只不过在如何把自然作为自然来欣赏的方式上，两者发生了分歧。

对于卡尔森版本的肯定美学而言，科学知识，尤其是生态学知识，就是对自然实际情况的反映，因此按照科学知识所提供的正确范畴来欣赏自然，就是把自然欣赏为自然自身，就能推出肯定美学结论。但是巴德指出，科学认知主义无法保证按照科学知识欣赏自然，就是欣赏自然自身，因此也就无法推出肯定美学结论。以一朵兰花为例子，兰花可以对应着多个科学概念，如"兰花""花""植物的生殖器官"等，科学认知主义立场只强调在科学范畴下欣赏自然事物，但是并没有规定在哪个科学范畴下来欣赏该自然事物。因此巴德指出："这使得如下观点——即按照自然事物所是来欣赏自然事物——变得不清晰，因为任何自然事物多多少少都处于一些具体的概念之下，并在这些多少能够理解它的概念下来欣赏。同时，这也会使得把沃尔顿对于艺术欣赏的哲学论点运用到自然欣赏上是成问题的。该问题是：什么规定了关于自然的哪个或哪些概念是正确的概念，并在该概念下感知（perceive）该自然事物？因为争论之处，不是说一个自然事物是否归入到某个自然概念之下，而是说从审美的观点看，在它所归入的这些概念中，应该在哪一个概念下来感知它，从而使得，在此概念下的知觉（perception）能够揭示它实际拥有的审美属性，由此使得对它的审美价值的适当评价是可能的。"① 因此，巴德认为关于肯定美学的科学认知主义论证并不奏效，它至少还需要其他的条件，即"需要一个关于正确性的批评标准（a criterion of correctness），这个标准将推出需要的结论"②。

---

① Malcolm Budd, "The Aesthetics of Nature", *Proceedings of the Aristotelian Society*, 100（2000），pp. 137–157.

② Malcolm Budd, "The Aesthetics of Nature", *Proceedings of the Aristotelian Society*, 100（2000），pp. 137–157.

　　因此，在巴德看来，肯定美学不是一个无条件的（unconditional）命题，而是一个有条件的（conditional）命题，即肯定美学并不必然成立，只有在一定条件下，或者从一定视角下欣赏自然时，肯定美学才成立。巴德指出："肯定美学的辩护者应该使用的一个议题是，对适当的观察层面（the proper level of observation）进行辩护，在这个适当的观察层面上，一个自然事物的审美特性向富有知识的（informed）观察者显示出来。以无知之眼来看，一粒沙子缺乏许多其他自然事物所具有的巨大审美魅力（aesthetic appeal）；但是，一个显微镜使我们——即便做不到'一沙一世界'（布莱克诗句）——至少能在某种层面上看到它的微型结构，并且这很可能比无知者所见的外观具有更大的审美魅力。"① 所以自然欣赏的条件（conditions）问题是肯定美学能够成立的关键，巴德指出："关于自然的肯定美学将会更合理，如果它主张，每个自然事物在某种观察层面上具有一种肯定的审美价值。"②

　　但是自然欣赏的条件具有多样性。"观察层面（level of observation）仅仅是影响自然事物审美魅力和展现审美特性的诸多因素中的一个：其他相关的因素包括观察者与对象的距离（distance），观察者的视点（point of view），照亮对象的光线之本质等。而且，不仅自然事物的外观在不同的观察条件下也不相同，而且自然事物自身经历不同的变化，从而造成它们在不同的时间显示出不同的审美特性，并使它们在审美上多多少少具有吸引力。"③ 既然自然欣赏的条件具有多样性，那么在什么样的条件下欣赏自然，才是把自然作为自然（nature as nature）——即按照自然自身来欣赏自然呢？

　　与卡尔森将适当的自然欣赏的条件限定为科学知识（或科学范畴）不同，巴德认为，按照自由（freedom）的方式才能真正按照自然实际所是来欣赏自然，即把自然作为自然来欣赏自然。巴德对比艺术欣赏与自然欣赏，

---

① Malcolm Budd, "The Aesthetics of Nature", *Proceedings of the Aristotelian Society*, 100（2000），pp. 137-157.

② Malcolm Budd, "The Aesthetics of Nature", *Proceedings of the Aristotelian Society*, 100（2000），pp. 137-157.

③ Malcolm Budd, "The Aesthetics of Nature", *Proceedings of the Aristotelian Society*, 100（2000），pp. 137-157.

认为如果把一个自然事物欣赏为一幅画，则该自然事物的重力、气味、味道、质感等，都与审美欣赏无关；但是如果把这个自然事物欣赏为自然自身，则不能排除掉该自然事物的任何知觉特性，也不能排除掉其他任何可能的欣赏方式。因此巴德指出："艺术范畴规定了艺术欣赏的适当方式，然而自然范畴并未规定自然审美欣赏的适当方式。因此，自然的审美欣赏被赋予了一种被艺术欣赏所否定的自由（freedom）：在一部分的自然界中，在白天和黑夜的任何时候，在任何氛围条件下，我们自由地按照我们乐意的方式来框定（frame）要素，自由地采取任何立场，或者自由地按照任何方式移动，并且自由地使用任何感官形式（sense modalities），因此才不会带来误解。"[1]所以，巴德认为按照自然实际所是（即把自然作为自然）来欣赏自然，就意味着自由地欣赏自然。

同时，巴德也强调，他所说的自然并不是自然本体，这里的"自然"指的是一种实在论意义上的自然事物，因此他所说的按照自然实际所是（即把自然作为自然）来欣赏自然，具有一定的相对性（relativity），即"关于自然事物的审美判断的真实价值（truth-value），能够被理解为它实际所是的且相对于（relative to）该事物的自然史中一个特定的（particular）时间长度或阶段，一种感官的（sensory）模式，一种观察的层面（level）或方式（manner），以及一种知觉的方面（perceptual aspect）"[2]。也即是说，巴德认为，特定阶段的自然、特定感官模式下的自然、特定观察层面下的自然等都是真实的。由此，巴德强调如果要按照自然实际所是（即把自然作为自然）来欣赏自然，就必须重视自然欣赏的自由性与相对性。

综上所述，巴德的自然美学与卡尔森版本的肯定美学在最终学术目标上是一致的，两者都反对按照艺术的方式欣赏自然，都主张按照自然实际所是来欣赏自然，然而两者的分歧在于：卡尔森认为，在科学知识，尤其是生态学知识所提供的正确范畴下欣赏自然，则所有自然在本质上、审美上是好的，因此得出肯定美学结论；然而巴德指出，关于自然的科学知识及其相关

[1]　Malcolm Budd, "The Aesthetics of Nature", *Proceedings of the Aristotelian Society*, 100（2000），pp. 137–157.

[2]　Malcolm Budd, "The Aesthetics of Nature", *Proceedings of the Aristotelian Society*, 100（2000），pp. 137–157.

范畴并没有规定自然欣赏的适当方式是什么，因此，只要是符合自然相对真实的知觉特性，自然欣赏并不排除任何可能的欣赏方式，因此自然欣赏应该是自由的。在这种意义上讲，肯定美学与巴德的自然美学并不是对立关系，因为既然巴德主张自然欣赏是自由的，而肯定美学又是一种追求按照自然实际所是来欣赏自然的美学形态，因此，肯定美学应该是巴德所主张的多种自由欣赏方式中的一种。正是因为肯定美学与巴德的自然美学并不是对立关系，所以尽管巴德批判诸种版本的肯定美学，但最后还是说了一句比较同情的话："关于自然的肯定美学将会更合理，如果它主张，每个自然事物，在某种观察层面上，具有一种肯定的审美价值。"①

第七节　格林·帕森斯

　　卡尔森所提倡的肯定美学以及他为肯定美学所提供的科学认知主义证明均遭到不同程度的质疑，甚至连卡尔森本人在接受访谈时说道："我以为，我在1984年介绍和努力为之提供论证的那个关于肯定美学的更有说服力的版本也极难论证。……至于肯定美学是否有其他更好的解决途径？这一点我不敢肯定。"② 在这种情况下，帕森斯在卡尔森的科学认知主义立场基础上，提出了一种修正的科学认知主义（revised scientific cognitivism）立场，并提出"使美标准"（beauty-making criterion），规定自然欣赏的正确科学范畴（correct scientific category），从而为肯定美学提供论证。

一、科学认知主义的修正

　　科学认知主义遭受四种重要的质疑：第一种认为，自然对象有一些审美特性，可以不根据科学知识而进行适当地欣赏。第二种认为，对于任何自然对象 N 来说，许多关于 N 的科学知识是与审美地欣赏它无关的。第三种认

① Malcolm Budd, "The Aesthetics of Nature", *Proceedings of the Aristotelian Society*, 100 (2000), pp. 137–157.
② 2009年，卡尔森来中国济南开会期间接受了薛富兴的采访，卡尔森就肯定美学及其论证发表了一些看法。引文出自艾伦·卡尔森、薛富兴：《科学认知主义视野下的环境美学——环境美学家艾伦·卡尔松访谈录》，见［加］卡尔松：《从自然到人文：艾伦·卡尔松环境美学文选》，薛富兴译，广西师范大学出版社2012年版，第330页。

为，科学认知主义没有提供具有原则性的方式（principled way），据此具有原则性的方式来决定哪些科学知识与一个给定的自然对象的欣赏无关，以及哪些不是。第四种认为，科学知识使欣赏者从审美特性上分散注意力（distract）了。①

面对这些质疑，帕森斯对卡尔森所提倡的科学认知主义作了如下修正：第一，科学认知主义立场无须坚持认为"对于任何自然对象来说，一些科学知识对于该自然对象的每一个审美特性的正确欣赏来说，都是必要的"；而是主张"对于任何自然对象来说，一些科学知识对于该自然对象的一些审美特性的正确欣赏来说，是必要的"②。也即是说，自然科学知识只对自然对象的"某些"审美特性——而不是"每一个"审美特性——的正确欣赏是必要的。

第二，科学认知主义立场无须坚持认为所有的科学知识都与自然欣赏相关，而是说，有一些科学知识与自然相关，而有一些科学知识与自然欣赏不相关。也就是说，帕森斯以"审美关联"（aesthetic relevance）为标准，对科学知识进行了区分，认为有一些科学知识对自然欣赏会产生"审美区分"（aesthetic difference），有一些则不会。比如，帕森斯认为："任何从一些范畴到相应地知觉上不可区分的范畴的转换，都自动地在审美上是无效的（aesthetically ineffectual），并且在这种意义上，在知觉上不可区分的范畴与审美欣赏是不相关的。类似的现象也会在科学的范畴中产生。重返到布雷迪的例子上，'由风所产生的波浪'的诸范畴与'火山活动所产生的波浪'的诸范畴，在它们所赋予的非审美的知觉特性（NAPPs）的状况并非不同。在这种情形中，关于一个既定的波浪是火山活动的知识，尽管这种知识是科学的，但是并没有对我们关于波浪的欣赏产生重要的审美影响。"③

第三，科学认知主义并非将审美价值降低为科学价值，科学认知主义主张，认知因素包括科学知识被整合进审美知觉中。这一点其实是对卡尔森版

---

① Glenn Parsons, "Nature Appreciation, Science, and Positive Aesthetics", *British Journal of Aesthetics*, 42 (2002), pp. 279–295.

② Glenn Parsons, "Nature Appreciation, Science, and Positive Aesthetics", *British Journal of Aesthetics*, 42 (2002), pp. 279–295.

③ Allen Carlson and Sheila Lintott (eds.), *Nature, Aesthetics, and Environmentalism: From Beauty to Duty*, New York: Columbia University Press, 2008, pp. 209–210.

本的科学认知主义立场的一种强化，旨在反驳一些批评者所认为的观点，即"科学知识使欣赏者的注意力从审美特性上分散了"，从而使得欣赏者"最终欣赏的是对象的科学特性，而不是它们的审美特性"①。

二、科学认知主义与肯定美学的关系

在卡尔森那里，科学认知主义立场为肯定美学提供了一种严格的证明，即从科学认知主义推出肯定美学。但是卡尔森的立场受到许多质疑，因此帕森斯修正了科学认知主义，并重新调整了科学认知主义与肯定美学的关系，认为必须假定肯定美学再先，而后以肯定美学作为出发点，推出科学认知主义，这样才能保证肯定美学成立，并且保证科学认知主义少受质疑。也即是说，对卡尔森而言，肯定美学是结论。然而帕森斯则将两者关系颠倒过来，他说："目前为止，科学认知主义哲学家们按照一种错误的方式来概括肯定美学。对自然的深层美（the deep beauty of nature）的认知，不是在我们理论建构需要结束的地方，而是我们应该开始的地方。"② 也即是说，帕森斯指责卡尔森"按照一种错误的方式"来概括肯定美学，肯定美学并不是一种结论，而是一种逻辑起点。

卡尔森版本的科学认知主义没有解决如下问题，即一个自然事物可能有多个科学范畴，比如一朵兰花可以同时有"兰花""花"以及"植物的生殖器官"等多个科学范畴，而借助不同的范畴来欣赏兰花时，所带来的审美判断会不同，那么我们应该借助哪个范畴来欣赏呢？这是马尔科姆·巴德对肯定美学以及科学认知主义提出的质疑。面对这一问题，帕森斯站在科学认知主义立场上，提出了"使美标准"（beauty-making criterion），将肯定美学作为科学认知主义与适当审美欣赏理论的内在标准，进而解决了这一问题。

三、使美标准

帕森斯把肯定美学视为科学认知主义的逻辑起点，实际上也就将肯定美

---

① Glenn Parsons, "Nature Appreciation, Science, and Positive Aesthetics", *British Journal of Aesthetics*, 42 (2002), pp. 279-295.

② Glenn Parsons, "Nature Appreciation, Science, and Positive Aesthetics", *British Journal of Aesthetics*, 42 (2002), pp. 279-295.

学内置于科学认知主义与适当的自然审美欣赏理论中，在这种情况下，帕森斯提出"使美标准"（beauty-making criterion）：当一个自然对象有多个科学范畴时，按照肯定美学这个内在标准，选择那个能使自然对象看起来具有最大审美价值的科学范畴，就既解决了选择哪一个科学范畴的问题，又为肯定美学提供了更有说服力的证明。

如帕森斯说："我们在直觉上同时使用宽泛的范畴与更具体一点的范畴，还是仅仅只使用更具体一点的范畴，这取决于哪一个使对象看起来在审美上最好（aesthetically best）。也就是说，科学认知主义中规范的部分不应该'在事物确实所属的所有科学范畴下来看它'，或者'在事物确实所属的最具体的科学范畴下来看它'，而应该是'在如下这种科学范畴下来看事物，即这是它确实所属的范畴，而且这范畴使它的审美魅力最大化（maximize）。'"① 帕森斯专门以捕蝇草（venus fly-trap）为例。捕蝇草为多年生草本植物，叶丛为莲座状，叶 6 片至多数，伸展，内面粉红色，边缘有坚硬的刚毛，开白色小花，株高 10 厘米左右，冠径 30 厘米左右。不过捕蝇草有一个突出的特征，即它有一个像颌一样的（jaw-like）捕虫夹，会捕食昆虫。一般，捕虫草叶片上部分长有一个贝壳状的捕虫夹，平时夹子呈 60 度张开，一旦有昆虫爬到夹子内，那么捕虫夹就会迅速闭合，将昆虫夹住，然后夹子内壁的腺体开始分泌消化液，吞食昆虫。

毫无疑问，既可以以一般的"植物"范畴来欣赏捕蝇草，也可以以更具体的"食肉植物"范畴来欣赏捕蝇草。当按照一般的"植物"范畴来欣赏捕蝇草时，"具有像颌一样的特征"似乎是动物的特征，这对于一般的植物而言，是一种反标准的（contra-standard）特征，该特征倾向于取消捕蝇草作为一般植物的资格，因此天真的欣赏者会根据一般的植物范畴，把捕蝇草视为怪诞的或丑的。② 但是按照"食肉植物"的范畴来欣赏捕蝇草时，"具有像颌一样的特征"对于"食肉植物"来说，是一种标准的特征，而不

---

① Glenn Parsons，"Nature Appreciation，Science，and Positive Aesthetics"，*British Journal of Aesthetics*，42（2002），pp. 279~295.

② 此处，帕森斯所说的"植物"范畴指"天真的观察者"（即一般大众）心目中的植物范畴，而不是专业的植物学家、博物学家心目中的植物范畴，因为对于一个专业的植物学家、博物学家来说，他们知道有一些植物就具有像颌一样的特征，因此，对于植物来说，具有像颌一样的特征也是比较正常的，并不是反标准的。

是一种反标准的特征，因此，把捕蝇草视为怪诞的是不适当的审美欣赏，从而取消对于捕蝇草的否定性审美评价，捕蝇草被认为具有更高的审美价值。帕森斯说："我所推荐的关于捕蝇草论证的方法是，在科学认知主义的规范要素中放置一条限制，即选择将某些范畴视为正确的时，要依据它们使审美价值最大化。"① 那么对比一般的"植物"范畴与更具体的"食肉植物"范畴，按照"食肉植物"范畴来欣赏捕蝇草，则捕蝇草可以获得最大化的"审美价值"（aesthetic merit），由此可以选择按照"食肉植物"的范畴来欣赏捕蝇草。

综上所述，帕森斯在修正了卡尔森所提倡的科学认知主义之后，又在科学认知主义中增添一项规定性的条件，即一个自然对象同时存在多个科学范畴时，"应该"根据能使该对象的审美价值最大化原则，选出正确的科学范畴，这就是帕森斯所说的"使美标准"，由此也为肯定美学提供了一种更加牢靠的科学认知主义的证明。相比较而言，帕森斯所提供的修正的科学认知主义证明，在一定程度上填补了卡尔森版本的科学认知主义证明的漏洞。如帕森斯所说："在卡尔森所形成的科学认知主义版本中，正确范畴是科学描述自然对象时的范畴。他的遗漏在于，科学的分类应是这样的：我们主张正确的范畴是那些科学用来描述自然对象时的范畴，并且还应采用了一个使美标准，以便在某种情形中限制这些范畴。卡尔森担心，使美标准将认可'将捕蝇草看作一种动物'之欣赏是适当的。对于修正的科学认知主义版本而言，这点不会发生。然而，使美标准会赞成把捕蝇草看作一株食肉植物而不是一株植物。"② 也就是说，帕森斯对科学认知主义的修正，只是对卡尔森的观点进行局部的补漏，充分保留了科学认知主义的客观主义立场。

对于人文科学而言，论辩是理论不断发展的重要途径。肯定美学自从卡尔森于 1984 年提出来之后，罗尔斯顿、齐藤百合子、汤普森、伽德洛维奇、马尔科姆·巴德、帕森斯等众多理论家纷纷参与关于肯定美学的讨论与论争，极大地推动了肯定美学的发展：它的内涵更加丰富，它的解读视角更加

---

① Glenn Parsons, "Nature Appreciation, Science, and Positive Aesthetics", *British Journal of Aesthetics*, 42 (2002), pp. 279-295.

② Glenn Parsons, "Nature Appreciation, Science, and Positive Aesthetics", *British Journal of Aesthetics*, 42 (2002), pp. 279-295.

多元，它的现实意义也逐渐明确，它的实践价值也逐步被认可。本章对肯定美学的概观，基本上将当代西方环境美学家们对于肯定美学的核心观点和基本立场呈现出来了，此外，肯定美学自 2001 年被引介到中国之后，又引起了许多中国美学家的关注，形成东西方美学家们共同关注肯定美学的格局，这也值得重视，有待进一步挖掘。

第九章　环境美学中的交融美学

　　交融美学是美国学者阿诺德·伯林特在环境美学的发展过程中提出来的。他通过对美学历史的梳理，从审美理论的历史源头到 18 世纪的审美主题——审美无利害性的静观，一直到现代艺术对传统审美理论所提出的挑战，提出了一种更具包容性的理论，一种拓展了的理论，一种能够包容当代艺术与传统艺术的理论，即他的欣赏性的交融美学理论。在他 1991 年出版的第二本著作《艺术与交融》中，伯林特正式提出了"审美交融（aesthetic engagement）"这一概念，通过探讨各门类艺术如绘画、雕塑和文学等如何在我们的感知体验中发挥作用，从而阐释了审美交融体验模式的有效性，使审美交融不仅在许多创新性艺术家和流派的作品中被公认为一个明确的因素，而且在使艺术体验的各领域清晰化的过程中也起了关键的作用。

　　审美交融意味着一系列欣赏的介入，包括我们对古典艺术相对压抑却仍然强烈的分享式注意，对浪漫艺术无法遏制的移情以及许多民间艺术和流行艺术所唤起的主动表演，实现了艺术与欣赏事实上的结合，如伯林特本人所说："交融（engagement）的观念使各类艺术趋向于一种审美的融入（involvement），超越了通常所谓的主客体之分，鼓励我们在一种审美的情境中，建立一种参与（participation）的相互关系，使艺术对象和感知者在一个统一的整体中结合起来"。①我们不难看到，伯林特同时使用了"交融""融入"和"参与"三个不同的术语，这些术语既有联系，也有区别。伯林特本人将其美学称为"交融美学"而不是"参与美学"，尽管"参与"也

① Arnold Berleant, *The Aesthetics of Environment*, Philadelphia: Temple University Press, 1992, p. 158.

是其美学的关键词；国内不少学者忽视了伯林特术语的细微区别而将其美学称为"参与美学"，这是不够准确的，我们必须解释清楚。简言之，伯林特认为，他提出的"审美交融"进一步发展了审美场中各因素的相互依存关系，表达了对于体验的一种动态的描述，将审美欣赏从主观的接受转变为一个情境性的活动状态和增强的感官意识，希望把握艺术中体验的参与性的品质，展示交融这一概念诠释艺术体验的能力。

伯林特坦言，审美交融模式适用于任何的审美情境之中，可以作为一个普遍的理论来运用。他不但在各门类艺术中诠释了审美交融的特征，更将它运用于对环境的体验中，在各种不同的环境体验情境中，审美交融将感知者与环境融为一体。伯林特由此创造了环境美学中的"交融立场"，也就是本章的标题所说的"环境美学中的交融美学"。

第一节　交融美学提出的历史背景

自 18 世纪美学学科被确定和定义以来，审美理论中的传统是，艺术由拥有一种特殊的价值即审美价值的物体组成，为恰当地欣赏这些艺术审美对象，欣赏者必须采用一种与我们和事物的实际关系相反的态度，这一实际关系毫无例外都是要考虑到事物的使用和后果。所以，我们一直被教导，对于艺术对象要采用一种远离所有实际利益的立场，用一种静观的模式为艺术而欣赏艺术，用一种解脱式的方式，排除掉所有其他的考虑因素。用康德的经典表述来说，这种审美模式不涉及对象的任何利害、概念和目的，只涉及对象的纯粹形式，欣赏者完全外在于对象，就像我们站在一幅画的对面静观这幅画一样。这就是审美理论中无利害性的观点，这一观点在康德理论中被固定下来，成为之后两个世纪审美的公理。

审美理论中的这一传统不仅是不言自明的，更被一些普遍的原则所支持，这些普遍的原则在启蒙时期和现代美学兴起很久以前就在哲学中占据主导地位。比如，一系列具有倾向性的、妨碍性的二元主义，特别是主体与客体的对立，这已被广泛接受为一种基本的事实真理。尽管柏格森、杜威以及梅洛-庞蒂等哲学家都努力克服主—客二元论，但二元论的残余仍然是大多数哲学家所遵守的清规戒律，并与其他一些基本的哲学信仰相结合，如科学的认知首要性、真理的普遍性和排他性、知识的客观性、存在的等级秩序等，共同构成了现代西方思想文化的基础。

康德及其无利害观念受到了伯林特的严厉批评，他尖锐指出："我对'审美无利害性'的观点基于这样的事实，它不是从实际的审美经验（审美体验）中产生的，而是从认识论的理论化思维中生发出来的，我认为，认识论就是将理论性的知识作为知识的最高形式，在认识论的历史中通过沉思，将沉思的对象提取分别出来而获得的。这种二元的模式开始于亚里士多德，经过康德再到现在仍在延续。这种无利害的源头不仅与审美经验是疏远的；对经验本身来说也是误导的和有害的。'审美无利害性'被轻易地用于艺术和环境经验，而且相当错误地来表现它们。"①

毫无疑问，无利害性的静观模式早已成为一种学术桎梏，它将美学囿于一种精神的状态，即一种心理的态度，并且排除了体验中的身体维度和社会维度，从而不恰当地引导了审美欣赏。所以，我们需要哲学的复苏和重构，需要一种新的审美理论。伯林特响应这种哲学复苏的呼唤，提出了一种能够取代审美无利害的交融美学，一种在"审美场"（aesthetic field）中实现了知觉的完全融合的美学，因此，交融模式的提出就源于对 18 世纪以来西方美学中普遍存在的那种分离（detachment）审美模式的批判。

实际上，对于这种传统美学理论的反抗更多来自艺术实践本身，而不是来自理论和批评，从 1870 年印象主义（impressionism）展览举办以来，我们的审美关注就远离了艺术对象，而转向了感知的意识。印象派画家力图客观地描绘和捕捉物体在特定时间内所自然呈现的瞬息即逝的光影转变，由于他们把"光"和"色彩"看作画家追求的主要目的，就不可避免地将画家对客观事物的认识停留在感觉阶段，停止在"瞬间"的印象上，这就导致印象派画家在创作中竭力描绘事物的瞬间印象，表现感觉的现象，从而否定事物的本质和内容。印象派脱离了以往艺术形式对历史和宗教的依赖，艺术家们大胆地抛弃了传统的创作观念和公式，将焦点转移到纯粹的视觉感知形式上，作品的内容和主题变得不再重要。艺术创作中这种由重视审美对象到

---

① 刘悦笛：《从"审美介入"到"介入美学"——环境美学家阿诺德·伯林特访谈录》，《文艺争鸣》2010 年第 21 期。

重视审美感知的转变也呼吁一种新的欣赏模式，理性推理的认知模式及远距离的静观欣赏已不再适应现代艺术的各种要求，尤其不能适应 20 世纪后半期快速兴起和发展的环境审美欣赏。正如伯林特所言："在环境中，审美欣赏常常无法与事物的实际利益分开，无论是在一个建筑物的选址过程中，在设计一条道路或花园时，或仅仅是一辆牛车在穿越一个林间小路时。康德的经典构想——'对于美的事物的欣赏只是一种无利害的和自由的满足；因为这里，没有什么利益，或感官的或理性的，强迫我们去赞同'——或许某种程度上来说适合艺术，可是却很难与许多自然美欣赏中的实例相协调。"①

因此，现代艺术和环境审美欣赏的发展，都需要一种新的体验模式——交融的体验，要求感知者的积极参与，不断促使我们参与到各种艺术运动或行为之中来，亦或迫使我们调整视域和想象力，如达达主义（dadaism）、超现实主义（surrealism）或流行艺术（pop art）等。而且，无论是在传统艺术还是在现代艺术中，我们都可以获得这种统一的连续的体验。在对于体验的连续性的呼声中，需要一种明确的理论来替代经验主义传统中的二元论要求，将感知者纳入世界相互性的复杂模式之中。在过去一个世纪，这一普遍的观点已渐渐浮出水面，跨越了社会科学、物理科学以及哲学学科。但是，只有在艺术中，体验的连续性才最显著地体现出来，如同在审美理论中所阐释的一样，艺术中体验的连续性可以为其他领域的探求提供一个模式。

作为对于现代哲学中分离传统的一种替代，体验的连续性观点尚处于摸索阶段，需要经过一个逐渐发展的过程。而且，通过辨别体验的连续性所出现的诸阶段，从直觉（intuition）和移情（empathy）到融入和交融，我们可能会看到超越美学领域的意义。这样，审美体验的连续性理论就逐渐替代了审美无利害性理论，为伯林特的审美交融理论奠定了理论基础。因此，从无利害性到交融性，审美体验经历了一个由分离的静观模式到连续的交融模式的转变，这种审美体验模式的转型不但能够丰富深化我们的体验，也为美学的未来发展提供了新的研究方向。

---

① Arnold Berleant, *Aesthetics Beyond the Arts*: *New and Recent Essays*, Aldershot: Ashgate, 2012, p. 41.

第二节　交融美学的提出

　　传统美学已经阻碍了现代艺术体验和实践的发展，对于现代艺术体验的一种精确描述必须反映它的参与式的品质，正是在阐释这些现代艺术新发展的过程中，传统的美学公理逐渐显示出它们本身的不适宜。伯林特认为，传统的基于艺术的审美对象模式假定了一个主—客体二元论的存在，包含一个孤立的、分离的和客观化的态度，这种模式无论对自然的还是对艺术的审美欣赏都不充分，并且错误地将自然的审美对象和它们的欣赏者从环境中隔离开来。与此同时，艺术对象和艺术实践中的现代转变需要一种新的反应模式，一种欣赏性的关注，这种关注可能会拓展为一种积极性的参与。这会采用各种形式，其数量之多如同各种艺术和艺术对象，一些模式的参与是直接而又明显的，而另一些则非常模糊。如果有一种与众不同的艺术特征，无论是传统的还是当代的，这便是审美欣赏交融所一贯坚持的要求。因而，这一切带我们超越了传统的静观享受的心理模式，从而走向了一种体验的统一。

　　审美交融学说就是对传统的静观模式的超越，成为伯林特交融美学的核心概念。在伯林特的审美理论中，审美交融学说其实有一个发展的过程。这个概念最早出现在伯林特1967年的论文《体验与艺术批评》中，该文最终成为他1970年出版的专著《审美场：审美体验现象学》的最后一章，而本书第四章和第六章中也多次提到这个术语。《审美场：审美体验现象学》出版之后，伯林特又写了一系列的论文来发展审美场理论，探索审美体验的领域。随着这些研究的深入，某些观念似乎从审美体验的条件自身中脱颖而出，作为对这种体验模式最有效的表达，这些观念中最中心的一个就是欣赏者与艺术对象或环境之间的参与式的交融。伯林特在1985年发表的《走向环境的现象学美学》一文中，提出的是"参与模式"（the participatory model）。在他看来，环境是一个与有机体相连的、由各种力量组成的场域，在这种力场中，有机体与环境之间没有明确的界限，它们互相影响，保持着互动关系，这种模式就是伯林特所谓的审美体验的参与模式。

　　在1991年出版的《艺术与交融》一书中，伯林特才将"参与模式"真正发展成为"审美交融"观。他阐释说："审美欣赏不仅是从欣赏者的精神领域生发出来的，而是欣赏者与审美对象之间一个基本的相互作用（reciprocity），二者通过各种力量的相互影响（interplay）而彼此相互作用与相互反应。欣赏性知觉（appreciative perception）也不仅是一种心理行为，甚至不仅是一个独有的个人行为，而是建立在欣赏者与审美对象之间相互交融（mutual engagement）的基础之上，从各方面来说，这种交融既是主动性（active）的，又是接受性（receptive）的。因此，一种全面广泛的理论必须容纳这些相互性（reciprocity），因为，只有这些相互性才使得审美邂逅如此生动，只有这些紧密的联系才将知觉与感知对象融合在一个体验的统一体中。"①

交融美学也可以说是伯林特在不断梳理和反思环境观和环境体验模式的过程中提炼出来的。伯林特认为，从哲学，尤其是美学的角度研究环境，必须转变我们对于环境的理解。文化地理学家和环境学者们认为，环境是我们周围的自然，但这种环境观将环境看作一个供人们追求各种目标的大"容器"，由物质的周围组成，这种地理学的环境观与环境的词源学意义紧密相连，"'环境'一词具有多种含义。从它的词源学意义上来讲，环境（environment）指某物周围的领域（法语中 en 的意思是在……中间，viron 的意思是围绕）。"②伯林特认为这种环境观将环境置于人之外，割裂了人与环境的紧密联系，将环境客体化了，就像"某个"环境的想法，这都是身心二元论的最后残余之一，消解了实际存在的环境系统。

而兴起于 19 世纪下半叶的生态生物科学也开始修正传统的环境思想，视环境为一个生态整体，主要研究有机体与其整体环境之间的相互关系，认为生命有机体与其环境背景中的大量元素相互影响。伯林特说："从更广的角度考虑，'环境'有时容易与'生态学'相混，'生态学'指有机体与其环境或'生态系统'相结合而构成的各种复杂关系，表明了有机体与其环境之间的一种功能性的、互动的关系系统。环境的含义大多数与此相关，并且包含一个极具重要性的暗示：某种意义上来说，它们保留了这一假定：即物体与其周围环境或者自我与其背景环境之间某种程度上的一种紧

---

① Arnold Berleant, *Art and Engagement*, Philadelphia: Temple University Press, 1991, p. 45.

② Arnold Berleant, *Living in the Landscape*: *toward an Aesthetics of Environment*, Lawrence: University Press of Kansas, 1997, p. 29.

密结合。"①随着人们环境意识的不断提高，这一生态学的理论逐渐被认同，而其内涵也日益扩展。生态系统的概念超出了有机体和环境的简单联系，将生物的、化学的和地理的条件都包含进来，构成了一个复杂而统一的有机系统。可是，伯林特也认为，这种生态学的环境观将环境作为一个研究对象，实际上也将环境客体化了——有机体和环境虽然密切结合，却也有所不同，并且是相互分离的。

在分析了地理学和生态学环境观的基础上，伯林特又对三种不同的自然观进行了哲学探讨，阐述了人与自然的关系问题。英国哲学家约翰·洛克（John Locke）认为，人与自然相对立，自然是指人类以外的一切领域，人是自然界的主宰，这就将人与自然完全隔离开来，自然成为人类的敌人，人类的生活进程与自然进程绝对冲突，人类必须控制、驾驭、征服自然，自然才能为人类服务，洛克学派的这种自然观也成为二元论形成的必然的哲学基础。而自然学家却认为，自然与人从根本上是不同的，但并不对立，自然的含义更像是我们通常所说的环境，是生活的大背景，自然成了人类生存的"条件"，我们必须与之实现平衡，和谐相处。自然学家、环保主义者都赞同这一更加积极、乐观的自然态度，可是在伯林特看来，在这种自然学派的自然观中，人与自然的关系仍然是共存而已，并未同化。

荷兰哲学家斯宾诺莎（Spinoza）是一位一元论者，他认为宇宙间只有一种实体，即作为整体的宇宙本身，自然就是一切存在物，它自成整体，包容一切，不可分割且持续发展，自然之外无一物，人类与自然不再分离，而是一个统一的整体的状态。海德格尔的存在主义生活环境和诗意栖居的意义也说明自然包含一切，自然被认为是一个无所不包的、总体的、整一的和连续的过程。伯林特最赞同这种自然观，他对环境这一概念的理解，正建立在这种斯宾诺莎式的完全一体的自然观之上，人与自然不再分离，万事万物都成为生命整体的一部分。然而，伯林特也认为，这种自然观虽然视环境为一个整体，但这个整体只有当人们进行科学研究和分析时才有意义，仍然将复杂的环境系统对象化了。

---

① Arnold Berleant, *Living in the Landscape*: *toward an Aesthetics of Environment*, Lawrence: University Press of Kansas, 1997, p. 29.

在分析了以上两种环境观和三种自然观的优劣势之后，伯林特提出了他自己的环境观。这里需要说明的是，伯林特的环境观一直处于不断的发展变化之中，他在不同的地方会做出不同的描述。

伯林特的《环境美学》其实是一部由多篇论文汇集而成的著作，最早的发表于 1978 年，最近的发表于 1992 年。正因为有着这样大的时间跨度，该书在不同的地方就出现了不同的环境观。下面依次讨论。该书最早提出的环境概念如下："环境就是人们生活着的自然过程，无论人们怎样生活，环境是被体验的自然（nature experienced），人们生活其间的自然。"① 这一概念将人、自然和环境紧密地结合了起来，人不再存在于自然之外，人就生活在自然之内，而这个被人们生活的自然就是环境。所以，"广义上来讲，环境并非是与我们所谓的人类相分离、相区别的一种领域，我们同环境结为一体，构成其发展中不可或缺的一部分。"②对环境和自然的探讨使美学走向了一个兼容并包的、普遍联系的整体发展观，这种统一的、整合的体验过程，经过了我们的知觉，必然产生美学维度上的认识，使美学走向了环境美学的发展方向。

在《环境美学》第三章"描述美学"中，伯林特进一步从审美感知力与审美融合的角度论述了环境的含义。他认为，环境体验中感知力持续在场，而这种感知力不仅仅是视觉和听觉的能力，而是包含触觉、嗅觉、味觉甚至联觉的一系列身体感官的感觉能力，所以环境体验调动了所有的感觉器官及其能力（即感受力），对环境进行全方位地体验。因此，伯林特对环境的概念又作了进一步的补充阐述："环境是一种融合，是一系列感官意识、意蕴（有意的和无意的）、地理位置、身体在场、个人时间以及普遍运动的融合。"③他解释说，环境中没有外部的风景或遥远的风景，没有周围的环境将我的存在与场所分开，环境是对即刻的在场情境的一个集中全面的知觉意识，是一种交融的情境，是"感知者与体验情境的一种融合"，蕴涵了丰富的包容性的知觉和意义。

在第九章"环境批评"中，伯林特又提出："环境产生自一种双向的交

---

①　Arnold Berleant, *The Aesthetics of Environment*, Philadelphia: Temple University Press, 1992, p. 10.

②　Arnold Berleant, *The Aesthetics of Environment*, Philadelphia: Temple University Press, 1992, p. 12.

③　Arnold Berleant, *The Aesthetics of Environment*, Philadelphia: Temple University Press, 1992, p. 34.

换，一方是作为知觉的来源和产生着的我自身，另一方是我们感觉和行动的物理和社会条件。当两者相互融合，我们才能够谈论环境，环境不是感知者的建构或者一个场所的地理特征，甚至也不是这些因素的总和，它是在积极的体验中形成的整体。"①环境的边界是由出现在特定情境中的知觉和行动的范围来决定的，正是由于我的知觉和行动使得每一种环境得到界定。总之，环境不是物理的场所，而是在我们的参与下形成的知觉场所，正是知觉本身确定了各种环境的特征和范围。

伯林特对于环境的界定略有差异，但核心观念都是一致的。在他 1997 年出版的第二本环境美学专著《生活在景观中——走向一种环境美学》中，伯林特继续探讨环境的内涵。他说，环境并不仅仅是我们的外部环境，我们与所居住的环境之间并没有明显的分界线，我们所呼吸的空气、所吃的食物、所穿的衣服、甚至所居住的房子都是环境的一部分，都与我们及我们的身体密切相连，食物是我们种植的，衣服和房子是我们制作的，我们与这些事物之间的关系是相互的。因而，我们所制造的事物构筑了我们本身，它们影响并融入了我们的特性、信仰和目标，也成为我们人类文化和活动的产物。"某种意义上来讲，环境是一个具有更大内涵的术语，因为它包含了我们制作的特殊物品和它们的物理环境，而这一切都无法与人类居住者相分离。内部与外部、意识与世界、人类与自然过程并不是对立的事物，而是同一事物的不同方面：人类环境的统一体。"②这里特别需要注意的是"人类环境的统一体"（the unity of the human environment）这个说法。与此同时，所有的环境都展现了共同的要素，"环境是空间的，也是时间的；环境有质量，也有体积；环境有颜色、结构和其他知觉特征；环境在与身体的相互作用中运行。"③因此，环境是包含一切的，是包括物质特征、社会特征和感觉特征的复合体。

伯林特的环境观不断地发展丰富，在 2005 年出版的《美学与环境：一

① Arnold Berleant, *The Aesthetics of Environment*, Philadelphia: Temple University Press, 1992, p. 132.

② Arnold Berleant, *Living in the Landscape: toward an Aesthetics of Environment*, Lawrence: University Press of Kansas, 1997, p. 11.

③ Arnold Berleant, *Living in the Landscape: toward an Aesthetics of Environment*, Lawrence: University Press of Kansas, 1997, p. 24.

个主题的多重变奏》中，伯林特分析了三种不同的审美体验模式，并重新思考了环境的概念，也将身体的概念融入环境之中。他认为，通过身体与场所的互相渗透，我们成为环境的一部分，环境的主要维度——空间、质量、体积和深度，它们并不首先与我们的眼睛相遇，而是先同我们运动和行为的身体相遇。他指出：

> 环境更应该是我们生活其间的媒介，我们的存在参与其中，并与其达成一致。在这种环境媒介之内，出现了心、眼和手组成的各种活动力量，还出现了各种知觉特征，与这些力量相交融并激发出它们的各种反应。在这种环境中，任何的二元论残余都必须被抛弃，根本就没有内部与外部、人类与外部世界。甚至从最终意义上来说，也没有自我与他人的对立。有意识的身体在环境中运动，并作为这种时空环境媒介的一部分成为人类体验、人类世界以及人类现实基础的领域。正是在这种领域内，歧视和差异不断丛生。因此可以说，我们生活在一个动态联结网中，我们所促成所回应的各种力量在其中互相贯通。①

美国生态学家奥尔多·利奥波德（Aldo Leopold）曾经运用能量循环的隐喻来描绘大地上互相关联的成分，认为大地是能量流动的源泉，途径则是土壤、植物和动物之间的循环。这给伯林特以启发，通过对海岸的流动性的分析，伯林特又对环境的特征加以补充，认为我们所居住的环境都是流动的、连续的、短暂的，是连续不断的"能量的流动和循环"（the energy fluid and circuit）。

法国哲学家加布里埃尔·马塞尔（Gabriel Marcel）鼓励我们，不要说"我有一个身体"，而要说"我是我的身体"。伯林特借用他的话并声称，不要说"我生活在我的环境里"，而要说"我是我的环境"。所以，环境概念必须被改进，使之一方面能够吸收活生生的身体，另一方面能够扩大至包含文化意义的社会。这样，环境就成了包含人与场所在内的知觉—文化系统

---

① Arnold Berleant, *Aesthetics and Environment*: *Variations on a Theme*, Aldershot: Ashgate, 2005, p. 13.

（perceptual-cultural system），而审美体验的参与模式也成为我们理解环境的关键因素："它使我们将环境理解为由各种动态力量构成的背景，一种力量的场域（力场），感知者和被感知的世界在这个动态的统一体中相交融。在这个力场中，重要的不是那些物理特征，而是知觉特征；不是事物如何，而是它们如何被体验。在这种现象学的场域里，环境不能被客观对象化，而更应该是与参与者连续的整体。"①

　　既然绘画也由一种远观的审美对象转变为一个感知体验的世界，那么，环境更不可能再被认为是一个外部的位置而是作为一个物理—历史的交融媒介了——一种与人类生活息息相关的动态的力量场域。在《感知力与意义：人类世界的审美转变》中，伯林特通过探讨生态观的改变进一步阐释了环境的意义：

　　　　环境的意义也因此发生了巨大变化，它不再被认为是周围的环境（surroundings），而更多的被认为是一种流体介质（fluid medium），具有不同密度和形态的四维球状流体（four-dimensional global fluid），人类和其他一切事物都身处其中。为了能在这样一种环境中运作，我们必须发挥我们自己的能力，而这些要极其依赖知觉。既然我们能力的来源和特征在于感官知觉，环境的流体介质就成为一个条件，其中没有什么事物能够明显分开。重要的是要认识到，从感官知觉的角度来讲，我们不但连续不断地体验着环境，也在这种连续不断之中体验着环境。②

　　总之，伯林特认为，环境系统是由物质的、社会的、文化的情境所共同构造的一个复杂联系的统一体，所以，没有什么所谓的"外部世界"与"内部世界"之别，感知者是被感知者的一部分，反之亦然，人与环境是贯通的，人与环境是一体的。伯林特对于传统美学的挑战始于对环境的这种新界定，他大胆地突破了传统的环境观，否定了前人对于环境是人之外的围绕

①　Arnold Berleant, *Aesthetics and Environment：Variations on a Theme*, Aldershot：Ashgate，2005，p. 14.

②　Arnold Berleant, *Sensibility and Sense：The Aesthetic Transformation of the Human World*, Charlottesville：Imprint Academic，2010，p. 117.

物的理解，形成了迥异于传统二元对立的、强调包容性与贯通性的普遍联系的整体环境观。

伯林特环境美学的主旨其实都是对于环境的审美关切，他认为，在对环境进行审美欣赏的过程中，我们不需要将精力集中于我们称为美的物体或情境中，而是要集中于我们在此时此景中的体验上，集中于包含所有体验的环境特性与特征上。在《美学与环境：一个主题的多重变奏》中，伯林特专门对环境体验作了细致的分析，他主要区分了两种环境体验模式：一是心理或旁观者模式（psychological or spectator model），二是语境或场域模式（contextual or field model）。

旁观者模式是一种心理学的阐述，体验从外部刺激我们，我们的反应是接受它、吸收它，主要作为观察者来回应这种外部刺激。在这种体验中，首要的感觉通道是视觉，体验的习惯性影响采用意象（image）的形式，而我们的典型反应则是一种认知性理解。因此，世界外在于我们，虽然体验活动也产生了各种连接，通过知觉主体将相互分离而不同的对象连接到一起。这种旁观者的体验观包含着不可化约的二元论，不可避免地导致距离感，甚至与世界疏离。在美学里，这种模式常被用来描述对于艺术的欣赏：艺术体验需要一种无利害的态度、一种心理距离、一种对于孤立的对象的静观，与任何的用途或实践相分离。其实，说到底，这就是体验传统中无利害的静观模式，只不过之前是用于对艺术和自然的欣赏，伯林特认为这种体验模式也存在于对环境的体验当中。

环境体验的语境或场域模式则根本不同，它类似于欣赏的活动模式和参与模式。旁观者观念的根源在于知识的静观理想，而语境取向则显示了对于行动和功能的关切。美国实用主义传统和大陆存在主义—现象学哲学都是这种观念的体现：人类被嵌入世界之内，处于不断的作用与反作用的过程之中。身体与物理背景（physical setting）的生物学连续性、意识与文化的心理学连续性、感官意识与运动的和谐等，都使得人类与其环境背景（environmental setting）无法分离。传统的一系列二元论，诸如主体与客体、自我与他人、内在意识与外在世界的分离等，都消融在人与世界的整合之中。环境不再是可以从其内部体验的外在之物，它甚至不能单单被建构为环绕我们的周围环境（surroundings），事实上，人通过参与到世界之中而与世界连续共生。语境模式抛弃了主导性的视觉立场，人成为体验场域中的知觉身体，成为体验的中心，他不再是一个被动的刺激接受者，而成为一个动态因素。也就是说，欣赏者被吸引到欣赏过程之中，从旁观者变成了参与者，极像一个演员在戏剧或舞蹈中参与到事物的运动之中，并激活了各种与人相关的物质材料，使之与人的身体结合在一起，以敏感性来回应它们的需要，从而将他们导向人的目的。

交融美学就是伯林特在不断梳理他的环境观和环境体验模式的过程中逐渐发展完善起来的，交融是他的环境观和环境体验模式的本质特征。审美交融将审美欣赏从主观的接受转变为一个语境性的活动状态和一种增强的感官意识，对于审美实践也具有重要的意义，伯林特将它应用于各类不同的艺术和环境的具体审美情境当中，这一方法对于理解环境美学极其富有成效，并且，审美交融加深了对于审美对象的审美体验，增强了审美欣赏的力度，成为艺术、自然、环境以及社会审美欣赏的基石和标准，也成为伯林特新美学的核心概念。

第三节　交融美学的内涵及特征

伯林特用"审美交融"这一概念将审美欣赏者和审美对象有机地结合了起来，来描述审美体验最完善阶段的特征，扩大了美学的领域，这一概念也成为继《审美场：审美体验现象学》之后他的另外两本著作《艺术与交融》和《环境美学》的主导主题。审美的领域是丰富多样的，在传统的情形下，对于艺术对象的审美体验或许是最完善、最令人满意的。可是，也有其他的各类艺术作品还未至完善，毕竟还需要缜密的思考，以达至连贯与完满。在这种情况下，体验本身也成了达至完美的一个过程，需要时日来完善。这样，感知者的贡献则是必不可少的了，不仅要接受这种体验，也要促成这种体验，参与其中，影响它，最终完善它。于是，感知者不仅成为了接受者，也成为了激发者和创造者，而且关键是，感知者被认为无法与艺术对象相分离，艺术作品本身也被认为无法与其观众相分离。

因此，伯林特认为，审美欣赏不仅只是接受，它同样是活跃的，在识别审美对象的特性、秩序和结构时，在对这一体验添加共享的意义时，它同样需要艺术或自然欣赏者的贡献。从这方面来说，感知者通过一个类似的活动，积极地、创造性地参与到艺术和环境之中，带来一份审美欣赏体验的享受。当审美场域被体验式地思考的时候，结果就是伯林特所称的一种"审美交融"，反映了感知体验最完善阶段的特征。因此，审美交融是用来描述审美体验的特征的，它是审美体验的中心，因而也是审美理论的中心思想，它认为审美欣赏需要感知者的积极参与，不仅要专注于审美对象上，而且要激活审美欣赏的过程，投入其中，使之完满。它是一种欣赏性投入的体验，是完全投入到艺术作品当中的感知体验，就是全面融入对象的各个方面，与对象保持最亲近的、零距离的接触，伯林特试图通过环境美学确立起一种全新的审美模式，即他的具有后现代色彩的交融模式。

在《感知力与意义：人类世界的审美转变》中，伯林特进一步阐释了审美交融的理念："审美欣赏中全身心地投入有时候是如此完善，以至于观众、读者或听众完全放弃了独立的自我意识，全部投入到了审美世界之中，这同许多人沉湎于小说或电影的虚拟世界中的体验极其相似。当我们不被各种反面的期望误导时，我们就可以培养欣赏式地投入到许多不同的艺术情境的能力，这种欣赏我称之为'审美交融'，当它达到最强烈最彻底的程度时，它就满足了审美体验的各种可能性"。①伯林特在他的最后一本书《超越艺术的美学》中又将审美交融阐释为一种生态的体验模式，如他所说："美学以感官的感知体验为开端，而审美交融则辨明了一种强烈的知觉介入的体验，甚至是一种亲密感，具有感官体验的连续性和敏锐知觉条件下的参与性特征。审美交融集中体现了各类艺术在其最有效的表现中所引发的强烈的知觉融入，但它也可能发生在对于自然美和崇高的超然体验中，因此，审美交融可以理解为一种生态的体验模式。无论是从外部还是内部来把握，二者都体现了整体性与语境性并存的特点：都是包容一切的；都将人的因素与其他要素和条件积极并置"。②

更明确地说，伯林特声称，审美体验是一种特殊的与环境的参与式交

① Arnold Berleant, *Sensibility and Sense*: *The Aesthetic Transformation of the Human World*, Charlottes-ville: Imprint Academic, 2010, p. 87.

② Arnold Berleant, *Aesthetics Beyond the Arts*: *New and Recent Essays*, Aldershot: Ashgate, 2012, p. 120.

融，其特点是"完全的联觉融合"（full synaesthetic fusion）。与传统的审美理论只重视视觉和听觉相反，交融模式主张我们审美地融入我们的世界之中，此时，我们与环境的所有感觉特征处于一个"完全的知觉合作"的状态。这种融合让我们产生一种特殊的快感，亦即，总是能用眼、耳、手、鼻等新锐的感知力发现世界的一种快乐。这种好奇心是通过激活我们所有的感觉模式而产生的，鼓励我们"一直看，一直听，一直闻"，总之，用各种新的方式"一直感觉"我们的世界，积极地参与到环境之中让我们产生了一种愉悦感，伴随着令人期待的一种知觉状态，还有认识到无穷尽的审美可能性的欣喜若狂。

芬兰学者莉娜·温特（Liina Unt）在《与场所游戏：游戏情境中场所的审美体验》中对伯林特的"审美交融"作了客观的评价："美学家伯林特强调审美体验的过程性（processual）特点，并提出了一个审美交融的术语。审美交融是与环境、场所或对象多感官的知觉融入（multisensory phenomenal involvement），是即刻的、有效的，只有通过交融才能达到的。它可以因质量和强度而不同，可是，审美维度在所有体验中都会出场。审美交融包括许多与体验相连的特征，比如情感、想象还有集中于对象上的愉悦感，但是，它也认识到了体验嵌入式和具体化的特点、所暗含的丰富因素，以及它们即刻的、中心的知觉特征，从而超越了传统。"①

康德美学中的二元主义观念视美学为一种主观的感受或主体性的情感，与其相反，审美交融强调的却是审美欣赏的语境特征，它有时显然是通过身体活动，可总是通过创造性的知觉介入，表明欣赏者在欣赏过程中的积极参与。它取代了静观的、心理距离的学说，重视感知者与感知对象的相互联系和相互贯通，美学因此回归了它的词源学意义。笔者曾经在《美学与环境：一个主题的多重变奏》的"译者前言"中这样指出："一个简单的事实是：艺术品并非静态的、固定的'客体'或'对象'，而是与欣赏者互动的艺术过程。简言之，人与艺术品之间的关系是'交融'或'融合'的关系，而不是主—客之间的'对立'关系。所以，伯林特将自己的美学称为'交融

① Anna-Teresa Tymieniecka（ed.），*Phenomenology and Existentialism in the Twentieth Century*，Book II. London：Springer，2009，p. 383.

美学'（aesthetics of engagement）。简言之，伯林特的美学理论思路可以概括为一句话：从主客二分的'对象美学'到主客交融的'融合美学'。"①这段话借用到这里非常合适。

综上所述，伯林特的审美交融理论包含了至少两个方面的内涵：一、表示感知者积极融入或完全投入到审美情境之中的参与式欣赏体验，反映了感知者与审美对象之间一种欣赏性的感知融合，而最终形成了审美情境中客观性、知觉性、创造性和表演性四个要素的重叠与融合；二、表示审美情境中多感官的知觉介入，是身体所有感官的感觉融合——完全的联觉融合。因此，审美交融体现了审美体验的特征，是所有体验呈现出审美特质的条件，成为审美体验发生时的主要欣赏模式。

审美交融将感知者和审美对象融为一个知觉的统一体（perceptual unity），展示了至少三种相关的特征：连续性（continuity），知觉合作（perceptual integration）与参与性（participation）。连续性通过具有不可分离（并非是不可分辨性）的各种因素和各种力量的结合促成了这个统一体的形成，给予审美体验一种认同感；知觉合作出现在运动感觉中，这是各感官的一种体验式的融合，共同融入一个意义和重要性相结合的审美体验之中，而欣赏者通过激活构成它的统一体中的各因素而参与到审美过程之中。

首先讨论第一个特征连续性。伯林特拒绝哲学中的一系列二元论（如身—心、主体—客体、内—外），赞同一种对于人类体验的整体方法，现象学的连续性和相互性是它的两大特色。审美交融中连续性的特征反映了感知者与审美对象之间的一种相互作用，伯林特相信，感觉的强度并非是审美交融的唯一标准，一种完满的体验应该具有一定的广度和复杂性。反过来说，不基于感知者与审美对象的相互关系（即互动）之上的交融感知就不太是审美的，或根本就不是审美的。在静观的沉思冥想的状态或甚至是药物引起的迷幻状态，注意力是集中在自我身上，就是所谓的内自我（inner self），内自我的观点是一种自我放纵的虚幻，而审美交融本身建立在感知者与审美对象持续不断的相互作用的基础之上。审美交融中连续性的特征也反映了一

① ［美］阿诺德·伯林特：《美学与环境：一个主题的多重变奏》，程相占、宋艳霞译，河南大学出版社 2013 年版，第 3 页。

种认识，即艺术无法与其他的人类追求相分离，而是共同纳入个人和文化体验的全部领域之中，而没有牺牲它作为一种体验模式的身份认同，这说明了艺术与文化、社会以及人类生活之间的连续性。艺术与审美之间的连续性可以通过我们所谓的审美情境的连续性表现出来，审美情境也有连续性，因为审美体验与其他各种模式的体验——实践的、社会的或宗教的——紧密相连，尽管审美体验有其独特的地方，可是，它也无法从审美情境相互影响的各因素中分离出来。因此，伯林特发展了杜威的连续性观点，并将这一连续性扩展到多个方面，贯彻于审美中的每个环节，如感官体验的连续性、艺术与生活的连续性、人与环境的连续性等，在他看来，连续性已经是一种形而上学，成为他交融美学发展的理论基础。

审美交融的第二个特征是知觉合作。知觉心理学（psychology of perception）与现象学哲学（phenomenological philosophy）的结合使通常划分的感官体验成为独立的感觉通道，每一个感觉通道由其主导感官控制，因此，视觉艺术、音乐艺术、观赏艺术等应运而生。而20世纪艺术革新打破了这种以感觉模式为标准的艺术划分，试图将各种艺术材料和感官品质结合起来，成为一种体验的统一体，这就需要所有知觉的合作。伯林特的审美场所展示的不仅是审美体验中不同要素的整合，而且也是各种感官模式的融合，一种称为联觉（synaesthesia）的现象。审美交融中的知觉合作——联觉可以作为一种方法，通过这种方法，我们掌握了审美体验中的连续性，也是通过这种方法，审美情境中的所有要素在一个统一的体验的过程中结合起来，这样，艺术对象、感知者、艺术家和表演者之间传统的区分消失了，它们的功能也趋向于融合，并作为一种统一的连续体来体验的。

审美交融的第三个特征是参与性。作为新美学的中心特征，审美交融强调了审美体验积极性的本质及其基本的参与式的品质，传统的作为无利害性静观的审美体验观念，被感知主体和感知客体之间交融互动的审美体验观念所替代，这种互动吁求感知者积极地参与到他所构成的环境之中，结果，这在形成他自己的审美体验过程中以及形成他的生活审美品质中起了关键作用。这种意义上的融入出现在许多不同的体验活动秩序中，包括感官的（sensory）、意识的（conscious）、物理的（physical）和社会的（social）——但在审美体验中尤甚。无论过去还是现在，各类艺术的运作方式实际上反映了这样一种融入，因为审美交融是建立在一个传统之上，比审美无利害性理论所吁求的传统更久、更有力。

这一切都说明了参与模式的重要性，在审美情境中，感知者与审美对象之间的参与性与相互性都得到了认同。体验统一体的概念居于中心的位置，因为艺术并非由艺术对象组成，而是由体验所发生的审美情境构成：一个统一的相互作用的力场，包含了感知者、审美对象或事件、原创以及某种表演或激活等各种因素。因此，审美交融强调了审美欣赏的语境特征，它的各种主要因素——欣赏性的（appreciative）、物质性的（material）、创造性的（creative）以及表演性的（performative）——描绘了一个完整统一体验的各种不同维度，而感知者的积极参与成为这种新的审美理论的中心特征。

第四节　环境美学中的审美交融情境

在《生活在景观中：走向一种环境美学》第二章"一种新兴的环境美学"中，伯林特具体探讨了环境美学问题，他对于环境美学的界定为：

> 从其最广泛的意义上来讲，环境美学是指，作为整个环境复合体的一部分，人类与环境之间一种欣赏性的融合，其中，感官的内在体验与即刻的意义占支配地位。作为一种包容一切的知觉系统，环境包含对以下这些因素的积极体验：空间、质量、体积、时间、运动、颜色、光线、气味、声音、触感、动感、模式、秩序和意义。这里，环境体验并非完全是视觉的，而是联觉的，它包含了所有感官的感觉模式，用一种强烈的感觉意识融参与者于一体。而且，在这个知觉领域中，贯穿着一个规范性的尺度，成为对环境的肯定和否定价值进行判断的基础。因此，环境美学便成为了对环境体验及其知觉和认知维度即刻的、内在的价值研究。①

---

① Arnold Berleant, *Living in the Landscape*: *toward an Aesthetics of Environment*, Lawrence: University Press of Kansas, 1997, p. 32.

本书第七章表明，伯林特的环境美学深受现象学的影响，在艺术和环境审美中，现象学连续性的哲学思想重视对于交融及积极欣赏的连续性的强调，引导伯林特认识到人与自然之间、身体与环境之间存在的普遍联系，从而形成了他普遍联系的整体环境观，并在这种连续性哲学思想的基础之上，创立了他备受瞩目的审美交融理论，将审美欣赏者与审美对象联系起来，成为伯林特的环境美学的核心概念，并发展了环境美学中许多不同的审美类型，如自然美学、城市美学、景观美学、林业美学等，使具有独特性和差异性的环境美学的不同维度在一个统一的审美交融理论中融为一体，使他的环境美学具有了一定的厚度和广度。

在 2008 年版的《斯坦福哲学百科全书》中，卡尔森撰写了"环境美学"词条，其中清晰地并列了当前环境美学中的两种立场：其一是基于科学知识或传统文化之上的认知观（cognitive views），其二是作为环境审美欣赏中心特征的非认知观（non-cognitive views），也就是以伯林特为代表的"交融美学"观。交融立场强调自然的语境性维度（contextual dimensions）以及我们多感官的体验（multi-sensory experience），视环境为场所、有机体与知觉的连续统一体，因此，孤立的、有距离的以及客观化的无利害性审美理论，在自然的欣赏体验中已不合时宜了。

因此，交融美学是对传统二元论美学的一个重大挑战，它基于恰当的审美体验之上，完全融欣赏者于环境之中。如康罗伊所说："伯林特否认我们是主体的观点，这种观点认为，主体在牛顿学说如容器一样的空间中占据了一定的位置，并体验本体论上与我们有明显区别的审美对象。所以，我们生活在一个'精神独立的空间'般的世界中，根据形而上学的'他者性'（otherness）理论，我们要掌握它，就必须与它保持一定的距离。而伯林特却声称，我们是促成环境建构的完整的一部分，通过环境的变化我们才有所改变，也是在环境中，我们才与审美相遇。"①

伯林特的环境美学内容丰富，涵盖范围广泛，自然、城市、建筑、景观、空间、场所等，甚至园林、海岸、天空等都成为他环境美学研究的领域

---

① Renee Conroy, "Engaging Berleant: A Critical Look at Aesthetics and Environment: Variations on a Theme", *Ethics Place and Environment*, 10 (2007), pp. 217-244.

或不同类型。对于伯林特来说，环境是个一般性的概念，包含所有这些要素，也包含人类，而这些不同的要素都是一个独特的有生命的环境，是环境美学的不同侧面，伯林特称之为"个体的环境"（individual environment）。其实，这都源于他对于审美理论的独特阐释，既然审美无所不在，任何事物在适当的知觉条件下都可以成为审美对象，那么，审美体验就可以触及环境的各个不同方面，在这种审美理论的指导下，环境美学演变出一套各自独立又互相贯通的美学类型，如自然美学、城市美学、景观美学、空间美学、场所美学、园林美学等，在这些不同的、特殊的环境体验情境中，审美交融都会发生。下面就一一探讨审美交融在这些不同类型的审美情境中的发生机制，阐明审美交融理论在环境美学中的具体运用和体现。

一、自然美学（aesthetics of nature）——自然中的审美交融

在美学史中，当代"自然美"复兴是由赫伯恩的一篇文章《当代美学及其对自然美的忽视》所引发的，这是对黑格尔美学以来以艺术为中心而忽视自然美倾向的一种反拨。伯林特赞同，犹如艺术中考察的是艺术的审美特征一样，自然美学考察的是自然中的审美特征、审美体验和审美价值。可是，在对于自然的欣赏体验中，传统的美学理论和二元论将自然也对象化了，要求我们如同欣赏一幅风景画一样欣赏自然，需要远距离的无利害的静观态度，这阻碍了我们对于自然的欣赏，因为对于自然的欣赏体验大大超出了静观对象的边界，自然界难以被轻易限定。

自然界常被理解为未经人类干预的环境，可是，伯林特认为，这个意义上的自然几乎已经消失，受人类活动影响的自然已经面目全非了——当然，正如我们在第八章已经指出的那样，讨论自然的时候必须带着清醒的空间刻度意识。伯林特的自然刻度应该是地球。正是在这种刻度看来，自然界并不是独立的领域，其本身就是一种文化的产物。自然不只是围绕着我们，而我们本身就在自然之中。在自然中，我们不仅不能感受到绝对的边界，也不能将自然完全对象化，将自然界和我们分开，以便远距离地度量和判断它。而康德的崇高观为我们欣赏自然提供了一个方向，让我们可以从感知体验的角度来欣赏自然。当我们步入自然之中，全部的感觉器官都会参与其中，感官融入自然界之中，并获得一种非凡的整体体验，如崇高感、敬畏感、丰富

感、层次感、连续感等各种审美体验。自然的魅力在于它复杂的细节、微妙的氛围以及无尽的变化，在于给人带来的丰富想象力的愉悦，在于神奇的创造。当然，这一切都需要一种参与的美学，引导欣赏者作为参与者进入一种整体的知觉情境中，这种知觉的融合在艺术体验和自然体验中都会发生，这样一种以体验为中心的美学使得传统美学所造成的关于自然和艺术欣赏的两难之境迎刃而解。

二、城市美学（aesthetics of urbanism）——城市的荒野隐喻与艺术隐喻

伯林特对于城市及城市美学的理解具有他环境美学的典型特征，因为城市本身就是环境不可分割的一部分。在《环境美学》第六章"培植一种城市美学"中，伯林特写道："无论城市是什么，它都是一种审美环境，像任何其他的人类环境一样，是人类机构的产物。"① 人类的在场成为城市美学的中心，人类的感知体验也是城市美学的基础。所以他声明："城市美学指的是城市的知觉领域，是我们通过身体意识将城市体验为知觉的、反省的有机体的方式。在这种感官意识的数据中融入了文化与历史的含义，共同构成了感知力的动态流动的媒介。我这里使用的'感知力'一词具有双重意义，既指各种感官，又指各种含义，因为知觉和意义在我们的体验中是一个完整的统一体。"② 伯林特的《环境美学》将城市视为功能性的环境（比如帆船）、想象性的环境（比如马戏团）、宗教性的环境（比如教堂）和宇宙性的环境（比如日落）等各类环境的有机统一体，认为城市作为审美环境的理由在于，它能够扩大我们体验的广度和深度，并使之更加鲜明。

伯林特认为，城市的面孔是多种多样的，自古以来就是各国政治、经济、文化、商业和教育的中心。城市可能是一个文化绿洲、贸易中心、政府的要塞或文明的源泉，又可能是各种犯罪和暴力的滋养地。所以没有单一的城市生活隐喻能够给城市提供一个完整的画面，相反，每个隐喻都反映了复杂现象的一个侧面。"园林城市"或"森林城市"传达出了人们渴望生活在

① Arnold Berleant, *The Aesthetics of Environment*, Philadelphia: Temple University Press, 1992, p. 85.
② Arnold Berleant, *The Aesthetics of Environment*, Philadelphia: Temple University Press, 1992, p. 91.

一个伊甸园似的自然与社会完美结合的城市中，而"机器城市"则反映了人类征服自然的恶果。伯林特利用美国环境理论学家霍姆斯·罗尔斯顿（Holmes Rolston）《哲学走向荒野》中的荒野隐喻，试图将荒野这个隐喻运用到城市的体验当中。在《美学与环境：一个主题的多重变奏》中，伯林特声明，他的城市美学研究有两个目标，一是探讨城市生活的不同维度——它由"荒野"这个独特的隐喻所暗示，旨在发现荒野城市所能提供的关于城市生活的独特观念；二是通过探索荒野城市的隐喻来揭示隐喻体验的意义和功能。

荒野的含义在历史上发生过重大变化："从西方 18 世纪早期开始，荒野从充满着不祥预兆的黑暗危险之地，转化为充满奇遇、探险、喜悦和敬畏的地方。在过去的一个世纪里，荒野已经获得了更加积极的含义，成为被保护、被保留的地方，成为价值的源泉、人类与自然世界联系的源泉。"①罗尔斯顿对于荒野的这种阐释对伯林特产生了很大影响，通过将城市设想为荒野，伯林特论述了两种城市的荒野价值。其一，荒野传达着一种黑暗，它并不赞美城市或将城市浪漫化，相反，它使城市成为不祥之地，成为危险的丛林，激发出令人忧虑的城市感受。其二，荒野的另一层含义则使城市从充斥着黑暗、危险和荒凉的荒蛮之地，变成了我们可以亲近、欣赏和享受的自然社会。荒野意义上的这种转化是一个依然继续着的过程，自然被重构为可以逃避城市生活压力、暂缓城市生活痛苦的庇护所，而伯林特对于这种转变并非持完全乐观的态度。

除了城市的荒野隐喻，在《感知力与意义：人类世界的审美转变》中，伯林特将城市生活与舞蹈这一艺术形式结合起来，阐释了城市的艺术隐喻，颇有新意。他认为，城市的动态流动性显示了多样的舞蹈形式特色：

> 汽车、卡车、公共汽车和有轨电车等各种交通模式，与人类活动的关系被规划师和交通工程师编排成一个复杂的现代舞。这些都不是任意的运动，却反映出各种关系的转换模式，这一事实将动态的城市环境转换成一部社会生活的芭蕾舞。既然这种运动并非毫无规则，而是协调

---

① Holmes Rolston Ⅲ, *Philosophy Gone Wild*, Buffalo, NY: Prometheus, 1989, pp. 118-143.

的，或者说至少是经过管理指导了的，或许我们可以将这些运动模式之间的相互关系作为一个复杂的探戈舞。而当这种运动在一个积极的相互作用的关系中彼此响应的时候，一个戏剧性的元素就会出现，那么，人类景观随之成为一种舞蹈剧，带有舞台动作和插曲。我们甚至可以扩展这种艺术隐喻，视城市生活为复杂的即兴剧场，其中，人类生活的戏剧情节构成了情节的主线。于是，在一个环境剧中，人类既是富有创造性的艺术家和演员，又是积极参与的观众。①

三、建筑美学（aesthetics of architecture）——一种拓展的交融环境

建筑在传统意义上是一种艺术的范例，长期被当作艺术来欣赏，18 世纪更被确定为一种"美的艺术"，追求超大的体积和规模，成为大型建筑物的代名词。而伯林特却认为，建筑并非仅指一种建造的艺术，而必须内在于人类环境的创造之中。因为人类生活环境没有哪个方面不受我们存在的影响，所以，建筑与人类环境归根结底都是同义的。现代艺术的发展也证实了伯林特的这一理论观点，例如，建筑的边界超越了独立的、孤立的建筑物本身，拓展至包括如文化中心和步行街这样的城市建筑群，成为城市中的综合性和一体化建筑，使我们意识到建筑的地理位置和社会背景环境，从而更加关注建筑的高度、规模、外形和邻近建筑或场地之间的关系。建筑的扩张和一体化使得建筑与周围环境的差异趋于消失，建筑与周围场地、甚至整个城市结合起来；当我们扩展感知的范围时，建筑就成为城市的一部分，建筑体验因而成为城市体验的一个缩影，而美学的连续性也使城市向外拓展为更大的景观。这样一来，建筑与周围场地、邻近地区、镇或城市、甚至整个区域相联系，最终通过从气候到宇宙的各种影响与世界相联系，从而拓展为环境的统一体，这是建筑与人类的最终一体化：在连续性中存在着个性。

因此，伯林特通过对环境美学中各领域详细的论述，来探求一种人类环境美学的路径。他认为，这种探讨应该首先以建筑为中心，重点探讨建筑物与其位置相联系的各种不同方式，以表明环境体验的不同模式，探求这些模

---

① Arnold Berleant, *Sensibility and Sense*: *The Aesthetic Transformation of the Human World*, Charlottesville: Imprint Academic, 2010, p. 125.

式在人类生活环境的设计中如何表现，如何使建筑结构转变为一种交融的环境。建筑物是人类的建造，人们使用建筑材料和技术，使其成形并塑造建筑物之间的各种关系以及与其位置之间的关系，这样既彰显人们想象力的别出心裁，又能表达人们对于时间、地点各种条件和危机变化的适应能力。乡土建筑反映了人的性情和他们的生活素养，这在乡村音乐、舞蹈、史诗、服装以及技艺等各民间艺术之中也略见一斑。这就是为什么建筑对于人类学和哲学都具有重大意义的原因：它植根于人类活动和生存的需求之中，而且它既能定义也能体现"人类如何栖居于地球之上"。

四、景观美学（aesthetics of landscape）——交融性景观

对于景观的定义，伯林特摘引了《牛津英语辞典》中两种不同版本的阐释。一是 1933 年版的比较具有传统意义的定义："自然的内陆风景中的一处景色，就像从某一角度一眼所能瞥见的一片风光。"①二是 1987 年，该词条被补充如下："具有与众不同的特征和特色的一片土地，尤其被认为是经过改造或塑造的产物（通常是自然的改造过程或自然的动因）。"②伯林特认为，这两个定义实际上反映了人类体验的差异。第一个定义表示的是视觉景观或观察性景观（observational landscape），第二个定义则是参与景观或交融性景观（engaged landscape）。观察性景观将景观客观对象化了，将它转化成一个供人静观的对象，是一种静止的视觉体验，就像花园或园林被围墙、栅栏或树篱与周围的环境隔开，就像画框将绘画与周围的墙面隔开，只需要眼睛的一瞥就能体验。这些模式在西方传统中极其常见，已经成为西方建筑和设计中的审美标准。

而交融性景观则完全不同，它是审美交融在景观中的展现，虽然不同风格的景观都显示了自身不同的交融方式，但都要求游览者密切的感知体验，所以伯林特提出在交融性景观中，"我们用我们的整个身体感官来感受——不仅用眼睛，而且用我们的耳朵、皮肤、双腿和全身的肌肉。这种审美的交融尽管牺牲了直接观看的清晰度和秩序，却在探索不确定的身体吁求方面得

---

① *The Oxford English Dictionary*, Oxford: Clarendon, 1933, p. 54.
② *Compact Edition of the Oxford English Dictionary*, Vol. III. *A Supplement to the Oxford English Dictionary*, Oxford: Clarendon, 1987, p. 587.

到了丰厚的回报"。①认识到有生命的身体是景观中的积极参与者，将身体的动态力量与大地及其特征融为一体，也就是将世界人性化并将人自然化。

　　观察性景观与交融性景观代表着景观的不同意义，产生了两种不同的设计理念和两种不同类型的体验。但伯林特也坦言，在实践中，很少有景观能够完全是观察性的或完全是交融性的。大多数景观处于这两种模式之间，并且受到政治、经济、社会、文化和历史等各种因素的影响，自然景观由于人类社会的出现而不可避免地转变成了人文景观。这种文化历史景观不仅体现在都市建筑和道路的构形上，也体现在田园般的乡村景色上；不仅体现在耕种开垦的田地里，也出现在遥远的荒野之地；然而，每个景观都在不同程度上倾向于这两种体验模式的一种或另一种，景观的这两种意义代表着人类世界的不同观念，引导着不同种类的环境体验。

　　在《感知力与意义：人类世界的审美转变》中，伯林特专门对都市景观（urban landscape）的范围以及出路作了分析："都市景观涵盖范围广泛。一边是大都市，一个都市化的地区，由几个大城市以及它们的工业和商业附属物所合并而成的连续的人建景观带。从其他方面看，这一规模的都市化区域还可以包含工业园区、商业区、购物中心，和城镇。"②现在，都市构成了大多数世界人口的人类生活环境，都市景观已经发展起来并继续扩大，是人们追求生活、工作和生存的地方。都市化已经超越了工业化社会秩序的简单的机械化模式：效率、整洁、客观、一致、可互换的模块单元、可扩展性，而迈向一个更复杂的生态系统阶段。"与机械化模式形成鲜明对照的是，生物生态模式将都市地区视为许多不同又相互依存的成分的复杂统一体，每个成分关注它自己的目的而同时，又依赖于包含所有这些成分的整个环境，并对此作出贡献。"③伯林特赞同这种基于生态系统的生物学模式的都市化，认为这种生态系统模式开放而又条理分明，灵活而又高效，独立而又平衡，似乎为生活在一个都市化的环境中的人们提供了一个更加真实的视域。

---

① Arnold Berleant, *Aesthetics and Environment: Variations on a Theme*, Aldershot: Ashgate, 2005, p. 37.

② Arnold Berleant, *Sensibility and Sense: The Aesthetic Transformation of the Human World*, Charlottesville: Imprint Academic, 2010, p. 121.

③ Arnold Berleant, *Sensibility and Sense: The Aesthetic Transformation of the Human World*, Charlottesville: Imprint Academic, 2010, p. 123.

五、空间美学（aesthetics of space）——语境性的多样空间

牛顿的物理空间观认为，空间是一个空的容器，是一个参照物，人可以度量其大小、距离；空间还是一个速度空间，它是一个充满着光的能量和万有引力的领域，在它之内，运动和物体可以由笛卡尔坐标的几何学体系来度量，这种物理空间的特征都是使用视觉语言描述的。空间按照观察者与观察对象之间的关系来确定，二者之间所形成的是一种线性关系。所以，城市规划中许多街景（vista）的设计如纽约的派克大街、巴黎香榭丽舍大街等，都是这种视觉体验的典型实例。伯林特认为，这样的空间不是身体的空间，而是眼睛的空间，是让人观看的空间而不是让人栖居的空间。

伯林特提出，语境性的体验模式能将城市空间塑造成处于运动中的、活生生的身体环境，即一种动态的有机环境。如一条曲径或弯道的曲线设计，可以召唤人们沿着它蜿蜒而行，这样，人类的身体就参与到整个动态的过程之中。正如伯林特所说："身体是动态的，通过它的运动，空间被激活起来。作为空间中的参与者，人们可以分享空间的属性：它的膨胀与压力、安逸与空旷、张力与力线。就像对于艺术品特性的体验那样，空间的各种特性也是永无止境的。就像每个环境空间那样，每个城市空间也都是表演空间。作为这样的空间，它要求参与；而通过参与，它成为社会空间。因此，环境规划必然会成为社会规划。这样，规划所塑造的就不仅仅是物理环境，而是人类生活的质量，因而成为文化的首要决定因素。"①可以说，人类环境是一种连续的生命空间，是与栖居于环境之内的人无法分离的。

六、场所美学（aesthetics of place）——身体与场域环境的交融

在《美学与环境：一个主题的多重变奏》中，伯林特对场所的概念进行了分析。他首先引用了人文地理学家们对于场所的理解："就其最基本的含义来讲，场所指人类生命活动的背景环境。它是人类行为和意图的所在地，

---

① Arnold Berleant, *Aesthetics and Environment: Variations on a Theme*, Aldershot: Ashgate, 2005, p. 27.

存在于所有的意识和感知体验中，这种以人类为中心的特征就是场所区别于周围空间或一般位置的地方。"① "场所就是被体验到的位置，被认为是一组'人类居住过程中所生发的环境关系……与时间和自我紧密相连……'；'场所由此提供了一种组织性原则……为了人能够交融于或沉浸于他或她周围的世界。'"②伯林特认为，虽然这是对于场所的最基本、最普遍的理解，但仍然没有将场所的特征阐释全面。

因此，他提出了形成场所感的两个物理特性：同一性和一致性。同一性指那些能将场所与周围其他地方分开的特性，而一致性主要指建筑上的相似性所形成的在场感。然而，只有物理特性不会形成场所，文化地理学家将人类因素加入到这些特性当中是很正确的。无论这种联系是通过行为、实践或风俗习惯形成的，或是通过一个有意识的感性的人的自然存在形成的，只有通过人类的感知力与适宜的自然位置的相互作用，场所才获得显著的意义，而潜藏在场所感和场所的这些特性之下的却是场所的审美维度。

伯林特认为场所中的审美与其他环境中的审美是一样的，需要身体所有感官的参与，需要集中在人的审美体验上，身体和场所是互相渗透贯通的，环境知觉融入了感官知觉的全部能力。英国建筑历史和理论专家莎拉·梅嫩（Sarah Menin）对此评论说："如同环境美学的创始人阿诺德·伯林特所言，场所迂回（insinuate）进入我们的身体之中，激起身体的、情感的反应，在我们与我们本身所处的场所之间存在着连续性。"③

场所审美体验的特征是，通过引介审美维度，场所得以根据知觉的范围来界定，这就将它的范围限定在感知体验的语境之中。从这个意义上来说，场所只适用于介入人与场景的感知体验的复杂场域中，连同一系列的历史和文化影响、知识以及意义，改变着我们对于这个场域的知觉。伯林特认为，认识到这一点是很关键的，因为它将对场所的审美限定在表现直接体验的场景中，例如一个房间、住宅、建筑物、街道等。当某一环境的范围延伸超越了这种即刻而又直接的知觉时，随着它的范围的增加，比如说从一个乡邻地区到整座城镇、全省甚至全国，它的生动性就会降低。或许我们应该将场所

---

①　Edward C. Relph, *Place and Placelessness*, London：Pion, 1976, pp. 42-43.

②　Yi-Fu Tuan, *Place：An Experiential Perspective*, The Geographical Review, 1975, p. 151.

③　Sarah Menin（ed.）, *Constructing Place：Mind and Matter*, New York：Routledge, 2003, p. 8.

和环境区别开，环境是更宽泛的概念，环境包含场所。因此，作为审美的场所最通常的意义是一种特殊的知觉环境，它将明显的同一性和一致性与令人难忘的特征结合起来，而且我们积极又专注地融入其中。

场所能够通过自己的力量同化一个人，产生一个由空间、物理特性和一个富有活力的、有意识的身体构成的综合体而变得神圣起来。我们常常以一种惊叹、甚至令人窒息的敬畏之情体验场所中的神圣感。这样一种对场所的体验如同我们遇到高贵的艺术作品，其力量甚至压倒、吞没了参与者本身。伯林特称这种欣赏性投入的体验为"审美交融"，它是一种完全投入到艺术作品当中的感知体验，也可以用来描述对于所谓的美的艺术与对于环境的最强烈的体验。那么，从最完整的意义上来说，一个神圣的场所提供给参与者审美交融的高度，产生极其积极的体验。所以，场所不仅是一种地形地理的称号，也是体现意义的场地：物质形式、知觉理解以及社会或个人的意义，可以共同创造这种审美交融的特殊的感知体验，将场所同简单的地理位置区分开来。场所最终是一个体验性事件，因此，它所指称的是位于个体体验中心的、语境性的人类状况。

审美体验不是由审美对象所激发的欣赏性反应，也不是感知者所不言自明的，而是二者之间的对话。伽达默尔、约翰·杜威及其他一些哲学家也提出过这种观点，然而，伯林特却强调联觉过程，这表明更加直接的、多感官的审美介入，融多种感官与多种意识水平于一体。虽然伯林特集中讨论的是环境，然而，审美交融的概念更多强调的却是场所的功能：第一，通过强调积极的主体作为场景的一部分，感知者和场所的关系就成为审美体验的先决条件。第二，审美对象也被置于一个特殊的场所，成为审美体验完整的一部分。英国学者尼克·凯（Nick Kaye）说过，特定场地的艺术的首要功能不是阐明审美对象与其场所之间的亲密关系，而是要关注感知者与审美对象之间的空间现实性，这运用了构成体验的感知者的想象力和创造力以及激发体验的感知者的直接介入。审美体验只有通过与审美对象直接的交融才得以实现，审美对象的身份认同和意义通过感知者与审美对象的交流而建立起来。

伯林特在场所美学中辨认出三种不同的场所：平淡无奇、毫无特色的场所会让我们有一种找不到家的感觉，伯林特称这种感觉为一种无场所感；丑陋庸俗、龌龊不堪的场所则是一种否定性场所；令人尊重、崇敬甚至有种敬畏感的场所是神圣场所。无场所感的场所或否定性场所迟早会通过物理的或概念化的改变，变成有价值的场所，好的场所的设计目标就是创造带有一种神圣感的场所环境。而伯林特最终给场所的定义为："场所不是一个物理位置，也不是一种心理状态。确切地讲，它是有意识的身体与某一具体场域的环境的交融。"①

七、园林美学（aesthetics of garden）——参与性的园林之美

段义孚在描述中国园林时写道："园林设计的目的并不是要给游览者提供几处赏心悦目的风景，虽然观赏是一种审美而智性的活动，但却在观察对象和观察者之间拉开了一定的距离；相反，园林被设计成参与性的，它环绕着游览者——当游览者沿着蜿蜒小径漫步时，每移动一步，就会有不同的风景呈现在面前。"②如同段义孚一样，伯林特通过对中国园林的描述来阐明了他的参与性的园林美学。

中国园林有 2500 多年的历史，在此期间，出现了一种与众不同的园林设计领域，体现了人们对于自然与人类及其关系的理解和探索，带有中国素材、中国风格以及中国文化的特色。在中国园林中徒步游历，如同走入了中国的卷轴画，感觉如此丰富美妙。对比鲜明的一些特征，如高大的和低矮的、敞开的和密闭的、狭窄的和广阔的、欢快的和暗淡的等交相辉映，增强了游览者内心的感受。事实上，在中国园林中，阴阳平衡的影响无处不在，园林小径中所镶嵌的彩石轮廓都能略见一斑。道教对于理解中国园林是一个关键点，如同我们所见，道教的哲学功能作为一种知觉的在场随处可见，也可以作为一个认知的潜在的感情融入。

伯林特将居于自然之中的中国园林审美视作审美交融的典型实例。虽然中国园林也鼓励一种反省沉思的静观心态，但不是一种被动的或静止的状态，而是一种流动的静观，是一种在步行、观察、倾听、凝视和身体感官对

---

① Arnold Berleant, *Aesthetics and Environment*: *Variations on a Theme*, Aldershot: Ashgate, 2005, p. 84.
② Yi-Fu Tuan, *Topophilia*: *A Study of Environmental Perception*, *Attitudes*, *and Values*, Englewood Cliffs: Prentice-Hall, 1974, p. 138.

于园林变化不居的环境体验中思想的即刻性出场。伯林特认为，中国的古典园林唤起了一种强烈的审美感知力，甚至超越了对它的异域风情的吸引。除了中国园林的独特美韵和创造力所带来的愉悦，游览者会诧异它如何激发了这样一种悦人的体验，会逐渐认识到中国园林所特有的自然特性和人建构筑和谐交融的非凡品质，而人类的在场始终灌注其中。

八、林业美学（forestry aesthetics）——丛林的美学价值

丛林的概念会让我们编织出各种不同的林业思想，它可以指一片荒郊野林，杂草丛生；一片迷人的风景林，邀请你去远足；一片农耕种植园，丰收在望；一片都市丛林或一片森林保护区。除了实用的、经济的和政治的含义以外，这一概念也倾注了社会的、生态的以及道德的关注，而且我们也不能忽略它嵌入文化和个人体验深处的诗情画意。所有这些含义都能在历史、文学和其他艺术之中以及个人体验之中寻得蛛丝马迹，然而，这些含义又常常是模糊的，晦涩难懂。

无论丛林的含义是什么，丛林的概念都不是中性客观的，而是许多利益和价值的焦点。此外，作为世界的一个维度，丛林也具有美学的意义，丛林的伦理和文化价值固然重要，可是，它所拥有的审美价值不仅与这些价值密切相关，而且某种方式来讲，甚至更加重要、更加根本。林业实践改变了当地生存条件的方方面面，产生了一种拥有自身审美特征的新的复杂环境。当我们与丛林不期而遇时，这些特征增强了我们对于丛林的感知体验。我们所有的感官都介入进来，包括运动知觉、肌肉和骨骼的感觉。丛林管理中所运用的方法和技巧会产生各种审美环境，会决定我们的审美体验中与身体相关的质感和空间感，这些又反过来影响光与影的知觉特性，以及对于湿度、气味和温度的感觉，共同构成了对于丛林的审美感知。

九、海岸环境美学（aesthetics of coastal environment）——海岸环境中的审美交融

海岸是大陆与海水的交会之处，我们可以将它设想为边缘（edge）——陆地的边缘或海洋的边缘，可以将它设想为边界（boundary）——陆地与海洋之间的分界线，也可以将海岸看成海滨（shore）——陆地与海洋之间的

潮间带。伯林特认为，海岸的这些特征可以描述并不一致，预示着海岸的一系列"二律背反"，表明海岸的难以界定。

传统引导我们从陆地的视角去观察海岸，倾向于从一定距离之外、单纯从视觉上来观察。因为有了距离，必然就有了客观对象化，就像那些关于海滨的绘画和摄影一样，海滨被对象化为海岸。这样，海岸就变成了一种被利用、甚至被开发的自然资源，诸如旅游景点开发、海沙采矿业等。由此，伯林特提议，我们应该放弃这种传统的视觉体验，从而建构一种以海水为视点的海岸美学。

对于海岸体验来说，视觉感官是远远不够的，因为它牵涉许多视觉立场根本无法触及的因素，如知识、信仰和实践等。海岸体验受传统知识的影响很大，尤其是那些专门从事渔业贸易和运输的人，他们的传统信仰和实践都被凝聚在民间故事、神话和文学作品中。海洋文化、海洋知识、海洋科学、海洋政治与经济等学科互相关联，共同影响着人们的海岸体验。所以，海岸体验超越了单纯的视觉体验，包含着更多的听觉、触及等各种感官的体验，如海浪拍打海岸的声音、海风轻拂脸庞的感觉、海沙接触脚底的感觉等，这些感觉互相影响，共同构成我们对于海岸的体验。

在海岸欣赏中，我们更难与环境拉开距离，身体各个感官的积极参与也使得感知对象化极为不可能，海岸体验中的审美交融可以解决海岸存在的二律背反。伯林特认为，海岸的"二律背反"其实是将海岸客观对象化、概念化的结果。将海岸放在不同的活动与意图的语境之中，我们就能消弭这种二律背反：海岸既是边缘又是边界，既是一条线又是一个地带，既是海滨又是区域，既连续不断又各不相同。这些自相矛盾的概念在体验中变得融合起来，与各种体验一起成为融合的统一体。

在《美学与环境：一个主题的多重变奏》中，伯林特对于海岸环境美学的审美交融作了具体清晰的描述："尽管交融是所有审美欣赏的中心，但海岸环境却特别凸显了各种环境的特征，并使这些特征极其突出、生动。海岸知觉处于某个背景环境之中，其特点是既不亲密又不广阔。在这里，我们更难与环境拉开距离，而我们积极的参与也使得感知对象化极为不可能。审美交融引导如下这种审美欣赏——一种非静观的、非主观的、非精神独有的行为，一种需要身体参与的活动。审美意识在海岸环境中时常变化，因为这里的各种环境特征都是流动的，这使得知觉变得脆弱而又短暂。"①

十、天空美学（celestial aesthetics）——神话隐喻的世界

伯林特首先探讨了天空的有限性和无限性的问题，这很大程度上取决于我们的角度，因为我们不再需要只站在地球的表面上体验空间。我们的位置在空间中是不断变化的，这一简单的位置改变不仅是位置的物理变化，也是首要的定位条件的转变，从一个稳固不变的位置到一个总是处于不断运转中移动的位置。伯林特认为："在流动的环境中所普遍存在的位置的不断变动，实际上改变了所有的限制条件，这些条件通常限定了地球上的各种存在，更大程度上来说，甚至限定了我们对于形而上学的存在的理解。因为，这个位置的改变其实是现实中的变化。要表明客观性这个词本身的含义是多么的瞬息万变将是有益的。世界如同流动的水，其中人类是零点，一切都被体验。作为体验的核心，个人必然是这个零点，从这个零点开始，距离被把握和感知。这就将绝对的客观性转变为一部科学小说。"②

随着我们通过天体物理学和太空旅行对于宇宙的认识的转变，天体宇宙不再是一个安全的神话宝库，不再是一些宗教和文化所驻守的天庭了。因为我们对于宇宙的知识可能会消除神话的虚幻假说。虽然如此，想象力却仍然不愿停息，空间科学家已经建构了自己的奇特神秘的意象，如黑洞、大爆炸、暗物质、暗能量，还有恒星群，一些被称为"巨人"，其他是一些棕色的、红色的、白色的和黑色的"小矮人"。神话想象也使星际夜空充斥着各种星座，并将这些星座推断成黄道十二宫的神话般的天文空间。我们似乎在秩序中寻得了一丝慰藉，也在困惑中感觉到了不安，因此，于混乱中建构秩序，创造我们自己的神话则是顺理成章的事情了。

观看天空唤起的是对地球和宇宙浩瀚无垠的感觉，唤起了一种敬畏感、谦卑感以及神秘感。而天空的即刻呈现以及不断给人的力度感让我们不难看出，为何天空总是与神话和宗教如此紧密相连，编织神话的冲动已使人们去

---

① Arnold Berleant, *Aesthetics and Environment*: *Variations on a Theme*, Aldershot: Ashgate, 2005, p. 53.

② Arnold Berleant, *Sensibility and Sense*: *The Aesthetic Transformation of the Human World*, Charlottesville: Imprint Academic, 2010, p. 139.

建构多重宇宙，各种神话已使天空布满人鬼神蛇。

伯林特的环境美学研究范围广泛，理论深刻，人类审美体验的无处不在及审美交融理论的普遍性，使伯林特的理论视野能够触及环境中的不同领域，使他的环境概念不断延伸，环境美学思想不断丰富，也使他的环境美学处于不断发展与成熟的过程之中。然而，环境美学只是伯林特整个理论体系中的一个组成部分，与他之前重点探讨的艺术美学和之后重点关注的社会美学共同构成了一个体验的统一体，构成了一个连续性的整体。在这一点上，伯林特与芬兰美学家约·瑟帕玛的观点一致，也将环境美学看作美学的一个领域："环境美学不是艺术哲学、美之哲学、批评哲学之外的独立的第四个美学传统学科，而是一个更大的整体的一部分，包含各种不同的美学子领域，主要的和统一性的因素便是美或审美的概念"。①

伯林特本人也曾说过："我不认为环境美学是孤立的而区别于一般的美学。美学是关心这些问题的：欣赏、意义、审美体验发生的对象和条件及标准的判断，以作为它们所提供的种种名称和术语。然而，不同的艺术可能会引发不同的问题，一种美学理论应当是足够丰富的，使之能够包容差异。但问题在于，这些差异是否必要？我的观点是，美学理论的核心关注点，即将审美体验视为知觉领域（perceptual field）的情况，并没有因艺术或环境而发生改变。"②所以，无论是他的艺术美学，还是他的环境美学，伯林特所关注的始终是能够涵盖艺术和环境等不同审美情境的统一的审美理论建构。

第五节　交融美学的理论贡献

审美交融不仅在许多创新性艺术家和艺术流派的作品中被公认为一个明确的因素，而且在使艺术体验各维度清晰化的过程中也起了关键的作用，最重要的是，艺术家们已使我们认识到，要进入艺术世界需要整个人的积极融

---

① Yrjo Sepanmaa, *The Beauty of Environment: A General Model for Environmental Aesthetics*, Helsinki: Painomeklari Ky. Scandiprint Oy, 1986, p. 21.
② 刘悦笛：《从"审美介入"到"介入美学"——环境美学家阿诺德·伯林特访谈录》，《文艺争鸣》2010 年第 21 期。

入，而不仅仅是大脑的主观投射，这样的一种交融理论强调联系（connection）和连续性（continuity），最终导向人类世界的审美化。这些发展具有理论上的重要性，因为它们表明了美学的重铸，美学已发展为一个统一的理论，反映了连续性、知觉的合作以及我们与艺术邂逅时的交融。

　　首先，审美交融用积极的参与式的交融模式代替了传统中无利害的静观模式，用一种连续性的一元论思想代替了传统中主—客对立的二元论，改变了200多年来美学理论中的审美欣赏观，一定程度上可以作为审美欣赏的一个普遍模式，正如审美无利害性学说成为了18世纪美学的中心原则，审美交融的理念试图成为新的艺术审美的基石。从无利害性到交融性，审美体验经历了一个由分离的静观模式到连续的交融模式的转变，这种审美体验模式的变化为我们审美地观察世界提供了一个理论的基础。

　　在《环境美学》中，伯林特在对环境审美与艺术审美进行对比的时候说：“通常的选择是视环境美学为一种完全不同于艺术的鉴赏活动，另一派则主张环境与艺术审美从根本上是一致的。前者遵循传统的美学，后者则要求摒弃传统，追求一种能同等包容自然与艺术的美学。这种新美学，我称之为‘交融美学’。它将会重建审美理论，尤其适应环境美学的发展，其中，自然世界中交融的连续性代替了对一件美的事物或情境的静观欣赏。”①2002年版的《牛津美学手册》中有当代英国学者马尔科姆·巴德（Malcolm Budd）对伯林特交融美学的论述：“阿诺德·伯林特用他所谓的‘交融美学’来表示一种自然的审美欣赏模式（也可以作为一种艺术的审美欣赏模式），审美主体作为一个积极的参与者感知地投入到自然世界的审美情境之中，通过连续性与各种自然形态和过程发生联系，由此取代了传统美学——一种无利害的静观美学（aesthetics of disinterested contemplation），其中，审美主体是作为一个观察者，与一个清楚划定的审美对象保持一定的距离。”②

　　其次，审美交融为艺术、自然、环境与社会的审美欣赏建构了一个统一的理论基础，使艺术美学、自然美学、环境美学、社会美学等融合在一个审

①　Arnold Berleant, *The Aesthetics of Environment*, Philadelphia：Temple University Press，1992，p. 12.

②　Jerrold Levinson（ed.）*The Oxford Handbook of Aesthetics*, New York：Oxford University Press，2002，p. 118.

美理论之中，突破了美学作为艺术哲学的局限，不仅为当代艺术提供了一个解释性原则，它也适用于传统艺术，使美学成为普遍存在的学科，美学将显现为一门超越艺术和自然、涵盖人类文化全部领域的学科，为美学的未来发展提供了更多的可能性。

英国艺术家萨曼塔·珂垃克（Samantha Clark）在《当代艺术与环境美学》一文中对伯林特交融美学作过这样的评价："自然环境审美欣赏中的'非认知'立场强调审美体验中即刻的知觉特征，以及我们对于审美体验的完全投入。例如，伯林特的'交融美学'，其特征即是用一种具身的（embodied）和现象学的方法研究审美体验……他这种理论建构并不将自然作为一个研究特例，而是拓展了审美体验以包含人类体验的全部领域，使其更加灵活，包容一切，避免了传统美学的局限性。更重要的是，伯林特并没有将人类（及其文化）从环境中分离出来，而是以自然环境的审美体验为开端，为一种普遍的美学理论作了充分论证。这可以被视为一种明智的立场，因为，历史上我们的哲学先辈们的确是先由环境激发从而创造并欣赏艺术，而不是相反。"[1]

最后，审美交融给予感知体验以中心的位置，强调审美体验中各感官的积极参与，使知觉成为美学的中心术语，伯林特对于美学的这种重新界定恢复了美学创立时作为一门感性学的本源意义——感官的知觉，使美学由一门本体论的哲学学科转变为一门审美体验的现世学科。伯林特本人对审美交融理论曾经作出如下评价："审美交融理论试图回应这一挑战：即如何阐释理解扩展了的审美领域和人类体验的特征。与此同时，对于众多我们所谓的审美欣赏模式，它也提供了一个更加直接的、坦率的视角。为推进杜威理论所倡导的方向，审美交融可以看作美学理论的一个有效的基础：一种有关个体艺术的、自然的以及日常生活的美学。审美交融理论代表了审美欣赏的解放及其审美理论的复归。"[2]

伯林特的审美交融理论是对于传统的审美静观最清晰、最明确的替代，

---

[1] Samantha Clark, *Contemporary Art and Environmental Aesthetics*, Environmental Values, 2010, p. 356.

[2] Arnold Berleant, *Aesthetics Beyond the Arts: New and Recent Essays*, Aldershot: Ashgate, 2012, p. 168.

通过对无利害静观的审美欣赏的康德模式进行挑战，审美交融已经激起人们对于传统美学必要的再思考和再创造。与此同时，审美交融也改变了艺术欣赏的特点和品质，反映了我们对于自然和艺术的体验。这不但丰富了美学的理论内涵，拓展了美学的研究领域，也使美学回归了鲍姆加滕创建时的感性学的本源意义，突破了200多年来美学作为一门艺术哲学的理论局限，极大地拓展了美学的研究范围。

小　　结

　　审美无利害性基于传统的二元主义，将美学囿于远距离的、静观的审美欣赏模式，排除了体验中的身体维度和社会维度，从而不恰当地引导了审美欣赏，阻碍了美学的发展。在对审美无利害性进行批判反思的基础上，在现代艺术对于体验的连续性的呼求中，伯林特提出了著名的交融美学。交融美学描述的是审美体验的特征，是完全的联觉融合，要求欣赏者多感官的全身心的投入。审美交融将感知者和审美对象融为一个知觉的统一体，展示了至少三种相关的特征：连续性、知觉合作与参与性，将对艺术、自然、环境和社会的审美欣赏融为一体，代替了无利害的静观欣赏模式，突破了200多年来美学作为一门艺术哲学的理论局限。在音乐、绘画、舞蹈等艺术多维的审美情境中，伯林特通过展示审美交融的特征而诠释了交融美学。而审美交融的观点在他的环境美学中体现得更为鲜明，成为他的环境观和环境美学的核心概念，因此，在伯林特的理论阐释中，环境成为感知者与审美情境的融合，人与环境成为体验的连续的统一体，环境美学也成为研究环境中的审美体验问题，一切二元论的分离都消融在连续性的体验之中，这就使他的环境美学可以触及环境中的所有不同领域，体现了伯林特美学的广泛性与流动性的特点。值得注意的是，伯林特的交融美学建立在对康德无利害思想的批判之上。他把"无利害性"视为一种"分离"和"孤立"的态度，认为这意味着审美对象和其周围环境的分离。然而伯林特这种理解实际上是对康德无利害思想的过度阐释。他未能正确理解康德哲学中"物自体"与"现象"之分。笔者认为："康德强调'无关切性'的根本原因，在于其哲学体系中对现象和事物自身所做的二分：客体很接近事物自身，它是人类无法认识、无法关切的；人类能够认识、能够关切的，仅仅是与现象接近的表象。"①

卡尔森在 2009 年发表的《自然与景观：环境美学导言》中，对伯林特的交融美学进行了具体的论述和批驳。他坦言："首先，既然在对自然的审美欣赏中某种程度的主—客二元论好像固有地存在着，所以完全抛弃二元对立或许会导致对于审美本身的丢弃，有使交融美学滑向人类沙文主义美学（chauvinistic aesthetics）之嫌。第二，交融美学在对自然和艺术的审美欣赏中似乎抱有一个让人无法接受的过度主观主义的态度。而二者最主要的问题是，它们都未能就怎样以及如何审美地欣赏自然提供确定的答案。"②由此可见，卡尔森极不赞同伯林特的审美交融观，他认为，在对自然的欣赏中，伯林特的交融模式对于艺术欣赏模式的替代反而更成问题，科学知识在审美中的作用才是最根本的。

与之相反，伯林特倡导一种基于感知体验基础上的"交融模式"，用交融代替分离，用投入代替距离，用主观代替客观，呼吁一种对于自然的参与式审美。在这种参与式的交融美学中，伯林特强调的是知觉在审美欣赏中的重要作用，虽然他并没有完全否定科学知识的作用，甚至也认为科学知识有时可以加深我们的体验，可他也讲过，科学知识的确也会误导甚至掩盖我们的审美体验。而且，虽然伯林特并不完全排除知识在审美中的作用，但是与卡尔森的科学认知主义不同，伯林特认为，知识参与审美必须符合审美的逻辑，即通过"身体化"呈现为一种审美的直觉，而并不是以推理或判断等知识形态出现在意识中。另外，伯林特并没有丢弃审美本身。相反，伯林特认为"环境是多种价值的交汇点"，因此他极力反对"单一价值的思维方式"（single-value thinking），强调我们应该发掘城市作为人性化的环境的审美和道德的潜能，将容易被现实利益取代的审美价值凸显出来。

无论如何，伯林特的审美交融理论为美学的未来发展提供了一个普遍的审美理论基础，这一观点已经得到了西方学者的一致认同。墨西哥日常生活美学的开拓者凯迪亚·曼杜奇（Katya Mandoki）曾指出："对于伯林特来说，审美体验不是无利害的，也不是静观的或是距离的。他声明，在传统和

① 程相占：《从生态美学角度反思伯林特对康德美学的批判》，《文艺争鸣》2019 年第 3 期。
② Allen Carlson, *Nature and Landscape: An Introduction to Environmental Aesthetics*, New York: Columbia University Press, 2009, p. 31.

当代艺术审美中确实存在一个共同的特征，他提议用'交融'这一概念来表示，即'欣赏性交融'（appreciative engagement）。继维特根斯坦（Wittgenstein）之后，我们对于'交融'一词的用法应该多加考量，因为我们在爱、政治、宗教、商业甚至运动中都能找到欣赏性交融的例子。虽然'交融'观对我来说还不足以定义审美的特殊性（specificity of the aesthetic），可是，伯林特视审美对象为一种欣赏过程，指出审美主体在这一过程中的积极能动性，他突破传统理论中盲目崇拜和教条的努力在美学与哲学研究中还是迫切需要的。"① 应该说，这个评价是比较公允的。

---

① Katya Mandoki, *Everyday Aesthetics*: *Prosaics the Play of Culture and Social Identities*, Aldershot: Ashgate Publishing Limited, 2007, p. 21.

第十章　环境美学与景观美学

　　环境美学与景观美学都是关涉自然审美的重要美学形态，在后现代重提自然审美的学术语境下，两者不断交汇和融通，呈现出十分紧密的关系。环境美学和景观美学各有其不同的发展历史和研究侧重，但两者最为显著的区别无疑存在于"环境"与"景观"的概念差异上。"景观"作为一个由来已久的概念，一般与"风景""景致"等词同义，带有明显的主体视看特征与美学意味；而"环境"则是一个中性的科学术语，偏重于指人之周围的客观存在物。但是，一般来说，景观显然也是一种环境，是一种特殊而又具体的环境类别。这也是国际著名环境美学家卡尔森的环境美学涉及荒野景观、都市景观、农业景观等多种景观类型的重要原因。①

　　因此，本章的基本立场是环境美学包含景观美学，但这并不是说当前的环境美学研究已经全面覆盖了景观美学所涉及的内容，而是说环境美学作为一个更为宽泛的概念，必然涉及景观美学研究，同时需要在与景观美学的汇通和互鉴中来丰富和完善自身的学科体系。有鉴于此，本章主要就环境与景观的关系、环境美学与景观美学的关系以及两者融通的理论基础等问题作出梳理和探讨，以便更为全面地把握环境美学和景观美学的联系与区别。

第一节　"景观"概念的历史演变

　　从学科的意义上来讲，"景观美学"毫无疑问是晚近才出现的概念，甚

---

① 参见［加］艾伦·卡尔松：《自然与景观》，陈李波译，湖南科学技术出版社 2006 年版，第 12 页。

至可以说，从系统性与整体性上来看，景观美学并未成为一个体系完整且理论完备的学科。但是，我们也无法忽略一个显而易见的事实，即对景观进行审美欣赏却是古已有之的人类活动。事实上，景观美学的发展较为复杂，自始至终也没有呈现出一个统一的样态或者普遍的模式，因为"景观美学"本身就是一个内涵与外延都较为模糊和宽泛的概念。而这种模糊性更多地体现在人们对于"景观"一词的理解和使用上，其中之一正如美国学者史蒂文·布拉萨（Steven C. Bourassa）所指出的那样："一种模糊性很明显存在于它的这种自相矛盾之中：虽然景观最初被地理学家用来指一个可以客观地理解的实体，但它随后又被用来标识某种在根本上具有主观意义的东西。"①"景观"概念的多元和含混致使人们对于景观概念有着不同的理解和看法，并将其应用到不同的研究领域当中，而研究思路和方法的差异又导致对于景观的研究呈现出多样的研究范式，它们不断交叉、融合、提升、分化，逐渐产生了互相联系但在思维模式和实质内容上却各有侧重的发展方向。

　　根据概念定性和应用领域的不同，景观美学的发展演变可以归纳为两个清晰的脉络：一是来源于古希伯来传统的视觉化景观定义，它应用于审美领域，演进到现代产生了景观设计学科（landscape architecture，简称LA）；二是源自古印欧传统、注重区域概念的景观定义，它在地理学领域得到广泛的应用，最终促使景观生态学（Landscape Ecology）的产生。② 这两种传统分别赋予了景观不同的定义，代表着两种不同的景观美学研究范式，并呈现出差异显著的学科特征，但在不同时代和不同领域，却反映着各自的思维模式和审美旨趣，发挥着各自的价值和功能。

一、古希伯来传统的"景观"概念

　　古希伯来的"景观"概念带有明显的审美意味，但由于产生于特定的历史阶段，而又不可避免地存在着内涵的局限性。最早出现"景观"的典籍是希伯来语的《旧约圣经》全书，以之描绘包括所罗门王国教堂、城堡和宫殿在内的耶路撒冷城的优美景色，有别于郊外的荒野景象。这是景观的

---

① ［美］史蒂文·布拉萨：《景观美学》，彭锋译，北京大学出版社2008年版，第3—4页。
② 参见张法：《生态型美学的三个问题》，《吉林大学社会科学学报》2012年第1期。

早期含义，开启了将景观等同于"scenery"的西方传统，影响了此后相当长的一段历史。可以说，正是这一将景观视作风景的语义传统，形成了侧重于视觉体验的景观审美，而所谓的"景观美"则是独立于景观的主体在与景观对立的视角上观看的产物。对于审美的视觉感知及其观看视角的强调导致了景观美学的传统内涵的形成，并影响了此后很长时期的景观审美研究。这种影响在16世纪的荷兰画派中得到了鲜明的呈现。荷兰人在语义上将希伯来语中"景观"的审美意味凸显出来，用"landschape"指代荷兰风景画，明确将风景移位于画作，二维化为通过观看来欣赏的对象，致使景观的视觉化倾向更加显著，强化了景观即"风景"或者"景致"的观念基础。随后，荷兰的这一用法传入英国，出现了英语"landscape"一词，直接带动了英国风景画和田园诗的发展，由此形成的景观欣赏模式主导了18世纪英国的风景园林（landscape garden）建造，还进一步促使注重视觉品质的"如画"风格成为英国造园艺术的主要流派。①

18世纪晚期，康德主客二分的审美判断模式将美看作是无利害的和脱离现实关涉的纯粹形式，更是肯定了遵循视觉传统的鉴赏观念，从而将对象的形式化特征在主体的审美体验中凸显出来。而英国的风景园林建造也在18世纪后期逐渐被美国吸纳并获得了新的形态——景观设计学（landscape architecture）②，边界扩展到了几乎所有的公共活动领域，诸如城市广场、绿地、街景、居住环境等，从而迅速成为一个热门的学科，获得了极大的发展。毫无疑问，景观设计是景观美学观念的实践拓展或者形而下的延伸，虽然注重对具体环境的改善和提升，但视觉形象始终是其遵循的重要设计原则之一，因此景观设计学同样延续了"景观"概念的美学内涵。"人景分离"的景观审美模式日渐壮大，逐步渗入生活，对现实的审美实践产生了深远影响。这意味着视觉偏向在景观的概念中已经根深蒂固，对景观做单一的视觉化欣赏成为审美的常态和主流。

事实上，古希伯来传统的景观概念是景观发展的前期阶段，还停留在比

---

① 参见张法：《生态型美学的三个问题》，《吉林大学社会科学学报》2012年第1期。

② 关于landscape architecture的中译，国内有诸多的争论。以孙筱祥为代表的老一代学人坚持并主张中国的园林传统，将之译为"风景园林学"；而以俞孔坚为代表的新一代学人（包括台湾学界）较为认同西方的景观设计观念，将其译为"景观规划设计学"或者"景观设计学"。

较局限的意义上，演进的脉络并不复杂。首先，古希伯来传统的景观概念以"风景""景致"等意义出现，注重景观的视觉品质，为其审美意涵奠定了基础。其次，景观从最初指代城市景象，发展到指代固定于画布之上的风景画作，再转而促使风景园林的风格定型，并最终与设计结合拓展为涉及广场、公园、小区等场所规划的景观设计学，即 LA 学科（Landscape Architecture），都延续了景观的视觉偏向和审美内涵。这种景观传统将其形式特征作为激发主体审美体验的重要因素，使景观的视觉属性成为了景观审美的主要方面。尽管景观概念的视觉传统有着漫长的历史，但其片面性和局限性决定了这种定义只具有一定程度的合理性和有效性，在后现代批判和反思的思想倾向下，传统的种种观念被审视和解构，而片面注重视觉意义的景观审美范式，也在这种解构思潮下暴露出自身的片面和不足。

二、古印欧传统的"景观"概念

源自印欧语中的景观概念更注重词根"land"的词义。在英语中，"land"的最初含义是指地球表面的一部分，与"earth"和"soil"相似；在更早的哥特语中，"land"指代某一整体面积的耕地，一小块或整个地域；在苏格兰"land"甚至可以用来指某种建筑空间。[①] 显然，"land"一词无论在哪种语义传统中，都在一定程度上包含着"土地"或者"区域"的意思，指向三维的立体空间，与古希伯来传统注重视觉审美的景观概念已有较大的区别，景观的审美维度被剥离，代之以浓厚的地理学气息，由此这种景观用法向着科学概念的中性特征发展和定型。如果说地理化的景观概念与古希伯来的景观概念有所交织或者趋同的话，那么出现在西方中世纪的包含城市和乡村在内的"区域整体"概念就是一个鲜明的结点，古印欧景观传统的区域概念扩增了古希伯来景观所具有的城市意涵，用来指涉及人类活动的特定区域。但这里所指的城市和乡村并未继承古希伯来景观传统的美景含义，依然具有明显的地理意义。可以说，这种演化为"景观"成为一个科学而客观的地理学概念奠定了基础。

19 世纪中叶，德国近代地理学创始人洪堡（Alexander von Humboldt）

---

① 参见张法：《生态型美学的三个问题》，《吉林大学社会科学学报》2012 年第 1 期。

首次将景观作为科学术语引入地理学科，将印欧景观传统的区域概念具体化，用来指"地球表面一个特定区域的总体特征"，景观正式在地理学领域获得了合法地位。自此，景观成为"自然地域综合体"的代名词，整体性、综合性和空间性成为其显著的特征。在早期近代地理学中，"景观"作为一个地理上的实体区域，成为实证科学的重要研究对象，科学的严谨性和客观性要求其无涉人的主观情感和意义指向，这导致古印欧传统的景观概念与古希伯来传统的景观概念相去甚远。

20世纪初期，由于还原论的思想在科学思想中占据主导地位，综合整体的思想在相关学科中的作用得不到充分发挥，所以在相当长的时期内，景观的概念逐渐失去其重要性。① 但是，景观的发展并没有就此在地理学领域遭遇"滑铁卢"。地理学的分支学科——人文地理学的兴起为景观研究注入了新的动力。景观本身所蕴含的文化意义，成为人文地理学关注的重点，这也为深入解读景观意义提供了新的方式和可能。景观由此又成为人文地理学的重要概念。当代著名地理学家克里斯·吉布森就曾明确指出两者的重要关系："文化地理学中的另一不变因素就是'景观'。尽管它不断被新的理论所解读，但这一主题一直延续。"② "景观"受到人文地理学的关注并不意味着其在科学地理学中失去魅力而成为边缘研究对象，反而代表着一种进步，文化维度的凸显意味着景观概念重新具有了"人"的内涵，文化景观开始作为审美体验的重要对象而发挥作用。布拉萨曾指出："人文地理学在很大程度上是对传统地理学研究方法在理解文化景观上的明显不足所进行的一种回应。那种传统的方法由于它将客观性的科学的分离作为目标，未能抓住在景观中存在的或对景观进行体验的根本性的东西。"③ 这里的"文化景观"最早由古典文化地理学家卡尔·索尔（Carl Sauer）提出，具体指"被某一文化群体从自然景观中塑造而成"④ 的地方，这一概念为史蒂文·布拉萨建构景观美学提供了重要启发。

---

① 参见余新晓等编：《景观生态学》，高等教育出版社2006年版，第3页。
② ［澳］克里斯·吉布森、戈登·韦特：《文化地理学》，苗玲玲译，载《文化研究》（第29辑），2017年（夏）。
③ ［美］史蒂文·布拉萨：《景观美学》，彭锋译，北京大学出版社2008年版，第3页。
④ ［澳］克里斯·吉布森、戈登·韦特：《文化地理学》，苗玲玲译，载《文化研究》（第29辑），2017年（夏）。

　　文化概念的凸显丰富并补充了景观的传统意义，为此后地理学中的景观研究提供了重要内容。吉布森指出后来出现的新文化地理学研究者主要集中于文化意义而分别从两个方面来解读景观："首先，景观作为一个传载意义的指涉系统已成为一个相对概念，更加强调人文方法的使用……其次，马克思主义文化地理学认为，对于景观的分析明显是具有政治性的，尤其当不同社会群体的人们将不同意义赋予某一景观的时候。"① 显然，这种解读并不完全同于索尔的解释。在这里，文化和表征成为了景观研究的重要内容，景观的概念得到了拓展和深化，索尔对景观的具体定义——"一个由自由形式和文化形式的突出结合所构成的区域"② ——似乎更能简明概括这种情况。文化意义的丰富和拓展使得景观在地理学中获得了新的关注和拓展，但是景观的概念并未就此定型。

　　随着生态学的发展，生态系统的重要性逐渐被学界所认可，生态意识和生态思维开始成为一种新的思想渗透进各个学科，景观概念由此真正获得了新的转型和演化。20 世纪 30 年代末，德国著名生物学和地理学家特罗尔（C. Troll）首先将生态学和地理学结合起来，提出"景观生态学"（landscape ecology）的概念，把景观定义为将地圈、生物圈和智能圈的人类建筑和制造物综合在一起、供人类生存的总体可见实体。③ 而苏卡乔夫所提出的（V. N. Sukachev）的"生物地理群落"概念，同样也促成了生态学和地理学的融合。经过 20 余年的发展，到 60 年代景观生态学已经在欧洲具有了一定的规模，并形成了具有影响力的研究中心。70 年代，苏联地理学家索恰瓦提出地理系统学说："将地理系统定义为一切的地球空间"，并认为"在这些空间内，自然界各组成成分相互联系，作为统一的整体同宇宙圈和人类社会发生作用"。④ 这促使地理学和生态学之间的学科界限不断消融。而到 80 年代，景观生态学应运而生，景观作为区域整体的概念被凸显出来，与生态系统关联在一起，获得了快速的发展。随之，国际景观生态学会成

①　［澳］克里斯·吉布森、戈登·韦特：《文化地理学》，苗玲玲译，载《文化研究》（第29辑），2017 年（夏）。
②　［美］史蒂文·布拉萨：《景观美学》，彭锋译，北京大学出版社 2008 年版，第 3 页。
③　余新晓等编：《景观生态学》，高等教育出版社 2006 年版，第 5 页。
④　傅伯杰等编著：《景观生态学原理及应用》（第二版），科学出版社 2011 年版，第 11 页。

立，并持续组织国际意义上的景观生态会议和活动，进一步扩大了景观生态学作为新兴学科的影响。生态学的引入为地理学研究提供了新的视角，使得从整体和系统上把握景观实体成为可能，进而也为景观美学研究提供了新的思路和范式。如果说人文地理学拓展了景观的文化概念，那么景观生态学无疑发展了景观的生态维度，景观从而不再只是一个单纯从视觉上观看的风景，或者是实验室中隔离研究的对象，而是包含着主观经验和表征意义，且关涉着诸多生命关系的综合体。从这种意义上讲，景观的生态转向具有革命性的意义，这种变革不仅涉及"人—物"关系，而且还包含人的行动、体验、生活等多种存在关系，从而似乎只有从拉尔夫所谓的"存在论上的内在者"的立场来把握事物、欣赏景观，才能真正获得美的真谛。

三、两种景观概念的交汇

上文对于景观概念演变的梳理只是提纲挈领式的，并未涵盖"景观"演化的全部历史和细节内容。实际上，景观概念的发展演化较为复杂，人们对于景观的理解不仅随着人类的发展进化而不断充盈，而且还夹杂着人对自身、社会和自然的逐步认识，这种影响通过寥寥数语并不能够全面地揭示出来。因此，对于景观概念演化的简单回顾只是试图明晰两种传统的演进脉络，并对两种脉络下的审美观念和意义侧重进行初步的把握。显然，两种景观概念泾渭分明、指向明确，在各自的领域都有深厚的积淀和广泛的影响。但是，两者也并非是非此即彼的对立关系，而是借助景观概念本身的含混性和同源性而呈现出密切联系、相互交织的发展态势，并在后现代的语境下合二为一，共同塑造了一个宽泛的"景观"概念，从而为景观美学奠定了稳固的概念基础。

从发展进程上来说，古希伯来传统的视觉化景观概念主要在前现代和现代前期发挥作用，古印欧传统的整体性景观概念则主要在现代后期和后现代时期受到重视，这并非是一蹴而就的概念转变，而是哲学思维和认知视野在不同时代语境下发生变化的必然结果。主客二分的传统思维范式、艺术哲学的审美聚焦方式、视听感官的高级属性定位，特别是自康德以来的形式审美取向，都极为侧重景观的视觉内涵。在这种语境下，景观被视为与艺术作品无二的客体对象，人们普遍认为对其秉持审美静观的态度，并且摒除对于功利价值和主观认知的考虑，方能作出纯粹的审美判断，获得真正的愉悦感

受。古印欧传统的景观则注重地理上的区域概念，主张从整体性和系统性来
把握景观，景观所能呈现的并非只是简单的视觉形式，而更多的则是景观作
为区域整体的生态意义以及作为人之栖居场所的存在意义。这不仅是人类文
明的发展进步，也是人类对于自然价值的再审视。在这种意义上，对于景观
的体验，站在对立的立场上只能得到类似于旅游观光客的"外在"体验，
并不能洞悉景观的真正意义，而只有从拉尔夫所说的"存在论上的内在者"
的视角才能获得对于景观的恰当"主观经验"。

　　从发展结果来看，两种景观传统最终走向了交织和互补，而非对立和分
化。古希伯来景观概念所固有的美学意味使得景观作为美学研究对象的合法
性得以确立，从而使景观美学拥有牢固的历史根基和理论积累。古印欧传统
将"区域"作为传承的核心内涵，使"景观"具有了更为开放的科学意义
和发展空间，从而使景观在后现代语境下持续受到关注，并不断扩展学科的
内容和维度。"景观"概念的两个传统虽然在演化历程和应用领域具有较大
差异，但两者的发展并不完全独立、各自为政，而是始终处于交流与对话的
开放状态。美学意味的景观概念借鉴区域的内涵限定自身的领地，而地理学
的景观概念则不断发掘自身的审美特质以避免完全成为实证科学的研究对
象，以景观作为重要概念的人文地理学还不断拓展着文化景观中的"内在
者"之意义，这种"内在者"的立场和视角最终又成为景观审美的重要方
法。简而言之，以视觉审美为核心的 LA 学科和以生态系统为核心的 LE 学
科最终在后现代的语境下形成了交汇和融合，从而使景观具有了美学和生态
学的双重内涵。正如景观设计学者俞孔坚对景观内涵演化的概括："而在美
国，Landscape architecture 替代 Landscape gardening 的时代，正是一个大工
业、城市化和生态环境危机日益严重的时代，如果说在奥姆斯特德时代的
Landscape 概念尚保留较多的田园牧场的英国浪漫主义情调的话，到了麦克
哈格时代，则更多的是现代主义、科学理性主义和生态学及环境运动主导下
的人类生存空间的设计。这里的 Landscape 当然不仅仅是自然风景，而应回
到景观的完整含义，包括作为风景、人类栖居地和场所、生态系统等。"①

---

①　俞孔坚：《还土地和景观以完整的意义：再论"景观设计学"之于"风景园林"》，《中国园林》
　　2004 年第 7 期。

第二节　景观与环境的关系

综上所述，不难看出，在传统上，景观的概念更侧重其视觉上的审美特性。而从现代开始，景观在地理学上的使用，则凸显了其空间特性和文化意义，景观成为"自然地域综合体"的代名词。随着生态学的发展，景观又吸纳了关于系统整体的全新思想，从而突破了机械认识论，走出了被客观化为科学对象的传统窠臼，获得了更为开放的意义。也许中国学者的综合定义能够全面地描述景观的复杂概念："景观是一个由不同土地单元镶嵌组成，具有明显视觉特征的地理实体；它处于生态系统之上，大地理区域之下的中间尺度；兼具经济、生态和美学价值。"① 简单来说，景观就是包含着美学、文化和生态等内涵和价值的区域综合体。

关于环境的定义实际上也不尽一致。《环境学词典》将环境定义为"围绕人群周围的空间及影响人类生产和生活的各种自然因素和社会因素的总和"②。显然，这种定义强调了"环境"作为"环绕之境"的字面意义，带有明显的人类中心主义意味。而《不列颠百科全书》将环境定义为"作用于一个生物体或生物群落上并最终决定其形态和生存的物理、化学和生物等因素的综合体"③。该定义以环境的生物组成为中心，强调生物与环境之间的构成与作用关系，显然不同于"环绕之境"的环境概念。尽管差异明显，但这两种定义都是对环境所作的科学定义，是环境的一般性概念。简言之，它们最终意指的还是空间综合体，只不过或是侧重生物基础，或是强调主客关系，并不能呈现出环境作为审美对象所具有的美学内涵或者主体经验，只能从一般科学概念的层面指向接近或者等同于景观的空间概念。

在美学领域，环境美学家阿诺德·伯林特也对环境作了清晰的定义。他在为牛津版《美学百科全书》所写的"环境美学"词条中指出："'环境'是一个有多种意义的词汇。缩小到语源学的意义上来说，它指的是某物周围

---

① 傅伯杰等编著：《景观生态学原理及应用》（第二版），科学出版社2011年版，第3页。
② 方如康：《环境学词典》，科学出版社2003年版，第1页。
③ 美国不列颠百科全书公司：《不列颠百科全书》（国际中文版6卷），国际中文版编辑部译，中国大百科全书出版社2002年版，第82页。

的领域。从更广的角度考虑，它有时与'生态学'相通，指的是结合有机体与其所处环境的一系列的复杂关系，或者说它与'生态系统'有联系，意味着这些关系是有机体及其所处环境的一个相互作用的功能性系统。"①从广义上来看，伯林特关注的是有机体与环境之间的相互关系，尤其是两者之间的生态关系，这种倾向为他提供了独特的切入视角，并深刻体现在他的环境美学研究之中，显示出后现代思潮对传统美学观念的反思和突破。伯林特为"环境"赋予了浓郁的生态意味，从而使其在含义与维度上与古印欧传统的景观概念十分接近。因此，环境与景观具有基本一致的维度和意涵，这也是两者容易被笼统地混同的原因所在。

但是，在具体的应用中，环境和景观常常都具有各自的不同优势，并不会相互等同或者彼此替换，似乎对两者的定义化解释并不能充分揭示两者的联系和区别。的确，研究者对于术语的选用必然不会简单依靠二者一般性的概念关联，而是谨慎区分，其中既涉及学科定性或者研究侧重的问题，又夹杂着研究者个人偏好和认知视野的影响。下文就学界对于环境和景观关系的几种看法作出梳理，以便更全面地理解两者之间的联系与区别。

"景观"作为一个专业的学科术语较早出现在地理学领域，而"环境"也同样是作为一个地理学领域的重要概念而受到了充分的关注。在科学研究中，对两者进行区分和辨析往往是严谨研究的基础和前提。例如，《景观生态学原理及应用》一书指出："环境指的是环绕于人类周围的客观事物的整体，包括自然因素和社会因素，它们既可以实体形式存在，也可以非实体形式存在。景观则是指构成我们周围环境的实体部分，二者不可混淆。"② 并认为环境和景观界限明确，混同两者甚至会导致错误的观点。在这种解释中，环境是包含诸种事物形态的整体，而景观则只是其中的实体要素，但也并非只是各种事物的简单罗列和相加，而是各种元素相互作用所生成的产物。如此一来，虽然环境具有比景观更大的外延，但是景观的生成属性使其具有更加丰富的内涵。我们可以简单理解为环境是条件，景观是结果。当然，这种区分并没有避免地理学作为科学学科的客观化特征，因而没有包含

---

① Kelly Michael (ed.), *Encyclopedia of Aesthetics* (Second edition, Volume 2), Oxford：Oxford University Press, 2014, p.495.

② 傅伯杰等编著：《景观生态学原理及应用》（第二版），科学出版社 2011 年版，第 4 页。

人的因素。

　　伯林特是环境美学的奠基人物之一，在国际上具有广泛的影响。他在环境美学的具体研究中较多涉及景观问题，并始终以景观为重要切入点。他指出："环境是一个一般的概念，它组成了我们生活的条件，包含很多要素也包括人类。景观这一概念则比较特别，它所反映的是对直接的地域的体验。它是一个独特的环境，其特色是用独特的方法包含了构成环境的要素，并且强调人类作为知觉个体参与到环境中去。"① 在这里，伯林特同样将景观看作环境，但并没有等同于两者。景观的特殊性在于主体的体验性，伯林特强调的是人对景观的参与和感知。从这个意义上来看，伯林特与阿普尔顿（Appleton）的"被感知的环境"观念倒是不谋而合。阿普尔顿在《艺术和科学中的景观》一书中同样认为"景观"和"环境"并不同义，景观是一种"被感知的环境"，尤其是视觉意义上的感知。② 但是，伯林特的环境体验方式明显抛弃了审美的视觉化倾向，而主张交融的审美体验，以强调主体与环境的连续和互动。他在《生活在景观中——走向一种环境美学》一书中指出："欣赏环境就要积极地参与到景观中去，而不是仅仅消极地满足于视觉上的愉悦感。"③ 所以伯林特的"环境"是一个较为广义的概念，而"景观"则是一个具体的、涉及主体参与的环境，两者是一般与特殊的关系。伯林特将两者的区别进一步表述为："景观是一个有生命的环境。在此，环境是作为一个一般概念使用的，但是在谈到某个地区或特别的场所的时候，我们把它特殊化称为景观，或许这种环境还可能会对我们有所帮助。"④

　　美国学者史蒂文·布拉萨的景观美学研究颇具影响力，他在《景观美学》一书中也对环境和景观的概念进行了简明的辨析。不同于其他学者的严格区分，布拉萨并不认为"环境"和"景观"是界限分明、不能混同的

① ［美］阿诺德·伯林特：《生活在景观中——走向一种环境美学》，陈盼译，湖南科学技术出版社 2006 年版，第 9 页。
② 参见 Jay Appleton, *Landscape in the Arts and the Sciences*, UK: University of Hull, 1980, p. 14。
③ ［美］阿诺德·伯林特：《生活在景观中——走向一种环境美学》，陈盼译，湖南科学技术出版社 2006 年版，第 16 页。
④ ［美］阿诺德·伯林特：《生活在景观中——走向一种环境美学》，陈盼译，湖南科学技术出版社 2006 年版，第 10 页。

概念，而认为两者实际上是含义相同的两个术语。他在书中指出："也许可以认为，另外的术语可能比景观更加合适。最合适的候选术语就是环境，因为这个词被相当普遍地用在非地理学家的美学著作中，它或多或少地意味着地理学家用景观所意指的东西。"① 但是布拉萨并没有采用"环境"一词，而是选用了"景观"，并将自己的研究定义为"景观美学"。在他看来，术语的选用是研究者自己的偏好，并没有孰是孰非的问题，布拉萨对此进行了具体的解释。首先，美学并非仅是针对审美客体的研究，审美主体也是不可或缺的要素，审美活动的产生离不开审美主体的参与和感知，对此他十分赞成马西亚的观点——"直到人们感知它，环境才成为景观"。"景观"一词就很好地包含了主体的视角和感觉的参与，"假定美学包含感知似乎比较可靠，而在景观暗含着感知的程度上来说，它是一个比环境更适合我们的词汇。"② 而环境却并不包含主体的感知，其本身是作为一个科学术语而出现的，指的是各种地理要素的集合体，"它包括不被感知甚或没有必要被感知的东西"③。因此，它更受科学工作者的青睐。如果说环境与主体有什么关系的话，那就是它表示围绕人的事物，人是它的中心之物。其次，"景观"的最初用法就指代"美景"，有着深厚的美学传统，更能表明它是美学的研究对象，而非其他学科的研究对象；而环境则是一个更加中性的名词，先天具有"客观的、科学的内涵"，惯常被应用于其他学科，尤其是严谨的科学研究上。所以，布拉萨认为，对于他的美学研究而言，"景观是最合适的称号"。④ 但是，"景观"一词也并非毫无缺陷，其隐含的主客对立的视看立场，显示出景观所"固有的外在者的偏见"，这种偏见是布拉萨在建构景观美学体系中所极力扭转的观念。

第三节　景观美学和环境美学的关系

应该说，无论从历史上还是从地位上来看，环境美学和景观美学都差异

---

① ［美］史蒂文·布拉萨：《景观美学》，彭锋译，北京大学出版社 2008 年版，第 11 页。
② ［美］史蒂文·布拉萨：《景观美学》，彭锋译，北京大学出版社 2008 年版，第 12 页。
③ ［美］史蒂文·布拉萨：《景观美学》，彭锋译，北京大学出版社 2008 年版，第 12 页。
④ ［美］史蒂文·布拉萨：《景观美学》，彭锋译，北京大学出版社 2008 年版，第 11 页。

明显，各有轨迹，是不同的美学形态。但实际上，两者逐渐交织、趋同，发生着千丝万缕的关系，甚至在一些学者的研究中呈现出相互依赖的关系状态。这种关系从前文对环境和景观概念的关系梳理中就可以窥见一斑。在很大程度上，景观美学和环境美学的关系取决于研究者对于美学的理解和对于审美对象尺度的把握。如果说对于美学的理解一致，那么对于景观和环境概念的把握则在一定程度上决定了对于景观美学和环境美学关系的看法。按照这种思路，本节就环境美学与景观美学的几种关系模式进行梳理和分析。

一、将环境美学等同于景观美学

上文对景观和环境之间的关系作出了较为细致的辨析，从中不难看出学界对于两者关系的不同见解和复杂认知。从地理学意义上或者科学定义上来说，景观与环境并不存在明显的差异，在一定程度上可以将两者等同起来使用。那么，这就意味着景观美学也等同于环境美学。史蒂文·布拉萨就持这种观点，其代表作品《景观美学》就清楚地呈现出了这种观点。

布拉萨的景观美学研究建立在对前人相关研究审慎地反思和批判的基础之上，以对"景观"和"美学"两个概念意义的深刻考察为起点，并借鉴杜威（Dewey）和维果茨基（Vygotsky）等人的研究成果，因此具有扎实的基础和严谨的体系，突破了传统美学和景观研究的局限，是景观美学研究较为成熟的著作。《景观美学》的中译者彭锋在"译者前言"中这样评价："但是它的系统性依然是这个领域中的所有著作所缺乏的……我们急需的是这种基础性的著作而不是那些时髦的文集。"① 这种认可和肯定以及著作的翔实论证，表明布拉萨将两者等同起来并非是想当然的臆断行为。这种等同在布拉萨的景观美学中主要表现在两个方面：其一是布拉萨对景观和环境两者关系的辨析，其二反映在其景观美学研究的实质性内容上。

关于布拉萨对于景观和环境关系的论述上文已有分析，在此只作简单补充。布拉萨在《景观美学》一书中明确指出，将两者等同起来是出于对地

---

① ［美］史蒂文·布拉萨：《景观美学》，彭锋译，北京大学出版社 2008 年版，"译者前言"第2页。

理学术语的概念认知，并在多处表示作为地理概念的景观与环境的指代内容一致。但布拉萨却选择"景观"一词，而弃置"环境"，他特地对此进行了说明——因为他从两者的词义中解读出了微妙的意义差别。而在另一处，他这样说道："我把这样的人称为'景观批评家'，而不是'环境批评家'，根据同样的道理，我更喜欢'景观'美学而不是'环境'美学。以此类推，我更喜欢的术语是'景观批评'而不是'环境批评'。"① 这似乎更能说明布拉萨的选择是出于个人偏好，而非二者的实质性差异。彭锋也对布拉萨的这种等同作了概括："一般来说，在这个领域中工作的哲学家们喜欢用'环境美学'的名称，而一些人文地理学家和景观设计家更喜欢用'景观美学'的称呼。他们这样的偏好各有自己的道理，但也各有自己的缺陷。"② 彭锋还指出："目前还没有一个词能够同时具有环境和景观的优点而又避免它们各自的缺陷，不过，只要我们了解这种争论，明白了环境与景观这两种表达各自优缺点，无论用哪个词都是可以的，或者干脆两个词都用上……"③ 这些论述说明，尽管两者都不尽完美，但是基本的指代内容却是一致的，是同一研究方向的不同称谓，使用哪一术语较为合适，则出于研究者的个人理解和使用意图。

在研究内容上，布拉萨反对以康德为代表的"分离"（detachment）的审美经验，而主张"交融"（engagement）的审美经验。应该说布拉萨的景观美学研究已经突破了传统美学的诸多局限，与环境美学的基本立场并无对立之处，甚至在对美学观念和审美对象本质的理解上，表现出了与环境美学的趋同性和一致性，这集中反映在伯林特的环境美学上。伯林特的美学理论与布拉萨的重要相似之处是都借鉴了杜威关于"一个经验"的理论，承认经验的连续性和直接性及其在审美中的重要作用，并应用于自己的研究当中。伯林特环境美学理论的创新之处在于提出了"交融美学"（an aesthetics of engagement）的审美模式，即"作为整个环境复合体的一部分以欣赏者的

---

① ［美］史蒂文·布拉萨：《景观美学》，彭锋译，北京大学出版社 2008 年版，第 178 页。
② ［美］史蒂文·布拉萨：《景观美学》，彭锋译，北京大学出版社 2008 年版，"译者前言"第 2 页。
③ ［美］史蒂文·布拉萨：《景观美学》，彭锋译，北京大学出版社 2008 年版，"译者前言"第 3 页。

心理参与到环境中去"①。这一概念成为伯林特建构环境美学体系的核心概念，也是伯林特环境美学思想的突出特征。布拉萨在自己的景观美学体系中同样主张一种"交融的"审美模式："景观要求一种参与的美学，而不是一种分离的美学。"② 对于布拉萨而言，景观同环境一样，并不是一个纯粹的对象，而"是一个艺术、人工产品和自然的杂乱混合，它不可避免地跟我们日常的、实际的生活纠缠在一起"③。所以布拉萨认为，对景观的欣赏不单是视觉的感知，更要以"内在者"的角色去领会景观之于存在的意义，因为人和景观之间的相互作用和联系是审美体验的重要来源。布拉萨这样概括："作为审美对象的景观可以适当地被看作主体和客体之间的交互作用，即对景观的经验。"④

"交融美学"是对美学意义的全新阐释，突破了传统美学的狭隘视界，代表了一种极具洞见和生命力的美学立场。它不仅反映出审美主体和审美对象之间的连续性和一体性关系，而且也规定了审美活动中主体的具体审美方式。在一定程度上，相同的"交融美学"立场，显示出两种美学的限定语——景观和环境——在本质上是相同性质、相同类型的对象。所以，单从"交融美学"这一特征鲜明的审美模式来看，我们将布拉萨的景观美学视作与环境美学相当的美学形态是没有问题的。而如果一定要阐明区别，那就是两位学者所借助的术语不同，布拉萨寻求"景观"来建构自己的美学体系，而伯林特认为对于"环境"的欣赏才能代表一种标准的审美体验。但归根结底，两者的美学建构实际上都是为了同一种目标——"舍弃无利害的美学观而支持一种参与的美学模式"⑤。

二、环境美学包含景观美学

伯林特是环境美学研究的权威学者，在国际上具有重要影响力。在其环

---

① ［美］阿诺德·伯林特：《生活在景观中——走向一种环境美学》，陈盼译，湖南科学技术出版社 2006 年版，第 25 页。"参与"本书均作"交融"。

② ［美］史蒂文·布拉萨：《景观美学》，彭锋译，北京大学出版社 2008 年版，第 31 页。"参与"本书均作"交融"。

③ ［美］史蒂文·布拉萨：《景观美学》，彭锋译，北京大学出版社 2008 年版，"序"第 12 页。

④ ［美］史蒂文·布拉萨：《景观美学》，彭锋译，北京大学出版社 2008 年版，第 59 页。

⑤ ［美］阿诺德·伯林特：《环境美学》，张敏、周雨译，湖南科学技术出版社 2006 年版，第 142 页。"参与"本书均作"交融"。

境美学体系中，景观是十分重要的议题，也是他建构环境美学的重要支点。关于景观和环境的关系，从伯林特的相关论述中，我们可以得到较为明确的答案，从中也可以分析出景观美学和环境美学的关系。

《生活在景观中——走向一种环境美学》是伯林特继《环境美学》之后又完成的一部环境美学专著，无疑是对先前观点的补充和深化，具有更为成熟的观念和体系。仅从《生活在景观中——走向一种环境美学》一书的书名，就可以洞察伯林特关于两者关系的观点。伯林特试图通过对景观的欣赏来体验环境，探索对于环境的审美体验。很明显，伯林特采用的是以小见大、从具体到抽象的演绎方法。在伯林特看来，景观是具体的环境形态，是生活中的常见环境；而环境是一个一般概念，并非一个对具体环境样态的称谓，因此只能还原和落实为各种具体的存在形态。要想对环境进行审美体验，首先只能感知具体的环境，那么这就需要从最习以为常的景观入手。按照这种关系，景观审美就是对环境的具体形态的审美体验，属于环境审美体验的一种类型，那么也就是环境审美的一部分。所以，景观美学也应该从属于环境美学。

关于景观美学和环境美学的准确关系，伯林特的论述并不明确，似乎伯林特将重心都放在了环境美学的建构上，并无意展开对景观美学的深入探讨。但在环境美学的建构中，伯林特曾对景观美学的概念作了清晰的定义，这一概念也被收入迈克尔·柯勒（Michael Kelly）主编的牛津大学版《美学百科全书》。"景观美学"的概念首先出现在《生活在景观中——走向一种环境美学》一书中，伯林特将建筑美学、景观美学和城市美学分列在"环境美学领域"这一标题之下。显然，伯林特是将环境美学看作一个一般的概念，认为其有多个具体的美学形态组成，或者说，环境美学涉及对于多种具体环境类型的审美活动的研究。伯林特对景观美学作出了如下定义："景观美学关注更大的领域（此处的更大的领域是较之于原书前文的建筑美学而言的），就如我们所见，它总是被从视觉上来定义，但是随着我们开始理解景观的审美栖居（aesthetic inhabitation），其定义并非如此。这个领域的一端包括作为感知整体的景观建筑，从基本培植和场地美化到花园和公园设计。领域的另一端可能到达感知的地平线，甚至扩展到一个地理区域，因为相似和互补的地形和植物或者通过统一的人类活动，这个地理区域被设想和感知为一个整体。最普遍的理解是将景观美学看作环境美学或者自然美学。"① 伯林特对景观美学的定义首先突破了单纯视觉感知的传统审美模式，另一方面他将景观看作一个非常具体的场所，是处于其中能够感知到的环境范围，并且非常强调感知环境的整体性。需要指出的是，虽然伯林特在定义中认为景观美学普遍被看作是与环境美学和自然美学一样的美学类型，但他明显是针对三者共同关注的自然审美问题而言的，并未对三者进行严格的区分，所以不能据此就认为伯林特将景观美学等同于环境美学，不过伯林特在此处的等同无疑可以说明环境美学和景观美学的紧密关系。

对于"环境美学"的概念，伯林特论述道："环境美学意味着人类作为整个环境复合体的一部分以欣赏的心理参与到环境中去，在此过程中对感觉特性和直接意义的内在体验占支配地位。"② 也就是说，环境美学侧重的是作为环境组成部分的个体与环境之间的相互关系，是从一个较为宏观的层面上针对所有作为审美对象的环境大类来说的。当涉及具体的审美体验时，感知的当下性和直接性起着决定作用，这就意味着审美体验需要具体和明确的环境场所。而景观审美正是对人类感知到的具体环境类型的欣赏。所以，无论从哪种角度看，伯林特的环境美学都是包含景观美学的，并且景观美学是伯林特建构环境美学的不可或缺的中间桥梁。

环境美学研究的另一位重要学者卡尔森秉持相同的观点，在其著作《自然与景观》一书中，他直接表明了自己的观点："在研究类别中，环境美学便包含相当多的不同类别，如自然美学、景观美学、城市景观美学、城市设计，甚至涵盖建筑美学，如果该建筑自身不是一件艺术品的话。"③ 从而，环境美学包含景观美学的观点在两位学者的研究中再明显不过了，在学界也成为较为普遍的看法。

还有一种学术立场，那就是将景观美学并列于环境美学。这是国内学者张法的立场。张法在 2011 年前后集中对生态型美学进行了研究和阐释，对

---

① Kelly Michael（ed.），*Encyclopedia of Aesthetics*（Second edition，Volume 2），Oxford：Oxford University Press，2014，p. 497.

② ［美］阿诺德·伯林特：《生活在景观中——走向一种环境美学》，陈盼译，湖南科学技术出版社 2006 年版，第 25 页。

③ ［加］艾伦·卡尔松：《自然与景观》，陈李波译，湖南科学技术出版社 2006 年版，第 12 页。

西方美学的新型形态表达了自己的理解和看法。张法对这几种美学形态的研究是站在一个比较宏观的视野下进行的，因此没有局限于其中某一种美学形态的研究，而是从共性方面对生态审美这一现象进行了探讨。他将环境美学、生态批评和"景观学科中的生态美学"并称为"生态型美学"。但这一名称在他的研究中并不统一，对此，他从两个不同的角度来说明。从共性特征上来说，他使用"生态型美学"① 这一术语，优点在于简单明了，又能揭示这种美学的个性所在。但从起源背景和组成结构上来说，则"环境—景观—生态美学"② 这一称谓更加合适，因为它能直观地反映出这种美学形态的复杂构成。无论何种名称，当了解到两个术语的同一研究内容，我们都可以明确在张法的生态型美学（后文统一使用这一术语）研究中景观美学和环境美学的并列关系。需要特别说明的是，张法所并列于环境美学的"景观美学"，并不同于前文所探讨的景观美学，而是他所称谓的"景观学科中的生态美学"。但是"景观学科中的生态美学"实际上是对景观中的生态整体关系的审美考察，也就是拓展了景观美学的生态维度，所以我们可以将其称为"景观美学"。但这种等同并非是无中生有，从张法对景观和美学本质的理解上我们就可以明晰这种关系。

第四节　景观美学与环境美学的会通

环境美学与景观美学都是当代关涉自然审美的重要美学形态，它们具有各自独立的发展源头和演变历史，也有自身特殊的研究内容和研究范式。学科的分立，向我们暗示出两种美学形式的迥异之处，似乎等同或者混同都是忽视两种美学形态实际的不合理的随意之举。但正如前文所述，明显的情况是，在后现代的语境中，环境美学与景观美学呈现出反思和批判传统美学范

---

① 张法较多使用这一名称，具体参见张法：《生态型美学的三个问题》（《吉林大学社会科学学报》2012 年第 1 期）、《西方生态型美学：领域构成、美学基点、理论难题》（《河南师范大学学报》2011 年第 3 期）、《西方生态型美学：解构传统、内在差异、全球汇通》（《天津社会科学》2012 年第 1 期）、《从关键词看西方美学主潮演进之四大阶段》（《甘肃社会科学》2015 年第 2 期）等文章。

② 这一称谓参见张法：《环境—景观—生态美学的当代意义——从比较美学的角度看美学理论前景》，《郑州大学学报（哲学社会科学版）》2012 年第 9 期。

式的动向和决心，不断突破和超越艺术哲学的框架和樊篱，表现出交叉和趋同的关系特征。伯林特和卡尔森将景观作为环境美学研究的重要支点和范畴，布拉萨将景观美学等同于环境美学，用伯林特"交融美学"的范式来进行景观审美。而在国内学界，张法将景观美学与环境美学并列作为他所称的"生态型美学"的重要组成部分，陈望衡则将景观美学作为环境美学的形而下的延伸。① 从中不难看出，景观美学与环境美学表现出越来越多的近似之处，两者的融合与会通正在不断加强，甚至在美学观念和审美方式上已经没有明显的界限，所以环境美学与景观美学虽然存在学科划分上的显著区别，但在研究实质上却有着重要的相通之处。基于这样的背景，本节将伯林特和布拉萨作为讨论中心，② 以审美对象观为切入点，尝试阐明环境美学和景观美学何以在后现代的语境下能够进行会通和交融。

一、作为审美对象的环境及其与审美主体的关系

一般而言，学界将罗纳德·赫伯恩发表于 1966 年的《当代美学与自然美的忽视》（Contemporary Aesthetics and the Neglect of Natural Beauty）一文作为环境美学的开端，赫伯恩因此也被称为"环境美学之父"③。在文中，赫伯恩对于自然审美的辩护不仅拓展了传统美学的审美视野，而且促进了一种新的审美方式的产生，为后现代语境中环境美学、生态美学和景观美学等突破艺术审美观的美学形态的产生奠定了稳固的基础。

如果说赫伯恩拉开了反思艺术哲学并主张将艺术审美与自然审美等同视之的序幕，那么环境美学则完全实现了对审美对象的扩容，并打破了西方主客对立的现代审美范式，建立了一个全新的美学形态。对审美对象的看法实际上就是环境美学的环境观，赫伯恩只是呼吁将审美的焦点转向自然，而环境美学则给予包括自然在内的能够引起审美体验的全部对象一个具体的称

① 关于环境美学与景观美学的这四种关系，笔者有专文论析，详见黄若愚：《论环境美学与景观美学的联系与区别》，《江苏大学学报（社会科学版）》2019 年第 4 期。
② 伯林特和布拉萨的观点在较大程度上得到了学界的认可，能够分别代表两个学科的主流方向。所以，以两位学者的观点为核心，以其他学者的观点予以修正和补充，是本节论证所遵循的基本依据，笔者认为这样的思路和框架能够较为直观和恰当地反映出问题的实质。
③ 参见 Emily Brady，"Ronald W. Hepburn：In Memoriam"，*British Journal of Aesthetics*，2009，49（3），pp. 199–202。

呼——环境，从而环境成为一个不同于以往的极具包容性的概念。而反过来，环境也刷新了传统上人们对于美学的看法，促使美学具有了新的内涵和意义，极大拓展了美学的研究视野。而在这其中，伯林特无疑起着关键性的作用。

伯林特环境美学思想的提出是基于艺术哲学的审美困境——艺术审美的模式难以适应所有能够引起审美的对象。对于作为艺术哲学的西方现代美学来说，环境显然难以成为审美对象，因为环境并非艺术作品，甚至也很难称得上为人工制品。但是伯林特却不以为然，他认为表面的对立实际上隐含着深层的联系。伯林特从两个方面来为环境的审美属性辩护。首先，美学的历史并不等于艺术的历史，对自然的审美欣赏同样是传统美学的重要组成部分，例如对自然美、崇高等的体验。其次，对环境的审美无处不在，并且不知不觉，例如"春林黄花""辽阔风光""参天红木""落日晚霞"等常见自然景观。环境的这种审美事实促使伯林特开始了对于环境概念的哲学追问，进而试图辨明环境的美学意义。正是在这一追问下，环境美学的环境观才开始逐渐显明——环境并非我们周围的自然，因为"那种不受人类活动影响，'风景'意义上的自然早就从工业化世界的任何角落消失了"①。环境也不是"改造过的、如今大部分人类居住的人工景观和建筑"②，因为"通常认为环境是'周围'的想法意味着环境在人之外，是一个供人们追求各自目标的'大容器'，这种地理上的环境与哲学中的所讲的外部世界相对应"③。伯林特首先通过否定我们习以为常的环境理解来肃清传统上环境的狭隘定义。

进一步来说，伯林特试图为环境美学建立的审美对象，是不分内外的相互交融的连续体。对此伯林特反对"这个""那个"环境的用法，因为"'某个'环境的称谓将环境客观化，它把环境变成一个我们可以思索、处

① ［美］阿诺德·伯林特：《环境美学》，张敏、周雨译，湖南科学技术出版社 2006 年版，第5 页。

② ［美］阿诺德·伯林特：《环境美学》，张敏、周雨译，湖南科学技术出版社 2006 年版，第15 页。

③ ［美］阿诺德·伯林特：《环境美学》，张敏、周雨译，湖南科学技术出版社 2006 年版，第5 页。

理的对象，好像它独立于我们之外"①。环境作为一个整体，我们根本无法从中抽离，我们就生活在环境中，环境成就和制约了我们，我们也组成和影响着环境。环境就是我们"实际存在的系统，这个系统具有物质的、社会的、文化的情境所共同构造的复杂联系和一体性，而正是这些显现了我们的行动、反应、感知，并且给予我'自己'生活的真正内容"②。更简明地来说，环境是相互联系、相互依赖的人群和地区在其相互交往过程中形成的共同体。③ 无论我们处于何处，始终都在环境之中，处于环境的内部，并与内部的一切息息相关，无法找出外在并独立于我们的外部环境。"因为从根本上而言，没有所谓的'外部世界'，也没有'外部'一说，同样没有一个我们可以躲避外来敌对力量的内部密室。感知者是被感知者的一部分，反之亦然。人与环境是贯通的。"④ 显然，伯林特对环境的理解明确而肯定：人与环境就是你中有我、我中有你的存在关系，并且人始终内在于环境，须臾难离。

环境美学对审美对象的独特认识不仅仅在于看到了主体与环境的不可分离性，更为重要的是通过这种表面的联系洞察到了世间万物的普遍联系性，任何环境中的事物必然会通过这样那样的关系在相互之间产生影响，从而成为现在的所是。我们的欣赏也是在所有关系在场的情境中进行的，只能"交融"到环境之中来进行审美体验。由此，伯林特明确提出自己的环境观："环境就是人们生活着的自然过程，尽管人们的确靠自然生活。环境是被体验的自然、人们生活其间的自然。"⑤ 在这里，环境美学的审美对象已经无所不包了，自然的、人工的和艺术的事物都能够成为审美欣赏的对象。并且，这种审美欣赏不再是对立于审美对象的静观，而是内在于环境并与环

---

① ［美］阿诺德·伯林特：《环境美学》，张敏、周雨译，湖南科学技术出版社 2006 年版，第6 页。
② ［美］阿诺德·伯林特：《环境美学》，张敏、周雨译，湖南科学技术出版社 2006 年版，第6 页。
③ ［美］阿诺德·伯林特：《生活在景观中——走向一种环境美学》，陈盼译，湖南科学技术出版社 2006 年版，第 11 页。
④ ［美］阿诺德·伯林特：《环境美学》，张敏、周雨译，湖南科学技术出版社 2006 年版，第10 页。
⑤ ［美］阿诺德·伯林特：《环境美学》，张敏、周雨译，湖南科学技术出版社 2006 年版，第11 页。

境交融在一起，在保持着与环境的所有在场关系的情况下进行的当下体验。所以，环境美学就意味着人类作为整个环境复合体的一部分以欣赏的心理参与到环境中去，在此过程中对感觉特性和直接意义的内在体验占支配地位。① 而伯林特著名的"交融美学"的理论也就此产生。这种对审美对象的理解被大多环境美学学者所接受，成为环境美学的典型环境观。正如笔者所言："伯林特则非常着力于回到审美学的源头那里，并且，这种美学观反过来改造了瑟帕玛所论述的那种外部客观环境观，使得伯林特对于环境有着独具一格的理解，从而成为当代环境美学的重大理论收获之一。"② 埃米莉·布雷迪也指出："阿诺德·伯林特提出的'融合美学'（an aesthetics of engagement）既与艺术相关，也与环境相关。它拒斥主体与客体、心灵与身体的二元对立。约翰·杜威（John Dewey）的美学，梅洛-庞蒂（Merleau-Ponty）现象学中的身体—主体观念，都支持着伯林特的理论。对于发展一种真正的环境审美，伯林特的观点非常重要。"③

卡尔森的环境美学研究可与伯林特比肩，尽管两者在对环境美学以及环境的理解上存在着明显的差异，但对审美对象的范围和"人—物"关系的看法基本一致。卡尔森对环境美学的研究同样源于对艺术美学的反思，他认为审美对象非常广泛，包括各种自然和我们周遭的环境（surroundings），不应该局限于传统美学所聚焦的艺术。因此，在卡尔森的环境美学研究中，"欣赏什么"成为其研究的基本立足点之一。在卡尔森对环境美学的解释中，我们能够得到十分明确的答案："环境美学是 20 世纪下半叶出现的两到三个美学新领域之一，它致力于研究那些关于世界整体的审美欣赏的哲学问题；而且，这个世界不单单是由各种物体构成的，而且是由更大的环境单位构成的。因此，环境美学超越了艺术世界和我们对于艺术品欣赏的狭窄范围，扩展到对于各种环境的审美欣赏；这些环境不仅仅是自然环境，而且也

---

① ［美］阿诺德·伯林特：《生活在景观中——走向一种环境美学》，陈盼译，湖南科学技术出版社 2006 年版，第 25 页。
② 程相占：《环境美学的理论创新与美学的三重转向》，《复旦学报（社会科学版）》2015 年第 1 期。
③ ［英］埃米莉·布雷迪：《走向真正的环境审美：化解景观审美经验中的边界和对立》，程相占译，《江苏大学学报（社会科学版）》2008 第 4 期。

包括受到人类影响与人类建构的各种环境。"① 这段有关卡尔森核心观点的论述，不仅全面解决了环境美学欣赏什么的问题，并且也引发了卡尔森环境美学的另一个追问——既然环境与艺术是如此的不同，那么该如何欣赏作为审美对象的环境呢？

对于艺术品的欣赏，欣赏者与对象处于分离的状态，两者相互外在、相互对立。而当视角转向环境，这种对立的关系却无法实现，因为审美主体处于审美对象之中，无法做出分离，也难以划出一个界限来孤立两者。卡尔森十分明确地表述了主体在审美活动中与环境的这种关系："作为欣赏者，我们沉浸在（are immersed within）我们的欣赏对象之中。"② 很明显，对于审美对象的欣赏，卡尔森同样坚持主体内在于审美对象的观点，并且这种欣赏也是针对所有事物，并非艺术一家独大。笔者对此这样概括："在卡尔森看来，环境这个审美对象其实就是'世界整体'（world at large），它时时刻刻处于运动变化的过程中；它既不是某个艺术家有意识地设计、创作的'作品'，也没有明确的时间界限和空间边界。"③ 而对这个整体的审美欣赏则要依靠作为整体内部组成部分的"我们"进行感知，我们天然地处于环境的内部。

由此可见，作为审美对象的环境是不分主客、无关内外的连续体，这种连续体不仅包括自然景观和人工景观，而且还包括艺术作品以及作为欣赏者的人，也即人从属其中的整体环境。而所谓审美就是作为整个环境复合体的一部分的审美主体以欣赏的心理交融到环境中去，在此欣赏者不再处于审美对象的对立面，而是与环境交融在一起，用全部的身体感官接受环境所给予的刺激和影响。伯林特坚持在审美中人要交融到环境中去，而卡尔森则认为人沉浸在环境中才能进行审美体验，但两者都明确表达了审美主体内在于环境的审美体验的观点。这既在一定程度上继承并发扬了赫伯恩未加系统展开的观点，同时又给予了景观美学深刻的影响。

---

① B. Gaut and D. M. Lopes（eds.），*The Routledge Companion to Aesthetics*，London and New York：Routledge，2001，p. 423.

② Allen Carlson，*Aesthetics and the Environment：The Appreciation of Nature，Art and Architecture*，London and New York：Routledge，2000，p. xii.

③ 程相占：《环境美学的理论创新与美学的三重转向》，《复旦学报（社会科学版）》2015 年第1 期。

二、作为审美对象的景观与"内在者"的视界

赫伯恩《当代美学与自然美的忽视》虽然为环境美学对自然的关注奠定了基础，并成为环境美学的开端，但事实上，赫伯恩并未提出一个"环境"的概念，他只是试图使自然审美回归在美学中的应有地位，增加审美体验的丰富性。环境美学响应了这种呼吁，将审美对象扩展到自然这个大整体中。而景观美学同样表现出了对于自然整体的关注，将景观视为一个包罗万象的复合体。

在传统上，"景观"概念受"如画性"理论的影响而表现出诸多的局限，景观被视为一片自然景象或者一幅风景画作，对其的观赏需要从一定的距离并借助特定的工具来进行。在艺术哲学中用来欣赏艺术作品的视觉审美方式被完全套用在景观之上，景观只有作为一件艺术作品的时候才有被欣赏的可能。伯林特曾一语中的地指出这种"景观"概念的片面性："如此简单的一个定义，其实包含了多个带倾向性的假定，即景观是视觉的、有边界的，而且在远处。"① 但是伯林特并没有局限于"景观"这一传统概念，而是从实际出发，从对景观的体验出发，来理解景观的真正意义。"尽管传统的景观定义在先，实际生活中的观赏体验却不会把景观看作只是视觉里展开的自然界，好像被画框围住，或者限制在一个单独的视野内。"②

而事实上，景观的视觉偏见也被多数研究者所觉察，特别是在地理学领域，先后使用"文化景观"（cultural landscape）和"审美景观"（aesthetic landscape）等概念来表达人类活动对景观形成的塑造意义，从而扩展了景观概念中的人学意义。所以景观对于伯林特而言，就"变成了人类活动的领域之一，不只是视觉对象，因而走进景观就需要全身心的投入"。③ 卡尔森对自然景观欣赏的风景模式同样持批判的态度，他认为"这种模式要求我们欣赏环境，并不依环境之本然与特性，而是依据某种环境自身并非如此、

---

① ［美］阿诺德·伯林特：《环境美学》，张敏、周雨译，湖南科学技术出版社 2006 年版，第 7 页。
② ［美］阿诺德·伯林特：《环境美学》，张敏、周雨译，湖南科学技术出版社 2006 年版，第 7 页。
③ ［美］阿诺德·伯林特：《环境美学》，张敏、周雨译，湖南科学技术出版社 2006 年版，第 8 页。

并无此特性的东西来欣赏"①。所以卡尔森提出了自然欣赏的"环境模式"
(environmental model)，主张"沉浸在"对象之中进行审美欣赏，并且要借
助科学知识，"尽力促使对自然进行如其所是，如其所具有的属性所是的审
美欣赏"②。

对于布拉萨来说，景观作为美学的研究对象有着更为丰富的含义。在
《景观美学》一书中，布拉萨在序言中开门见山地指出了景观的复杂性：
"它是一个艺术、人工产品和自然的杂乱混合"。③ 而正是这种复杂性让布拉
萨找到了景观在传统美学中受到冷落待遇的原因——尽管景观的审美体验可
能无所不在——"其中的一个理由是，景观不必然是一种艺术形式"④。对
于哲学家将美学仅仅聚焦于艺术的研究现象，布拉萨认为是一种不幸的倾
向。所以，布拉萨同样是要扩展美学的研究范围，将审美的视野转向自然。
而布拉萨所借助的术语就是"景观"。在他看来，景观与环境从概念上来讲
并无二致，可以等同使用。他说："也许可以认为，另外的术语可能比景观
更加合适。最合适的候选术语就是环境，因为这个词被相当普遍地用在非地
理学家的美学著作中，它或多或少地意味着地理学家用景观所意指的东
西。"⑤ 所以，布拉萨景观美学研究中的"景观"具有与环境一样的意义，
从而景观也成为无所不包的自然整体。

布拉萨将景观分为三个部分，即艺术、人工制品和自然物。对于自然的
概念，布拉萨发现它可以整合所有事物，借此他阐明了自己对于三者之间关
系的看法："特别是自然对象，它具有非常丰富的意义，其中的一个意义
是：它实际上涵盖了所有东西。在这种意义上，人和他的创造物也是自然的
一部分，艺术作品和人工作品也是自然的。"⑥ 但是经过细致考究，布拉萨
发现艺术同样是一个兼容的对象，它可以是"美的艺术作品"，也可以指代
设计精巧的"人工制品"。通过追问审美对象的界限问题，布拉萨发现艺

---

① ［加］艾伦·卡尔松：《从自然到人文：艾伦·卡尔松环境美学文选》，薛富兴译，广西师范大
　　学出版社 2012 年版，第 48 页。
② ［加］艾伦·卡尔松：《自然与景观》，陈李波译，湖南科学技术出版社 2006 年版，第 34 页。
③ ［美］史蒂文·布拉萨：《景观美学》，彭锋译，北京大学出版社 2008 年版，"序"第 12 页。
④ ［美］史蒂文·布拉萨：《景观美学》，彭锋译，北京大学出版社 2008 年版，第 13 页。
⑤ ［美］史蒂文·布拉萨：《景观美学》，彭锋译，北京大学出版社 2008 年版，第 11 页。
⑥ ［美］史蒂文·布拉萨：《景观美学》，彭锋译，北京大学出版社 2008 年版，第 13 页。

术、人工制品和自然物三者之间的边界很难划定，它们的区别是模糊不清的。这三者往往会在场合、时间和立场等条件的改变下而相互转化、相互兼容，根本无法保持一个自始至终都稳定的身份。所以传统美学将审美对象锁定于艺术这一单一的对象，就不可避免地造成学科内部的矛盾。对此，布拉萨明确指出："无论如何，艺术、人工制品和自然物的相互关系表明，哲学家们在损害其他审美对象的情况下对艺术作品的极端强调，是站不住脚的。"① 那么，将审美对象确定为包含艺术、人工制品和自然在内的景观复合体就显得合情合理。

既然景观如此复杂、包罗万象，与我们的实际生活难分难离，那么其与传统的艺术审美模式必然会存在冲突，它"拒绝遵从审美对象的纯粹哲学范式，即审美对象作为以某种方式从平凡的存在中分离出来的、独立的美的艺术作品"②。同样，布拉萨由此认为景观的审美经验不可能是"分离"式的，而只能是"交融"式的，对景观的审美欣赏要具有"内在者"的视界。对此，他非常赞同地理学家科斯哥罗夫（Cosgrove）对景观的看法："景观在绘画上或风景上的意义，未能充分包含景观的主观经验，因为它是一个被分离的外在者眼中的风景，缺乏拉尔夫（Relph）所说的'存在论上的内在者'的视界。"③ 拉尔夫在其著作《地方性与非地方性》（*Place and Place-lessness*）中对"存在论上的内在性"作了这样的描述："内在性最基本的形式是，一个地方在没有经过深思熟虑和自觉的反思的情况下被体验，却充满了意义。大多数人当他们在家里或者在自己居住的城镇或地区的时候，当他们熟悉这个地方和它的人民并且也被那里所熟悉和接受的时候，他们所体验的就是这种内在性。"④ 这种内在者的视界即是要求欣赏者将景观视为他们的日常生活场所，他们与场所的相互熟悉、相互接受和相互认可就是经验的意义所在。这与海德格尔所主张的"我把世界作为如此这般熟悉之所依寓之、逗留之"⑤ 的"诗意地栖居"的在世关系有着相同的内在意蕴。

---

① ［美］史蒂文·布拉萨：《景观美学》，彭锋译，北京大学出版社 2008 年版，第 20 页。
② ［美］史蒂文·布拉萨：《景观美学》，彭锋译，北京大学出版社 2008 年版，"序"第 12 页。
③ ［美］史蒂文·布拉萨：《景观美学》，彭锋译，北京大学出版社 2008 年版，第 4 页。
④ Edward Relph, *Place and Placelessness*, London: Pion, 1976, p. 55.
⑤ ［德］海德格尔：《存在与时间》，陈嘉映、王庆节译，生活·读书·新知三联书店 2006 年版，第 64 页。

　　实际上，将景观视为家园或者日常生活场所有着深厚的根基，并非景观美学或者布拉萨的一家之言。卡尔森在对自然审美的三种模式的总结中就曾指出："环境是一片我们生存其中的作为'感知部分'的居所"①。这种见解是卡尔森对斯巴尚特（Sparshott）审美观点的借鉴，即审美主体与审美对象是"自我与居所"的存在关系，而非"主体与对象"或者"观光者与风景"的对象关系。在自然审美的"对象模式"（the object model）和"风景或者景观模式"（the scenery or landscape model）中，自然对象要么从其内容中被独立出来，按照形式美学的法则进行鉴赏，要么被框选出来当作风景画作，进行二维平面的视觉体验。两者都置自然本身的特性于不顾，卡尔森认为这并非是对自然"严肃而恰当"的审美欣赏，因此提出了充分顾及自然特性和适当的科学知识相结合的"环境模式"（the environmental model），认为"自然是一种环境，它是这样一种我们生存于其中，每天用我们全部的感官体验它，将它视为极平常生活背景的居所"②。而在景观设计领域，俞孔坚也曾将景观视为生活的栖息地，认为"景观作为人在其中生活的地方，把具体的人与具体的场所联系在一起"③。

　　也就是说，布拉萨同样坚持景观的栖居观念，主张对景观的审美体验要从拉尔夫所说的"存在论上的内在者"的视角出发，将景观作为日常生活的环境，作为家园、作为熟悉之所来看待，景观之于人的栖居关系和存在意义即是欣赏者对景观的本真体验。对此，布拉萨十分赞成伯林特关于审美体验中主体和客体的交互作用的观点，并明确提出景观欣赏同样需要伯林特所提出的"交融"的审美模式的论断。这实际上就是借鉴了环境美学所秉持的欣赏者内在于环境的审美立场与欣赏方式，只不过环境美学并没有明确提出一种"内在者"的具体视角，而布拉萨借用了拉尔夫的"存在论上的内在者"这一术语来表达自己对这种"内在性"的看法。同时，景观的栖居观念的凸显也使得景观不仅是一种审美的对象，而是一种关系到审美生存的

---

①　［加］艾伦·卡尔松：《从自然到人文：艾伦·卡尔松环境美学文选》，薛富兴译，广西师范大学出版社 2012 年版，第 48 页。

②　［加］艾伦·卡尔松：《从自然到人文：艾伦·卡尔松环境美学文选》，薛富兴译，广西师范大学出版社 2012 年版，第 52 页。

③　俞孔坚：《景观的含义》，《时代建筑》2002 年第 1 期。

具体场所，从而这种"内在性"就具有了存在论的维度，这显然是对于环境美学"内在性"观念的超越和发展。总之，景观美学对审美对象的理解同样是环境整体，并采用内在于对象进行交互体验的审美范式，这使其与环境美学具有了一致的观点。

由此可见，不管是景观美学，还是环境美学，都继赫伯恩之后反思了艺术审美的局限，并且提升了自然审美的地位。两者都真正实现了对审美对象的扩容，并发挥到了极致，将审美对象视为涵盖万事万物的环境整体，其中的一切事物都具有审美的相关性，我们生活在环境之中，审美即在日常生活之间。另一方面，景观美学和环境美学对于审美主体与审美对象关系的看法也完全打破了艺术哲学所主导的主客分离的欣赏模式，认为审美主体与对象不可分离，主体既是进行感知的欣赏者，但也是与对象须臾难离的自然存在，主张以"内在者"的视角对审美对象进行体验，感知对象与主体在相互影响中的交互作用。从这种意义上来说，审美对象的扩容和以"内在者"的视角进行审美体验的模式清楚地表明了环境美学和景观美学的共通之处，而这也提供了两者进行会通的理论基础。

第十一章　环境美学与艺术美学

在中国学术语境中，"文艺"一般指"文学和艺术"，中国学者所说的"文艺美学"指的是"文学和艺术的美学"。环境美学 50 年的发展历程及其理论问题，为我们反观中国文艺美学这一学科的合法性提供了新的理论依据，为我们探讨环境美学与艺术美学的关系提供了新的理论视野，同时也为艺术美学的发展提供了新的发展思路。这具体表现在如下几方面：第一，环境美学通过对比自然欣赏与艺术欣赏的异同，正式提出了与"自然美学"相对的"艺术美学"，从而解决了中国文艺美学长期无法找到国际通行对应术语的问题；第二，环境美学最初将自然视为环境的同义词，后来逐渐发现环境除了自然环境还有人建环境以及环境中的日常事物，并将审美对象区分为自然、艺术、环境与日常事物四大类，从而将艺术美学确定为四种美学形态之一；第三，环境美学在讨论环境欣赏的特性的时候，讨论了艺术美学的艺术范式问题，促使我们反思到底应该以哪种艺术样式作为范式来构建艺术美学；第四，环境美学在讨论对于环境的适当的审美欣赏的时候，比较深入地讨论了审美欣赏的"适当性"问题，而这个问题一直是中国文艺美学未曾注意的问题。

环境美学这一学科的建立，意味着美学研究领域的拓展、审美对象范围的扩大。环境美学在建立和发展过程中必须建立在既有美学研究基础上，对既有美学所存在的问题给予回应，对既有美学研究成果给出评价，从而实现美学知识的有效增长。鉴于既有美学研究与艺术的密切关系，历史上一些美学家甚至认为美学就是艺术哲学，环境美学当然无法回避艺术问题。概览环境美学的文献会发现，关于艺术美学的思考自始至终一直伴随着环境美学。

这就无形中形成了一个值得深入探讨的问题，即环境美学与艺术美学的关系。

本章针对国内学术界一直争论的文艺美学（亦即艺术美学）之合法性问题，尝试着从环境美学的角度对此作出新的回应，也就是从环境美学来反观艺术美学。这一探讨将会引发如下一系列思考：环境美学如何界定艺术美学在美学领域中的位置？如何评价环境美学与艺术美学的关系？环境美学与艺术美学有什么区别？艺术美学面临着什么样的发展困境？环境美学与艺术美学是完全不同的美学研究范式，还是殊途同归？环境美学是否可以为艺术美学提供一种新的发展途径？这些思考将为我们确立文艺美学的合法性提供新的尝试，从而推动文艺美学的进一步发展。本章的探讨通过梳理几位代表性的环境美学家的观点来进行。

第一节　环境美学中的"自然"与"艺术"

一、环境美学中的"自然"与"环境"

顾名思义，环境美学就是以环境为审美对象的研究，但这一审美对象的确定并非从一开始就如此明确，学者们多侧重对自然的分析。那么，自然与环境有什么联系与区别呢？环境美学的建立又为什么从自然美入手呢？

自然很久以来一直被视为审美对象，其历史可追溯到远古神话及古典哲学。但受自然科学发展的影响，环境美学家们对"自然"概念的分析与传统的"自然"概念有所不同。赫伯恩在《当代美学与自然美的忽视》一文中，突出强调当代美学对"自然美"的忽视，而并没有明确提出与环境美学之含义更加吻合的"环境美"。但其所谓的"自然"，却与传统文化中的"自然"概念有所不同，明显具有"环境"的特征。比如，他在分析自然审美体验时说道："有时他可能会作为一个静止的、非交融的观察者来面对自然对象；但更典型的是，对象从各个方向包围着他。比如，在森林里，树木围绕着他，山川环绕着他，或者他站在平原的中央。如果景象中有运动的话，那么欣赏者本身可能就处于运动之中，并且他的运动是其审美体验的一个重要因素。"① 很明显，赫伯恩所说的在更典型的审美体验中，自然审美对象并非被视为单个的、独立于人的自然客体，而是指一处由很多自然元素构成的"自然环境"。相比传统的、独立于人的"自然"概念，"自然"在赫伯恩那里被视为环绕欣赏者的环境。而且，"在自然体验中，它被更为强烈地认识到，而且它也是普遍的，因为我们处于自然之中，并且也是自然的一部分。我们不会像站在墙边面对墙上的一幅画那样，也站在它的对面"②。此处，赫伯恩对"自然"特点的描述，与后来的环境美学家，如伯林特对自然环境内涵的叙述很相似。二者同样强调人处于自然/环境之中，是自然/环境的一部分，欣赏者在欣赏自然/环境时，可以融入自然/环境之中。

但需要指出的是，赫伯恩在此文中对"自然"概念的描述，仍然有别于"环境"，即他承认人们在进行自然审美体验时，会被自然环绕，人是自然的一部分，可以融入自然之中。但同时，赫伯恩也并没有否定欣赏者作为一个静止的、非交融的观察者来面对自然对象，也就是说，可以把自然视为独立的、外在于人的对象。那么，自然并不完全等同于环境。

随着环境美学的发展，环境美学家们在将自然与艺术进行对比时，愈发强调自然的"环境"特征，也就是说从环境这一角度来把握欣赏者与自然审美对象的关系，因而，在环境美学语境中，自然往往被更准确地描述为"自然环境"。当然，"自然环境"这一概念的形成，与"环境"这一概念不断扩大密切相关。"环境"始于自然与人的关系，但却溢出"自然"，指向人与其他多种事物的关系，除了自然事物之外，同样被归入"环境"范畴，或者说从环境角度来把握的，还有其他很多事物。

伯林特对"环境"概念的扩大曾专门进行了分析③。他认为，就其定义而言，环境意味着环绕着生命体，尤其是人。也就是说，我们并非面对环

① Ronald W. Hepburn, "Contemporary Aesthetics and the Neglect of Natural Beauty", in *"Wonder" and Other Essays: Eight Studies in Aesthetics and Neighbouring Fields*, Edinburgh: Edinburgh University Press, 1984, p. 12.

② Ronald W. Hepburn, "Contemporary Aesthetics and the Neglect of Natural Beauty", in *"Wonder" and Other Essays: Eight Studies in Aesthetics and Neighbouring Fields*, Edinburgh: Edinburgh University Press, 1984, p. 113.

③ Arnold Berleant, "Introduction: Art, Environment and the Shaping of Experience", in *Environment and the Arts*, Arnold Berleant (ed.), Ashgate Publishing, 2002, pp. 6-7.

境，而是身处环境之中，不可能独立于环境。当提到环境时，人们一般认为环绕着我们的是自然环境。但事实上，伯林特指出，未经人涉足的、未受人类影响的纯粹自然环境，已经在这个世界上不复存在了——当然，这仅仅是从地球这个空间刻度而言的。伯林特没有这么明确的限定，应该视为其理论的不周密之处。在大多数荒野之地，都能发现人类的足迹。如果考虑到人类活动对全球气候造成的影响，如冰川融化、海平面上升、气候异常、太阳辐射增加等，那么无论是看似荒僻的崇山峻岭还是深邃的海洋，都多多少少受到了人类活动的影响。

与其通过"自然"这一概念来把握人所处的世界，来进行审美研究，伯林特更倾向于使用"环境"这一概念。不同的学者对环境有不同的定义，有时候将其对象化为全景，有时候指的是封闭的、私人的围绕物（surroundings），而伯林特更倾向于将环境视为包含审美者在内的情境（contextual setting）。他认为，环境研究者在提到环境时，一般认为环境是某种东西（something），在环境前面加冠词"the"，这其实意味着将人从环境中独立出去，人像面对一件物体一样，隔着一定距离面对环境，外在于环境。伯林特认为"the environment"是身心二元论的最后遗留物，主张去掉环境中的"the"。他强调，人们所欣赏的环境应当包括人本身在内，人与环境是连续的、一体的。无论在艺术欣赏还是环境欣赏中，人都并非独立于欣赏对象，而是作为积极的参与者参与其中。

基于此，伯林特认为，"环境"与"自然"不同，环境美学（environmental aesthetics）与自然美学（aesthetics of nature）也不同，环境包含场所（places）和事物（objects），可以被指向特定的类型，如一个特定的野生区域、海洋环境、购物商场等，都可以作为一个大致的范畴。总之，在伯林特那里，环境不仅包括物质环境，还包括文化和精神环境，其范围比自然更广泛。

二、环境美学中的"自然"与"艺术"

1. 艺术对自然的再现

环境美学在为自身学科合法性作论证时，一种常见的途径便是对比艺术审美对象与自然审美对象的区别，论证建立一种不同于艺术美学的环境美学以指导自然审美体验的必要性。那么在西方美学史中，艺术与自然是什么关系呢？是截然对立还是有密切联系？环境美学家们对艺术与自然的关系史有何看法，又提出什么样的意见呢？

20 世纪之前的西方传统美学，在讨论艺术与自然的关系时，往往认为"艺术再现自然"，这一观念最早可追溯至古希腊哲学家柏拉图和亚里士多德的"模仿说"。在《理想国》一书中，柏拉图认为，画家相比工匠更加远离真实，是对日常事物的模仿，而日常事物又是对理念世界的模仿。亚里士多德在其《诗学》中讨论悲剧时，将诗歌活动看作是对现实事件的模仿，并认为诗歌要比历史更具有普遍性，因为诗歌是对可能事件的模仿，而历史只是对已发生的生活事件的记录。

而 20 世纪之后，人们对自然与艺术的关系有了不一样的观点，"模仿说"受到挑战。当人们对各种艺术进行思考的时候，会显而易见地发现，并不是所有的艺术都是模仿的。比如，大部分音乐不是模仿的，建筑也不是，它们不模仿任何东西。再比如，文学在过去一般被看作是再现的艺术，但事实上，一幅关于马的绘画或许可以被认为是模仿的，但一部文学作品中的马却很难从现实中找到。大多数文学作品都具有虚构属性，并不模仿现实中的任何人或事物。既然艺术作品并非全是模仿的，为什么模仿说会在艺术理论中大行其道呢？

2. 艺术对自然的诠释

阿托·汉佩拉（Arto Haapala）在《艺术与自然：艺术作品与自然现象的相互影响》① 一文中对这一现象进行了分析，很好地回应了这个问题。他认为，模仿理论其实暗含着一个存在论观念，即自然是真实的，更普遍的，是第一位的，而艺术取决于自然，次于自然。比如，如果没有索尔兹伯里大教堂（Salisbury Cathedral）及其周边景观，那么约翰·康斯太勃尔（John Constable）就不会有《从主教花园望见的索尔兹伯里大教堂》（*Salisbury Cathedral from the Meadow*）这一著名画作；如果没有英格兰湖区，那么华兹华斯（William Wordsworth）就写不出来那么多动人的英国自然诗歌。"艺术与

① Arto Haapala, "Art and Nature: The Interplay of Works of Art and Natural Phenomena", in *Environment and the Arts*, Arnold Berleant (ed.), Ashgate Publishing, 2002, p. 47.

真实"是哲学美学（philosophical aesthetics）经常讨论的一组概念，但将两个概念并列起来进行讨论的背后，实际上是一种二元存在论，即判定某些东西是真的，某些东西不是真的。按照这种哲学观点，自然被理所当然地视为真实存在的，独立于艺术和虚构事物，而艺术和虚构事物则不具有真实性。

后现代主义理论对这种二元存在论形成了巨大冲击，打破了自然与艺术"模仿"关系的二元存在论哲学基础，用"叙事"这一概念消解了艺术与现实的距离。如果按照后现代主义观点来看，叙事在真实的形成过程中发挥着重要作用，我们所认为的真实实际上并不具有普遍性、牢固性。在此基础上，汉佩拉对人们常识中所谓自然与真实的关系提出了质疑，反对艺术模仿自然这一观念，反过来认为艺术在自然的形成过程中发挥着重要作用。他引用奥斯卡·王尔德的话来论证其主张："现在，人们看到雾，不是因为有雾存在，而是因为诗人和画家教会了他们雾的神奇美妙之处。我敢说，雾在伦敦或许已经存在千百年了，但没有一个人看到它们，我们对其一无所知。它们不存在，直到艺术创造了它们。"①

在二元存在论这一哲学观点的影响下，人们一般认为，虚构的事物不存在。或者说，"不存在"成为判定某事物为虚构事物的必要条件，甚至可以说是充分条件。

汉佩拉对这种二元存在论进行了批判，并拓展了"存在"的内涵，于物质实体的"存在"之外，强调还有另一种存在，即"文化实体"的存在。他认为，虚构的事物尽管不以物质的方式存在，但却以另外一种存在方式进入我们的生活世界中。在艺术与现实之间，并不存在一条不可逾越的鸿沟，因为艺术深刻影响着我们的生活世界，是现实生活的重要组成部分。虚构的事物不能与我们产生身体互动，比如，当观看一场电影或戏剧的时候，我们无法进入电影或戏剧之中，影响其中的人物命运，改变故事情节的发展，电影或戏剧中的人和事物也无法进入我们的世界，但我们却可以和虚构事物进行另外一种互动，比如情感碰撞。尽管我们知道电影和戏剧是虚构的，但还是深受感动。而且，我们还从虚幻作品中获得了一些观念，并将这些观念应

---

① Oscar Wilde, "The Decay of Lying", in *The Oxford Authors*: *Oscar Wilde*, Isobel Murry (ed.), Oxford and New York: Oxford University Press, p. 230.

用到日常生活之中。

　　总之，汉佩拉认为，虚构的事物可以为我们提供建构真实世界的概念性的工具，在生活世界中具有重要的文化意义，或者说虚构的事物可以作为具有文化意义的实体进入到生活世界中。

　　在此基础上，汉佩拉进一步指出，不是艺术模仿自然，而是艺术深刻地影响着自然。比如，一部著名文学作品所表达的对大自然的看法和对待自然的态度，会影响整个民族对大自然的看法和对待自然的态度，深刻地影响着这个民族的生活方式。比如，经过华兹华斯（William Wordsworth）、柯勒律治（Samuel Taylor Coleridge）、透纳（Joseph Mallord William Turner）等浪漫主义诗人和画家的努力，人们开始认可未经驯化的自然的审美价值，而在此之前，人们认为未经驯化的自然是可怕的、荒蛮的、无价值的。华兹华斯在其自然诗歌中关于山、湖泊以及人与自然的互动的书写，教会了人们如何看待、欣赏自然。

　　汉佩拉强调，人类世界是一个具有丰富意义的整体，而不是一个无名的物质实体的集合。艺术与虚构的事物确实能够改变世界，而且可以丰富人类世界中自然的意义，正如海德格尔所说的，伟大作品可以打开，或者创造一个世界。关于自然与文化、荒野与城市等类的划分，只是人们的一种观念选择，而并非根据这些事物本身的特征。人们所认识到的自然，实际上是人化的自然，是人们命名、分类的结果。而相应地，自然的审美价值也是人类评价的结果。人们认为有些自然事物是值得欣赏的，有些是应该受到谴责的，比如有些景观是险峻的、崇高的，有些景观则是单调的、乏味的，有些风景安静和平、充满生机，令人愉悦。

　　汉佩拉关于艺术与自然关系的观点，来源于其关于生活世界的观点。他认为，生活世界是使实体和事件成为某种实体和事件的结构（structures），决定着我们关于实体和事件的观点，比如将其判定为有意义的、有价值的，或者应该避免的、摒弃的。生活世界不单指向功能性语境、工具世界，而是指向包含艺术、自然科学、人文、体育、经济、政治等在内的所有文化事物。在不同的文化语境中，自然科学、宗教、经济、文学和艺术等方面的解释和评价不同，自然便以不同的面貌呈现在人们面前。自然呈现给我们的特性，归根结底取决于人的偏好，所以，自然是人造的。而在人类创造自然的多种解释和评价中，艺术占据着独特位置，以虚构的方式揭示着自然。

3. 艺术与自然的同一

如果说，汉佩拉在反对主—客二元存在论的基础上，主张从主体感知角度来重新定义自然，重新看待自然与艺术的关系，否认艺术对自然的模仿，强调艺术作品对自然的揭示，那么伯林特则建立起一种环境现象学，借助"环境"这一概念，消解了"自然"与"艺术"的分野，他认为，艺术与自然的分野实际上是对自然的误判。如前文在讨论"自然"与"环境"的关系时所论述的那样，伯林特认为完全独立于人的、未经人涉足的自然并不存在，而我们关于自然世界的理解实际上也形成于历史进程中，不同的文化对自然有着不同的理解，通过自然科学来理解自然的美学不具有普遍性，这一观点与汉佩拉相似。

但与汉佩拉不同的是，伯林特除了强调自然认识具有历史文化性这一特点外，还倡导从环境角度来把握自然。他认为，自然不在人之外，人也无法独立于自然进行客观的、完全的把握；我们在对自然进行欣赏时不是从外面，而是从里面进行欣赏；我们作为参与者生活于自然世界中，而不是作为观察者外在于自然世界。同时，我们的欣赏也不是无利害的反思，而是全身心地沉浸在自然之中，获得一种不同寻常的整体感。

同样地，伯林特不仅从环境角度把握自然，还试图使用"环境"这一概念来把握不断扩大的艺术。伯林特指出，当代艺术在西方文化中获得尊贵地位的同时，因其规范性特征远离了注重数量的科学，因其有形的、身体的、感官的特征远离了宗教，因其对内在价值和及时满足的强调远离了注重规则和结果的伦理学，因其对当下痛苦和生活不公正的颠覆性的认知而远离政治和既有律令。在过去的 20 世纪，艺术不再满足于传统的绘画、雕塑、建筑、音乐、博物馆、戏剧和舞蹈。比如，在达达主义以及随后其他创新性艺术运动之后，绘画开始引入不符传统的材料，引入主体元素，打破既有绘画框架和规则。雕塑也对其大小和形式进行了创新，从室内扩大至户外环境中，我们可在其中行走、活动。当代艺术发展的途径之一便是将艺术拓展至更广阔的环境之中：如自然环境、城市环境和文化环境。伯林特指出，不仅当代艺术具有明显的"环境"特征，传统艺术实际上在不同程度上也已经融入了环境因素。比如，音乐可以将音乐家安置在厅内不同位置，或利用户外声音和布置，从而将环境因素吸收进来。自古希腊和古罗马以来，戏剧便有在户外演出的传统，到如今，街头表演仍然在继续，舞蹈表演更是经常利用大量环境布置。

4. 艺术与自然的平行

前面讨论了古典美学及当代环境美学家们对自然与艺术关系的几种看法，一种是艺术是对自然的模仿和再现，一种是艺术能够诠释自然，还有一种观点认为自然和艺术都可以用环境来把握。在环境美学研究中，还出现了一种与这三种不同的观点，认为自然与艺术分属不同的惯例结构（institutional structure），是平行的，比如瑟帕玛。

瑟帕玛认为，通过艺术来理解环境是对艺术和环境进行比较的一种传统方式，这种比较传统使人们关注再现艺术，通过模仿这一概念，将艺术的想象世界与真实的环境联系在一起。但这种比较方式只强调了再现艺术，却忽略了其他艺术形式，如表现艺术等。他认为，艺术更多地不是对真实环境的模仿，而是真实环境的替代者，真实环境的延伸。艺术与环境的关系不是随机的、偶然的外观上的相似或家族相似，而是平行的，二者分别有属于自己的创造者、媒介和信徒，同时也支持不同的审美传统。①

需要注意的是，虽然瑟帕玛认为艺术与环境是平行的，分属不同的惯例结构，但他也指出，二者的惯例结构在更普遍的意义是相似的，亦即二者拥有共同的起源，即某种审美文化和人类普遍的审美需求。而且，在当今社会，就像环境惯例遭遇了反环境的挑战，艺术惯例也遭遇了反艺术的挑战。同样面临挑战，二者的反应却有所不同。艺术惯例可以自由地、轻松地接受创新，甚至是自我解构，但环境惯例因直接影响着我们的现实环境，所以必须遵守生态准则。在这个意义上，瑟帕玛认为，环境惯例要比艺术惯例更为持久。

第二节　作为"环境美学"平行术语的"艺术美学"

"艺术美学"这一术语在中国学术界较为流行，然而，我们在阅读西方

---

① Yrjö Sepänmaa, "The Two Aesthetic Culture: The Great Analogy of Art and the Environment", in *Environment and the Arts*, Arnold Berleant (ed.), Ashgate Publishing, 2002, p. 45.

美学或者艺术理论著作时，更频繁接触到的术语却是"艺术哲学"，较少听闻"艺术美学"这一术语，那么将"艺术美学"作为"环境美学"的平行术语，是否有合法性依据？

一、作为"艺术哲学"的美学

当代很多美学家、艺术理论家和艺术批评家在提到美学时，往往将美学等同于艺术哲学，将审美对象限定在艺术作品上，环境美学的诞生正是对这种研究现象的质疑和否定。正如赫伯恩在《当代美学与自然美的忽视》一文中所揭示的那样："在我们这个时代，美学论著几乎都毫无例外地关注艺术而极少关注自然美或仅以最敷衍的方式对待自然美。美学甚至被本世纪中期的一些理论家定义为'艺术哲学'、'批评哲学'，其主要方式是通过分析语言与概念来描述并评价艺术对象。广为引用的两本美学选集（英国埃尔顿编、美国维瓦斯与克里格合编）都丝毫没有包含对自然美的研究。"① 毋庸置疑，美学属于哲学研究范畴，而现代西方美学将美学等同于艺术哲学有其特殊的历史发展背景。

美学作为一门独立的研究学科，在建立之初被规定的所应承担的任务，或者说学科目的，在于感性认识的完善，即指导所谓的"低级认识能力"从感性方面来认识事物。鲍姆加腾通过建立美学这一学科研究范畴，将感性认识从人的其他认识能力中独立出来，与理性认识相对，作为单独的对象来研究："美学（自由的艺术的理论，低级知识的逻辑，用美的方式去思维的艺术和类比推理的艺术），是研究感性知识的科学。"② 鲍姆加腾对感性认识的强调，实际上为审美对象留下了较为宽广的余地。尽管鲍姆加腾将美学定义为一种"艺术"，将"自由的艺术"的理论囊括其中，但美学研究不只包含自由的艺术，他所提到的"艺术"更不只局限于自由的艺术，而是指向"思维的艺术"。在此，"艺术"并非一般意义上的艺术种类，而是一种"诗

---

① Ronald W. Hepburn, "Contemporary Aesthetics and the Neglect of Natural Beauty", in "*Wonder*" *and Other Essays*: *Eight Studies in Aesthetics and Neighbouring Fields*, Edinburgh: Edinburgh University Press, 1984, p.9.

② 马奇主编：《西方美学史资料选编》（上卷），上海人民出版社1987年版，第691页。

性智慧"，即感性认识能力的完善。①

　　虽然康德拒绝使用"美学"这一学科术语，但他与鲍姆加滕同样关注感性认识能力，其关于感性认识能力的研究对美学发展史影响巨大。与鲍姆加滕不同，康德将人的认识能力分为感性、知性和理性，将感性定义为与直观近似的能力，即通过各种感官直接感受外物的能力。在讨论关于美的审美判断时，康德将美的审美判断对象划分为自然美和艺术美，也就是将自然与艺术一起纳入感性认识对象之中。但到了黑格尔那里，美学不再致力于完善感性认识能力，而是发生了一种主体性转向，美被视为绝对精神的感性显现。尽管黑格尔认为艺术美和自然美都是绝对精神的感性显现，但却认为艺术与宗教、哲学是绝对精神的全面显现，自然美要比艺术美低级，是不完全的、不全面的显现。由此，在黑格尔那里，美学被等同于艺术哲学，美学是关于美的艺术的哲学，自然美要比艺术美低级，甚至被排除在审美对象之外。到了20世纪分析美学家比尔兹利那里，关于美学的定义进一步远离鲍加嘉滕、康德对感性认识能力的强调。比尔兹利认为，美学就是"批评哲学"——关于艺术批评的哲学，美学要研究的就是与此相关的那些问题："为了标出美学这个研究领域的界限，我认为：如果没有人曾经讨论过艺术作品，那就没有美学的各种问题。"②

　　可以说，在当代美学中，艺术与美学互相补足，美学理论指导人们去欣赏艺术，塑造了关于"美的艺术"的理解，而那些美的艺术反过来又加强了这些美学理论，例证了这些美学观念。关于艺术的哲学研究曾经只是作为美学的一个部分，但后来美学却被艺术独占，几乎把自然排除在外，尽管在美学学科建立过程中，自然曾占据重要地位，比如康德美学基本算是建立在自然审美之上，但随着美学和艺术的发展，美学理论被首先使用于艺术，美学被等同于艺术哲学。

二、"环境美学"对"艺术哲学"的批判

　　根据布雷迪对环境美学谱系的说明，环境美学研究主要包括三大领域，

---

① 参见程相占：《朱光潜的鲍姆嘉滕美学观研究之批判反思》，《学术月刊》2015年第1期。

② Monroe Beardsley, *Aesthetics*: *Problems in the Philosophy of Criticism*, 2nd ed. Indianapolis: Hackett Publishing Company, Inc., 1981, p. 1.

一是自然审美欣赏的哲学讨论，二是对景观设计、景观趣味的理论和实践讨论（包括浪漫主义文学和诗歌），三是早期的对话思考和自然写作。① 在此，很明显，布雷迪与其他环境美学家一样，将自然视为审美对象。需要重点强调的是，环境美学在将自然视为审美对象时，意味着承认美学研究对象的多样性，或者说审美对象的多样性。在论证审美对象多样性的时候，首先必须否认艺术作为唯一审美对象的合理性，也就是取消艺术哲学在美学领域的独尊地位。

分析美学家比尔兹利认为，事物之所以具有审美价值是因为有影响审美经验的能力，而人的审美经验在整体度、复杂度、强度等方面有一定要求。相比自然事物，艺术作品能够最好地、最独立地提供审美经验，因而是最重要的审美经验之源，而自然在提供审美经验这方面远逊于艺术。② 因此，美学主要研究对象应该是艺术，而不是自然。

对于当代美学忽视自然美的原因，环境美学家赫伯恩给予了分析。他指出，自然美之所以被忽视，固然与浪漫派的衰落、宗教信念和理性主义信念的丧失有关，与自然科学的发展有关系，与艺术自身的发展有关系，"艺术家自身已从模仿与再现转向对各种新对象的纯粹创造"，"更加趋向于表达人类心理的内部景观而不是陌生的外部景观"，③ 但也与审美理论自身的局限有关。

基于对人的处境的哲学分析，美学家构建了形形色色关于审美判断和审美欣赏的叙述。美学理论对艺术批评和艺术欣赏具有较强的影响力，一些关键概念如模仿、表现和统一等，可以被用来评价、鼓励、谴责或者修正艺术走向，甚至可以被用来直接评论艺术作品，美学理论往往不被视为独立的、特别的、抽象的和自律的哲学研究，而被看作艺术哲学。赫伯恩提醒，这样

① Emily Brady, "Environmental Aesthetics", in *Encyclopedia of Environmental Ethics and Philosophy*, Vol. 1. J. Callicott and Robert Frodeman (eds.), Detroit: Macmillan Reference USA, 2009, pp. 313–321.

② Monroe Beardsley, *Aesthetics: Problems in the Philosophy of Criticism*, 2nd ed. Indianapolis: Hackett Publishing Company, Inc., 1981, p. 530.

③ Ronald W. Hepburn, "Contemporary Aesthetics and the Neglect of Natural Beauty", in "*Wonder*" *and Other Essays: Eight Studies in Aesthetics and Neighbouring Fields*, Edinburgh: Edinburgh University Press, 1984, p. 10.

聚焦艺术批评和艺术欣赏的美学理论也有歪曲、误解艺术的可能，所谓的艺术哲学家们应该在艺术家们面前保持谦虚，尊重艺术创造的权威。①

　　越来越精密的审美理论更适合阐释艺术作品而不是自然事物，人工制品被看作优秀的审美对象与合适的研究焦点，审美理论所规定的审美体验也只能从艺术欣赏中获得，而不能从自然欣赏中获得。那么，这是否意味着自然无法作为审美对象为人们提供审美体验呢？

　　尽管自然对象不具有艺术对象所拥有的那些特点，但是，赫伯恩认为，自然对象可以为欣赏者提供艺术对象所不能提供的与众不同的、有价值的审美体验。欣赏者在审美体验中情感特性的差别，取决于语境的复杂性，而制约自然审美的语境与制约艺术审美的语境是不同的。因此，我们无法用艺术哲学来代替自然美学，美学家不应该将研究局限在艺术上。以艺术哲学为代表的当代美学对自然审美体验中一系列重要而又丰富复杂的相关数据视而不见，使自然审美体验成为更加不容易获取的体验。因此，他强烈倡导一种新的、以自然为研究对象的美学，而随之兴起的环境美学承担了这一重任。

三、"艺术美学"的正式提出

　　不可否认，在西方当代美学研究中，学者们较少使用"艺术美学"这一术语。究其原因在于将美学等同于艺术哲学这一观念的流行。既然将"美学"规定为研究艺术的哲学，那么也就没有必要用"艺术"来修饰"美学"，在一个术语中进行重复的表达。但从环境美学研究角度来说，审美对象不只艺术这一种，还包含了自然等审美对象。"环境美学"这一学科的建立本身就意味着美学具有多重研究领域，关于自然或环境审美感知或审美体验的研究被归入"环境美学"，而关于艺术审美感知或审美体验的研究则归入"艺术美学"。由于在当代美学语境中，艺术哲学被等同于美学，因此，环境美学家们在讨论艺术问题时，尤其是在批判当代美学对自然的忽视、论证环境美学建立的合法性时，仍然采用"艺术哲学"这一说法，但在其讨论中，一般保持着扩大美学研究范围的自觉。

---

① Ronald W. Hepburn, "Data and Theory in Aesthetics: Philosophy Understanding and Misunderstanding", in *Environment and the Arts: Perspectives on Art and Environment*, Arnold Berleant (ed.), Ashgate Publishing, 2002, p. 23.

比如，环境美学家齐藤百合子批判传统美学时并未使用"艺术美学"这一术语，但却提出了与之相近的一种表达——"以艺术为中心的美学"（art-centered aesthetics）和"以艺术为基础的美学"（art-based aesthetics）①。她指出，当代西方美学的理论研究主要关注传统的"美的艺术"，研究艺术的定义、艺术的表现、作者意图、艺术与现实、艺术与伦理以及与艺术媒介有关的问题，美学被等同于艺术哲学，审美对象所应具有的特征都可以在艺术那里得到例证，比如，有时空界限，保持相对的稳定和持久，有统一连贯的设计，有某一观念的审美表现创作意图，符合传统的经验和欣赏规则等。齐藤百合子将这种美学称为"以艺术为中心的美学"或者"以艺术为基础的美学"。尽管美学在建立之初并没有将审美对象限定为艺术，但却在发展过程中使用无利害等概念对审美经验进行了限制性的定义，使得美学家们将艺术作为首要的研究对象。但以艺术为中心的美学只适用于解释艺术的审美价值，不足以解释环境及其他事物所拥有的丰富的审美属性和审美价值。

如果说环境学家关于"艺术哲学"的讨论多停留在对当代美学的批判、对环境美学学科建立合法性的论证上，那么，"艺术美学"这一术语的正式提出，则意味着建立一种新的美学体系的大胆尝试。在这种新的美学体系中，根据审美对象的不同，美学可分为若干研究领域。比如，伯林特根据审美对象的不同，明确提出了三种不同的美学，其实也就是美学研究的三个不同领域，分别是环境美学（environmental aesthetics）、自然美学（aesthetics of nature）以及艺术美学（the aesthetics of arts）。伯林特明确提出："自然美学与环境美学之间的意义和关系，以及他们对艺术美学的影响非常值得探究。"②"艺术美学"作为一个与"环境美学"相平行的术语，拥有其自身研究领域。

当然，"艺术哲学"与"艺术美学"之间的关系尚有待进一步讨论，而这个讨论的前提则是美学的定义——它直接决定着"艺术美学"与"艺术哲学"的关系。如果将美学的定义回归到鲍姆加滕，认为美学是研究感性

---

① Yuriko Saito, "Environmental Directions for Aesthetics and Arts", in *Environment and the Arts：Perspectives on Art and Environment*, Arnold Berleant（ed.）, Ashgate Publishing, 2002, p.171.

② Arnold Berleant, "Art, Environment and the Shaping of Experience", in *Environment and the Arts：Perspectives on Art and Environment*, Arnold Berleant（ed.）, Ashgate Publishing, 2002, pp.1-9.

认识的科学，那么，可以提出疑问：当代艺术是否已经超越了感性认识的范畴，或者说，不只存在感性认识范畴内呢？如果用"感知"对感性认识来进行限定，那么，则又是另外一种回答。鉴于环境美学将自身视为美学研究领域的一部分，那么，为了方便进行比较，将艺术拉入美学研究领域，使用"艺术美学"作为比较的平行术语，显然更为恰当。

第三节　自然审美对象与艺术审美对象的区别与联系

一、自然美与艺术美

同属于美学研究范畴的环境美学与艺术美学，分别关注自然审美体验与艺术审美体验，但在考察自然和艺术作为"审美对象"有什么区别之前，有必要对"自然美"和"艺术美"这一组概念的联系进行探讨。

受哲学思想的主体转向影响，17 世纪之前的美学理论家们强调将美理解为一种客观的特性，而在此之后，美学家们则重点关注审美对象与审美者之间的关系，重点分析审美经验与审美欣赏的特征。"审美对象"这一概念，很明显将事物本身与其作为审美对象区分开来，即审美对象是一个兼有主观性和客观性的东西。与"审美对象"不同，自然美和艺术美这一表达方式，就所蕴含的哲学基础来看，将"美"看作是客观存在的东西，欣赏者的审美活动只需要去认识这种美，将这种美识别、判断出来。因此，想要讨论自然审美对象与艺术审美对象的区别，有必要先回答，在古典美学语境中，自然美与艺术美有什么差别，又有着什么样的联系。

在古典美学语境中，美的构成要素主要包括合宜的比例、和谐、完整等。美并不是指人的一种反应，而是指一种人可以察觉的东西，指向形式的匀称（regularity）和均衡（due proportion）。这种形式的匀称和均衡在自然事物身上得以完美地呈现出来，比如各种生命体和自然现象等。自然事物所体现的形式的匀称和均衡被视为是一种智慧设计的感觉具体化（sensuous embodiment），因此，古典美以自然美为基础，艺术被认为是对自然的模仿。当自然事物看起来像智慧设计的，则是美的，而模仿这些美的自然事物的艺术作品也是美的。因此，自然美和艺术美虽为异类，实则同源，都是完美形式的现实化、具体化。同时，古典美除了强调事物自身形式外，还强调美应该可以被人所感受到，因此，表现形式必须符合人的一般感觉习惯。比如亚里士多德认为，太大或太小的自然事物都是不美的。同样，艺术作品也必须符合这一规则，如叙事情节不应太长，也不应该太短。

18世纪后，如画美这一观念对古典美学观念形成了挑战。相比古典美对形式的均衡和匀称的强调，如画美强调绘画式构图，力图揭示自然的多样性和奇特性。如画美学理论对自然美的界定受到了艺术的影响，一方面采用画家视角来观看如画的景致（scenes），另一方面则创造了如画的景观园林，这些景观园林被认为是对自然的成功美化，大大增加了自然的多样性、复杂性和奇特性。那么这是否意味着艺术美对自然美的同化呢？

克劳福德（D. W. Crawford）认为问题并没有那么简单。[①] 他认为，无论景观原生自然程度高低与否，都无法改变一个事实，即人总是部分地、有选择地观看自然景致，或者说，人所描述出来的景致总是经过主观选择的自然。人们观看的自然仍然是自然，但所感受的美却与古典自然美有所区别。如画观景与艺术创作相似，都需要人的主动选择、主动构图。相比自然美，艺术作品承载了或者表现（express）人的意图、感情和感受，是一种需要解释和批评才能理解的文化人工制品。那么，我们是否可以在表现和语义（semantic）层面对自然美和艺术美进行比较呢？

克劳福德提出了两条比较途径。

一条途径是赋予自然以表现和语义属性，可以采用如下三种视角把自然视为表现的：一是自然神论者立场，把自然视为上帝的创作，要求在自然事物中看到意义，"自然是一本需要阅读的书，就像艺术品一样，需要对解释和批评进行适当的理解"[②]。二是通过隐喻或类比形式赋予自然美以表现和意义，比如将自然事物比作人体。三是认为自然美存在于语境之中，其语境的重要性和复杂性不亚于艺术文化语境，对自然美的恰当欣赏离不开这个语

① D. W. Crawford, "Comparing Natural and Artistic Beauty", in *Landscape*, *Natural Beauty and the Arts*, Salim Kemal and Ivan Gaskell（eds.）, New York：Cambridge University Press, 1933, pp. 183-197.

② D. W. Crawford, "Comparing Natural and Artistic Beauty", in *Landscape*, *Natural Beauty and the Arts*, Salim Kemal and Ivan Gaskell（eds.）, New York：Cambridge University Press, 1933, p. 190.

境。如当代环境保护主义者认为，美的自然事物不能独立存在于自然生态系统和进化过程之外。尽管很多环境美学家提倡第三种视角，但克劳福德认为这种观点意味着所有的自然事物都是美的，无法为审美特性提供判断依据。

另一条途径则采用黑格尔式美学理论，承认艺术美的表现性，否认自然美的表现性，但二者都是绝对精神的感性显现，艺术与宗教、哲学是绝对精神的全面显现，自然美要比艺术美低级，是理念的不完全的、不全面的显现。克劳福德认为，黑格尔美学理论只是关于艺术形式的理论，无关个别事物，不需要感知鉴赏力和敏感性来辨别美，人们无法依据该美学理论对个别自然事物或艺术作品进行审美比较。

此外，克劳福德还区别了关于自然的艺术（art which is about nature）和对自然环境进行直接艺术利用的艺术（art which makes direct artistic use of the natural environment in its realization），前者如风景画，后者如放置于自然环境之中的景观小品。在此基础上，他进一步区别了自然和艺术之间的三种动态关系（dynamic relationships）：一是审美共生（aesthetic symbiosis），在这种关系中，艺术与自然和谐共生并互相有所裨益，如室外的雕塑、建筑和周边的自然环境、城堡和高地；二是辩证关系（dialectical），自然与艺术互相冲突后产生新的作品，如 Christo 的"山谷巨幕""流动的栅栏"等；三是寄生关系（parasitic），自然与艺术互相冲突，一方摧毁另一方，自然控制了艺术或艺术控制了自然。

二、自然审美对象与艺术审美对象

18 世纪之前，在北美、欧洲等地，原生自然（wild nature）令人惧怕，并不被认为具有优美或崇高等审美特性。人们一般更倾向于欣赏人工改造过的自然，或者欣赏通过绘画、音乐和文学等艺术再现的自然。而继 17 世纪末欧洲"大旅行"之后，人们对原生自然的态度发生了改变，肯定原生自然蕴含着丰富的审美价值。19 世纪，受康德哲学的影响，自然崇拜思想在浪漫主义的文学、音乐、绘画等艺术作品中甚为流行，艺术家们呼吁重新认识自然，认识人与自然的关系。尽管自然在艺术领域受到高度重视，但关于自然美学的思考却愈发边缘化，艺术哲学牢牢地占据了美学统治地位，这一趋势在黑格尔那里得到进一步强化。在黑格尔那里，艺术不再被当作自然的再现，而被视为人类想象力的表现。自浪漫主义运动式微后，艺术世界逐渐远离自然，艺术开始朝向表现和抽象方向发展，不再关注对自然世界的再现。进入 20 世纪后，先锋艺术运动使哲学思考更加侧重对艺术的分析，进一步远离自然。当然，传统的关于艺术的界限也受到挑战，艺术哲学面临着重新定义艺术的挑战。

随着环境保护运动而兴起，美学家们将目光重新投向自然，探讨自然是否蕴含着独特的、与艺术不同的审美价值。同时，美学家们又不得不承认，审美价值的判断要依托于审美理论，而自然审美理论的缺乏使得人们无从挖掘、判断自然审美价值，也无从指导自然审美体验的发生。那么，艺术美学是否适用于对自然审美的指导呢？环境美学家们对这一问题的回答莫衷一是，究其原因，是对自然审美对象与艺术审美对象的区别与联系持不同意见。

1. 自然审美对象与艺术审美对象不同

一种观点认为，自然审美对象与艺术审美对象拥有不同的审美特性，如赫伯恩与齐藤百合子。

赫伯恩认为，艺术对象的很多特点是自然对象所不具有的，并就艺术审美体验与自然审美体验的不同进行了说明："审美体验的某些特征在自然中不可获得——景观不能严格地控制观察者对它的反应，但一件成功的艺术品却可以。艺术对象的特点是有框架的、难懂的、幻觉的或虚拟的，与之相比自然对象则是无框架的普通对象。"① 艺术对象明显的一个特征便是它是有界限的，有框架的。当然，赫伯恩所指的框架，并不只是诸如画框类的东西，而是一切使艺术对象与环境相分离的东西，比如，"剧院里的舞台区与观众区的划分，音乐会上由表演者创造的那些唯独与审美相关的声音，一本诗歌的页面排版中，版式和字距使诗歌与题目、页码、评论性注释、脚注之间所留出的空间"②。艺术对象通过这些设置，可帮助欣赏者明确艺术对象

---

① Ronald W. Hepburn, "Contemporary Aesthetics and the Neglect of Natural Beauty", in "Wonder" and Other Essays: Eight Studies in Aesthetics and Neighbouring Fields, Edinburgh: Edinburgh University Press, 1984, p. 10.

② Ronald W. Hepburn, "Contemporary Aesthetics and the Neglect of Natural Beauty", in "Wonder" and Other Essays: Eight Studies in Aesthetics and Neighbouring Fields, Edinburgh: Edinburgh University Press, 1984, pp. 13-14.

本身形式的完整性，使欣赏者聚焦艺术对象的内在结构及内部各种要素之间的相互作用，而超出了艺术框架之外的东西，一般不能成为艺术体验的一部分。在艺术审美中，尽管对整体的知觉令人愉悦，但欣赏者却受制于作者所创造的和艺术批评所限定的艺术语境，想象力、创造力受到束缚。

尽管自然对象不具有艺术对象所拥有的那些特点，但赫伯恩认为，自然对象可以为欣赏者提供艺术对象所不能提供与众不同的、有价值的审美体验。欣赏者在审美体验中情感特性的差别，取决于语境的复杂性。而制约自然审美的语境与制约艺术审美的语境是不同的。在自然欣赏中，自然对象没有框架。人并不是像面对墙上的一幅画那样面对自然对象，而是处于自然之中，并且是自然的一部分。没有框架的自然排除了自然审美对象的确定性和稳定性，增加了不确定的"背景"体验，或者说增加了不确定的语境，使欣赏者的创造力受到冲击，为想象力的发挥提供了空间，带给欣赏者一种不可预知的知觉惊奇。在自然欣赏过程中，欣赏者与自然对象可以相互融入，以一种不同寻常且生机勃勃的方式来体验自然，体验处于自然中的他自身。

因此，赫伯恩基于自然审美体验与艺术审美体验的不同，反对用适合艺术品欣赏的态度、方法、策略和期望来欣赏自然事物，即反对用艺术哲学来代替自然美学，认为美学家不应该将研究局限在艺术上。由此，赫伯恩论证了建立当代自然美学的必要性。

与赫伯恩相似，齐藤百合子同样认为自然审美对象与艺术审美对象有诸多区别。其一，作为审美对象的环境是无界限的，而西方传统艺术是有界限的。如按照传统审美观念来看，绘画作品框架之外的东西被认为是没有审美价值的，甚至在框架内有些东西也被认为是没有审美价值的，如画布的背面和颜料的味道等。再比如，在欣赏交响乐时，只关注乐器按照乐谱奏出的声音，其他外面的交通噪声、观众的咳嗽、空调吹出的冷风以及地毯的质地都与乐曲欣赏无关。尽管有人认为，艺术作品有时候包含了其他东西，如古画上的裂痕和颜色的加深，如诗歌印刷页的视觉效果。但齐藤百合子认为，人们在欣赏艺术作品时仍然会按照传统美学规则去关注艺术媒介、作者意图、创作技术和历史/文化惯例等，而忽略其他东西。而当我们欣赏包围、环绕着我们的环境时，却没有明确的欣赏元素和被裁定的界限。

其二，作为审美对象的环境是短暂的，而西方传统艺术则被认为是稳定的、持久的，如绘画和雕塑可以保持很多年，不会有什么大的变化。尽管关于文学解读和音乐演奏不断发生变化，但它们可以通过文字和乐谱被记录流传下来，文本相对保持不变。对于艺术作品，我们总是期望它不要改变，并想方设法去保护它，使它维持原样。而对于环境来说，除了一些特定的环境，如某建筑或景点外，我们并不期望环境会一成不变，会永远固定在某时某刻，如建筑物经过修缮会发生改变，城镇景观因公路或桥梁的建设而发生改变，海岸景观因飓风对沙滩的侵蚀而发生改变，火山因下一次喷发而发生改变。环境中的流动性和易变性同样具有审美价值，可以带给我们一种独特的、急迫的甚至有些痛苦的审美体验。与西方传统艺术不同，一些具有环境导向的艺术或重在过程的艺术同样注重流动性、短暂性和易变性等审美价值。

其三，作为审美对象的环境具有实用维度，而西方传统艺术要求无功利的审美态度，将艺术独立于人的实际生活之外。当我们去欣赏艺术时，被要求排除私心杂念，摒弃功利目的。尽管艺术可以使我们产生感受和思考，产生一些新的感知和观念，却很少对我们的日常生活产生影响。

但环境与我们的日常生活是息息相关的，对我们的日常生活的影响是直接的、显而易见的。一座设计良好的建筑物会让人住得舒适、安全、自在，而有一些环境或环境现象，比如"病"楼，被污染的河流或自然灾难则危害我们的健康和生命。有人认为环境的实用维度会阻碍审美经验的生成，但齐藤百合子认为，环境的实用维度会增强我们关于环境的感知，调整、转换、提高，有时候还会决定我们对环境的观感，比如当人们身处海雾之中时会焦虑不安，可以获得与远距离观看海雾不一样的审美经验。她指出，忽略环境的实用维度会大大降低环境审美价值的丰富性和深度。在一些当代艺术作品中，审美价值与实用价值被很好地融合在了一起，比如，对废弃土地的再创作。艺术家们将艺术设计与净化有毒土地、被污染湿地结合起来，在保存本土植物的同时，也为珍稀动物、其他生物提供了栖息地。[①]

2. 自然审美对象与艺术审美对象同一

不同于赫伯恩、齐藤百合子等环境美学家对自然审美对象与艺术审美对

---

① Yuriko Saito, "Environmental Directions for Aesthetics and Arts", in *Environment and the Arts: Perspectives on Art and Environment*, Arnold Berleant (ed.), Ashgate Publishing, 2002, pp. 179–181.

象不同之处的关注，伯林特对"环境"这一概念进行了扩大处理，将环境的范围从自然事物、生活事物拓展到艺术领域，认为艺术同样具有"环境"特征。如前文在分析"艺术"与"自然"时所指出的，伯林特认为，无论是传统艺术还是现当代艺术都明显地具有环境特征，因而，伯林特将"自然审美对象"与"艺术审美对象"统一为"环境审美对象"。那么，伯林特关于自然审美对象与艺术审美对象的这一观点，是否与其他环境美学家的观点相冲突呢？笔者认为这两种观点之间并不存在冲突。

赫伯恩等环境美学家认为自然是无边界的、无界限的，而艺术是有边界的、有界限的。这一观点，如果换一种表达的话，应该是，作为审美对象的自然是无边界的、无界限的，而作为审美对象的艺术是有边界的、有界限的。这一观点，实际上要表达的并非自然与艺术的本质区别，而是指向环境美学所规定的自然审美对象与传统艺术哲学所规定的艺术审美对象之间的区别，也就是说，环境美学与传统艺术哲学的不同。人们当然可以按照艺术哲学的观点来欣赏自然，将自然视为独立于人的、静止的一幅画；与此同时，人们也可以按照环境美学家所建议的那样，将人视为自然的一部分，关注自然的短暂性、即时性和实用性，而后者，一些环境美学家们认为，是一种更恰当的自然审美方式。伯林特在既有环境美学思想的基础上，将环境的无边界性、动态性、主体参与性等特征从自然推及艺术，认为艺术与自然一样都可以被视为环境审美对象。因此，他所指的与自然审美对象同一的艺术审美对象，不是传统艺术哲学所规定的艺术审美对象，而是环境美学所规定的艺术审美对象，这与其试图建立一种大而全的统一美学的思路相一致。

第四节　自然审美模式与艺术审美模式

基于对自然审美的强调，和对以艺术为中心的美学的批判，环境美学家们普遍倡导一种恰当的、有别于传统艺术审美模式的自然审美欣赏模式。当然，不同美学家对何谓恰当的自然审美方式持有不同的观点。在批判传统艺术审美模式的基础上，有的哲美学家试图分别为自然审美和艺术审美规定恰当的审美方式，有的哲美学家则从自然审美对象的特性出发，试图创造一种新的兼容自然审美与艺术审美的审美模式。在此，笔者首先就环境美学家在寻求恰当的自然审美模式中作出的主要努力进行讨论。

一、对无利害审美态度的批判

环境美学家们在批判艺术哲学、进而建立自己的环境美学理论时，常常从西方传统美学的一个关键词"无利害的"（disinterested，即无功利的）入手。"无利害"这一概念产生于 18 世纪的伦理学，后来被用于艺术欣赏中。这一传统审美原则自 18 世纪起一直统治着审美经验。尽管一些哲学家，如尼采，曾对这一审美原则的恰当性提出挑战，但直至现在，无利害性仍然是一个占主导地位的审美原则。"无利害"这一概念要求审美主体和审美对象从与其他事物的联系中独立出来，审美欣赏应集中于审美对象的内在品质。比如，分析美学家斯托尼兹将审美态度定义为对认识对象自身无利害的、同情的关注和沉思。他认为，对于所有的认识对象都可以采取这种审美态度，有审美态度的欣赏便是审美欣赏。在无利害这一欣赏态度的基础上，大量新的审美规则得以产生，这些审美规则对审美对象提出了诸多要求。①

相比自然，有边界的艺术作品更好地满足了"无利害"这一审美态度要求。艺术作品的边界使得人们可以关注作品的内部属性，如自足、完整和统一等。艺术作品可以因其自身内在特性而获得审美价值，而不是其他任何实际利益和功用。而与有边界的艺术作品相比，其他作品，尤其是自然事物，很难从生态环境中独立出来，因此也就被认为是非审美的，不具有审美价值。可以说，以"无利害"概念为基础的这些审美原则，为艺术欣赏界定了一个"干净的"领域。传统美学家们普遍认为，相比自然事物，艺术作品能够最好地、最独立地提供审美经验，因而是最重要的审美经验之源，而自然在提供审美经验这方面远逊于艺术。自然从而被传统美学家们置于美学研究的边缘。

环境美学家们对"无利害"这一观念进行了分析和批判。比如卡尔森认为，基于"无利害"这一概念，哲学美学（philosophical aesthetics）过于关注审美观念，即用审美原则来规定作为审美对象所应具有的属性，忽略了

① Jerome Stolniz, *Aesthetics and Philosophy of Art Criticism：A Critical Introduction*, Boston：Houghton Mifflin, 1960, p. 35.

传统的拥有丰富、广阔对象的欣赏观念。在此基础上，卡尔森把以艺术为中心的哲学美学颠倒过来，将关注点从强调规则的欣赏观念转移到具有反应性（responsiveness）的欣赏观念上来，倡导一种以对象为导向的审美欣赏，关注对象及对象属性。在卡尔森关于欣赏观念的论述中，欣赏对象既包含了艺术作品，又包含了自然事物。

　　与卡尔森相似，伯林特同样围绕"无利害"这一概念展开了对艺术哲学的批判。他认为，以"无利害"这一概念为基础的审美原则存在很多问题，这种审美观念实际上并不适合所有的艺术欣赏，比如对建筑的欣赏。古典建筑被传统美学视为自立的，在一定位置，具有一定高度，体现了和谐、平衡和匀称等原则，大理石的纯白和持久例示了一种阿波罗式的克制精神。但伯林特认为这种观点是错误的，实际上，古希腊庙宇常常被装饰得缤纷多彩，几何构造也只是表面上看似精确。比如，帕特农神庙经常被认为象征了古典文明，象征了理性的沉思这一美德。但它的平台并不是水平面，柱子并不是垂直的、圆柱形的、等距的，柱子大小不一，三槽板也并非平均分布，甚至墙也不是垂直的。之所以这样处理，是因为这些偏离可以让整个建筑物更加稳固，而且有助于人们更好地体会它的韵律性和和谐性。帕特农神庙并非自立自足，而是与地面环境密切关系，且将欣赏者的欣赏位置、角度也考虑在内。帕特农神庙看似完美诠释了古典建筑美学原则，但实际上却以自身的不规整性否定了将建筑看作是自立自足的这一审美原则。以帕特农神庙为模仿对象的大量建筑只是单纯模仿了它的几何比例，却没有模仿到帕特农神庙对地址（sites）、对欣赏者的依赖。

　　基于对建筑这一审美对象的分析，伯林特否认了无利害性这一传统美学观念的恰当性。他指出，合比例的古典美从来不是建筑的唯一要素，被视为西方建筑学鼻祖的古罗马建筑工程师维特鲁维奥（Vitruvius）在提到建筑三要素时，除了美，还强调了坚固和实用。而且，自19世纪末开始，有很多建筑学家开始打破古典建筑艺术传统，开始关注建筑物与地址之间的联系，关注建筑与人类参与者之间的关系，对地址、结构、材料和空间的感知和应用进行了多种多样的探索。按照传统无利害欣赏理论来说，建筑物的坚固、实用和美应该属于不同研究领域，但事实上，我们固然可以站到远处来欣赏建筑物，但建筑物应该是可以被进入的，可以在其中移动的和活动的，实用和审美是很难分开的。如乡土建筑无论是从材料还是建造技术上来说都是对当地环境的适应，材料取材于当地，而建造技术则与当地气候特点相关，有利于抵抗风、雨和时间的侵蚀。

总之，伯林特认为，以"无利害"这一概念为核心的艺术哲学的诸多审美原则，不仅不适用于自然欣赏，同样也不适用于一些传统艺术，更不适用于产生诸多新变化的当代艺术。"无利害"这一概念不仅限制了审美对象的范围，也限制了人们获得更丰富多样的审美体验的途径。当代美学若想建立恰当的自然审美理论和艺术审美理论，必须破除"无利害"这一概念及其相关审美原则。

二、科学、文化知识的引入

"无利害"概念要求人们在进行审美时，把审美对象从与其他事物的联系中独立出来，审美欣赏应集中于审美对象的特性。但环境美学却注重从审美对象所处的"环境"这一维度入手，主张将审美对象置于更大的"背景"或者说"环境"中，并且带着对这个"环境"的认知去欣赏审美对象。对于自然事物来说，典型的"环境知识"便是生物学、地理学等一系列自然科学知识。对于艺术作品来说，"环境"知识则是艺术史与艺术批评等知识。

这一立场被概括为"认知主义立场"，以卡尔森为代表。他认为，因对象属性的不同，对艺术作品和自然事物，应该采用不同的审美欣赏范式进行恰当的欣赏，与人工作品欣赏相关的是人文叙述和人文科学，与自然欣赏相关的是自然科学。[1] 卡尔森在20世纪70年代后期开始的一系列文章中更全面地发展了他的科学认知立场，他认为自然审美必须摆脱形式主义欣赏和如画欣赏，将对自然的欣赏从艺术方法中解放出来。卡尔森"在对自然界的审美欣赏中，为地质学、生物学和生态学等科学提供的知识找到了中心位置"[2]。

---

[1]　Allen Carlson，"Appreciating Art and Appreciating Nature"，in *Landscape*，*Natural Beauty and the Arts*，Salim Kemal and Ivan Gaskell（eds.），New York：Cambridge University Press，1933，pp. 199-223.

[2]　Allen Carlson and Arnold Berleant，"Introduction：The Aesthetics of Nature"，in *The Aesthetics of Natural Environment*，Allen Carlson and Arnold Berleant（eds.），Toronto：Broadview Press，2004，p. 16.

　　形式主义者认为，自然欣赏应该将常识排除在外，只欣赏自然事物的外在形式，如形状、线条、颜色等。但卡尔森认为，对自然事物的形式欣赏离不开对内容欣赏，比如常识。依据常识，我们才能概念化地把握自然事物，知道什么是一棵树，什么是一座山，对自然事物进行区别欣赏。同时，卡尔森认为，对自然环境内容的欣赏不仅包括常识，还包括其他一些东西，如专业的学科知识。恰当地欣赏艺术作品需要艺术史和艺术批评等学科知识，这些学科知识能够解释艺术的本质和创造。同样地，欣赏自然环境同样需要学科知识，而能够分类解析自然环境元素的则是自然科学。艺术批评和艺术史知识对于艺术审美欣赏来说具有相关性，同样地，自然科学知识对于自然环境审美欣赏来说也具有相关性。因此，卡尔森认为，自然科学知识，与形式、常识一起，为恰当的自然环境审美欣赏提供了基本的资源。①

　　此外，卡尔森认为，恰当的自然环境欣赏还要考虑当下环境史以及当下的环境应用。除此之外，他还分析了环境的另外三种应用，即神话、象征和艺术，是否影响着人们的自然环境审美欣赏。尽管，神话、象征和艺术不是真实环境变化史的一部分，不能解释环境为什么会变成如今模样，但是神话、象征和艺术却不可避免地影响着我们看待自然环境的方式，对待自然环境的态度。神话、象征和艺术不创造真实的自然环境，但是却对个人、某群体、某文化的环境图像产生影响，它们塑造了个人或集体心中关于环境的想象。所以，卡尔森认为，艺术，关于环境的艺术，相对地在某语境中也具有自然环境审美相关性。

　　总之，在讨论自然环境审美欣赏时，卡尔森采用了多元论视角，既强调科学知识在自然环境审美欣赏中的重要作用，又将形式、常识及环境史、环境应用等囊括进来，同时，又承认艺术等对自然环境审美欣赏有相对性作用。卡尔森引用尼克尔森（Marjorie Hope Nicolson）在《山之幽暗与山之荣光：无限美学的发展》（*Mountain Gloom and Mountain Glory*：*The Development of the Aesthetic of the Infinite*）一书中的话来阐述自己的这一观点："如今，当旅行（乘坐豪华火车、私人汽车或汽车）在成千上万的人心目中成为华

① Allen Carlson，"Nature Appreciation and the Question of Aesthetic Relevance," in *Environment and the Arts*：*Perspectives on Art and Environment*，Arnold Berleant（ed.），Ashgate Publishing，2002，p. 66.

盛顿山或胡德山、落基山脉、高原山脉、勃朗峰、少女峰、阿尔卑斯山或比利牛斯山脉的同义词时，我们认为我们的感情是人类永恒的感情。我们不会问它们是否真诚，也不会问它们在多大程度上源自我们读过的诗歌和小说，我们见过的风景艺术，我们继承的思维方式。像各个年龄段的人一样，我们在大自然中看到了我们被教导去寻找的东西，我们感受到了我们已经准备好去感受的东西……人类对山的反应受到了继承下来的文学和神学传统的影响，但更深刻的是，它受到了人类对所居住的世界的观念的推动。"① 一方面，我们的自然欣赏部分源自我们读过的诗歌、小说，我们看过的景观艺术，我们继承的思考方式；另一方面，它扎根于我们关于我们所生活的"地球体系"和地球所属的"宇宙体系"的最深刻的认识。

　　无论欣赏自然还是欣赏艺术，卡尔森都采取了多元认知视角，但他还是对自然环境欣赏、传统艺术欣赏和现当代艺术欣赏之间不同之处进行了区别。他认为，传统艺术作品有一个共同的特点，便是被设计的、被创造出来的，所有有意义的品质都是设计者赋予的，因此恰当的审美欣赏应该是"设计欣赏"。被设计的审美对象有三个关键要素：最初的设计、承载设计的审美对象、赋予审美对象以设计的作者，因此，设计欣赏包括对这三个要素及其关键属性的认识和理解，对这三个要素的互动及其互动方式的认识和理解。

　　但同时，卡尔森指出，设计欣赏只适用于传统艺术作品，并不适用于非传统艺术、非艺术，尤其自然事物。比如，行为绘画作品、达达主义和超现实主义作品等，这些艺术作品并不具有最初的设计，作者也没有明确的设计意图，只有大致的观念，设计欣赏所要求的三要素在此并不适用，唯一与设计相似的便是有秩序的图式（ordered pattern）。因此，卡尔森认为对非传统艺术应该采用"秩序欣赏"范式，认识和理解艺术作品的秩序、塑造秩序的力量、解释秩序的叙述以及这三者之间的互动。

　　同样地，欣赏传统艺术的方法也不适用于欣赏自然。卡尔森认为，按照艺术哲学的审美规定来欣赏自然，一方面是在理论层面误解了欣赏，另一方

① Marjorie Hope Nicolson, *Mountain Gloom and Mountain Glory: The Development of the Aesthetic of the Infinite*, New York: Cornell University Press, 1959, pp. 1-3.

面是在欣赏层面上，依靠错误的资料（information），采取了错误的审美行为，产生了错误的审美反应，导致了自然事物无法被欣赏，或者说无法被恰当地欣赏。这个问题一方面归咎于无利害这一欣赏传统，另一方面可以归咎于把自然视为设计者的创作这一自然神论传统。基于自然事物的属性，自然欣赏不适合采用"设计欣赏"模式，而应该采用"秩序欣赏"模式。作为欣赏者的审美者从自然环境中选择审美对象，认识并理解自然事物的秩序以及塑造秩序的相关力量，而解释这种自然秩序的知识即是自然科学知识。

卡尔森强调，设计欣赏与秩序欣赏有所不同。在设计欣赏中，我们试图理解他人的设计，而在自然欣赏中，我们以自己的叙述试图理解，但他人的设计是可完全理解、判断和可把握的，而自然事物则是不可完全把握和理解的。对大多人来说，欣赏艺术意味着以别人的方式理解他者，欣赏自然意味着以自己的方式理解神或者蛮荒的自然力量，从每一种欣赏中都能获得丰富的审美经验，但自然欣赏尤其让人惊奇和敬畏。

当然，也有环境美学家对科学、文化等背景知识的引入提出质疑，比如，赫伯恩就我们在欣赏自然时，到底应该理解多少科学知识进行了讨论。他认为，自然欣赏固然可以引入自然科学知识，但我们毕竟不是在从事科学研究。当我们欣赏自然事物或景致时，可以根据人的需求、恐惧，精神的欢腾和萎靡，自由地生成情感反应。我们在选择自然欣赏方式时，应当考虑所应肩负的生态责任，但却不应该对环境和星球过分忧虑。①诺埃尔·卡罗尔（Noël Carroll）则强调不要忽视传统的审美模式，即情感唤起模式（arousal model）。他认为，我们无须掌握科学知识也可以欣赏自然，并从其中获得审美满足，这是人类的一种本能，与科学无关。"我认为，对我们中的许多人来说，欣赏自然常常涉及被自然感动或情感唤起。我们敞开自身来接受自然的（情感）刺激，并以此来欣赏自然，通过关注自然的各个方面来让自己处于某种情绪状态。"② 同时，情感唤起模式也适用于艺术审美。我们也无

---

① Ronald W. Hepburn, "Data and Theory in Aesthetics: Philosophy Understanding and Misunderstanding", in *Environment and the Arts: Perspectives on Art and Environment*, Arnold Berleant (ed.), Ashgate Publishing, 2002, p. 30.

② Noël Carroll, "On Being Moved by Nature: Between Religion and Natural History", in *The Aesthetics of Natural Environment*, Allen Carlson and Arnold Berleant (eds.), Toronto: Broadview Press, 2004, p. 90.

须掌握艺术流派和风格等知识，也可以被某艺术作品吸引并打动。

三、欣赏主体的参与性

环境美学之所以区别于艺术哲学，很明显的一点表现在审美主体与审美对象的关系上。艺术哲学倡导一种"无利害"的审美态度，要求审美主体与审美对象必须是独立的，不与其他事物联系的。审美对象的独立性，指的是审美对象因其自身品质而具有审美价值，不依赖于与其他事物的联系；审美主体的独立性，指的是审美主体从对审美对象的纯粹的欣赏中获得审美体验，不带有其他功利性目的。"无利害"的审美态度，对审美主体提出的另一个要求则是审美主体在进行审美体验时应当以"静观"的方式感知审美对象，避免因其他感官的涉入导致功利性目的的产生，进而影响审美判断。

正如前文所分析的那样，环境美学对审美对象的定义有别于艺术哲学。环境美学强调审美对象的"环境"特征，如将自然视为自然环境，并引入生态学观点，认为具体的自然事物处于环境之中，环境各元素之间相互影响、相互作用，而人作为自然的一部分，始终处于自然之中。人在面对环境时，并非独立地静观，而是进入其中，被自然或者说环境环绕着。由这种观点出发，环境美学家们特别关注审美体验中审美主体的参与性和身体性。

比如，相比欣赏者与自然的分离，赫伯恩主张欣赏者应该融入到自然中去："与艺术欣赏这种情况相比，这毕竟是一种更不稳定的研究，但却是有益的一种。某种分离意味着，我不是正在利用自然操控它或者计算着如何操控它；但我既是表演者，也是欣赏者，是景观中的组成部分，并且逗留在成为这种组成部分的感觉之中，为它们的多样性感到高兴，积极地与自然一同游戏，并且让自然如其本然地与我以及我的自我感游戏。"① 鉴于人与自然的关系，赫伯恩认为，欣赏者在欣赏自然的同时，欣赏者是处于自然之中的我，并且欣赏自然与我的游戏（play）。由此，他认为，审美主体不仅不应该与审美对象分离，还应该融入到审美对象中去，成为审美对象的有机组成部分。与赫伯恩相似，卡尔森虽然采用了多元认知视角来欣赏自然，但同样

---

① Ronald W. Hepburn, "Contemporary Aesthetics and the Neglect of Natural Beauty", in "*Wonder*" *and Other Essays*: *Eight Studies in Aesthetics and Neighbouring Fields*, Edinburgh: Edinburgh University Press, 1984, p. 13.

认为："我们作为欣赏者，浸入而内在于（are immersed within）我们的欣赏对象。"①

相比前两位环境美学家，伯林特对主体参与的强调要更为明确。他认为，说到底，人类环境是一个可被感知的系统，是一套经验秩序。审美感知意味着人们运用身体感官来感知对象的表面特性，比如运用视觉去辨别光、颜色、形状、结构、运动、距离、空间，用听觉来辨别音色、秩序、连续、节奏和其他模式（pattern）等。人的感觉根据感觉特性被分为距离感觉和直接感觉，其中以视听觉为代表的距离感觉被艺术哲学认为是审美感觉，因为这两种感觉能使人有距离地因而也是平静地感知审美对象。而当人们将自身置入环境之中，人的整个身体都浸入在自然之中与环境发生互动时，则要求打破视听觉感知的限制，充分调动其他感觉器官，使所有的感官都主动参与其中，如嗅觉、味觉、触觉、动觉、位置觉等。比如，在环境欣赏中，我们不仅需要对纹理结构、颜色的感知，还需要对积聚、体量、深度、声音方向的感知，对风、阳光和湿度的皮肤感受，以及当我们在不同水平面上上升、下降、移动，在不同方向转弯、折返或行走时的运动感觉，不像艺术那样只对一个或两个占主导地位的感觉的鉴别力提出要求。因此，伯林特反对卡尔森所倡导的对象导向欣赏，认为现代艺术史并不是对象的历史，而是感知的历史。感知并不只是视觉行为，而是审美场（aesthetic field）中的身体交融（somatic engagement）。

第五节　一种美学或多种美学的选择

可以说，环境美学这一学科的产生始自于对"自然美"重新关注。而对自然美的重新关注，一方面指出了当代美学对自然美的忽略，另一方面则指出了当代美学与艺术的密切关系。赫伯恩在《当代美学与自然美的忽视》一文中指出："这种忽视是一件非常糟糕的事情。之所以糟糕，是因为美学因而就会对一系列重要而又丰富复杂的相关数据视而不见；之所以糟糕，还

---

① Allen Carlson, *Aesthetics and the Environment: The Appreciation of Nature, Art and Architecture*, London: Routledge, 2000, p. xviii.

因为当一系列人类体验被与它们相关的理论忽略时，它们就往往成为更加不易获得的体验；如果我们不能找到敏锐有效的语言（这种语言将伴随我们下文的审美讨论）来描述它们的话，那么这些体验就被尴尬地感觉为无足轻重的东西，既然无足轻重，这些体验就几乎不被注意。"① 因此，环境美学从诞生之日起便面临着这么一个关键性问题：既然人们既可以从自然中获得审美体验，又可以从艺术中获得审美体验，那么这两种审美体验是一样的吗？或者进一步追问：自然和艺术同样拥有审美价值吗？作为审美对象的自然与艺术具有同一性吗？自然欣赏模式和艺术欣赏模式一样吗？等等。

在前文论述中，笔者已经就这些问题进行了讨论。但事实上，这些零散的问题可以归结为一个根本问题，即自然美学和艺术美学是一种美学吗？或者更准确地说，应该是一种美学吗？可以是一种美学吗？对于这个问题，不同的环境美学家给出了不同的回答。

一、建立多种美学理论的建议

齐藤百合子曾就这一问题进行了专门讨论："我们是需要另一种美学来替代传统的以艺术为基础的美学，还是在这种美学的基础上进行理论拓展？"② 如果支持后者，那么理由可以有两个：一是遵循奥康姆的剃刀原则，尽量少创造新的理论观念；二是基于艺术与自然的紧密关系，认定我们的环境审美经验深受具有环境导向的当代艺术的影响。按照这种观点来看，对传统以艺术为基础的美学的改造和发展，不仅能够解释具有环境导向的当代艺术，还能够解释环境审美经验。

但齐藤百合子还是选择了前者，主张构建一种新的美学来替代以艺术为中心的美学。她认为，环境毕竟不同于艺术，就算是具有环境导向的艺术也与环境不同。齐藤百合子提出三点不同：其一，环境作为审美对象，不存在于艺术世界，以艺术为中心的美学不足以解释环境所拥有的丰富的内在审美

① Ronald W. Hepburn, "Contemporary Aesthetics and the Neglect of Natural Beauty", in "*Wonder*" *and Other Essays: Eight Studies in Aesthetics and Neighbouring Fields*, Edinburgh: Edinburgh University Press, 1984, p. 12.

② Yuriko Saito, "Environmental Directions for Aesthetics and Arts", in *Environment and the Arts: Perspectives on Art and Environment*, Arnold Berleant (ed.), Ashgate Publishing, 2002, p. 181.

价值，我们无法用叙述艺术的方式来叙述环境所表现出的多种多样的特性。要做到对自然适当地欣赏，就要如其本然地对自然进行欣赏（appreciating nature on its own terms），"聆听自然自身的故事，如其本然地欣赏它，而不是把我们的故事强加给它"①。

其二，尽管有些荒野环境像艺术一样离我们有一段距离，但我们的日常环境却总是与我们密不可分，我们总是处于某种环境之中，而艺术经验总是发生在特定情况之下。尽管艺术对象对我们的影响看似更为显著，而我们却很少叙述环境对我们的影响，但实际上，环境与我们的生活密不可分，在塑造、改变我们的生活方面发挥着更大的作用，影响深远且深刻。

其三，环境美学的任务不仅是要拓展传统的以艺术为中心的美学，更重要的是要认可那些不熟悉也不属于艺术世界的人的丰富多样的审美经验。齐藤百合子认为，那些不了解艺术的人在其生活中也可以具有高度审美敏感性，拥有丰富的审美生活。比如在巴厘文化、因纽特传统和传统日本美学中，美学意识已经渗透进了生活的方方面面，艺术和非艺术之间没有明确的界限，艺术家和非艺术之家也没有明确的分别。

总之，齐藤百合子主张环境美学应该独立于以艺术为基础的美学，对不同审美对象、审美经验和审美理论的赞美（celebration），要比提出一种含纳所有审美现象的单一理论，更具建设性，也更有价值，就像不同的艺术作品需要不同的欣赏视角，不同的审美对象也需要不同的理论分析。

二、建立统一美学的尝试

针对这一问题，伯林特列出了三种选择：一是承认自然和艺术都存在审美价值，但由于历史和哲学等原因，二者的欣赏模式不同；二是结合当代环境艺术和十七八世纪的园林艺术，将环境作为一种高级艺术，用艺术审美同化自然审美；三是提出一种新的欣赏模式标准，如环境欣赏模式，将艺术审美含纳其中。基于自身的环境美学理论，伯林特倾向于第三种选择。

伯林特通过对"艺术"和"环境"概念内涵的扩大，完成了一种将自

---

① Yuriko Saito, "Appreciating Nature on Its Own Terms", in *The Aesthetics of Natural Environment*, Allen Carlson and Arnold Berleant (eds.), Toronto：Broadview Press, 2004, p. 142.

然和艺术统一起来的大而全的美学建构。在伯林特那里，不仅我们的艺术观念扩大了，我们关于环境的观念也扩大了。艺术与环境的协调互动，使得传统艺术理论无法对其进行解释，传统美学理论也面临讨论和重新定义。同时，现代艺术形式的创新对传统艺术欣赏方式提出了挑战，也对传统艺术解释模式提出了挑战。

随着现代艺术的发展，艺术材料、艺术形式、创造技术、作者以及读者的位置都发生了改变，曾经独立于生活经验、生活环境的艺术，开始注重经验的瞬时性、偶然性、独特性，并延伸到环境之中。曾经外在于、独立于艺术作品的读者进入艺术情境之中，与艺术发生互动，有时候还变身成为作者，读者、作者、艺术作品三者互动，成为不可分割的三个要素。建筑是当下时代艺术扩张的典型例子，建筑不再仅仅是一种建造艺术，而是一种人居环境艺术。环境作为建筑美学发展的成熟阶段，不应该再采用传统美学所规定的审美欣赏模式，即那种摒弃实用目的，独立于艺术作品的沉思模式。

从对当代艺术的分析出发，伯林特对环境属性进行了深入探讨，建立起自己的环境现象学。他认为，环境并不是能够进行主观沉思的对象，因为，环境并非是独立于人的客体，它具有暂时性，环境内的事物总是时刻在发生着变化，人本身就是环境的一部分，身体的动作构成人在环境中的生活方式，人们对环境的感知也在时刻发生变化。环境欣赏与艺术欣赏相似，但相比艺术欣赏，伯林特认为，环境欣赏对人的感知能力提出了更宽广、更复杂因而也是难以界定的要求。

从审美角度来把握的话，人类环境具有感觉的丰富性、直接性和即时性，同时还具有文化结构和意义。它不是一个独立的实体，不是一个含纳我们活动的容器，不是外在于我们的物质环绕物，不是我们思想、感受和欲望的外在延伸，而是在不同历史和社会图景中人们生活活动的物质—文化背景（physical-cultural realm）。审美感知并非是单纯的生理感觉（physical sensation），并不是离散的、恒久的，而是直接的、即时的，总是处在一定背景之中，受各种情况的影响。每种社会都有自身独特的审美观念，这也就意味着每个社会都有感知世界的独特方式。因此，在这个意义上来说，环境是文化的，任何关于环境美学的讨论实际上都包含着文化审美（cultural aesthetic）。

在其环境现象学基础上，伯林特提出了一种更适用于环境欣赏的审美模式，即交融模式（参见本书第九章）。交融模式不仅适用于自然审美，也适用于艺术审美，因为自然美和艺术美有若干共同之处：二者均可以被感知地经验到，都可以被审美地欣赏，欣赏者可以带着实用的、文化和历史的偏好，与之发生互动进入一种统一（unified）的感知状态。归根究底，自然与艺术都是文化建构的结果，言说为二，实则为一。

当人们欣赏自然环境，整个身体都浸入在自然之中与环境发生互动时，需要打破视听觉感知的限制，充分调动其他感觉器官，使所有的感官都主动参与其中，如嗅觉、味觉、触觉、动觉、位置等。我们不仅需要对纹理结构、颜色的感知，还需要对积聚、体量、深度、声音方向的感知，对风、阳光和湿度的皮肤感受，以及当我们在不同水平面上上升、下降、移动，在不同方向转弯、折返或行走时的运动感觉。尽管在艺术欣赏中，我们会对一个或两个占主导地位的感觉的鉴别力提出要求，比如，在有些艺术作品的审美欣赏中视觉会占据主要地位，有些艺术作品中听觉会占据主要地位，但其他感觉并没有被封闭，虽然不占主要地位，但却共同构成审美感知经验的一部分。只用特定感觉来感知个别艺术作品欣赏，如用视觉来欣赏绘画，用听觉来欣赏音乐是幼稚的。在人们的审美感知经验中，所有的感官都参与其中，直接且具有一定想象力。

而且，与自然审美欣赏一样，艺术审美欣赏中不只是需要各感官参与的生理感知，还要求具有高度的敏感性和敏锐的、具有鉴别力的审美经验，即那些来自与社会、历史和文化的知识、信仰、观念和态度。比如在欣赏艺术时，我们需要对不同色彩属性及其关系有犀利的认识，对结构平衡、线条运动和光影对比的感觉，对微观细节和宏观形式的敏感等。

总之，伯林特认为，交融模式不仅适用于自然环境，也适用于以建筑艺术为代表的传统艺术，和电影、大地艺术、表演、多媒体艺术等当代艺术。同时，也适用于很多被排除在传统审美领域之外的人类文化活动，如陶艺等技艺、设计、城乡规划、日常生活情境、民间即流行艺术和其他构成人类文化生活的许多活动。通过将环境与艺术统一在同一审美模式中，伯林特的环境美学既扩大了环境的范围，又扩大了艺术的范围。他进一步指出，审美环境是我们每个人的生活媒介，我们的环境感知能力深刻影响着我们对人类世界的感知、对生活的感知，因而关于环境的艺术也是关于人生的艺术。①

小　结

总之，环境美学家们在论证自己的思想时，基本都是通过对艺术哲学的批判完成自身合法性的论证。其间，就艺术和自然、艺术美和自然美、艺术审美对象和自然审美对象、艺术欣赏模式和自然欣赏模式进行了深入的讨论。不同学者依据自身哲学观点作出了不同的论述，甚至在环境美学发展成熟后，就环境美学与艺术美学是否应该统一起来也持不同意见。将环境美学与艺术美学进行比较，不仅可以帮助我们理清环境美学的发展思路，帮助我们更好地理解环境美学思想，还有助于我们深入了解艺术哲学发展脉络和美学发展脉络，探讨环境美学和艺术美学的下一步发展可能。

---

① Arnold Berleant, "Art, Environment and the Shaping of Experience", in *Environment and the Arts: Perspectives on Art and Environment*, Arnold Berleant (ed.), Ashgate Publishing, 2002, p. 13.

第十二章　法语环境美学文献概要

环境美学发源于英美，但在法国的学术语境中获得了独特的面貌。如果说"环境美学基于自然哲学引发的研究学派，主要是英语世界的东西"[①]，那么法国当前的环境美学研究则更多是从文化的视角出发，致力于揭示人类与城市的感觉关系。其所关注的重点，不是既成环境中的人对周围环境的单向审美，而更多是人作为环境的实时制造者，与作为人类每日活动产物的环境之间的相互作用与审美生成。基于此，"日常生活"、"参与"、"投注"（对周边环境的关注并投入）、"建构"、"感性共享"、"生成"、"居民"、"大众"、"公共空间"、"参与式民主"便成了法国环境美学论域高频出现的关键词。这些词语在勾画出一幅蔚为壮观的环境审美构造动态图景的同时，为环境美学研究提供了别样的观察角度与思想维度。而这样的独特风貌在法国学者纳塔莉·勃朗的环境美学研究中体现得尤为鲜明，又以其《走向环境美学》一书的理论见解最具代表性。

第一节　纳塔莉·勃朗及其环境美学研究

纳塔莉·勃朗（Nathalie Blanc）女士早年于巴黎第一大学获地理学博士学位，现供职于巴黎第七大学地理、历史及社会科学教研所，并兼任法国国家科学研究中心社会动力学及空间重构实验室主任，长期致力于城市环境和城市美学研究。她的学术思考独具特色，往往将审美维度引入地理学研究，

---

① ［法］娜塔莉·勃朗：《从环境美学到对于变化的叙事》，载《建设性后现代思想与生态美学》，山东大学出版社 2013 年版，第 51 页。

同时关注包括平面造型艺术、电影、文学等在内的多种艺术形式，从而使自己的学术视野带有浓烈的审美色彩，旨在培育一种具有跨学科性质的环境诗学。勃朗的环境美学研究扎根在坚实而深厚的现实土壤之上，是从美学与地理学相结合的视角出发，对当前具有全球普遍性的城市难题以及随之而来的一系列城市问题所做出的学术回应。面对城市化进程不断加速所带来的日益严重的环境危机，勃朗认为，大自然在城市中被人们所排定的卑微地位、被人们所描述而成的有害形象、城市的现行环境治理方式以及城市空间的单纯物质性等因素，导致了诸多城市生存困境的产生，使得城市居民的安居状态受到威胁。要去科学地认识、研究环境方面的问题，并提出有效的解决方案，必须转换思考的角度，从人与城市环境的相互作用与生成关系，特别是二者之间的审美关系来审视我们周围的环境，观照既已形成的诸种环境问题。这样的观念，成为她一系列城市环境美学研究的前提，也决定了她的研究方法：在《走向环境美学》一书中，勃朗明确表示自己采取的是非认识的感性经验的方法，甚或用她自己的话说，是一种"情感的"方法。它注重日常经验及零碎化的叙述，把环境的建构与人们每天的感性行为相联系。她认为"对自然的审美经验处在语境之中，在关系到自然判断时，审美经验应该是参与性的，摈弃距离与冷漠（但又不让个体沉湎其中）"①，也就将自己划入环境美学领域以阿诺德·伯林特、齐藤百合子和埃米莉·布雷迪为代表的非认识论的方法阵营（与艾伦·卡尔森、霍姆斯·罗尔斯顿为代表的认识论方法阵营相对）。

她目前已经出版的多部学术专著，都是上述理念与方法的具体运用：

在 2008 年出版的《走向环境美学》（*Vers une esthétique environnementale*②）一书（该书中文译本 2015 年出版③）中，她拒绝传统的关于美的概念的纯粹精英性视角，主张将风景与城市治理方面的专家的美学视点与每日环境中居民对美的需求和趣味相互结合，来思考城市治理的环境美学问题。作者极度重视城市多元活动主体的审美参与、共享与环境之间的相互生成。她一方面向古典思想家引经据典，一方面也依据当代艺术家们的反思，追问每日城

---

① ［法］娜塔莉·勃朗：《走向环境美学》，尹航译，河南大学出版社 2015 年版，第 29 页。
② Nathalie Blanc, *Vers une esthétique environnementale*, Versailles, Editions QUAE, 2008.
③ ［法］娜塔莉·勃朗：《走向环境美学》，尹航译，河南大学出版社 2015 年版。

市生活的多样活跃因子（动物、植物和园林，以及空气）之间的关系，以及人们通过对气味、光亮、形式与色彩重新感受而预先建立起来的判断。由此，建立起居民们在城市中以多感官生存的形式占有空间审美生存方式，而环境领域内参与环境形成的所有人——公共政策的制定者、城市规划专家、生态环境研究者、园林设计师和艺术家，以及广大的公众，均融于其中。

2010 年出版的《生态塑形》（*Écoplasties. Art et environnement*①，与朱莉·拉莫合著）一书将视角聚集于当代的造型艺术家与城市环境建设的关联，重点探讨《走向环境美学》所提到的诸种城市环境构建参与因子中的艺术家的实践作为及其对环境生成的影响。勃朗认为，在环境成为公众关注焦点的时刻，生态造型艺术的创作及其作品呈现出全世界艺术家对环境问题的提出与回应的全景，这些艺术家们用各自的技法和方式，另辟蹊径地去考量环境。据作者自称，该书是法语世界对该主题的首次综论，向人们展示了艺术家们实践途径与提出问题的多样性。后者关乎艺术实践的变化，并从艺术家的提议与生产方面揭示了这些实践所意谓的人与自然的崭新关联。为达到研究的目标，该书采用了生动的访谈形式，通过对全球 20 余位艺术家的访问，使读者全方位地了解到环境艺术与其形态、其衍生物，及其从诞生之初到今天的变化发展。

2012 年出版的《新城市美学》（*Les nouvelles esthétiques urbaines*②）可谓是对《走向环境美学》一书的理论延续。首先，作者指出，在积极活动于城市治理、活动于环境审美建设的各大联合会的影响下，在官方为回应当前生态、环境问题而制定的公共政策的推动下，城市在日复一日得到改变，城市的大地正一点点被绿色占据。而更加深刻或具有持久意义的，是当代市民的日常环境得以形成。作者继而分析，结合可持续的城市政策与生态城市主义，一种崭新的城市美学登上台面。它改变了公共空间，在当代资本主义与绿色科技革新的多样性促动下，城市及其空间的装饰性得到了增强。市民们以参与和生产的方式而进行的关注与投入，成就了一座花园式的城市，这个城市被他们在合作中进行生态管理。居住在城市地域的崭新方法一点点地渐次出现。以此为基础，作者着重探讨了这些方法在社会空间的整体重构方面

---

① Nathalie Blanc, Ramos, J., *Écoplasties. Art et environnement*, Paris, éditions Manuella, 2010.

② Nathalie Blanc, *Les Nouvelles esthétiques urbaines*, Paris, Armand Colin, 2012.

引发的重要变化，以及这一变化当中的关键元素对公共空间崭新隐喻的表达。

2013 年出版的《城市绿道》（*Trames vertes urbaines*①）一书，将研究范围锁定在城市的绿色走廊上。绿色走廊是土地治理的一部分，一方面服务于人对城市道路的使用目的，一方面则富有生物多样性，服务于对自然环境的保护，帮助各种动植物物种进行生态循环、供养与繁殖，它搭建起人与自然、自然与自然之间和谐、可持续的发展路径，旨在重建连贯的生态网络。作者结合相关的法律条文，论述了绿道对建立城市理想环境的重要性，并通过丰富的图示提供了在城市环境中建设绿道的方法论。

2016 年出版的《环境的形式——政治美学纲领》（*Les forms de l'environnement-Manifeste pour une esthétique politique*②）则将环境美学研究的意义延伸到政治领域。作者认为，在生态变化与环境危机的逼迫下，环境问题在今天成了人类生存的本质性问题而凸显于公众的视野。而官方的公共政策针对环境所采取的那些方法、措施，无不体现出强大的对自然与环境施以理性控制的意愿，往往特别重视单一的管理、治理维度。其实，这样的做法是工具化的，依然无法帮助问题得到彻底的解决。这部著作尝试引入"环境形式"这一概念，将美学与政治相结合，从而重建我们对环境的反思。"环境形式"这一概念最终指向空间与领土治理，但却是以一种"新的感性共享"而呈现出来，它关乎造型艺术家与文学家的各种创作，欲将实际经验置于环境生产的中心，帮助人们理解未来的生态变革。在勃朗的主张中，这样的环境生产带来普遍的利益，也制造大量的机遇，人们摆脱宿命论的阴影，利用这些契机去占有实际的生活空间、去参与各种围绕环境主题的民主辩论。从这个角度看，这个概念将我们引向美学与政治双重意义上的参与行为，促使人们去共建周边的日常环境。

勃朗是在全球城市发展已然面临重重环境危机的语境下，站在后现代主义的立场上解读并反思城市与自然、城市中的文化与自然的关系。但在立论和论证过程中，勃朗所秉持的始终是一种建设性的基调。她大力肯定城市中

---

① Nathalie Blanc, *Trames vertes urbaines*, Paris, éditions du Moniteur, 2013.
② Nathalie Blanc, *Les formes de l'environnement-Manifeste pour une esthétique politique*, Lausanne, MétisPresses, Collection HorsChamps, 2016.

自然元素的存在，分析了这些元素的现状和地位，并提出它们与城市居民关系的应然状态，以及居民与它们相处的合理模式。勃朗通过回顾历史上的城市乌托邦叙述文本及一些代表性时代的城市设计理念，总结出城市既是具有人类社会的适度性和合理性的技术世界，也是超越人类把控行为的过度性和野蛮性的自然世界，是二者并存的一个矛盾混合体。城市中自然与人类文明的关系，就是关于适度性与过度性的尺度关系；而对城市环境的建造，也就是一场围绕尺度而展开的游戏。这就要求城市空间去营造融合着自然与文化、过度性与适度性的包围着城市人类自身的"生活环境"。而这样一场在城市与自然之间展开的相互博弈，其走势与结局如何，要取决于环境活跃因子的创造性参与。这样一来，作者并没有把视角仅仅局限在城市对环境的破坏作用上，而是始终以积极的心态与明朗的视野去观照城市现象和城市居住行为，从建设性的角度思考城市与自然的相遇关系，探索二者的相处模式。

第二节　勃朗的环境美学理论

勃朗研究的基本思路和核心观点，浓缩在其 2008 年出版的《走向环境美学》当中。经比较可以发现，其后来出版的各部作品，在内容和主题方面基本上是对这部著作中的主要观点各有侧重的延伸或深入研究。也就是说，《走向环境美学》为我们提供了勃朗环境美学思想的整体样貌与基本倾向，同时也最能见出其富有浓浓法兰西情怀的研究特点。下面，我们就走进这部著作，去窥探勃朗对环境美学的探索与其所代表的法国环境美学的独特面貌。

这部著作所探讨的环境，特指城市环境。而勃朗所理解并进一步去构想的城市环境，实为城市日常生活的各种积极参与者，在对身边既有的自然环境的感性共享过程中，将自身的能动性和创造力量作用于区域性的审美投注活动，从而不断营建、生成并更新的生机勃勃的生活环境。这种环境不再是市政当局的公共权力和研究所里的环境专家对城市进行理性规划的机械产物，不再是硬性建设的抽象环境，而是一种动态的感性环境，由艺术家、居民及居民所组成的环境协会能动地活跃其中。特别是艺术家与居民这两大群体，通过符合各自身份特点的方式，将自身对环境的个体介入活动和个体参与行为扩展、提升为城市集体性的共享行动，越来越强力地推动着有关环境决策的公共辩论和民主协商进程，从而对公共权力环境政策施加日益强大的影响，最终使城市环境的建造成为集体行为的城市艺术成果。在个体对环境整体的介入和参与过程中，人们所进行的环境投注（主动关注并亲身投入）活动，在双重意义上具有审美特性：一方面，投注的对象和投注的方式是审美的。按照美的规则栽种的花果植株，既装饰了城市的风景，又清洁着居住的环境；宠物的陪伴，为孤寂的人群温暖心灵，也在动物的视觉展示中促进社会个体的主体间性相遇。所以人们对身边自然元素的投注，既以美为形式也以美为目的。就算那些为人所厌弃的野兽、害虫和大气污染，也是被人以审美的方式加以观照的。因为人们对后者的描述，多半采用的是想象、象征与隐喻这些属于审美与艺术的观照方式，而无法做到对其加以纯粹客观公正的认识。另一方面，这种投注行为本身也具有审美性。因为它将环境参与者的个体特殊性与城市环境集体的普遍性紧密结合，一如处于审美经验核心之处的趣味判断，介于纯粹的主观判断与公众的互通交流之间。如此一来，勃朗通过对城市中自然元素的审美投注行为加以观照，建构起城市日常生活当中无所不在的环境美学。而城市环境建构所具有的审美价值，又是以伦理价值为前提的。正是因为后者的存在，当代城市危机语境下的环境美学思考才表现出它紧迫的必要性；也正是因为在此引入了情境伦理学与关怀伦理学，城市环境参与者的审美投注行为才拥有了蓬勃而鲜活的动力。就这样，勃朗把此前被许多人忽略的审美价值维度与伦理价值维度引入了城市环境研究、城市中人类与自然关系的探讨当中。

　　总结起来，勃朗在这部著作中对环境美学的建构与论述，从四个方面鲜明地映射出法国环境美学研究的样貌与特点，分别是浸入生活、处于生成、融于大众、引向政治。

一、浸入生活

　　城市的日常生活，往往成为以纳塔莉·勃朗为代表的法国环境美学学者的立论出发点。与法国现象学—存在主义哲学回归"生活世界"的治学传统一脉相承，法国环境美学研究者乐于回到人与环境打交道的那个原初世界——日常生活——去寻找人的环境之根与环境的人之契机，并倾向于在二者的相互存在关系中揭示人对周围环境的审美描述与体验。《走向环境美学》一书在分析当前存在的城市环境问题的人类观念性根源时，勃朗就坚持认为，在城市中的自然之所以不被赋予重要的角色，是因为在人们对城市的描述（特别是科学分析对城市的描述及定位）之中，城市从没有被看作个体的地理参与者或环境生产者所共同拥有的生活环境，也没有被视为由感性的投注行为而促生的具体社会关系体系，而仅仅被当作以使用目的为基础或具有功能性的符号关系体系；而以往环境美学研究的问题"存在于居民对周围城市环境的亲身体验和城市设计者的'机械'观念之间的断裂"①。而她现在所要做的，正是要把这些曾经被长期遗忘的城市环境关键元素赋予其应有角色，重新置入对城市的分析阐释当中。她时刻提醒人们，城市在其最强烈的意义上，其实首先应当是城市居民的居住之地。所以，我们重点关注的，应当是城市居民身已所处并正在营造、生成当中的、近在周边又亲身经历的生活环境。

更进一步讲，也就是要把城市的居民视为其居住环境的生产者，同时把环境视为一种具体的有血有肉的社会结构和以人们每天的日常生活为亮点的社会关系的产物，以此重新展开对城市与自然关系的思考。这样的做法，通过家庭绿色空间打理或集体景观空间治理的生产，将人们日复一日的城市活动导入对诸多地域和生活环境具有多产性和审美性的创造过程当中，从而指明了一条地域环境的集体生产之路。而这条道路所依托的，是人们对自己每日生活当中周围地域环境的热爱，以及区域化（地方化）生存的可能性。

二、处于生成

勃朗眼中的生活，决不是既成、封闭而静止不动的概念性的生活，而建立在日常生活基础上、由城市各种活动主体所营造的城市环境，也不是一成不变的、僵化的、对象性的环境，而是永远随着人们在生活中的不断实践、活动、作为而不断处于开放生成状态中的周边环境。城市中人与环境之间的

---

① ［法］娜塔莉·勃朗：《走向环境美学》，尹航译，河南大学出版社 2015 年版，"前言"第 5 页。

相互作用与影响，以及人与环境之间的审美关系与审美活动，也随着城市中的人们每天与活动场所中的植物、路上遇到的动物和包围着自身的大气这些自然元素之间打交道的过程，而处于持久的生成中。在勃朗的视域中，环境的审美是当下的、鲜活的，是人在与其周身环境的感觉关系基础上由感性体验和共享得到的，也是未来的、迫近的，将要由人们对环境的生产（种养植物、评价动物、呼吸空气等）而即时制造出来的。它永远处于未完成的状态中。消解中心，没有定点，不清楚时间的开端与终点，只是处于不断的绵延当中。而恰是这种解构主义式的存在的状态，促使城市的环境永不停息地焕发出生命活力，在其中人与自己周身环境之间的审美活动得到永不倦怠的上演。

　　基于这种认识，勃朗特别强调人在环境当中的创造能力与由此而来的环境的革新能力。她主张，城市环境既然是诸多参与因子积极活动的产物，存在于一个处于开放与不断生成状态的未完成过程当中，那么，城市的发展也就被定位在可持续的状态和过程之中。而处于可持续发展中心的，是革新能力，即赋予审美价值，审美地生成、认定、再生成环境的能力，环境的审美活动（包括环境艺术的创作活动）正内含着这样的能动性与革新性。审美经验让我们能够完全成为人类，因为它见证了我们赋予环境以价值的共同能力。在这个城市概念和艺术概念都已发生改变的时代（当前的城市把居民与自然的关系，以及历史和地理学引入城市实践关系中；而艺术则早已走向大众），勃朗提出了走向环境艺术的展望。环境是一门极具社会性的艺术，是集体的艺术，生活环境的艺术。发展人与环境的建设性关系，不仅人人有责，还将通过人性与社交性的实践而挖掘、完善人的心灵潜力，见证人类的环境创造能力。而将环境的建设求助于艺术和今天仍被阻碍表现其环境创造活力的人，实现感性的共享或大众对世界的感性使用，将能最终达到共同的城市环境建构之目的。

三、融于大众

　　于是，每时每刻经历着日常生活、生产并更新着城市环境的大众，便顺理成章地被勃朗放在了重要的位置。在勃朗看来，城市环境是人们对包围自身的周边自然环境进行参与、共享并介入的结果。她甚至直截了当地表述：

"环境美学事实上等同于积极的参与。"① 参与者在日常的感性经验中能动地创造，生产着崭新的环境，也即审美的公共空间。这样的公共空间，是由诸多参与者的个体创造性实践转化成整个社会的集体合作与交流实践而塑成的。所以作为公共空间的环境，其表达力就在于个体向集体的转化和提升。而环境美学，就是无数在城市中生活着、生产着、生存着的个体，无形中将自己的个性化的治理行为汇集为大众化的审美行为的行动过程。勃朗经过分析，找到了城市环境里将投注活动从个体层面提升至集体层面的三种形式，即风景、叙述和氛围。

风景评估历来有见仁见智的主体性标准，但不同的风景在艺术家与居民紧密合作的当代艺术中得以创造出审美的公共空间；叙述行为众声喧哗而充满噪声与不和谐的表达，却能够在地域描述当中见证共同的记忆、共享语言的游戏；而神秘莫测的氛围是地区性具体化方式的"生活形式"和特定经验，在其隐喻功能之中体现人类共同的文化/自然环境关联。在这个意义上，三者也就成了一种调适手段和中介工具，在城市居住者的日常经验与日常活动当中，把个体的环境创造行为调适为集体共享行为，从而成为私人空间向公共空间转化的中介，以及人们用"我"之小行为营造"我们"之大空间的"形式策略"。

更进一步，勃朗在城市诸种为人熟悉的自然元素中，找到了风景、叙述与氛围的典型而具体的表达：植物作为风景，在促进城市植物化进程的社会各个等级的园艺活动当中，将每天都在发生的微小种植举动拼合成整个社会蔚为壮观的治理场面，体现着当今绿色城市的"生态设计"理念。动物作为叙述，存在于所有人的城市经验断片当中。人们支离破碎的动物记忆、按与人亲近的程度而分门别类的各种动物，构成了不同的叙述类型，共同编织出一场城市人类与灵动自然的关系戏剧。空气则类似于不可见的氛围，其污染的现状为人们每日行动的整体染上了一层消极色彩。而某地居民们对污染的个体直接体验与感性描述，应当发挥其互补功能，与科学测量工作一道服务于城市污染的整体治理。植物、动物和空气由此便成为建构人与环境关系

----

① ［法］娜塔莉·勃朗：《从环境美学到对于变化的叙事》，载《建设性后现代思想与生态美学》，山东大学出版社 2013 年版，第 52 页。

的能动性表达，在其所分别对应的园艺活动、动物描述与污染评价中，个体空间上升至公共空间。也正是在对这些存在于城市的自然元素加以投注的过程中，普通居民、艺术家、民间协会、环境专家和公共权威在各自对环境的感性共享、参与和创造当中，不断生成、建造出崭新的环境。如此，与政府决策者、科学专家的高瞻远瞩和专业研究不同，勃朗《走向环境美学》立足于居民、协会、艺术家这些环境参与者和介入者的普通人活动视域，去观照城市环境的构建，倡导一种参与式民主的介入方式，以共享与参与为关键词来共建城市家园。

四、引向政治

所以，城市是由每个生活在这里的参与者所共同分享、共同管理的一笔财富。这种在审美投注活动中由诸多社会因子不断创造、生成的城市环境，是一处具有公民资质的公共空间，各个活跃因子一方面充分发挥自身的环境创造力与建构能动性，一方面在共建宜居环境的公共辩论与政策协商中实现彼此之间的交往与互动，是个体性与社交性的充分结合。而从目前西方国家的环境治理政策和实践来看，来自下层民众的诸多因子正在发挥越来越大的作用，公共权威也在政策的制定上日益倾向于对市民群体发出求助。这样的现实情况、发展趋势以及勃朗本人对城市环境的理解，都促使她去倡导一种以区域性为发展重心、以民主性为实现手段的城市环境构建行动模式，也就是在国家权力下放和去中心的语境之内，充分重视地方一级的环境描述与动员实践，将与每日生活环境最为贴近、最富有活力的各区域内民众的回声、反馈与意见、建议，纳入公共权力的政策制定当中；同时将城市治理方面的话语权，更多地交付这些积极活跃的、以个体行动介入公共环境空间从而参与环境决策的新型参与者，让他们发出自己的日常生活话语，实现与科学专业话语的优势互补，从而在对参与式民主（相对于代议制民主）体制的发展与完善中推进环境的共建进程。

根据勃朗的观点，在这些参与者中，艺术家和居民构成了最为醒目的两大类型。艺术家通过与居民相联系的作品创造活动（尤其是当代与环境相关联的行为艺术、装置艺术与环境艺术，及其所创作产生的景观艺术作品），反思并表达自己对人类城市文化与自然关系的思考、对既有城市环境政策的反抗；作为"每日制作者"的居民，在自己不经意的点滴日常活动之中改变着城市环境的外观；而主题不一的环境协会，则是自发居民的自觉组织形式，在当今的环境治理决策过程中发挥着越来越重要的作用。

由此看来，勃朗对城市环境与城市可持续发展问题的思考，始于审美与伦理的维度，却最终走向社会政治维度。勃朗表示，她的环境美学研究"不仅要重新审视现行民主的诸多生产方式，更要通过其他方式来思考一种意味着人类（作为公民）平等参与政治实践的政治制度的可能性条件，而参与政治实践正是环境生产的组成部分之一"①。实际上，这是她所选择的学术思路的必然发展方向，也十分符合当今世界城市环境发展与反思的现实要求。勃朗始终将城市环境看作大众参与、各尽其责、共同分享与建构的生活环境与公共空间。这种环境和空间，是由日常生活中无数个体所亲身经历的私人空间积聚、汇集而升华而成的。而在这一日常构建当中，城市环境的决策过程，也是公共权力、科学家、协会、艺术家和居民多主体、多因素共同协商的过程。在勃朗眼中，城市环境的发展与未来，绝不仅仅是当局权威与科学专家一言堂的政策决定，但她也并不否认和拒绝后者的存在与作用。她所主张的，是将所有这些能动的环境影响因子整合起来，消弭隔阂与断裂，以实现共建。所采取的具体方式，就是开展有关环境问题的公共辩论，让复调式的话语影响环境决策的最终制定。于是，这样的城市环境可持续发展，便已超越了技术与经济层面，而在社会政治层面上获取了崭新的意义和价值。而要实现勃朗所构想的城市环境共建模式，就必须以参与式民主为实施方法与制度保障，取代已被证明在环境决策上成效不高的代议制民主，从而真正确保新型的参与者，特别是活跃于日常行为之中、作为周身环境的最直接检验者的普通居民能够实际发挥出自己的能动性。

勃朗对每日介入环境建构的普通居民政治形象的发掘，尤其加强了这部著作对城市环境的政治解读意味。作为在城市当中实实在在的居住者，无论自觉与否，普通居民都已成为城市生活环境的"每日创造者"，也在自己的话语提升过程中成为城市治理政策的重要影响者，从而作为一股最有活力的创造性力量出现在环境政治的舞台上。在这一过程中，居民的环境权利必须

---

① ［法］娜塔莉·勃朗：《走向环境美学》，尹航译，河南大学出版社 2015 年版，第 5 页。

得到法律与规章的巩固与加强。而事实上，这已是一种现实和看得见的趋势。由此，生活环境的建构以及城市环境美学的思考，就沾染了政治的色彩；作为生活环境的城市空间，自此介入到政治空间。

既然城市环境应该是社会上诸种活跃因素的能动性进行综合融汇后的产物，既然城市治理政策的制定和颁布应该是城市规划的传统主导者（公共权力、专家）与新型参与者（艺术家、居民及环境协会）展开公共辩论、集体协商的结果，那么城市生活环境的表达力便是立足于政策意识观点之中的。对它的建构，便将以环境建构之名而通过区域自治与参与式民主的发展而引发政治体制的完善。所以，活跃于日常环境建构之中的居民，所拥有的也就不仅仅是代表人类与非人类世界相联系的一种地理区域身份，而是在日常生活的参与、介入之中所获得的一种崭新的政治形象。这一形象一直被现代性所忽视，却被勃朗立足美学视域而发掘了出来。正如她自己所说："我们在居民的背后看到的是环境的政治"。

居民这种能力与地位的提升，推动着参与式民主的进程；而与此相应，政治模式的改换，也将促推勃朗视域当中的城市集体艺术，即城市生活环境的发展。不可否认，勃朗对这一政治形象的剖析还不很充分，尚有许多有待进一步探讨的问题没能在本书中解决。正如勃朗本人所说，这本著作的第三个目标——"阐明人们应对其生活环境所带来的种种可能性的能力，试图抬高人们的地位"[1] 这一政治性目标（居民以政治形象而介入环境政治的能力亦包含其中）——在本书中没能完成，只是从几个角度对作为政治形象的居民加以简略的界定与描述，并考察了当前作为居民权利存在前提的环境公平问题。在这方面，尽管本书有待开拓的学术空间依然很大，但却无可置疑地为我们思考环境问题提供了颇具启发意义的视角，也为现实的环境治理实践探明了一条崭新且值得加以探索的途径。

---

[1]　［法］娜塔莉·勃朗：《走向环境美学》，尹航译，河南大学出版社 2015 年版，第 5 页。

结语　环境美学的学术谱系

　　国际学术界公认，环境美学正式发端于 1966 年英国学者赫伯恩的论文《当代美学与自然美的忽视》；到 2020 年，已经走过了 54 年的发展历程。从整体上把握环境美学成为一项颇为紧迫的学术任务。这里做一个简单的尝试，作为本书的结语。

　　参与环境美学研究的学者分散在世界各地，正式出版的相关专著已经有 30 部左右，相关论文则不计其数。纵观这些论著，将环境美学的核心问题概括为如下一个理论命题：对于环境的适当的审美欣赏（appropriate aesthetic appreciation of environments）。这句话的英文包括"三 A 一 E"。"一 E"即关键词 environments，即复数形式的"环境"，包括自然环境和人建环境两大类。环境美学所讨论的环境最初与"自然"是同义词，最后又包括日常生活环境及其事物。因此，"环境"的内涵变化构成了"环境美学"家族的不同成员，诸如自然美学、自然环境美学、人建环境美学、日常生活美学等。与此同时，环境美学的论证思路是"对比"，即通过对比"自然"与"艺术"的差异，来论证"自然欣赏"相对于"艺术欣赏"的特点，这就将"艺术"这个关键词与环境美学紧密地结合起来，从而涉及很多艺术美学问题。因此，从"环境"这个关键词出发，我们可以生发出环境美学的如下"谱系"：环境美学与自然美学、环境美学与艺术美学、环境美学与日常生活美学。"谱系"指家谱上的系统，"学术谱系"则是一个比喻，指的是从一个核心问题生发出来的一系列具有内在逻辑关联的理论问题及其构成的有机系统。

　　上述理论命题"三 A"中的首要一个 A 是 appreciation，即"欣赏"。这是环境美学的又一个关键词，该词本来是"感激"的意思，环境美学将之改造成一个与"审美"接近的术语，用来表示人在环境之中的审美活动，这表明人对于环境的态度首先应该是"感激的"，从而为环境美学与环境伦理学的结缘做好了铺垫。为了强调"欣赏"是一种"审美的"活动，环境美学有时候在这个术语前面加上修饰语 aesthetic，即"审美的"，这就是第二个 A。最后一个 A 则是传统美学极少涉及的 appropriate，意思是"适当的"，其理论意义在于表明审美活动有适当与否之分；一些环境美学论述甚至采用语气更强的词语"正确的"（correct）来取代"适当的"，表明审美活动有正确与错误之分。对于审美欣赏的"适当性"（或"正确性"）的高度关注是环境美学的重大创新和突出特色，而对于"适当性"的论述往往涉及对于环境的伦理态度问题，环境美学由此与环境伦理学结下不解之缘。这样，环境美学谱系的第四个方面就应该是"环境美学与环境伦理学"。

在讨论如何适当地欣赏环境的时候，一些学者提出应该借助生态学知识，这就大大突出了生态学知识在环境审美中的重要作用，由此衍生出环境美学的另外一种学术取向，即生态美学，环境美学对此有零星论述。与此同时，环境美学的几部代表性著作在 21 世纪初被译介到我国，很快就被吸收到我国的生态美学构建之中，比如，曾繁仁的生态美学论著就大量借鉴西方环境美学资源，由此引发了国际学术界对于环境美学与生态美学之关系的讨论。环境美学谱系的第五个方面由此产生：环境美学与生态美学。

本书的基本思路是"还原与互动"。所谓"还原"是指将环境美学及其家族成员所涉及的理论问题还原为美学基本理论问题，从而把握这些具体美学形态在美学观、审美理论基本命题等方面的创新与突破，从而准确地为环境美学在整个美学史上进行定位。所谓"互动"一方面指环境美学谱系中五对家族成员之间的互动，另一方面则指这些具体美学形态与美学基本原理之间的互动，依次简介如下：

1. 环境美学与自然美学：环境美学的早期历史是始于 18 世纪的自然美学，也就是说，自然美学为环境美学奠定了历史基础。但是，自然美学在当代环境美学框架之中又有了崭新发展，这突出地表现为如下三点：自然欣赏的"环境模式"，"自然全美"命题，"如其本然地欣赏自然"命题。通过环境美学与自然美学的互动，我们不仅厘清了自然美学的古今演变，而且明确地区分了环境美学相对于传统自然美学的创新之处。

2. 环境美学与艺术美学：环境美学的学术目标是批判和超越自黑格尔以来特别是分析美学的狭隘美学观，即将美学等同于"艺术哲学"，其思路是将审美对象的范围扩大到艺术之外的环境乃至整个世界。但是，环境美学在展开论述的时候，又往往对比自然欣赏与艺术欣赏的差异，从而明确地提出了"艺术美学"（aesthetics of the arts）这样的术语，使得艺术美学以有别于"艺术哲学"的崭新形态登上美学舞台。从环境美学反观艺术美学可以提出的新问题包括：自然美学与艺术美学是一种美学还是两种？构建艺术美学的范式对象是建筑还是绘画？如何理解艺术欣赏的适当性问题？从审美的观点看艺术为什么不同于从社会体制的角度看艺术？等等。

3. 环境美学与日常生活美学：在环境美学的发端阶段，环境被视为"自然"的同义词。但是，随着以城市环境为代表的人建环境受到越来越多的关注，环境与自然的区别日益清晰。2001 年齐藤百合子发表的论文《日常美学》，明确将日常生活环境及其寻常事物纳入研究视野，日常生活美学由此产生。环境美学与日常生活美学之间的互动引发了如下问题：日常事物在何种意义上可以成为审美对象？审美与非审美的边界何在？日常用品与艺术品的区别何在？日常生活审美化与日常生活美学的联系与区别何在？

4. 环境美学与环境伦理学：环境美学的研究对象是"对于环境的审美欣赏"，其美学观是"审美欣赏理论"，"欣赏"这个关键词本来就包含浓厚的伦理意义，而"适当的欣赏"则更加突出强调了环境伦理态度的重要性。与环境美学基本上同时兴起的环境伦理学旨在论证对于环境的伦理责任，其根据往往是环境的审美价值（特别是自然美），这就把伦理关怀与审美关怀明确地结合了起来，使得环境美学与环境伦理学构成了良性互动关系，引发的理论问题包括：审美价值能否成为环境伦理关怀的可靠根据？环境伦理何以成为判断环境欣赏之适当性的标准？等等。

5. 环境美学与生态美学：环境美学研究的是欣赏者对于环境的审美欣赏，欣赏者与环境之间的审美关系高度对应生态学的定义与研究对象：有机体与其环境的关系。因此，一部分学者认为环境美学就是生态美学。与此同时，卡尔森与罗尔斯顿等学者特别强调生态学知识对于环境欣赏的重要性，他们由此明确地提出过"生态美学"这样的术语。特别是，中国学者在构建生态美学的过程中大量借鉴环境美学的理论资源，还曾经认真辨析过二者的联系与区别。环境美学家卡尔森于 2017 年初正式发表了论文《东方生态美学与西方环境美学的关系》，这就使得生态美学成为环境美学学术谱系中无法忽视的一员。二者的互动关系催生了如下一些理论问题：中国生态美学相对于西方环境美学的独特理论贡献是什么？如何就环境美学与生态美学之关系，进一步展开东西方的美学对话与交流？如何构建具有国际普遍性的中国生态美学话语体系？等等。

6. 环境美学与景观美学：如果我们从字面上将"景观"理解为"可观之景"的话，就会发现景观其实是环境整体当中被感知到的那部分。这就初步解释了二者之间的联系与区别。就学科分类而言，学术界既有环境科学，也有景观学科，后者主要是风景园林领域的一个分支学科。基于这些认识，我们就可以明确地解释环境美学与景观美学的联系与区别：景观美学既可以是环境美学的一部分，也可以是景观设计学的一部分，同时也可以是环境美学与景观设计学的交叉。

研究环境美学的谱系具有至少四方面价值：（1）为从宏观上把握过去半个世纪国际美学的总体理论格局提供可靠的理论参照；（2）总结和反思环境美学的理论贡献和局限，从而推动环境美学的进一步完善和发展，为社会现实中的各种环境实践（包括环境设计、城市规划等）提供坚实的理论基础；（3）从生态文明理念和环境美学的理论局限出发，论证生态美学理论体系建构的合理性和必然性，挖掘并重新阐释中国传统生态智慧，借鉴环境美学的理论资源并与之进行对话，在美学层面上积极参与具有中国特色的生态文明建设；（4）从环境美学的角度反观艺术美学，为发展和深化艺术美学提供新的理论视野和思路。

环境美学尽管已经走过了 50 多年的发展历程，但是，对于环境美学的整体研究还刚刚开始。随着人类环境意识的不断加强，环境美学将在人类社会生活中发挥着越来越重要的作用。我们期待着更加全面、深入、系统的研究。

参 考 文 献

（Bibliography）

1. Backhaus, Gary, and John Murungi (eds.), *Transformations of Urban and Suburban Landscapes: Perspectives from Philosophy, Geography, and Architecture*, Lanham, MD: Lexington Books, 2002.

2. Berleant, Arnold, "Aesthetic Perception in Environmental Design", In*Environmental Aesthetics: Theory, Research, and Applications*, Jack L. Nasar (ed.), Cambridge: Cambridge University Press, 1988, pp. 84-97.

3. Berleant, Arnold, *Art and Engagement*, Philadelphia: Temple University Press, 1991.

4. Berleant, Arnold, *The Aesthetics of Environment*, Philadelphia: Temple University Press, 1992.

5. Berleant, Arnold, *Living in the Landscape: Toward an Aesthetics of Environment*, Lawrence: University Press of Kansas, 1997.

6. Carlson, Allen, "Appreciating Art and Appreciating Nature", in *Landscape, Natural Beauty and The Arts*, Salim Kemal and Ivan Gaskell, (ed.), Cambridge: Cambridge University Press, 1993, pp. 199-227.

7. Carlson, Allen, *Aesthetics and the Environment: The Appreciation of Nature, Art and Architecture*, New York: Routledge, 2000.

8. Carlson, Allen, "Environmental Aesthetics", in *The Routledge Companion to Aesthetics*, Berys Gaut and Dominic McIver Lopes (eds.), London: Routledge, 2001, pp. 423-436.

9. Carlson, Allen, "Appreciation and the Natural Environment", in *The Aesthetics of Natural Environments*, Allen Carlson and Arnold Berleant (eds.), Ontario: Broadview Press, 2004, pp. 63-75.

10. Carlson, Allen, and Arnold Berleant (eds.), *The Aesthetics of Natural Environments*,

Ontario: Broadview Press, 2004.

11. Carroll, Noël, "On Being Moved by Nature: Between Religion and Natural History", in *The Aesthetics of Natural Environments*, Allen Carlson and Arnold Berleant (eds.), Ontario: Broadview Press, 2004, pp. 89–107.

12. Casey, Edward S., *Getting Back into Place: Toward a Renewed Understanding of the Place-World*. Bloomington: Indiana University Press, 1993.

13. Casey, Edward S., *The Fate of Place: A Philosophical Histor*, Berkeley: University of California Press, 1997.

14. Fisher, John A., "Environmental Aesthetics", in *The Oxford Handbook of Aesthetics*, Jerrold Levinason (ed.), Oxford: Oxford University Press, 2003, pp. 667–678.

15. Hepburn, Ronald W., *"Wonder" and Other Essays: Eight Studies in Aesthetics and Neighbouring Fields*, Edinburgh: Edinburgh University Press, 1984.

16. Hepburn, Ronald., "Trivial and Serious in Aesthetic Appreciation of Nature", in *Landscape, Natural Beauty, and the Arts*, Salim Kemal and Ivan Gaskell (eds.), Cambridge: Cambridge University Press, 1993, pp. 65–80.

17. Hepburn, Ronald W., *The Reach of the Aesthetic: Collected Essays on Art and Nature*, Aldershot; Burlington, VT: Ashgate, 2001.

18. Kemal, Salim, and Ivan Gaskell (eds.), *Landscape, Natural Beauty, and the Arts*, Cambridge: Cambridge University Press, 1993.

19. Mendieta, Eduardo, "The City and the Philosopher: On the Urbanism of Phenomenology", in *Philosophy & Geography*, No. 4 (2001), pp. 203–218.

20. Seamon, David (ed.), *Dwelling, Seeing, and Designing: Toward a Phenomenological Ecology*, Albany: State University of New York Press, 1993.

21. Seamon, David, and Robert Mugerauer (eds.), *Dwelling, Place, and Environment: Towards a Phenomenology of Person and World*, New York: Columbia University Press, 1985.

22. Sepänmaa, Yrjö, *The Beauty of Environment: A General Model for Environmental Aesthetics*, 2nd ed. Denton, TX: Environmental Ethics Books, 1993.

23. Stefanovic, Ingrid Leman, *Safeguarding our Common Future: Rethinking Sustainable Development*, Albany: State University of New York Press, 2000.

后　记

统观这本书的时候，自然而然联想到自己研究环境美学的过程；而要追溯这个过程，又自然联想到了李清照的一首小词《如梦令》：

常记溪亭日暮，沉醉不知归路。兴尽晚回舟，误入藕花深处。争渡，争渡，惊起一滩鸥鹭。

这首小词叙述了一次环境审美的过程，细节生动，读起来令人兴味盎然。我这里暂且借用其中的两句，来描述我研究环境美学的过程，那就是"误入藕花深处，惊起一滩鸥鹭"。

先说"误入藕花深处"。

2001 年在西安参加"首届全国生态美学学术研讨会"后，我下定决心将生态美学作为自己的研究方向。当时对于"环境美学"一无所知，甚至没有听说过这个术语。后来在搜集生态美学资料的过程中逐渐发现，西方已经正式出版和发表了十分丰富的以"environmental aesthetics"（环境美学）为题的文献。我当时至少产生了三个疑问：第一，这些以"环境美学"为题的文献是否属于我要研究的"生态美学"？第二，如果不是，那么环境美学与生态美学的区别又是什么？第三，我要探索的生态美学到底是什么样的？

21 世纪最初的几年，国内对于西方环境美学的了解很少，对于西方生态美学几乎一无所知，而中国的生态美学建构也刚刚开始，所以当时不可能清楚地回答这三个问题。

必须坦诚地承认，我不是那种特别富有学术创造力的人，没有能力独创一套理论，用"理论写作"替代"理论研究"；我所能够做的只是老老实实按照学术规范，乖乖地去搜集整理"环境美学"的第一手资料，在整理和分析这些资料的过程中，逐渐领悟问题的实质所在。就这样，我误打误撞地进入了环境美学领域，此之谓"误入"。

那么，又何以称得上"深处"呢？

随着我对于环境美学接触的增多，一个人的名字经常出现在我所阅读的文献中，那就是 Arnold Berleant（阿诺德·伯林特）。从相关简介可以知道，他是美国长岛大学哲学系的荣誉退休教授，1995—1997 年曾担任国际美学学会主席，著述丰富，在环境美学领域与加拿大学者艾伦·卡尔森（Allen Carlson）双峰并峙。我从网上搜索到伯林特的照片，看起来觉得有些眼熟，似乎见过这位先生。1993 年秋天，山东大学曾经邀请一位美国教授做过一次美学讲座，我不但参加了讲座，而且还参加了讲座之后的座谈。我当时是个二年级的博士生，英语水平差，学术意识更差，尽管有舍友牛宏宝同学担任翻译，美国教授讲的内容我听得稀里糊涂，甚至连教授的名字也是模模糊糊的。是这位先生吗？

2006 年秋，我尝试着给伯林特教授发了一封邮件，问他是否在 1993 年访问过山东大学，并告诉他我应邀到了哈佛大学做访问学者，主要目的是搜集生态美学和环境美学的文献资料。有点出乎意料的是，我很快就收到了伯林特教授的回复，证实我们的确早在 1993 年就见过面，还合过影呢。自此以后，伯林特教授对我有问必答，使我很快了解了环境美学的来龙去脉、基本论著与核心问题。

2007 年 7 月底回国前夕，我专程去伯林特先生家拜访。他家在缅因州西北角的一个小村镇，距离波士顿较远，交通不便。伯林特先生出生于1932 年，2007 年已经 75 岁高龄了，亲自开车两三个小时去长途汽车站接我。中途的时候，他把车停在路边，闭上眼睛，趴在方向盘上，休息了十分钟。他对我说，开车久了很疲劳。

他的家是一套独立的大房子，被很大的绿草坪环绕，而草坪又被丛林环绕；穿过丛林间的小道，不远处就是大西洋，蓝天下海鸥飞翔，碧海上游动着红帆船。我在他家住了三天，做了多次学术长谈。① 他带我在他家的大草坪上散步，草坪上挖了一个小水坑，里面养着几条金鱼，他把手伸进去拔除

----

① 我曾经将我们的学术对话的一部分整理成文章在国内发表，参见程相占、［美］阿诺德·伯林特：《从环境美学到城市美学》，《学术研究》2009 年第 5 期。

了一些水草；他和夫人一起带我到海滨的餐馆吃龙虾，说当地的龙虾非常有名，比波士顿的龙虾好吃多了；他还给我弹奏钢琴，对我说他的那架钢琴已经跟他五十多年了，是他年轻的时候变卖全部家产后买的，他每天都要弹奏两三个小时，还在国际学术会议上当众演奏过，表明他对于自己的钢琴演奏水平颇为自信。

伯林特特意给我弹奏钢琴的时候，我把录音笔放在他身边，静静地躺在钢琴旁的沙发上，一边聆听，一边联想他早在 1970 年就提出的"审美场"（aesthetic field）概念。伯林特告诉我，这个概念是他所有美学探讨的基石，是从他切身的钢琴音乐体验中提炼出来的。比如说，巴赫（作曲家）作了一首曲子，被记录下来成了曲谱（作品），伯林特看着曲谱弹奏（表演者），同时还聆听自己弹奏出的音乐（听众）——艺术家、艺术品、表演者和听众等四个要素共同"参与"，一起构成音乐审美的场域，即审美场。也就是说，对于钢琴音乐的审美体验，隐含着"体验的参与模式"（a participatory model of experience），伯林特就是运用这种模式来分析审美体验的，无论是对于音乐艺术，还是对于各种环境。当他把钢琴音乐审美场中的"表演者"替换成身处环境之中的"欣赏者"时，环境美学就诞生了——环境美学由艺术审美促成，这一点对于赫伯恩、卡尔森也都一样；环境美学家们在论证自己的观点的时候，经常采用的整体思路是对比，即对比艺术欣赏与自然欣赏之异同，根本原因正在这里。审美场概念诞生后两年的 1972 年，伯林特就发表了以"环境美学"为题的文章，这是我到目前为止发现的最早以"环境美学"为题的文献，所以本书将伯林特称为"环境美学之父"。

回国之后，我就开始反思整理哈佛访学期间搜集的资料，于 2008 年主持申请了国家社会科学基金一般项目"西方生态美学的理论构建与实践运用"（批准号：08BZW013），我特意邀请伯林特先生参与，其他两名成员分别是美国农业部林务局北部研究站社会科学家、生态美学家保罗·戈比斯特（Paul Gobster），美国辛辛那提大学规划学院教授王昕皓。围绕项目，我们四人进行了非常频繁的邮件讨论，几乎每周都要讨论一次，注意力逐渐聚集在一个问题上：环境美学与生态美学的联系与区别。戈比斯特早在 1995 年就发表过以"生态美学"为题的论文，并提出过关键词"生态美"（ecological beauty），是国际范围内发表生态美学论文最多的学者。他在论文中当然引用过伯林特的文献，但仅仅是将之作为自己建构生态美学的理论资源。王昕皓则由于城市规划的职业习惯，对于辨析二者的异同不是特别在意，坚持只要围绕"体验"（experience）来探讨就可以了。伯林特虽然很愉快地接受邀请并参与了项目，但他还是劝我，沿着环境美学的理论思路去继续探讨就可以了，没必要在环境美学之外另起炉灶去做什么生态美学。我本人的学术用心却一直是建构生态美学，申请这个项目的目的就是将这个学术设想最终落到实处。这样一来，尽管我对伯林特先生非常感激和尊重，跟他的私人感情越来越亲密，但与他的环境美学拉开的距离却越来越远。伯林特先生对此表示过不解和遗憾，但一直尊重我的学术选择，只是数次问我：中国的生态美学与西方环境美学到底有什么不同？放开环境美学而去建构生态美学的必要性是什么？其实，通过一起做这个项目，伯林特某种程度上接受了生态美学，具体例证就是，在我们这个项目的最终成果中，他负责撰写了第二章"对于环境的生态理解与生态美学建构"①，这个题目清晰地表达了他的思路和态度：从"生态"角度来理解"环境"，这样建构出来的"生态美学"，其实是从"生态"角度对于"环境美学"的深化与拓展——这可以视为环境美学与生态美学二者的折中或者说"互鉴创新"。

因此，我们的学术故事就进入了下一个章回："惊起一滩鸥鹭"。

2009 年 10 月 24—26 日，在曾繁仁教授的领导下，山东大学文艺美学研究中心主办了"全球视野中的生态美学与环境美学"国际学术研讨会，我具体负责会务。曾老师要求我尽可能多而全地邀请国际上的重要学者，于是，伯林特、卡尔森、瑟帕玛、戈比斯特、王昕皓、斯洛维克等群贤毕至，曾老师与伯林特共同担任组委会主席。我们拟订的议题如下：1. 生态美学在中国兴起的美学史意义、理论焦点与发展前景；2. 西方环境美学的理论进展及其与西方生态美学的关系；3. 东方传统生态智慧资源与当代生态审美观构建；4. 西方生态哲学资源与当代生态审美观构建；5. 生态批评与生

---

① 参见程相占、［美］阿诺德·伯林特、［美］保罗·戈比斯特、［美］王昕皓：《生态美学与生态评估及规划》（中英文对照版），河南人民出版社 2013 年版。该章的英文版被伯林特编入自己的《超越艺术的美学》一书，成为该书的第十一章"论生态美学观"。参见 Arnold Berleant, *Aesthetics beyond the Arts*: *New and Recent Essays*, Ashgate Pub Co., 2012. 笔者邀请李素杰教授翻译了这本书，即将由河南大学出版社出版。

态美学。会议的主题与议题明确显示，生态美学与环境美学之间的关系是焦点。会后，曾老师和我还专门邀请伯林特、卡尔森、瑟帕玛、戈比斯特等人，就这次会议的焦点进行座谈，从事环境美学研究的薛富兴教授也应邀参加。座谈会后，我们"西方生态美学的理论构建与实践运用"项目组的四个成员，又针对项目进行了三个小时的当面讨论。

这次会议的一个重要收获是与卡尔森教授的会面和畅谈。卡尔森几乎与伯林特同时开始了环境美学探讨，二人是亲密的学术好友，但同时又是经常性的论争对手，这次会议的最后一个环节，两人当场就展开了"对攻"，成为一道非常亮丽的学术风景。众所周知，欧洲大陆哲学与英美分析哲学之间一直不和，甚至存在很深的误解；这或许促成了伯林特与卡尔森二人的分歧，因为伯林特除了接受美国本土的杜威美学遗产之外，主要接受了现象学；而卡尔森则主要按照分析美学的思路来从事研究，基本上不谈高深的哲学问题。如果一定要发掘卡尔森的哲学立场的话，我觉得应该是朴素实在论，即承认客观世界的客观存在，承认物理环境的客观实在性。这一点与我非常契合。更加重要的是，卡尔森在倡导其"科学认知立场"的时候，经常讨论包括生态学在内的科学知识。也就是说，对于生态学知识的强调，使得卡尔森的环境美学带着非常浓厚的生态美学色彩和气质。当我就此当面向他询问环境美学与生态美学的关系时，他坦然承认，他的环境美学中那些强调生态学知识的地方，称为生态美学也很恰当，即"环境美学中的生态美学"。他甚至当面表示，可以有两种生态美学，一是与环境美学并行不悖的生态美学（ecoaesthetics），二是环境美学中的生态美学（ecological aesthetics）。这使我倍感亲近，备受鼓舞，觉得自己找到了可靠的学术盟友。

上述一系列学术活动不但大大加深了我对于环境美学的理解，更重要的是大大增强了我建构生态美学的理论勇气，因为我觉得自己找到了生态美学与伯林特环境美学的根本区别之处。具体说来，主要体现在如下几个方面：

第一，伯林特坚持现象学哲学立场，通常"悬置"客观存在的物理环境；而我则坚持实在论立场，承认环境的客观实在性，最终提出了"生态实在论"。第二，伯林特根据海德格尔的"在—世界—中"（being-in-the-world）发展出"在—环境—中"（being-in-the-environment），我则更进一步将"环境"理解为"生态系统"而发展出"在—生态系统—中"（being-in-the-ecosystem），作为生态美学的第一理论命题。第三，伯林特经常强调环境的连续性，甚至反对在英语单词"环境"（environment）加定冠词 the，严防将环境对象化；我则切身地感受到，环境在社会现实中处处被分割，比如小区和公园的围墙，国与国之间的边境线，无不被经济、政治甚至军事等社会力量所分割，他所谓的"连续性"仅仅是一个学术理想，是一种形而上的思辨；环境美学要想增强其社会批判力度，必须正视环境在社会现实中的分割状态，也就是那些被各种力量强行"对象化"的环境。第四，受伯林特对于环境审美的身体维度以及舒斯特曼身体美学的启发，我提出了一种新的美学范式，即"身—心—境"三元模式，用于分析生态审美的各种理论问题。第五，受中国轴心期"生生"理念的启发，我在 2002 年就正式提出了"生生美学"，也就是以"生生之道"作为本体论、以"生生之德"作为价值定向的美学，以此为基准来吸收生态学、生态哲学、生态伦理学、西方环境美学、西方生态美学和中国传统生态审美智慧，尝试着据此构建贯通古今中西的生态美学，而这是伯林特了解最少的一个层面。尽管如此，环境美学是我建构生态美学的最重要的理论资源；我的生态美学建构过程，某种程度上可以说就是向伯林特先生学习环境美学进而与之进行对话的过程。① 我之所以倾心研究西方环境美学，根本原因正在这里。

还应该记录的是宋艳霞的博士论文《阿诺德·伯林特审美理论研究》。我于 2009 年被评审为博士生导师，2010 年开始正式招生，开山弟子是山东大学外语学院青年教师宋艳霞。根据她的教育背景和工作实际，我指定她将伯林特的审美理论作为博士论文的选题。在此期间，我们师徒合作翻译了伯林特 2005 年出版的专著《美学与环境——一个主题的多重变奏》。② 翻译这本书不仅让宋艳霞很快进入了研究状态，而且也加深了我对于伯林特环境美

---

① 笔者对于生态美学的系统论述，参见程相占：《生态美学引论》，山东文艺出版社 2021 年版。该书提出了一系列标识性概念和理论命题，比如，关怀美学、生态实在论、生生本体、文弊、审美暴力、生态审美、审美事件、生态魅力、审美可供性、审美互动、生态智慧、自然的自然化、身—心—境三元论美学范式，等等。

② ［美］阿诺德·伯林特：《美学与环境——一个主题的多重变奏》，程相占、宋艳霞译，河南大学出版社 2013 年版。借此机会说明另外一件事，2010 年前后，我邀请伯林特先生与我共同主编"国际美学前沿译丛"，由河南大学出版社出版，该书就是其中的一种，伯林特的另外一本是《超越艺术的美学》。

学的理解。这使我坚信，翻译优秀的学术著作是最佳的治学方式。

为了全面系统地研究西方环境美学，2011 年，我主持申请了教育部人文社会科学重点研究基地重大项目"环境美学与美学的改造"（项目批准号：11JJD750014），2016 年完成，2017 年通过结项验收。此后三年的秋季学期，我都用结项成果作为教材，给山东大学文艺美学研究中心的博士生和硕士生讲授"环境美学专题研究"课程。在讲课的过程中，我不断反思并修改书稿，还邀请选修课程的同学们帮我修改。古人说：十年磨一剑。这本书从立项到出版，前后经历了整整十年时间，但它是一把好剑还是一把小刀，则需要请读者诸君来评判了。我只敢说，我们对待学术研究的态度是非常严肃认真的。

本书由程相占设计整体框架与各章标题，撰写导论，第一、三、四、五、六、七章，结语。其他各章分工如下：周思钊撰写第二、八章，宋艳霞撰写第九章，黄若愚撰写第十章，庄守平撰写第十一章，尹航撰写第十二章。最后由程相占统稿。

特别需要说明的是，为了进一步提高书稿的质量，减少讹误，2019 年秋季学期刚开始的时候，我就把书稿打印出来分发给选修"环境美学专题研究"课程的博士生和硕士生同学，请他们在学习的过程中帮我修改书稿，具体分工如下：第一章，蔡玲；第二章，滕冬；第三章，贺晓婕；第四章，刘希言；第五章，冯明肖；第六章，张伊萱；第七章，李丹丹；第八章，李弋文；第九章，郭鹏飞；第十章，陈烨；第十一章，黄长明。同学们都很认真负责，分别做了程度不同的修改，包括润色词句、增删内容、校对引文等，为书稿增色很多，我在这里表达对同学们的真诚感谢！2020 年秋季学期，硕士研究生杨阳同学一直帮我细心地记录、整理上课过程中发现的问题和所做的修改，这里也一并向她表示感谢。

感谢山东大学文艺美学研究中心诸位同人的支持和鼓励，感谢责任编辑的热情邀请和细致编辑。

程相占

2020 年 7 月 26 日于酷暑之中初稿

2021 年 2 月 20 日修订

责任编辑：姜　虹

图书在版编目（CIP）数据

当代西方环境美学通论/程相占 著. —北京：人民出版社，2022.1
ISBN 978－7－01－023736－7

Ⅰ.①当…　Ⅱ.①程…　Ⅲ.①环境科学-美学-研究-西方国家-现代
Ⅳ.①X1-05

中国版本图书馆 CIP 数据核字（2021）第 177580 号

当代西方环境美学通论

DANGDAI XIFANG HUANJING MEIXUE TONGLUN

程相占　著

人民出版社 出版发行
（100706　北京市东城区隆福寺街 99 号）

中煤（北京）印务有限公司印刷　新华书店经销

2022 年 1 月第 1 版　2022 年 1 月北京第 1 次印刷
开本：710 毫米×1000 毫米 1/16　印张：24.75
字数：402 千字

ISBN 978－7－01－023736－7　定价：80.00 元

邮购地址 100706　北京市东城区隆福寺街 99 号
人民东方图书销售中心　电话（010）65250042　65289539